#수학유형서
#리더공부비법
#한권으로유형올킬
#학원에서검증된문제집

수학리더
유형

Chunjae
Makes
Chunjae

기획총괄	박금옥
편집개발	윤경옥, 박초아, 조은영, 김연정, 김수정, 임희정, 한인숙, 이혜지, 최민주
디자인총괄	김희정
표지디자인	윤순미, 박민정
내지디자인	박희춘
제작	황성진, 조규영

발행일	2023년 10월 15일 3판 2023년 10월 15일 1쇄
발행인	(주)천재교육
주소	서울시 금천구 가산로9길 54
신고번호	제2001-000018호
고객센터	1577-0902
교재 구입 문의	1522-5566

BOOK 1

유형북 차례

이 책의 구성과 특징

BOOK 1 유형북

STEP 1 개념별 유형

교과서 개념 ➕ 플러스 개념 유형 수록

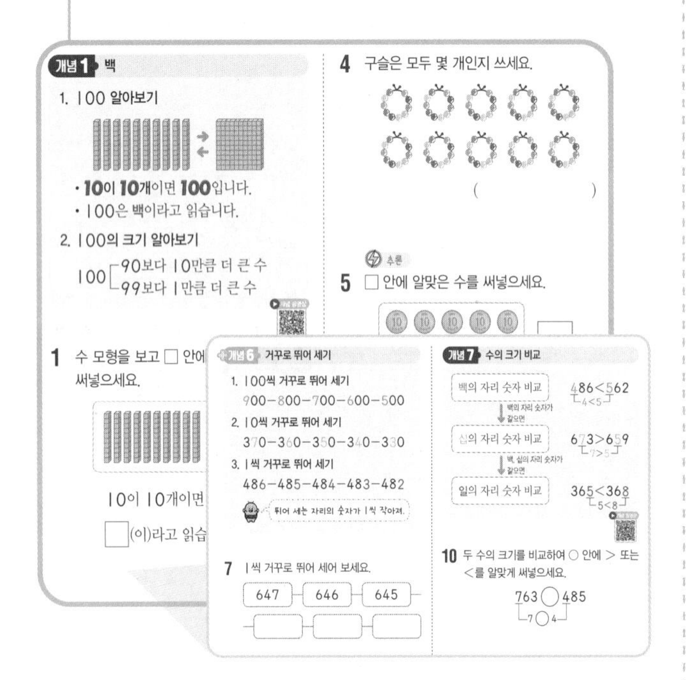
개념 1 백

1. 100 알아보기
- 10이 10개이면 100입니다.
- 100은 백이라고 읽습니다.

2. 100의 크기 알아보기

100 ┌ 90보다 10만큼 더 큰 수
    └ 99보다 1만큼 더 큰 수

1 수 모형을 보고 □ 안에 알맞은 수나 말을 써넣으세요.

10이 10개이면 □

□(이)라고 읽습니다.

4 구슬은 모두 몇 개인지 쓰세요.

(　　　　)

5 □ 안에 알맞은 수를 써넣으세요.

개념 6 거꾸로 뛰어 세기

1. 100씩 거꾸로 뛰어 세기
900−800−700−600−500

2. 10씩 거꾸로 뛰어 세기
370−360−350−340−330

3. 1씩 거꾸로 뛰어 세기
486−485−484−483−482

뛰어 세는 자리의 숫자가 1씩 작아져.

7 1씩 거꾸로 뛰어 세어 보세요.

647 − 646 − 645 − □ − □ − □

개념 7 수의 크기 비교

백의 자리 숫자 비교　486<562 (4<5)

십의 자리 숫자 비교　673>659 (7>5)

일의 자리 숫자 비교　365<368 (5<8)

10 두 수의 크기를 비교하여 ○ 안에 > 또는 <를 알맞게 써넣으세요.

763 ○ 485

개념별 유형 형성 평가

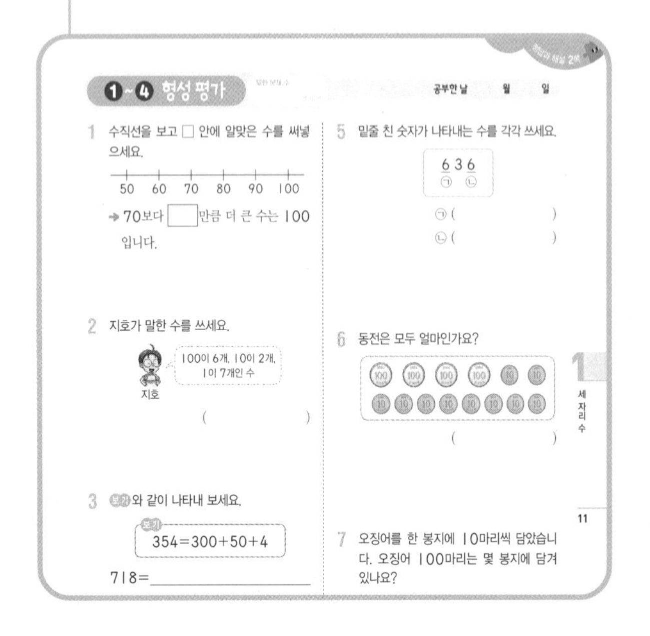
1~4 형성 평가

공부한 날　월　일

1 수직선을 보고 □ 안에 알맞은 수를 써넣으세요.

50 60 70 80 90 100

→ 70보다 □만큼 더 큰 수는 100입니다.

2 지호가 말한 수를 쓰세요.

100이 6개, 10이 2개, 1이 7개인 수

(　　　　)

3 보기와 같이 나타내 보세요.

보기 354=300+50+4

718=

5 밑줄 친 숫자가 나타내는 수를 각각 쓰세요.

636

㉠ (　　　　)
㉡ (　　　　)

6 동전은 모두 얼마인가요?

(　　　　)

7 오징어를 한 봉지에 10마리씩 담았습니다. 오징어 100마리는 몇 봉지에 담겨 있나요?

STEP 2 꼬리를 무는 유형

하나의 유형이 기본 〉 변형 〉 실생활 유형으로
다양하게 변형되는 구성

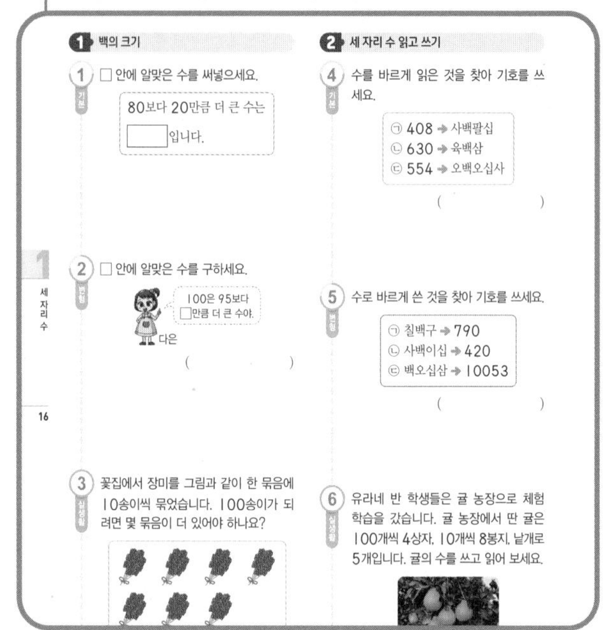
1 백의 크기

1 □ 안에 알맞은 수를 써넣으세요.

80보다 20만큼 더 큰 수는 □입니다.

2 □ 안에 알맞은 수를 구하세요.

100은 95보다 □만큼 더 큰 수야.

(　　　　)

3 꽃집에서 장미를 그림과 같이 한 묶음에 10송이씩 묶었습니다. 100송이가 되려면 몇 묶음이 더 있어야 하나요?

2 세 자리 수 읽고 쓰기

4 수를 바르게 읽은 것을 찾아 기호를 쓰세요.

㉠ 408 → 사백팔십
㉡ 630 → 육백삼
㉢ 554 → 오백오십사

(　　　　)

5 수로 바르게 쓴 것을 찾아 기호를 쓰세요.

㉠ 칠백구 → 790
㉡ 사백이십 → 420
㉢ 백오십삼 → 10053

(　　　　)

6 유라네 반 학생들은 귤 농장으로 체험 학습을 갔습니다. 귤 농장에서 딴 귤은 100개씩 4상자, 10개씩 8봉지, 낱개로 5개입니다. 귤의 수를 쓰고 읽어 보세요.

하나의 유형이 실력 〉 변형 〉 레벨업 유형으로
반복해서 익힐 수 있는 구성

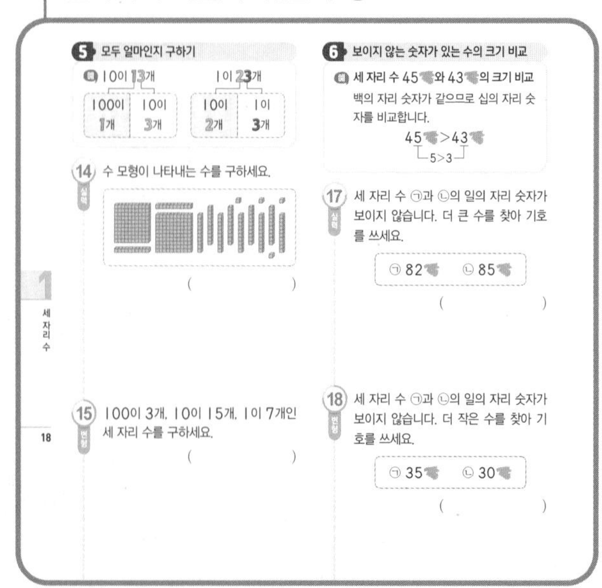
5 모두 얼마인지 구하기

14 수 모형이 나타내는 수를 구하세요.

(　　　　)

15 100이 3개, 10이 15개, 1이 7개인 세 자리 수를 구하세요.

(　　　　)

6 보이지 않는 숫자가 있는 수의 크기 비교

세 자리 수 45□와 43□의 크기 비교
백의 자리 숫자가 같으므로 십의 자리 숫자를 비교합니다.

45□>43□ (5>3)

17 세 자리 수 ㉠과 ㉡의 일의 자리 숫자가 보이지 않습니다. 더 큰 수를 찾아 기호를 쓰세요.

㉠ 82□　㉡ 85□

(　　　　)

18 세 자리 수 ㉠과 ㉡의 일의 자리 숫자가 보이지 않습니다. 더 작은 수를 찾아 기호를 쓰세요.

㉠ 35□　㉡ 30□

(　　　　)

STEP 3 수학 독해력 유형

문제를 수학적으로 분석하고 문제 해결력을 기르는 유형

독해력 유형 1 □ 안에 들어갈 수 있는 숫자 구하기

구하려는 것에 밑줄을 긋고 풀어 보세요.

세 자리 수의 크기를 비교한 것입니다. □ 안에 들어갈 수 있는 숫자는 모두 몇 개인지 구하세요.

364<3□8

해결 비법

일의 자리 숫자까지 꼭 비교합니다.

예 · 172<1[7]5 (○)

□ 안에 7이 들어갈 수 있어.

· 172>1[7]5 (×)

□ 안에 7이 들어갈 수 없어.

문제 해결

>, < 중 알맞은 것 쓰기

❶ 십의 자리 숫자를 같게 하여 크기 비교: 364 ○ 3[6]8

❷ □ 안에 6이 들어갈 수 (있습니다 , 없습니다).

알맞은 말에 ○표 하기

❸ □ 안에 들어갈 수 있는 숫자는 ______________ 이므로 모두 □개입니다.

답 ______________

쌍둥이 유형 1-1

위의 문제 해결 방법을 따라 풀어 보세요.

세 자리 수의 크기를 비교한 것입니다. □ 안에 들어갈 수 있는 숫자는 모두 몇 개인지 구하세요.

744>7□7

유형 TEST

각 단원을 얼마나 잘 공부했는지 확인하는 유형 평가

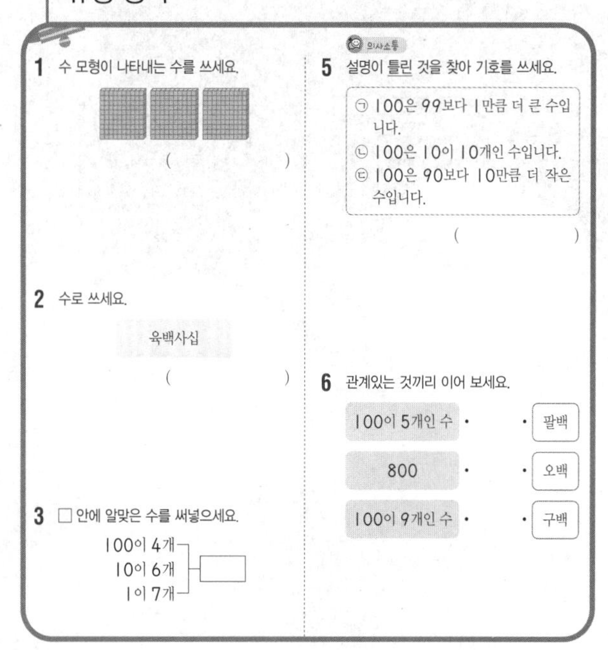

BOOK 2 보충북

응용력 향상 집중 연습

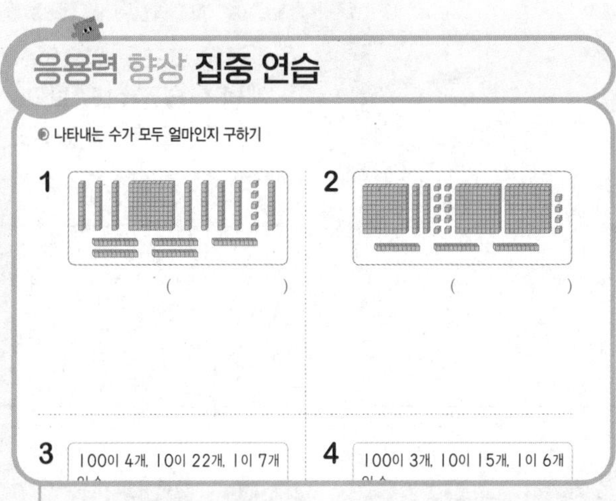

응용 유형을 풀기 위한 워밍업 유형 반복 학습

창의·융합·코딩 학습

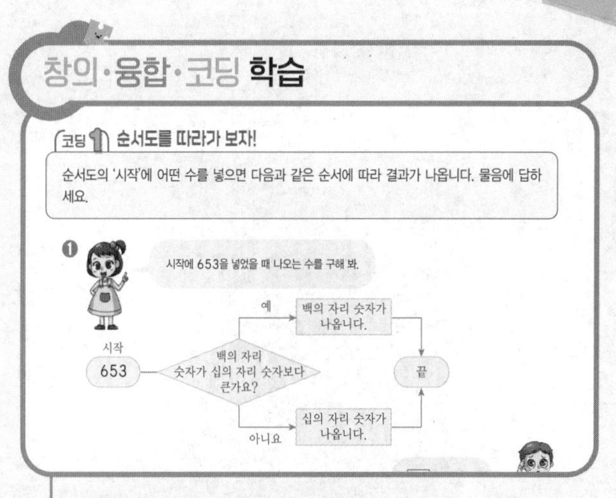

특별 코너! 수학 교과 역량을 키우는 창의·융합·코딩 학습

I 세 자리 수

고스트 나라에 오신 여러분 환영합니다. 무시무시한 고스트들과 함께 한 칸씩 통과해 가면서 세 자리 수에 대하여 알아볼까요?

우리는
천년 묵은
여우지!
한국을 대표하는
귀신은?
❷
① 강시
② 처녀귀신
③ 드라큘라
999보다
1만큼 더 큰 수는?
1000
같이 웃어 볼까?
유머 Quize
• 얼음이 죽으면?
다이빙
• 김밥이 죽으면 가는
곳은?
김밥천국
• 죽은 닭의 이름은?
꼴까닭
강시는 중국
전설에 나오는
귀신으로
한밤중에
돌아다니다가
낮에는 관 속으로
돌아가지!
자~ 이제
세 자리 수에
대해서 배우러
Go Go!!
정답 확인 | ❶ 100 ❷ ②

STEP 1

개념별 유형

개념 1 백

1. 100 알아보기

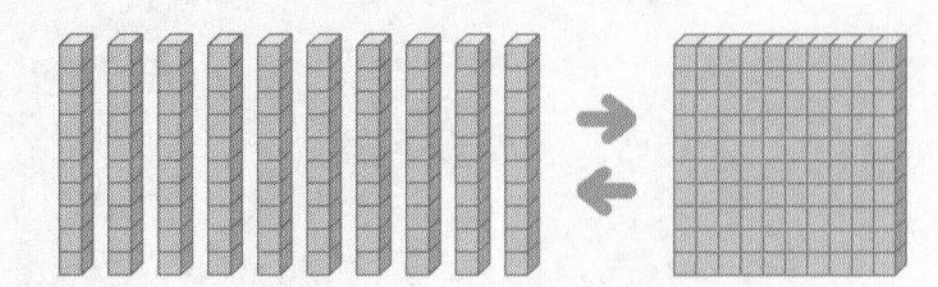

- **10**이 **10**개이면 **100**입니다.
- 100은 백이라고 읽습니다.

2. 100의 크기 알아보기

100 ┌ 90보다 10만큼 더 큰 수
└ 99보다 1만큼 더 큰 수

개념 동영상

1 수 모형을 보고 □ 안에 알맞은 수나 말을 써넣으세요.

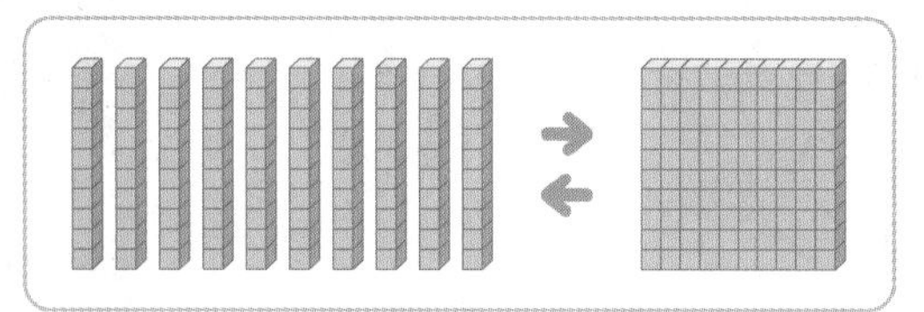

10이 10개이면 □이고

□(이)라고 읽습니다.

[2~3] □ 안에 알맞은 수를 써넣으세요.

2

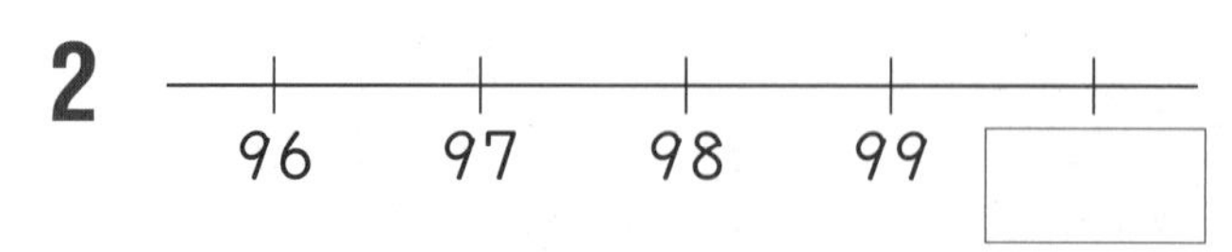

3

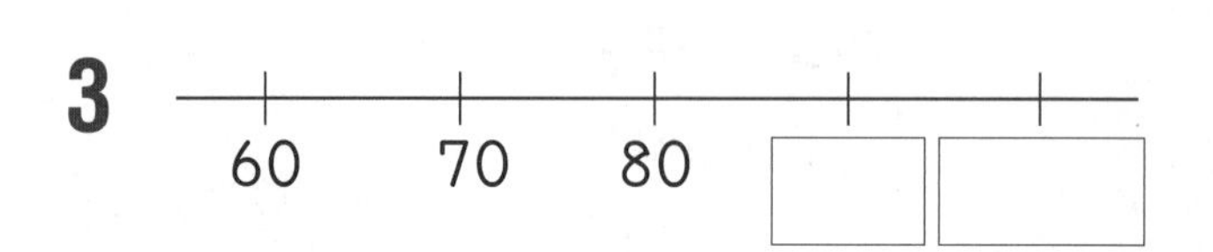

4 구슬은 모두 몇 개인지 쓰세요.

( )

추론

5 □ 안에 알맞은 수를 써넣으세요.

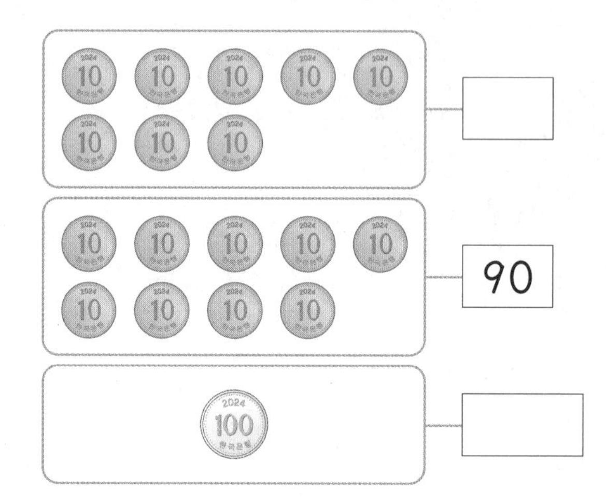

(1) 90보다 10만큼 더 작은 수는 □입니다.

(2) 90보다 10만큼 더 큰 수는 □입니다.

6 다은이가 산 사탕은 모두 몇 개인가요?

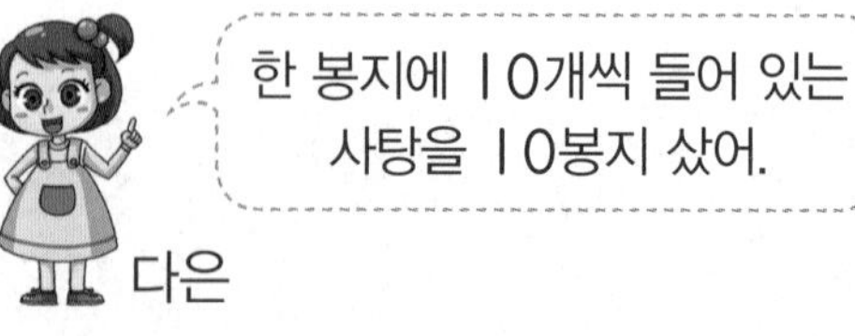

( )

개념 2 몇백

예 400 알아보기

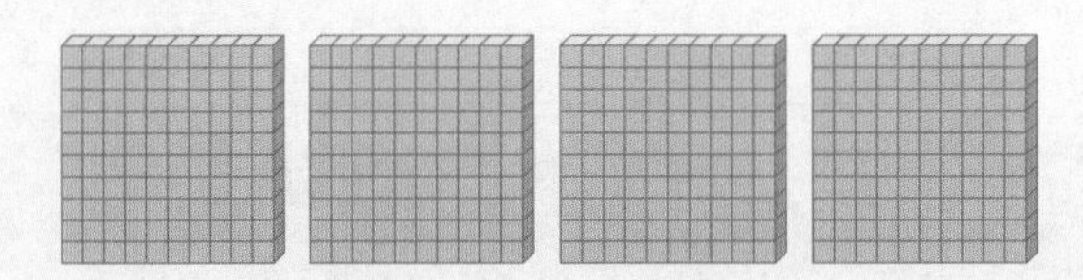

- 100이 **4**개이면 **400**입니다.
- 400은 **사백**이라고 읽습니다.

개념 동영상

7 수 모형을 보고 □ 안에 알맞은 수를 써넣으세요.

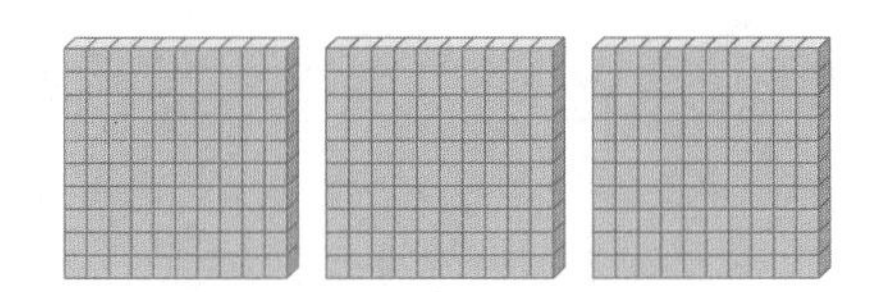

100이 3개이면 □ 입니다.

8 관계있는 것끼리 이어 보세요.

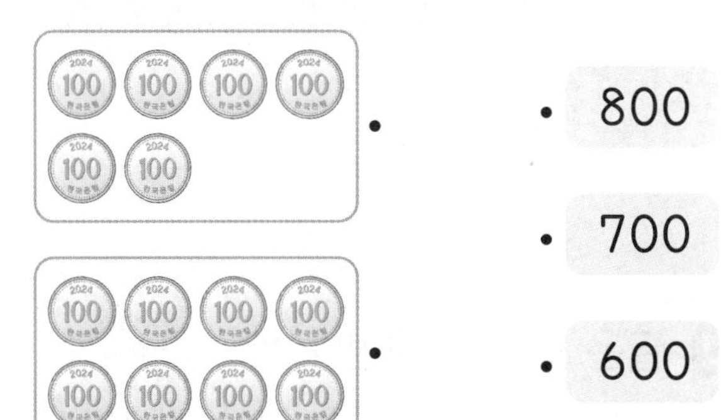

9 수로 쓰세요.

( )

10 □ 안에 알맞은 수를 써넣으세요.

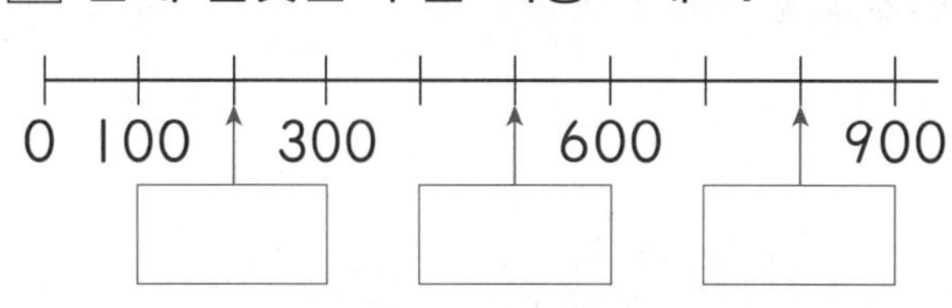

추론

11 수 모형을 보고 알맞은 설명을 찾아 기호를 쓰세요.

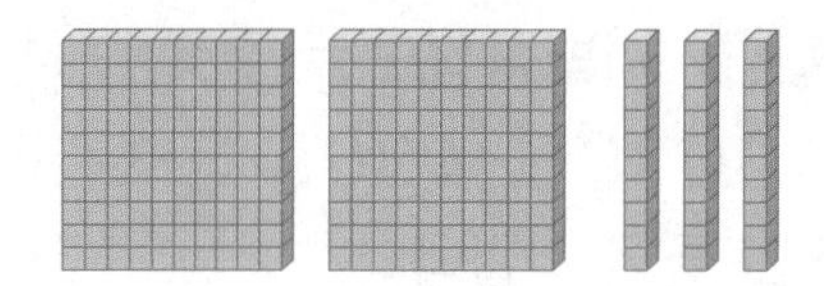

㉠ 200보다 작습니다.
㉡ 200보다 크고 300보다 작습니다.
㉢ 300보다 큽니다.

( )

12 한 상자에 100개씩 들어 있는 클립이 6상자 있습니다. 클립은 모두 몇 개인가요?

( )

13 도윤이가 말한 수를 쓰세요.

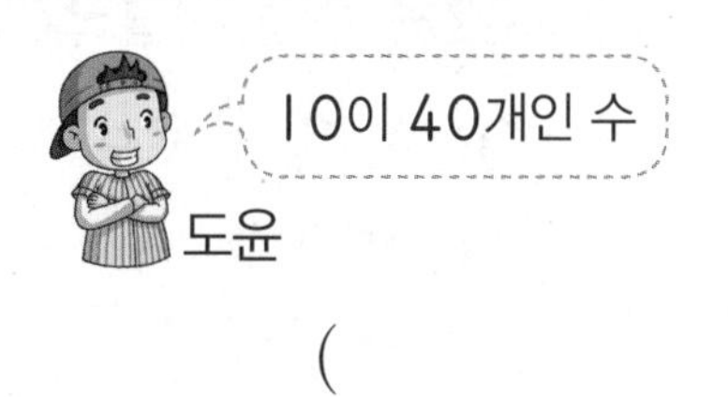

( )

개념 3 세 자리 수

예

백 모형	십 모형	일 모형
100이 4개	10이 3개	1이 5개

100이 4개, 10이 3개, 1이 5개이면 435이고 사백삼십오라고 읽습니다.

주의 '사백삼십오'를 수로 쓸 때 400305, 4305 등으로 잘못 쓰지 않도록 주의합니다.

자리의 숫자가 0일 때 그 자리는 읽지 않아.
예 205 → 이백영오 (×), 이백오 (○)

14 수 모형이 나타내는 수를 쓰고 읽어 보세요.

백 모형	십 모형	일 모형
100이 2개	10이 5개	1이 4개

쓰기 (　　　　　　)

읽기 (　　　　　　)

15 □ 안에 알맞은 수를 써넣으세요.

100이 9개
10이 2개 → □
1이 7개

16 수를 읽거나 읽은 것을 수로 쓰세요.

(1)
580	

(2)
	팔백칠

17 막대사탕의 값을 읽어 보세요.

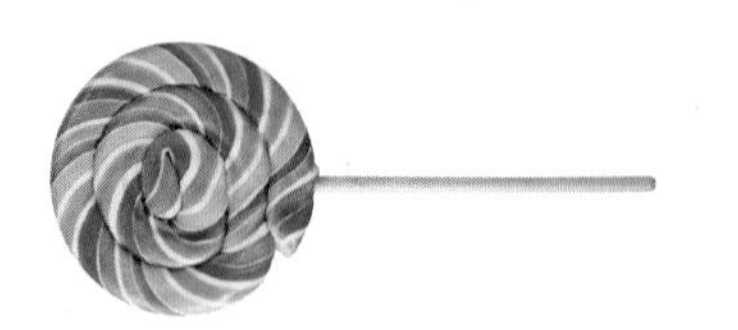

950원

(　　　　　　)원

18 수로 잘못 쓴 것을 찾아 기호를 쓰세요.

㉠ 육백사십팔 → 648
㉡ 오백십구 → 509
㉢ 칠백삼십 → 730

(　　　　　　)

19 귤은 모두 몇 개인가요?

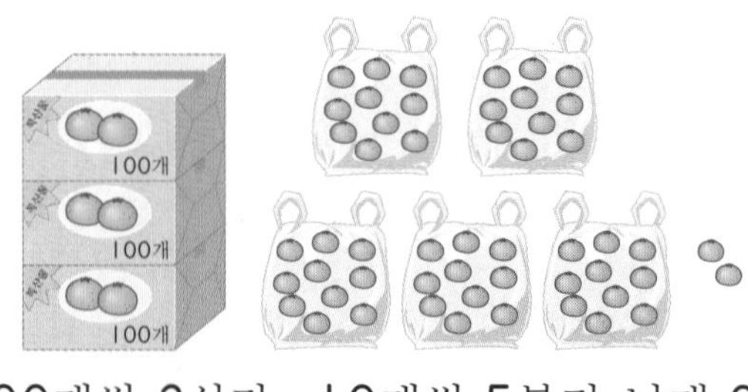

100개씩 3상자　10개씩 5봉지　낱개 2개

(　　　　　　)

1 세 자리 수

20 종수는 100원짜리 동전 4개와 10원짜리 동전 9개를 가지고 있습니다. 종수가 가지고 있는 동전은 모두 얼마인가요?

( )

실생활 연결

21 보기 와 같이 주어진 수를 넣어 이야기를 만들어 보세요.

보기

480 지우개 1개의 값은 480원입니다.

165 ______________________
____

의사소통

22 도서관에서 모은 칭찬 도장으로 나눔 장터에서 다음과 같은 물건을 살 수 있습니다. 하린이가 물건을 사는 데 사용한 칭찬 도장은 몇 개인가요?

크레파스 1통	수첩 1권	지우개 1개
도장 100개	도장 10개	도장 1개

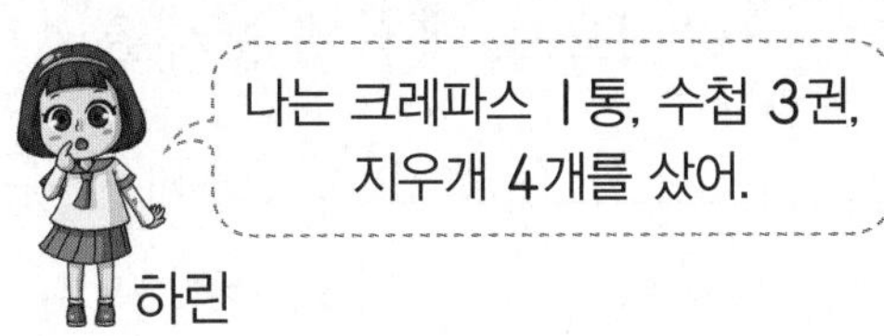

( )

개념 4 각 자리의 숫자가 나타내는 수

예 325의 각 자리의 숫자가 나타내는 수

백의 자리	십의 자리	일의 자리
3	2	5
↓		
3	0	0
	2	0
		5

3은 백의 자리 숫자이고, **300**을 나타냅니다.
2는 십의 자리 숫자이고, **20**을 나타냅니다.
5는 일의 자리 숫자이고, **5**를 나타냅니다.

$$325=300+20+5$$

개념 동영상

23 수를 보고 □ 안에 알맞은 수를 써넣으세요.

547

백의 자리의 숫자는 □이고,
□을/를 나타냅니다.

24 수 236 에 맞게 □ 안에 알맞은 수를 써넣으세요.

100이 2개	10이 3개	1이 6개
200	□	□

236=200+□+□

25 밑줄 친 숫자 9 중에서 90을 나타내는 것을 찾아 기호를 쓰세요.

7 9 9
㉠㉡

( )

추론

26 밑줄 친 숫자가 얼마를 나타내는지 수 모형에서 찾아 ○표 하세요.

(1) 354

(2) 222

27 백의 자리 숫자가 3인 수를 찾아 색칠해 보세요.

430 391 503

28 백의 자리 숫자가 2, 십의 자리 숫자가 5, 일의 자리 숫자가 8인 세 자리 수를 쓰세요.

( )

29 빈칸에 각 자리의 숫자를 써넣으세요.

구백팔

백의 자리	십의 자리	일의 자리

정보처리

30 수 배열표를 보고 물음에 답하세요.

461	462	463	464	465	466
471	472	473	474	475	476
481	482	483	484	485	486
491	492	493	494	495	496

(1) 십의 자리 숫자가 8인 수를 모두 찾아 파란색으로 색칠해 보세요.

(2) 일의 자리 숫자가 5인 수를 모두 찾아 노란색으로 색칠해 보세요.

(3) 두 가지 색이 모두 칠해진 수를 찾아 쓰세요.

( )

①~④ 형성 평가

맞힌 문제 수 개/8개

공부한 날 월 일

1 수직선을 보고 □ 안에 알맞은 수를 써넣으세요.

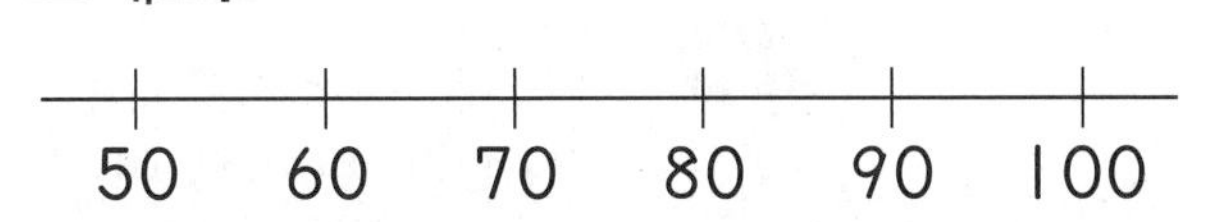

➔ 70보다 □만큼 더 큰 수는 100입니다.

2 지호가 말한 수를 쓰세요.

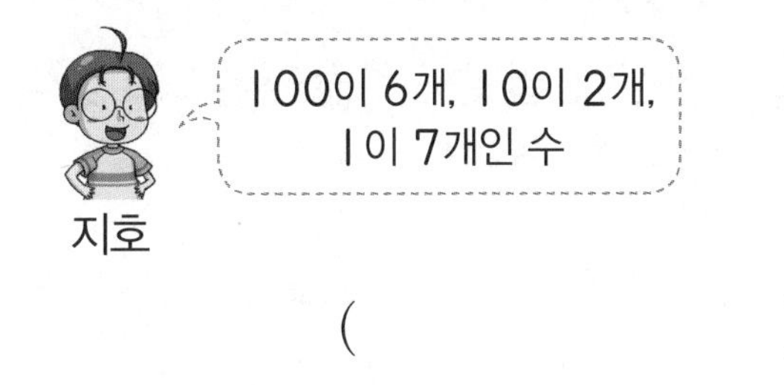

( )

3 보기와 같이 나타내 보세요.

보기

354=300+50+4

718=________________

4 수를 바르게 읽은 말을 찾아 이어 보세요.

274 •	• 칠백사십이
472 •	• 이백칠십사
742 •	• 사백칠십이

5 밑줄 친 숫자가 나타내는 수를 각각 쓰세요.

㉠ ( )

㉡ ( )

6 동전은 모두 얼마인가요?

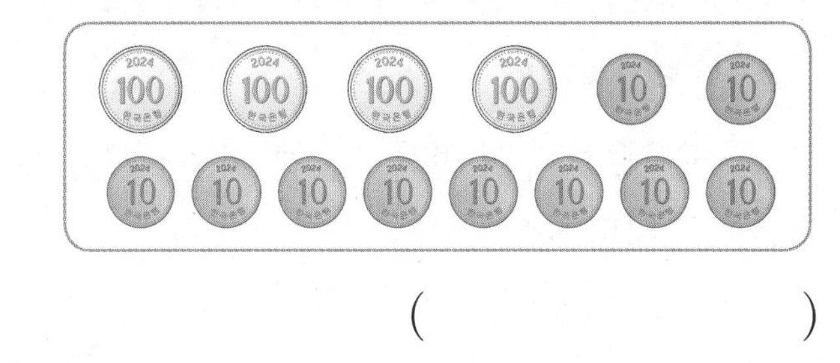

( )

7 오징어를 한 봉지에 10마리씩 담았습니다. 오징어 100마리는 몇 봉지에 담겨 있나요?

( )

8 숫자 7이 70을 나타내는 수를 찾아 기호를 쓰세요.

㉠ 617 ㉡ 731 ㉢ 574

( )

STEP 1

개념별 유형

개념 5 뛰어 세기

1. 100씩 뛰어 세기

500—600—700—800—900

➔ 백의 자리 숫자가 1씩 커집니다.

2. 10씩 뛰어 세기

950—960—970—980—990

➔ 십의 자리 숫자가 1씩 커집니다.

3. 1씩 뛰어 세기

995—996—997—998—999

➔ 일의 자리 숫자가 1씩 커집니다.

4. 천 알아보기

• 999보다 1만큼 더 큰 수는 1000입니다.

• 1000은 천이라고 읽습니다.

1 10씩 뛰어 세어 보세요.

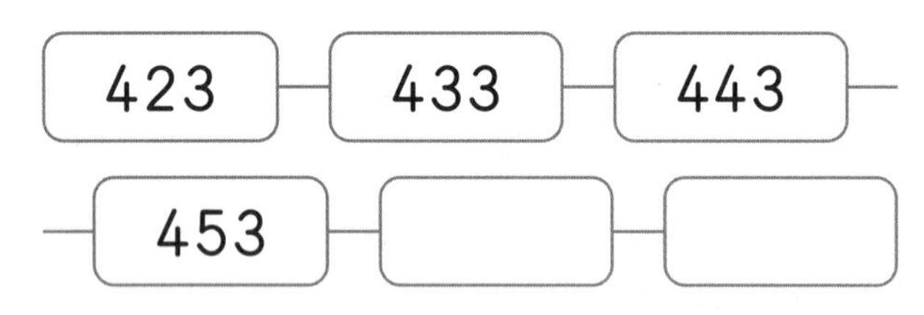

2 ㉠에 알맞은 수를 쓰고, 읽어 보세요.

3 시후의 방법으로 뛰어 세어 보세요.

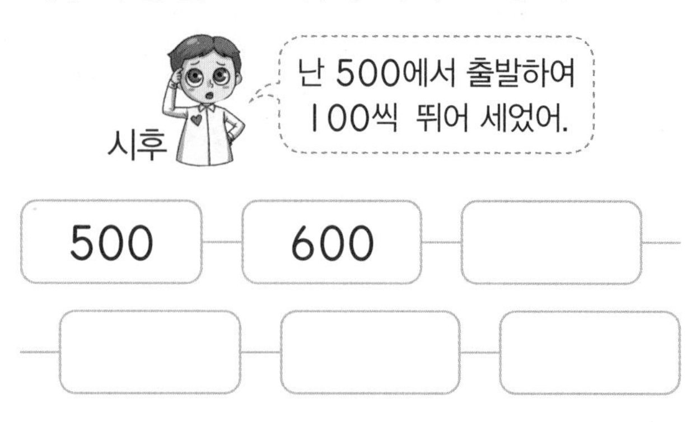

추론

4 빈칸에 알맞은 수를 써넣고, 몇씩 뛰어 세었는지 쓰세요.

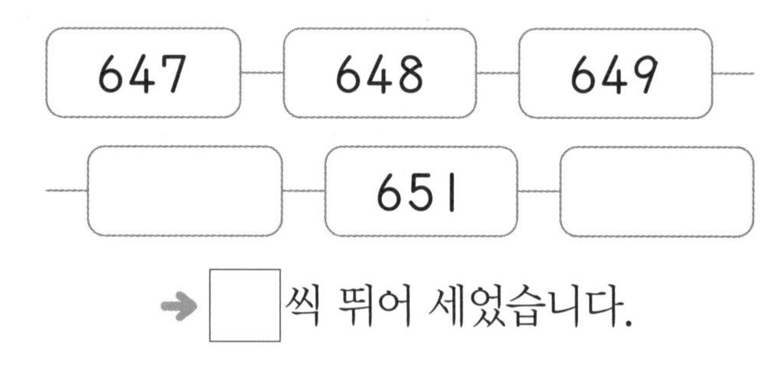

5 뛰어 세는 규칙을 찾아 빈칸에 알맞은 수를 써넣으세요.

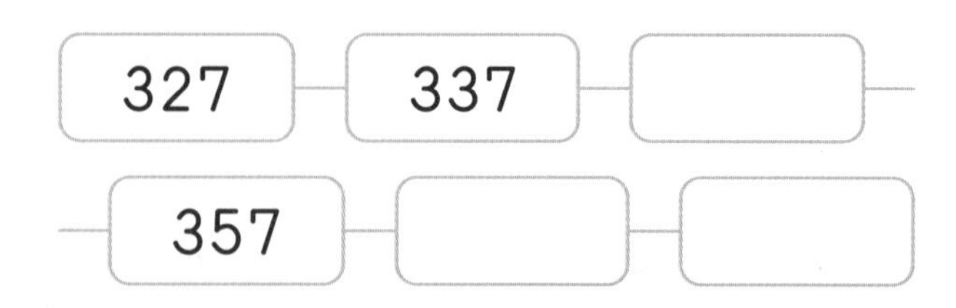

6 유나는 650원을 모았습니다. 100원씩 3번 더 모으면 얼마가 되나요?

(   )

개념 6 거꾸로 뛰어 세기

1. 100씩 거꾸로 뛰어 세기
   900−800−700−600−500
2. 10씩 거꾸로 뛰어 세기
   370−360−350−340−330
3. 1씩 거꾸로 뛰어 세기
   486−485−484−483−482

뛰어 세는 자리의 숫자가 1씩 작아져.

개념 7 수의 크기 비교

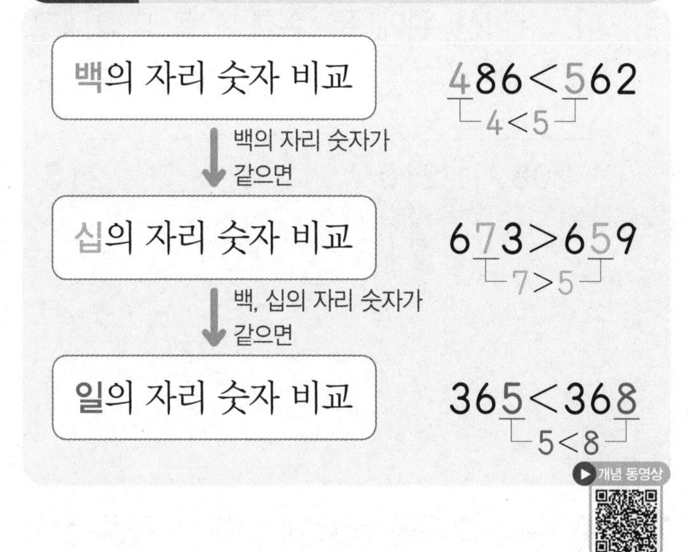

7 1씩 거꾸로 뛰어 세어 보세요.

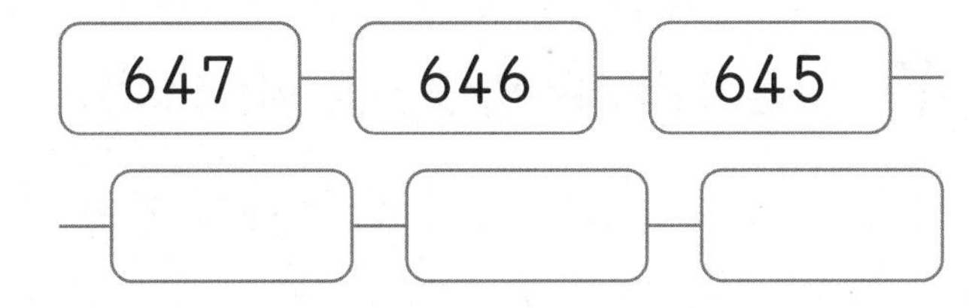

8 몇씩 거꾸로 뛰어 센 것인가요?

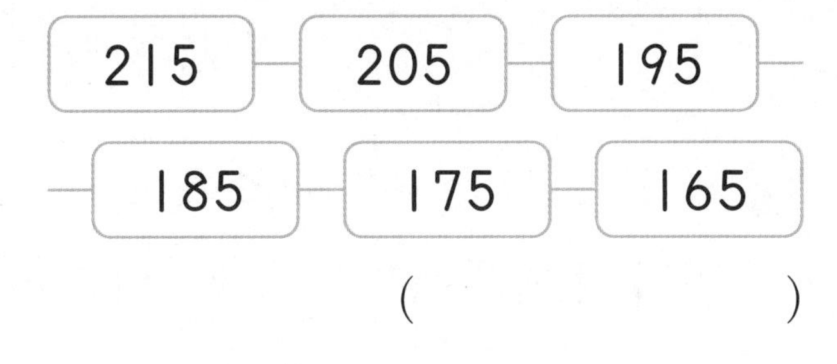

( )

9 984에서 출발하여 100씩 거꾸로 뛰어 세어 보세요.

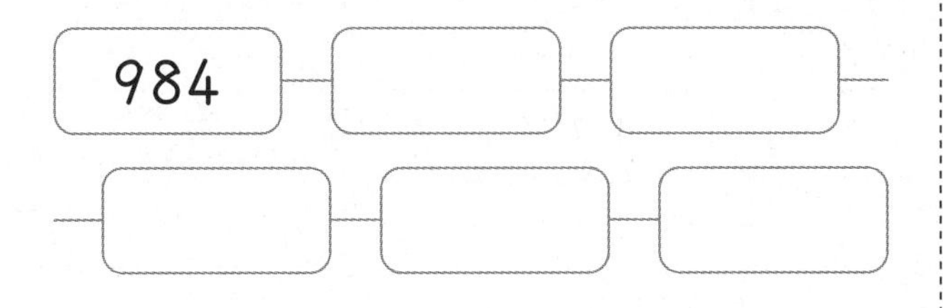

10 두 수의 크기를 비교하여 ○ 안에 > 또는 <를 알맞게 써넣으세요.

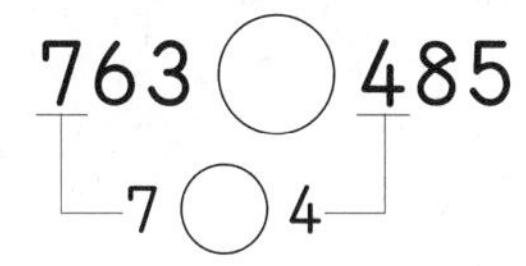

의사소통

11 빈칸에 각 자리의 숫자를 써넣고, 두 수의 크기를 비교하여 ○ 안에 > 또는 <를 알맞게 써넣으세요.

	백의 자리	십의 자리	일의 자리
639 ➔	6		
656 ➔	6		

639 ○ 656

12 더 큰 수에 색칠해 보세요.

418 417

13 213과 209의 크기를 비교하려고 합니다. 수직선 위에 두 수를 ↑로 나타내고, ○ 안에 $>$ 또는 $<$를 알맞게 써넣으세요.

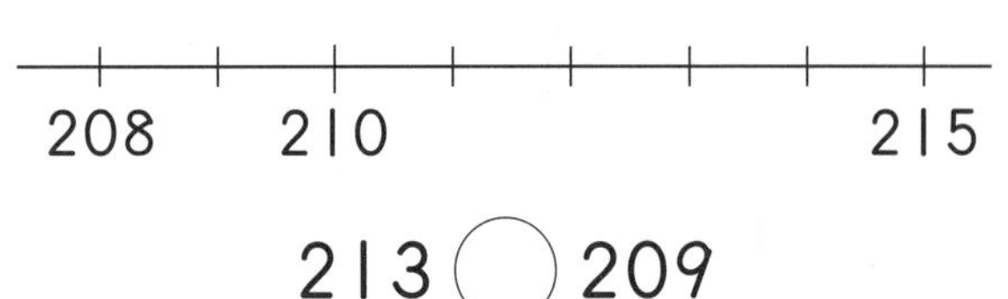

213 ○ 209

14 두 수의 크기를 바르게 비교한 것을 찾아 기호를 쓰세요.

㉠ $458<429$　㉡ $763>690$

(　　　　　　)

15 오이와 당근 중 더 많이 있는 채소는 무엇인가요?

오이: 348개　당근: 352개

(　　　　　　)

문제 해결

16 지호네 학교 학생 수는 528명이고, 은채네 학교 학생 수는 524명입니다. 학생 수가 더 적은 학교는 누구네 학교인가요?

(　　　　　　)

개념 8 세 수의 크기 비교

예 520, 418, 432의 크기 비교

① 520, 418, 432
└백의 자리 숫자가 가장 크다.
➔ 가장 큰 수: 520

② 418, 432
└십의 자리 숫자가 더 크다.
➔ 가장 작은 수: 418

[17~18] 세 수의 크기를 비교하려고 합니다. 물음에 답하세요.

648　717　639

17 빈칸에 각 자리의 숫자를 써넣으세요.

	백의 자리	십의 자리	일의 자리
648 ➔	6	4	8
717 ➔	7		
639 ➔			

18 □ 안에 알맞은 수를 써넣으세요.

세 수 중 가장 큰 수는 □이고, 가장 작은 수는 □입니다.

19 가장 큰 수를 찾아 쓰세요.

456　402　416

(　　　　　　)

5~8 형성 평가

맞힌 문제 수 개/7개

공부한 날 월 일

1 1씩 뛰어 세어 보세요.

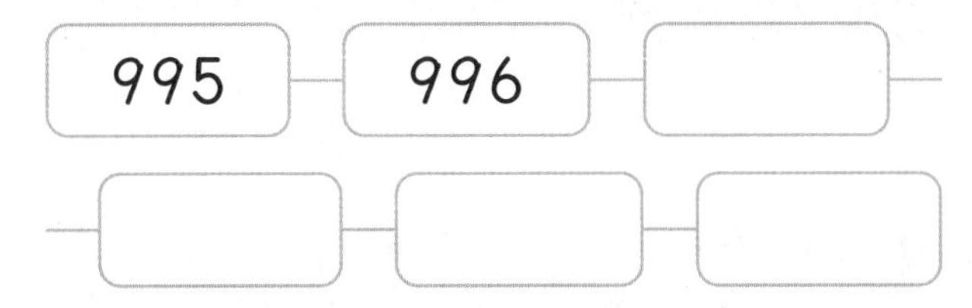

2 □ 안에 수 모형의 수를 써넣고, 두 수의 크기를 비교하여 ○ 안에 > 또는 <를 알맞게 써넣으세요.

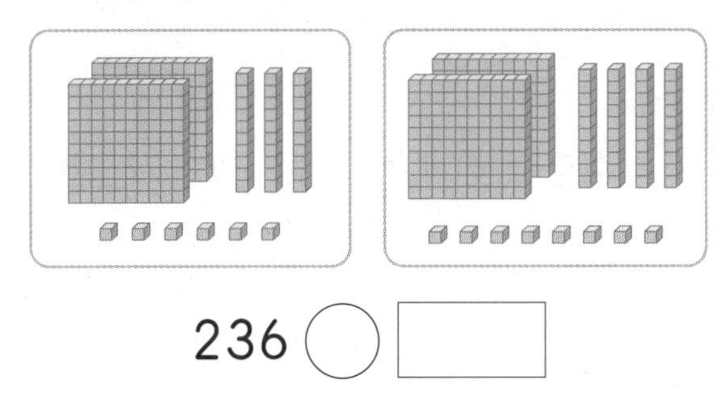

236 ○ □

3 두 수의 크기를 비교하여 ○ 안에 > 또는 <를 알맞게 써넣으세요.

934 ○ 구백삼십

4 뛰어 세는 규칙을 찾아 빈칸에 알맞은 수를 써넣으세요.

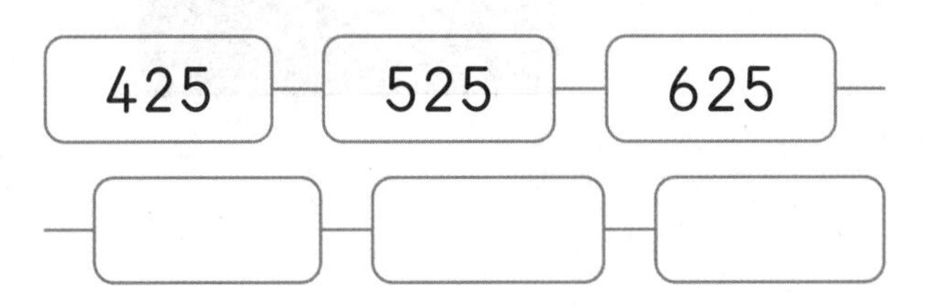

5 지수가 가지고 있는 분홍색 색종이와 초록색 색종이입니다. 어떤 색 색종이가 더 많이 있나요?

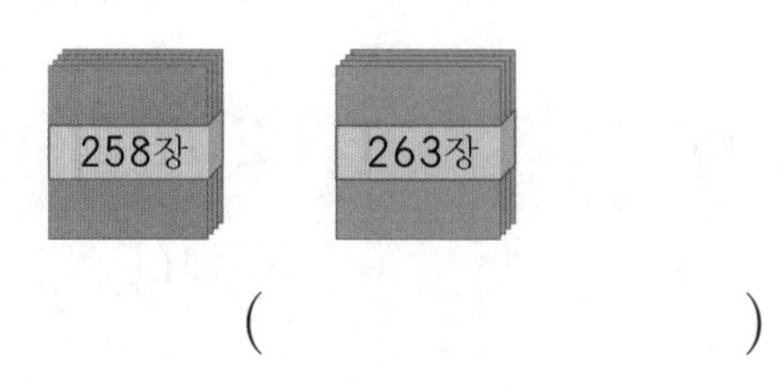

( )

6 678에서 출발하여 10씩 거꾸로 뛰어 세려고 합니다. ㉠에 알맞은 수를 구하세요.

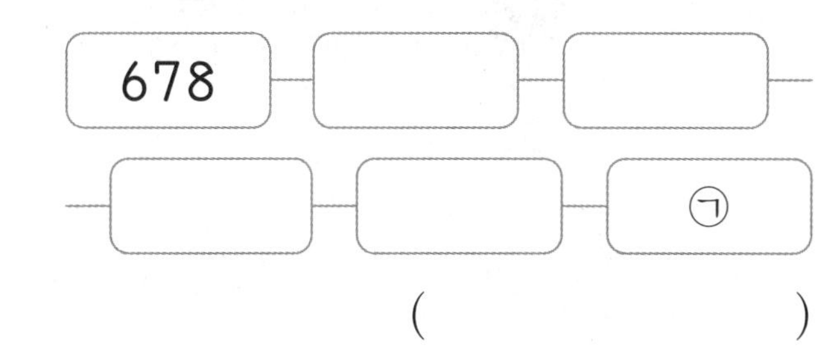

( )

7 가장 큰 수를 들고 있는 동물의 이름을 쓰세요.

( )

STEP 2

꼬리를 무는 유형

1 백의 크기

1 기본

□ 안에 알맞은 수를 써넣으세요.

80보다 20만큼 더 큰 수는 □입니다.

2 변형

□ 안에 알맞은 수를 구하세요.

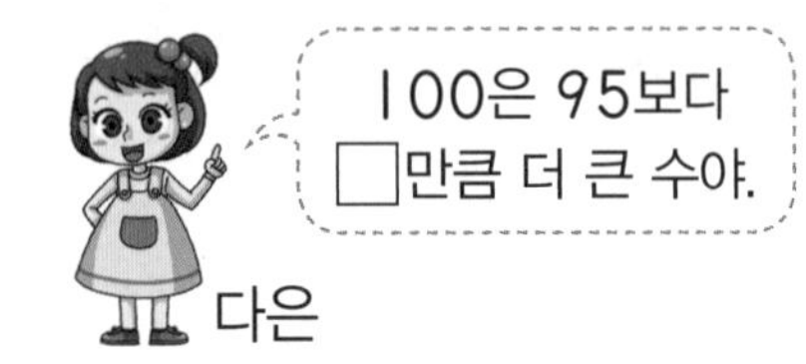

다은

(　　　　　　)

3 실생활

꽃집에서 장미를 그림과 같이 한 묶음에 10송이씩 묶었습니다. 100송이가 되려면 몇 묶음이 더 있어야 하나요?

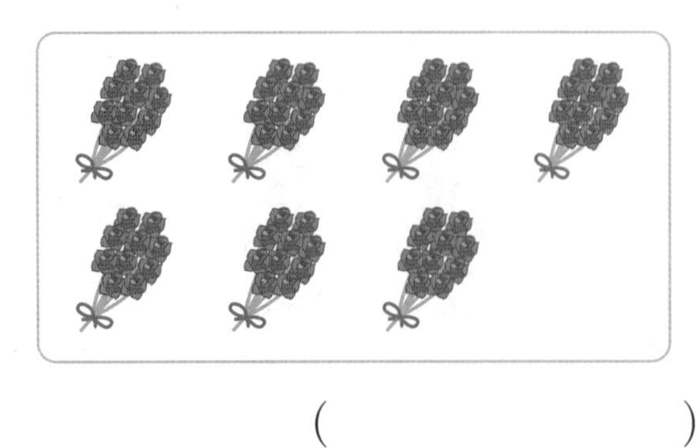

(　　　　　　)

2 세 자리 수 읽고 쓰기

4 기본

수를 바르게 읽은 것을 찾아 기호를 쓰세요.

㉠ 408 → 사백팔십
㉡ 630 → 육백삼
㉢ 554 → 오백오십사

(　　　　　　)

5 변형

수로 바르게 쓴 것을 찾아 기호를 쓰세요.

㉠ 칠백구 → 790
㉡ 사백이십 → 420
㉢ 백오십삼 → 10053

(　　　　　　)

6 실생활

유라네 반 학생들은 귤 농장으로 체험 학습을 갔습니다. 귤 농장에서 딴 귤은 100개씩 4상자, 10개씩 8봉지, 낱개로 5개입니다. 귤의 수를 쓰고 읽어 보세요.

쓰기 (　　　　　　)개

읽기 (　　　　　　)개

공부한 날 월 일

3 각 자리의 숫자가 나타내는 수

7 기본
숫자 2가 200을 나타내는 수를 찾아 쓰세요.

420 251 692

( )

8 변형
숫자 5가 50을 나타내는 수가 아닌 것을 찾아 기호를 쓰세요.

㉠ 354 ㉡ 758 ㉢ 275

( )

9 실생활
밑줄 친 숫자가 나타내는 수를 보기 에서 찾아 단어를 만들어 보세요.

보기
300 → 선 500 → 화 50 → 채
3 → 송 30 → 봉 700 → 장

① 352 ② 783 ③ 572

	①	②	③
단어			

4 수의 크기 비교하기

10 기본
더 큰 수에 ○표 하세요.

874 796

( ) ( )

11 변형
더 작은 수를 찾아 쓰세요.

523 518

( )

12 문장제
줄넘기를 지아는 204번 했고 준호는 211번 했습니다. 줄넘기를 더 많이 한 사람은 누구인가요?

( )

13 실생활
음식점에서 세 가족이 번호표를 뽑고 기다리고 있습니다. 번호표를 가장 먼저 뽑은 가족은 누구네 가족인가요?

( )

꼬리를 무는 유형

5 모두 얼마인지 구하기

예 10이 13개

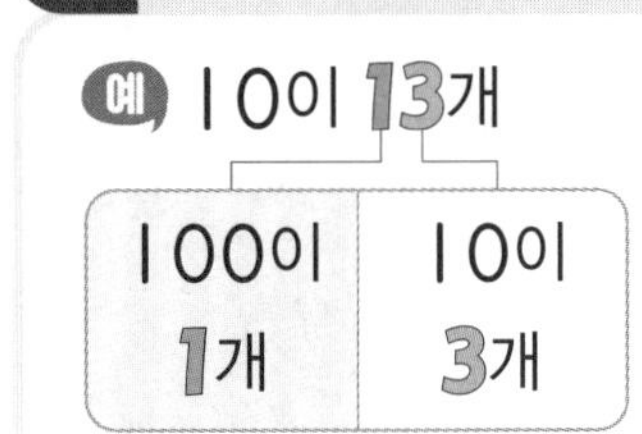

1이 23개

10이	1이
2개	3개

14 실력 수 모형이 나타내는 수를 구하세요.

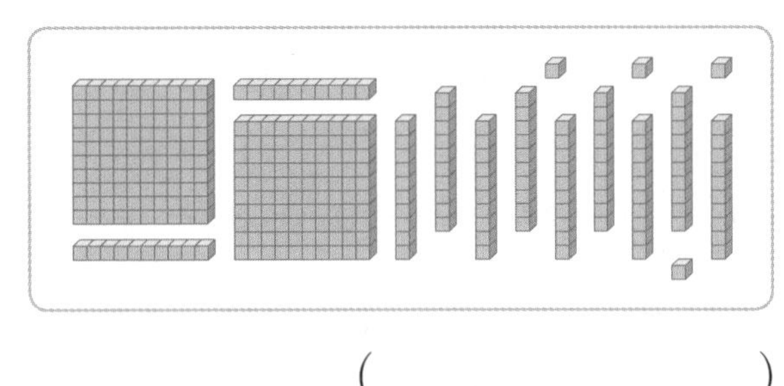

(　　　　　　　　)

15 변형 100이 3개, 10이 15개, 1이 7개인 세 자리 수를 구하세요.

(　　　　　　　　)

16 레벨업 하린이가 가지고 있는 동전은 모두 얼마인가요?

100원짜리 동전 5개, 10원짜리 동전 3개, 1원짜리 동전 24개를 가지고 있어.

(　　　　　　　　)

6 보이지 않는 숫자가 있는 수의 크기 비교

예 **세 자리 수 45■와 43■의 크기 비교**

백의 자리 숫자가 같으므로 십의 자리 숫자를 비교합니다.

45■ > 43■

5 > 3

17 실력 세 자리 수 ㉠과 ㉡의 일의 자리 숫자가 보이지 않습니다. 더 큰 수를 찾아 기호를 쓰세요.

㉠ 82■　　㉡ 85■

(　　　　　　　　)

18 변형 세 자리 수 ㉠과 ㉡의 일의 자리 숫자가 보이지 않습니다. 더 작은 수를 찾아 기호를 쓰세요.

㉠ 35■　　㉡ 30■

(　　　　　　　　)

19 레벨업 세 자리 수 ㉠, ㉡, ㉢의 일의 자리 숫자가 보이지 않습니다. 가장 큰 수를 찾아 기호를 쓰세요.

(　　　　　　　　)

7 규칙을 찾아 뛰어 세기

변하는 숫자를 찾고 그 숫자가 커지는지 또는 작아지는지 살펴봅니다.

예 • 452-552-652-752
➔ 100씩 뛰어 세기

• 452-352-252-152
➔ 100씩 거꾸로 뛰어 세기

20 실력 뛰어 세는 규칙을 찾아 빈칸에 알맞은 수를 써넣으세요.

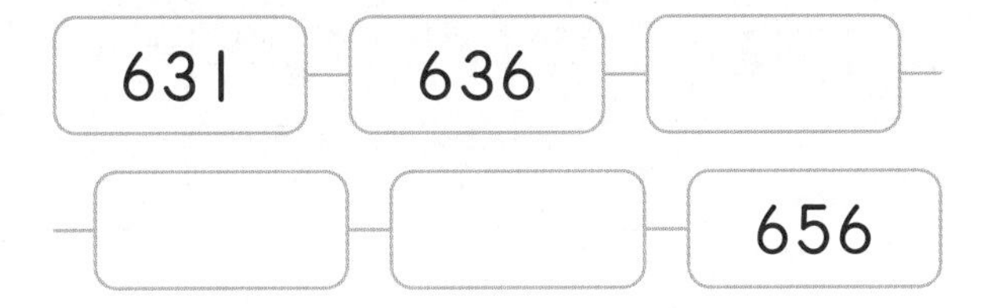

21 변형 뛰어 세는 규칙을 찾아 빈칸에 알맞은 수를 써넣으세요.

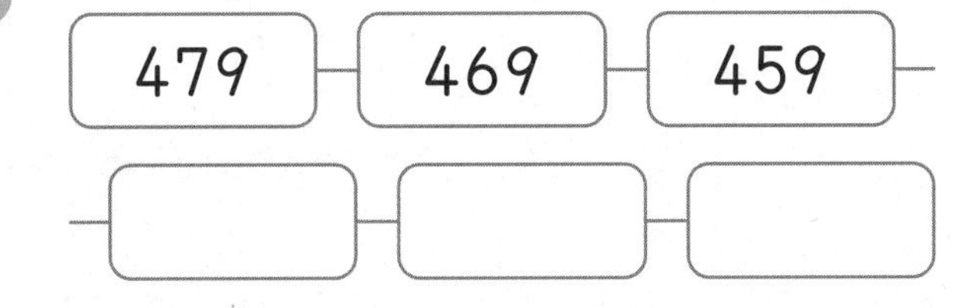

22 레벨업 보기 와 같은 규칙으로 뛰어 셀 때, ㉠에 알맞은 수를 구하세요.

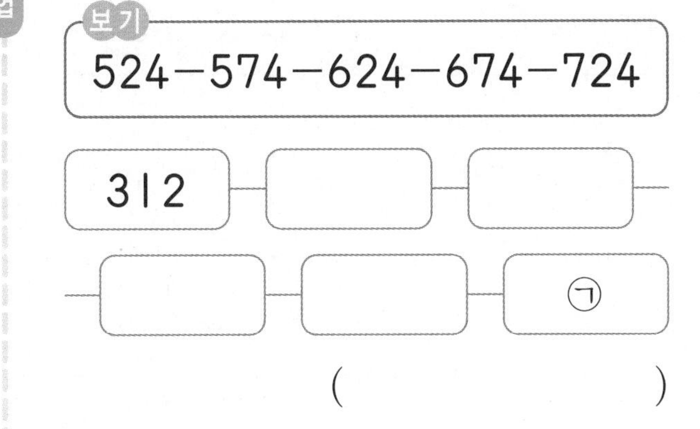

( )

8 수 카드로 세 자리 수 만들기

예 5, 1, 7 로 세 자리 수 만들기

• 가장 큰 수

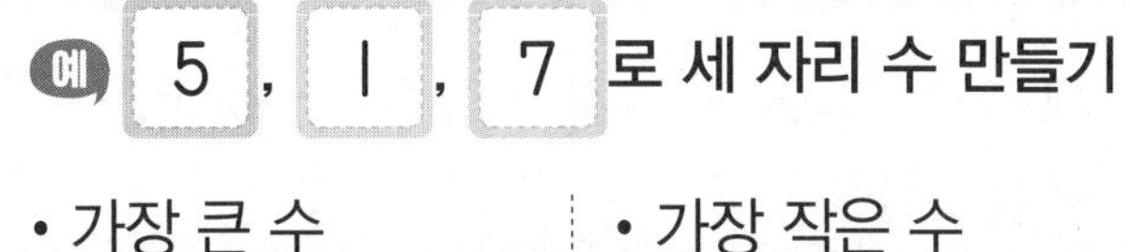

└큰 수부터 차례로 놓습니다.

• 가장 작은 수

1 5 7

└작은 수부터 차례로 놓습니다.

23 실력 수 카드를 한 번씩만 사용하여 가장 큰 세 자리 수를 만들어 보세요.

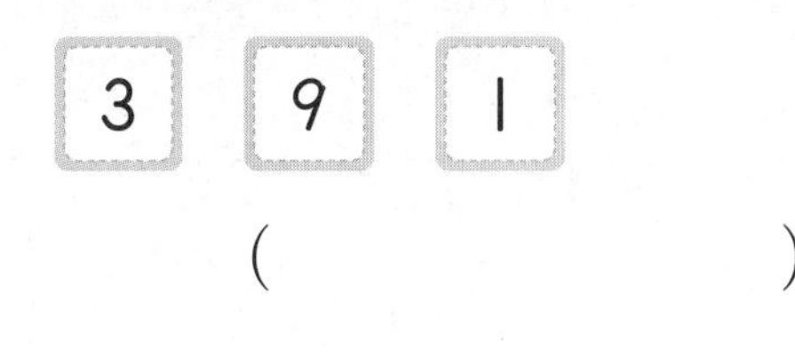

( )

24 변형 수 카드를 한 번씩만 사용하여 가장 작은 세 자리 수를 만들어 보세요.

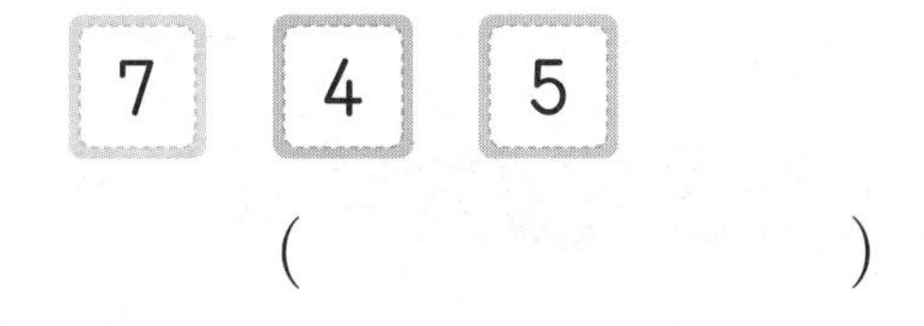

( )

25 레벨업 수 카드 4장 중 3장을 골라 한 번씩만 사용하여 가장 작은 세 자리 수를 만들어 보세요.

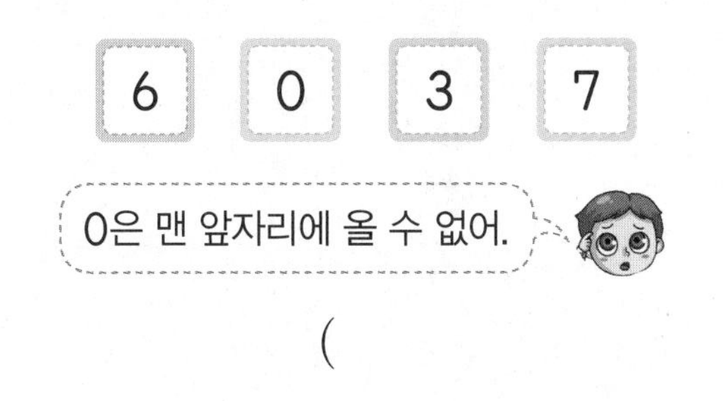

( )

STEP 3

수학 독해력 유형

독해력 유형 1 □ 안에 들어갈 수 있는 숫자 구하기

구하려는 것에 밑줄을 긋고 풀어 보세요.

세 자리 수의 크기를 비교한 것입니다. □ 안에 들어갈 수 있는 숫자는 모두 몇 개인지 구하세요.

$364<3\square8$

해결 비법

일의 자리 숫자까지 꼭 비교합니다.

예 • $172<1\boxed{7}5$ (○)

□ 안에 7이 들어갈 수 있어.

• $172>1\boxed{7}5$ (×)

□ 안에 7이 들어갈 수 없어.

문제 해결

$>$, $<$ 중 알맞은 것 쓰기

❶ 십의 자리 숫자를 같게 하여 크기 비교: 364 ◯ 3 $\boxed{6}$ 8

❷ □ 안에 6이 들어갈 수 (있습니다 , 없습니다).

알맞은 말에 ○표 하기

❸ □ 안에 들어갈 수 있는 숫자는 ______________

이므로 모두 □개입니다.

답 ______________

쌍둥이 유형 1-1

위의 문제 해결 방법을 따라 풀어 보세요.

세 자리 수의 크기를 비교한 것입니다. □ 안에 들어갈 수 있는 숫자는 모두 몇 개인지 구하세요.

$744>7\square7$

따라 풀기 ❶

❷

❸

답 ______________

정답과 해설 4쪽

공부한 날 월 일

독해력 유형 2 조건을 만족하는 수 구하기

✎ 구하려는 것에 밑줄을 긋고 풀어 보세요.

조건을 모두 만족하는 세 자리 수를 구하세요.

조건1 백의 자리 숫자는 2보다 크고 4보다 작습니다.
조건2 십의 자리 숫자는 50을 나타냅니다.
조건3 일의 자리 숫자는 4를 나타냅니다.

해결 비법

조건을 만족하는 각 자리 숫자를 구합니다.

예 백의 자리 숫자는 8이야.

백	십	일
8	4	

십의 자리 숫자는 40을 나타내.

문제 해결

❶ 백의 자리 숫자: □

❷ 십의 자리 숫자: □

❸ 일의 자리 숫자: □

❹ 조건을 모두 만족하는 세 자리 수: □

답 ____________

쌍둥이 유형 2-1

✎ 위의 문제 해결 방법을 따라 풀어 보세요.

조건을 모두 만족하는 세 자리 수를 구하세요.

조건1 백의 자리 숫자는 400을 나타냅니다.
조건2 십의 자리 숫자는 5보다 크고 7보다 작습니다.
조건3 일의 자리 숫자는 9를 나타냅니다.

따라 풀기 ❶

❷

❸

❹

답 ____________

수학 독해력 유형

독해력 유형 3 수 모형으로 나타낼 수 있는 수 구하기

구하려는 것에 밑줄을 긋고 풀어 보세요.

수 모형 4개 중 3개를 사용하여 나타낼 수 있는 세 자리 수를 모두 쓰세요.

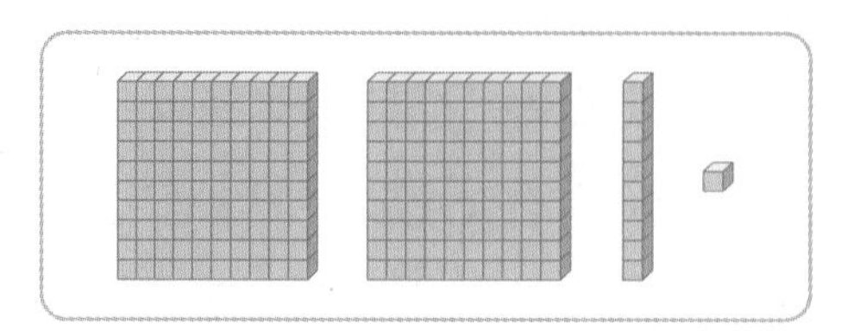

해결 비법

예 수 모형 3개 중 2개를 사용하여 세 자리 수 나타내기

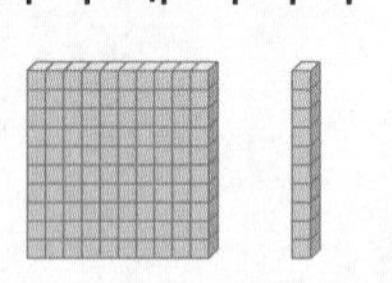

백 모형	십 모형	일 모형	
1개	1개	0개	→ 110
1개	0개	1개	→ 101

└세 자리 수이므로 백 모형을 반드시 사용합니다.

문제 해결

❶ 수 모형 3개를 사용하여 세 자리 수 나타내는 방법:

백 모형	십 모형	일 모형
2개	1개	0개

❷ 수 모형 3개를 사용하여 나타낼 수 있는 세 자리 수:

[ ], [ ], [ ]

답 ______

쌍둥이 유형 3-1

위의 문제 해결 방법을 따라 풀어 보세요.

수 모형 5개 중 2개를 사용하여 나타낼 수 있는 세 자리 수를 모두 쓰세요.

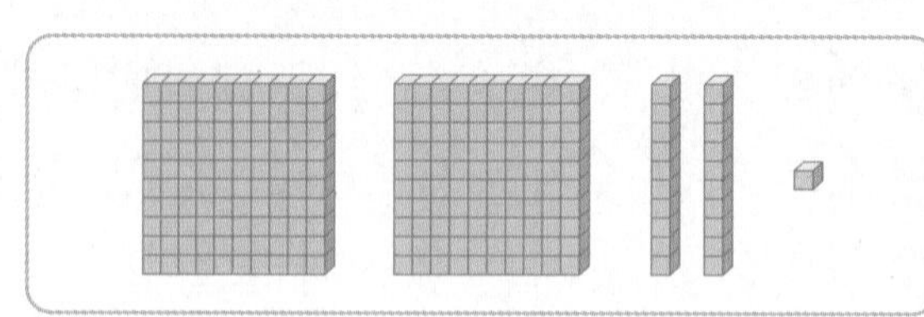

따라 풀기 ❶

❷

답 ______

공부한 날 월 일

독해력 유형 4 어떤 수 구하기

구하려는 것에 밑줄을 긋고 풀어 보세요.

어떤 수보다 100만큼 더 큰 수는 470입니다. 어떤 수보다 10만큼 더 작은 수를 구하세요.

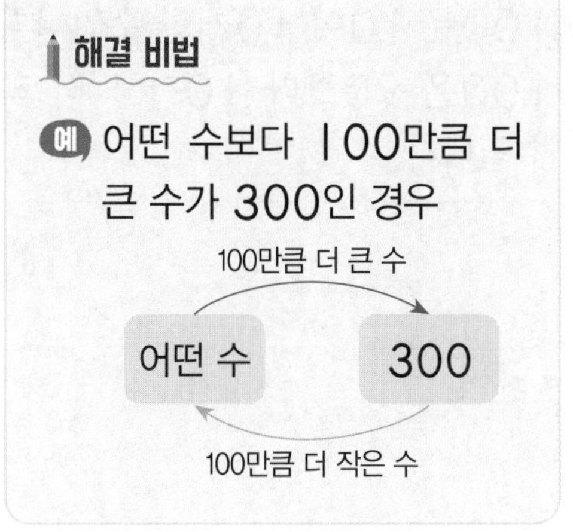

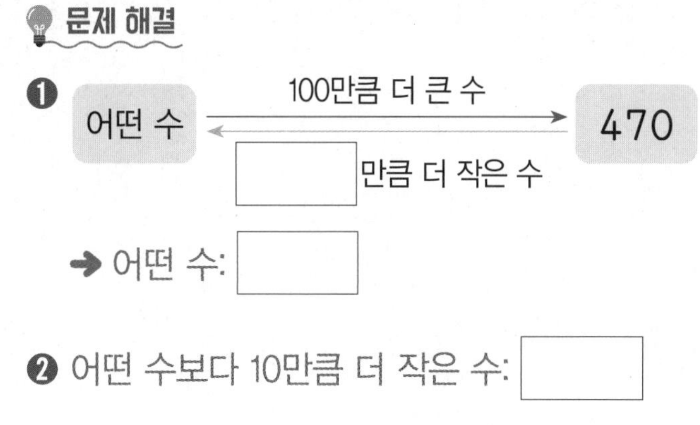

답 ______

쌍둥이 유형 4-1

위의 문제 해결 방법을 따라 풀어 보세요.

어떤 수보다 10만큼 더 큰 수는 352입니다. 어떤 수보다 100만큼 더 작은 수를 구하세요.

따라 풀기 ❶

❷

답 ______

쌍둥이 유형 4-2

어떤 수보다 10만큼 더 작은 수는 678입니다. 어떤 수보다 100만큼 더 큰 수를 구하세요.

따라 풀기 ❶

❷

답 ______

유형TEST

1 수 모형이 나타내는 수를 쓰세요.

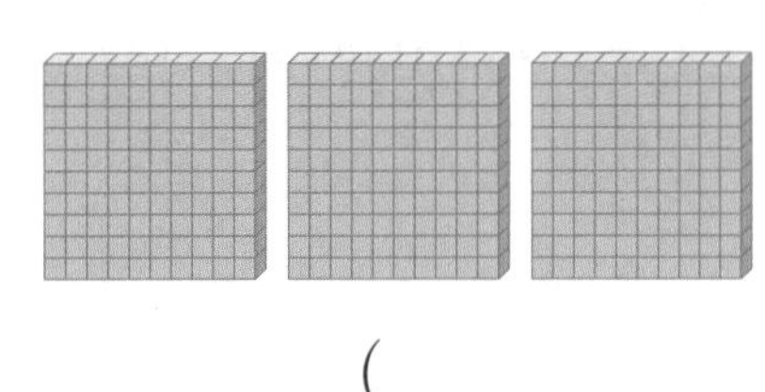

(　　　　　　　　)

2 수로 쓰세요.

육백사십

(　　　　　　　　)

3 □ 안에 알맞은 수를 써넣으세요.

100이 4개
10이 6개 → □
1이 7개

4 10씩 뛰어 세어 보세요.

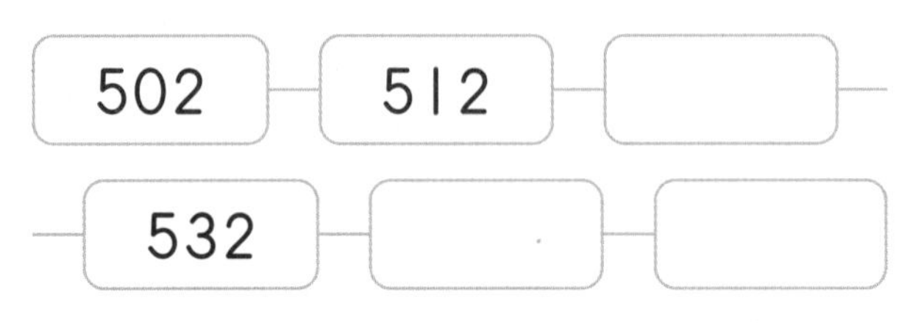

502 — 512 — □ — 532 — □ — □

의사소통

5 설명이 틀린 것을 찾아 기호를 쓰세요.

㉠ 100은 99보다 1만큼 더 큰 수입니다.
㉡ 100은 10이 10개인 수입니다.
㉢ 100은 90보다 10만큼 더 작은 수입니다.

(　　　　　　　　)

6 관계있는 것끼리 이어 보세요.

100이 5개인 수 •	• 팔백
800 •	• 오백
100이 9개인 수 •	• 구백

7 보기 와 같이 나타내 보세요.

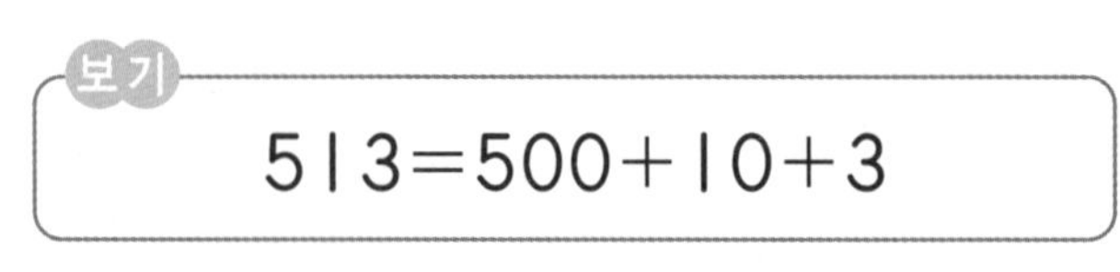

보기
513=500+10+3

764=________________

8 더 큰 수에 ○표 하세요.

634 629

( ) ( )

9 수를 바르게 읽은 사람은 누구인지 이름을 쓰세요.

( )

10 토마토가 한 봉지에 10개씩 들어 있습니다. 10봉지에 들어 있는 토마토는 모두 몇 개인가요?

( )

11 백의 자리 숫자가 7, 십의 자리 숫자가 0, 일의 자리 숫자가 6인 세 자리 수를 쓰세요.

( )

12 숫자 5가 나타내는 수가 5인 수를 찾아 기호를 쓰세요.

㉠ 514 ㉡ 275 ㉢ 653

( )

13 323에서 출발하여 1씩 거꾸로 뛰어 세어 보세요.

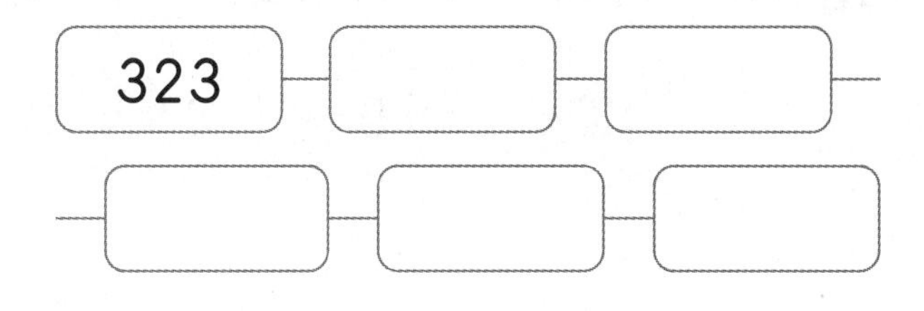

실생활 연결

14 유정이네 학교 1학년 학생은 124명이고, 2학년 학생은 131명입니다. 1학년과 2학년 중에서 학생 수가 더 많은 학년은 어느 학년인가요?

( )

유형TEST

15 뛰어 세는 규칙을 찾아 ㉠에 알맞은 수를 구하세요.

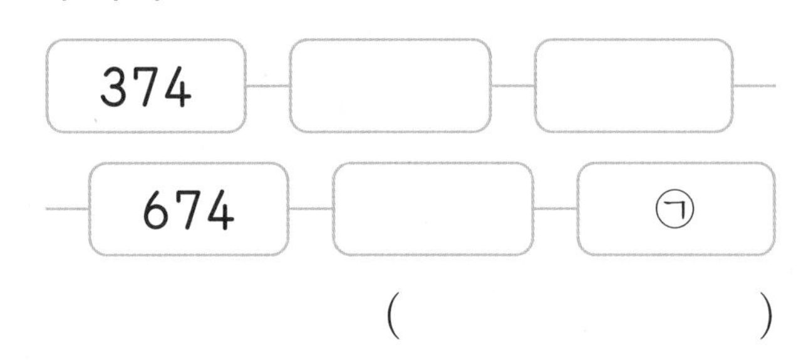

(　　　　　　　　)

16 작은 수부터 차례로 쓰세요.

204	155	212

(　　　　　　　　)

17 준수의 저금통에 340원이 들어 있습니다. 준수가 100원짜리 동전 2개를 더 넣는다면 저금통에 들어 있는 돈은 얼마가 되나요?

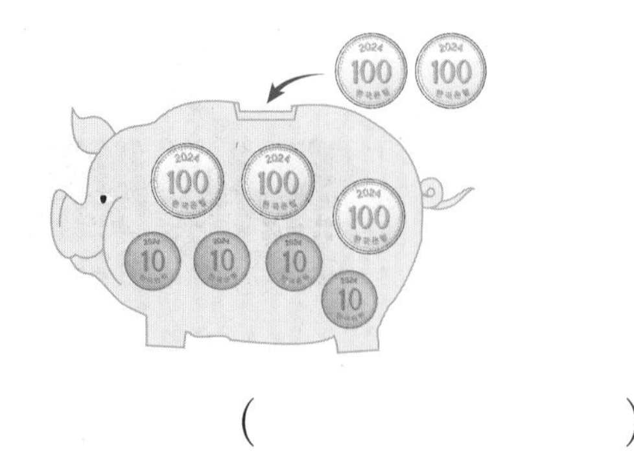

(　　　　　　　　)

실생활 연결

18 김 한 톳은 100장이고 오징어 한 축은 20마리입니다. 김 세 톳은 몇 장이고, 오징어 다섯 축은 몇 마리인지 각각 구하세요.

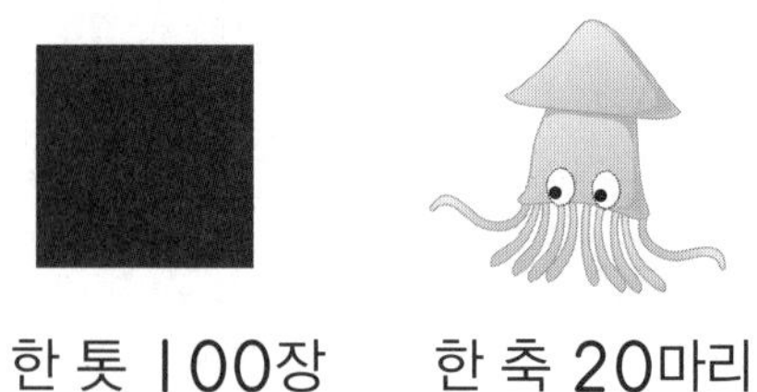

한 톳 100장　　한 축 20마리

김 세 톳 (　　　　　　　　)

오징어 다섯 축 (　　　　　　　　)

19 더 큰 수를 찾아 기호를 쓰세요.

㉠ 571에서 출발하여 1씩 5번 뛰어 센 수
㉡ 527에서 출발하여 10씩 4번 뛰어 센 수

(　　　　　　　　)

20 295보다 크고 302보다 작은 세 자리 수는 모두 몇 개인지 구하세요.

(　　　　　　　　)

21 윤지는 100원짜리 동전 3개, 10원짜리 동전 12개, 1원짜리 동전 6개를 가지고 있습니다. 윤지가 가지고 있는 동전은 모두 얼마인가요?

( )

문제 해결

22 조건을 모두 만족하는 세 자리 수를 구하세요.

> 조건1 백의 자리 숫자는 5보다 크고 7보다 작습니다.
> 조건2 십의 자리 숫자는 30을 나타냅니다.
> 조건3 일의 자리 숫자는 8을 나타냅니다.

( )

23 어떤 수보다 100만큼 더 큰 수는 528입니다. 어떤 수보다 10만큼 더 작은 수를 구하세요.

( )

서술형

24 수 카드 4장 중 3장을 골라 한 번씩만 사용하여 세 자리 수를 만들려고 합니다. 만들 수 있는 가장 작은 세 자리 수를 구하는 풀이 과정을 쓰고 답을 구하세요.

6 8 0 1

풀이

답

서술형

25 세 자리 수의 크기를 비교한 것입니다. □ 안에 들어갈 수 있는 숫자는 모두 몇 개인지 풀이 과정을 쓰고 답을 구하세요.

572 < 5□4

풀이

답

2 여러 가지 도형

등골이 오싹한 고스트 나라를 잘 지나왔나요? 이제 디저트 나라에서 여러 가지 도형에 대해 배워 볼 거예요. 우리 함께 한 칸씩 통과해 가면서 이번 단원에서 배울 내용을 알아보도록 해요.

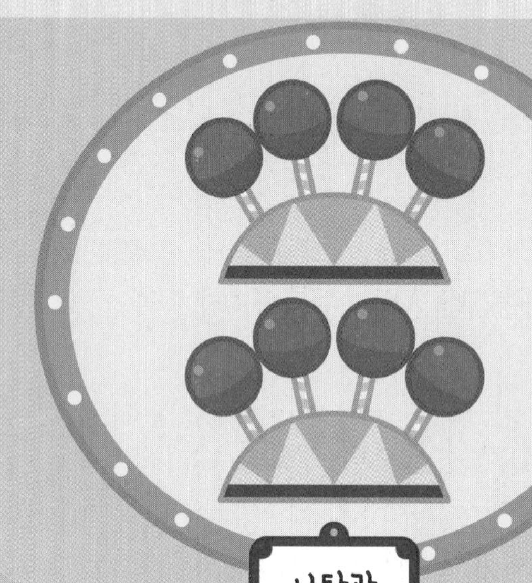

△ 모양의 쿠키에 ○표 해 봐.

푸딩에서 어떤 모양을 찾을 수 있을까? ❷(□, △, ○)

푸딩관

막대 사탕은 어떤 모양일까?

큐알 코드를 찍으면 개념 학습 영상도 보고, 수학 게임도 할 수 있어요.

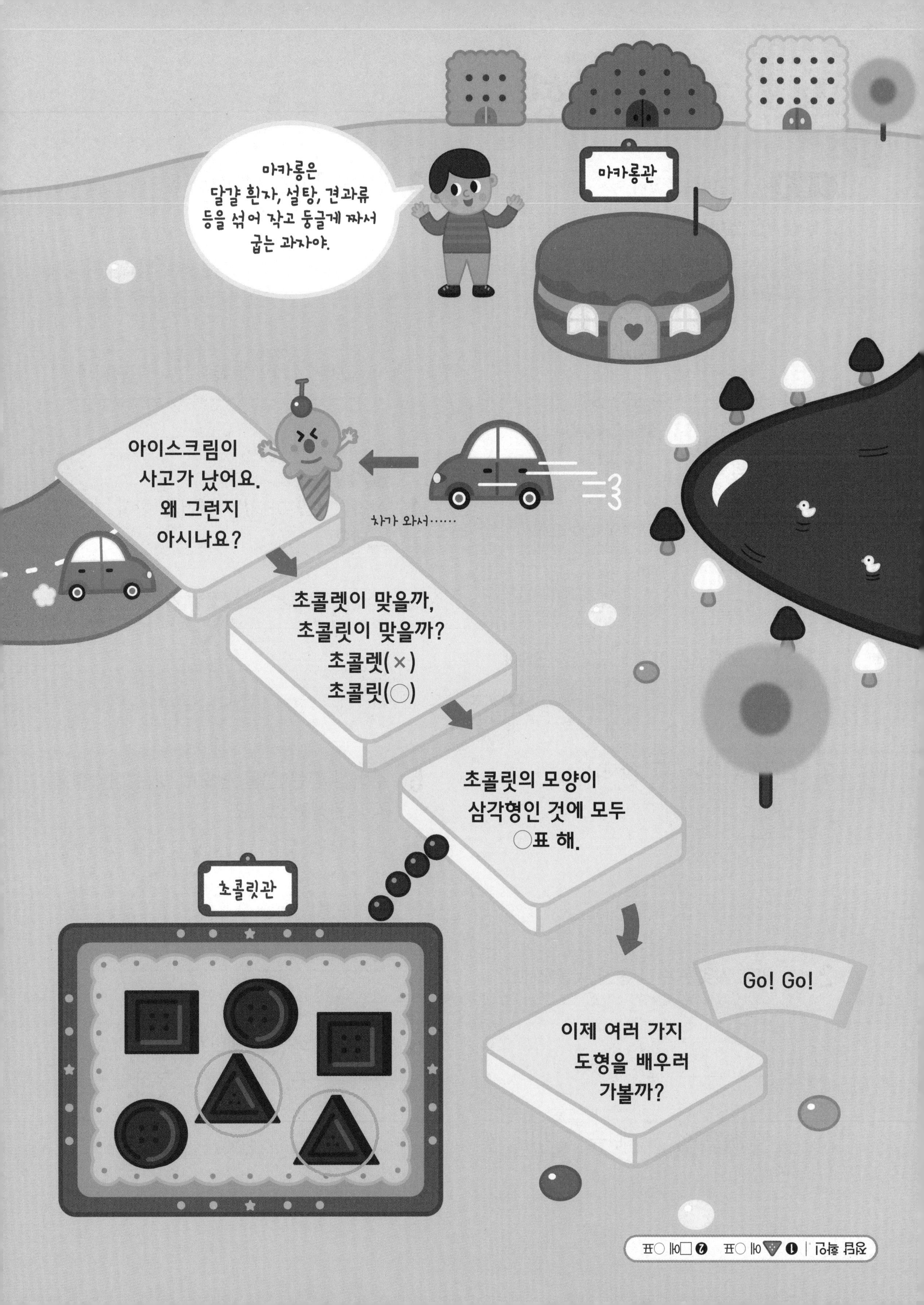
마카롱관
마카롱은 달걀 흰자, 설탕, 견과류 등을 섞어 작고 둥글게 짜서 굽는 과자야.
아이스크림이 사고가 났어요. 왜 그런지 아시나요?
차가 와서……
초콜렛이 맞을까, 초콜릿이 맞을까? 초콜렛(×) 초콜릿(○)
초콜릿의 모양이 삼각형인 것에 모두 ○표 해.
초콜릿관
Go! Go!
이제 여러 가지 도형을 배우러 가볼까?
정답 확인 | ❶ 에 ○표 ❷ □에 ○표

STEP 1 개념별 유형

개념 1 △ 알아보고 찾기

1. 삼각형 알아보기

그림과 같은 모양의 도형을 삼각형이라고 합니다.

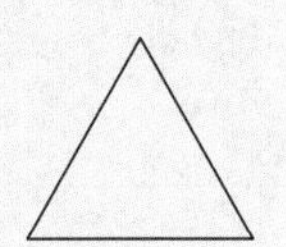  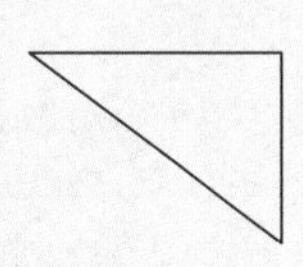

삼각형은 곧은 선이 모두 3개 있고, 뾰족한 곳이 모두 3개 있습니다.

2. 삼각형의 특징

변: 곧은 선

꼭짓점: 곧은 선 2개가 만나는 점

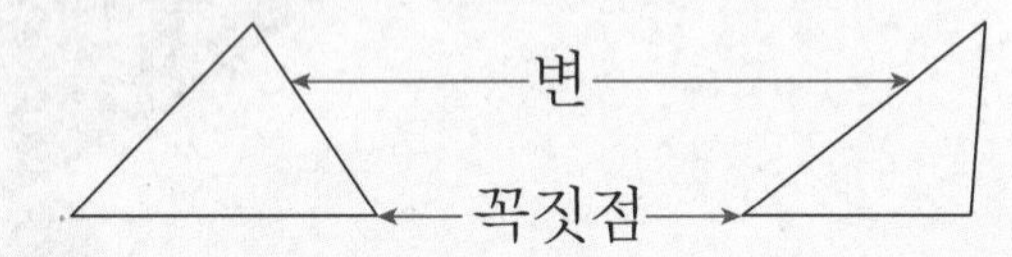

삼각형은 변이 3개, 꼭짓점이 3개야.

1 삼각형을 찾아 ○표 하세요.

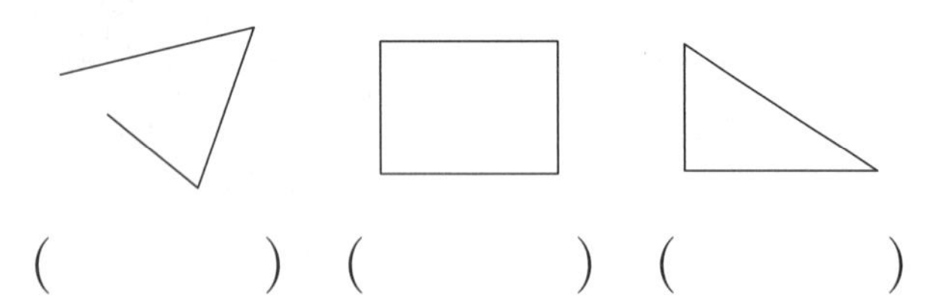

( ) ( ) ( )

2 □ 안에 알맞은 수나 말을 써넣으세요.

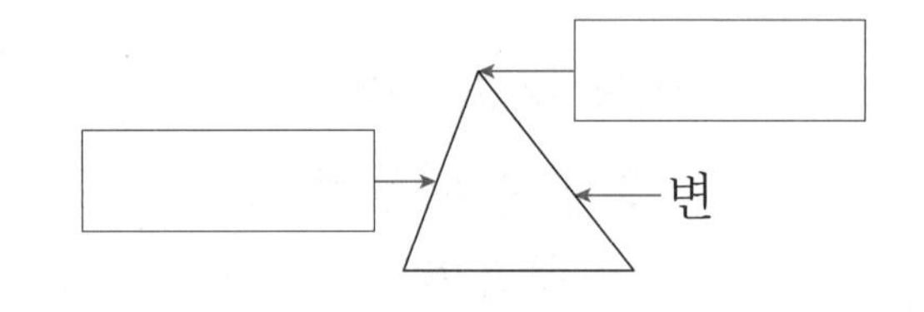

삼각형은 변이 □개, 꼭짓점이 □개 있습니다.

3 삼각형에 대한 설명으로 옳으면 ○표, 틀리면 ×표 하세요.

(1) 모두 3개의 곧은 선이 있습니다.

( )

(2) 모두 4개의 뾰족한 곳이 있습니다.

( )

실생활 연결

4 삼각형 모양이 없는 물건을 찾아 기호를 쓰세요.

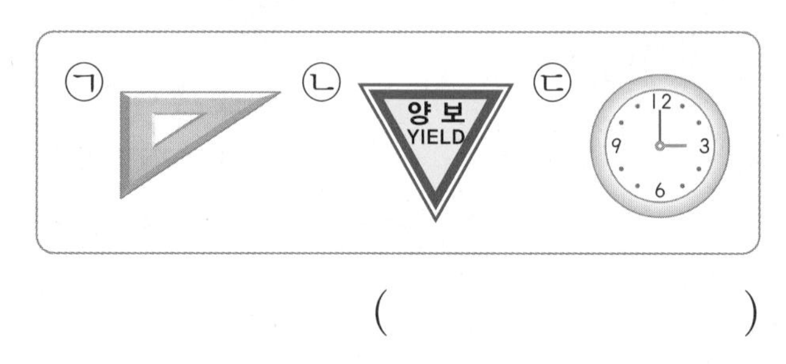

( )

5 주어진 곧은 선을 변으로 하는 삼각형을 각각 완성해 보세요.

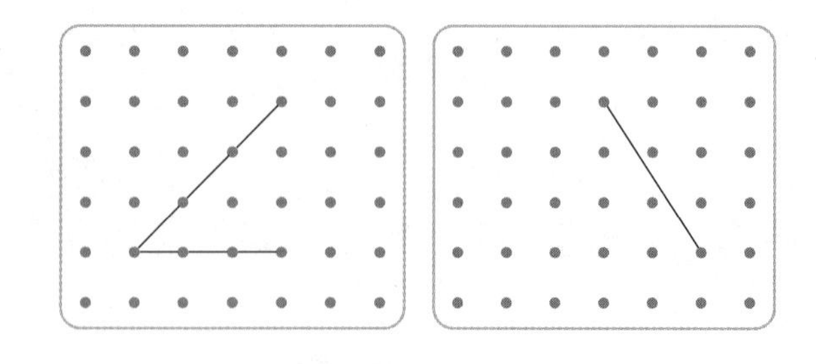

6 삼각형은 모두 몇 개인가요?

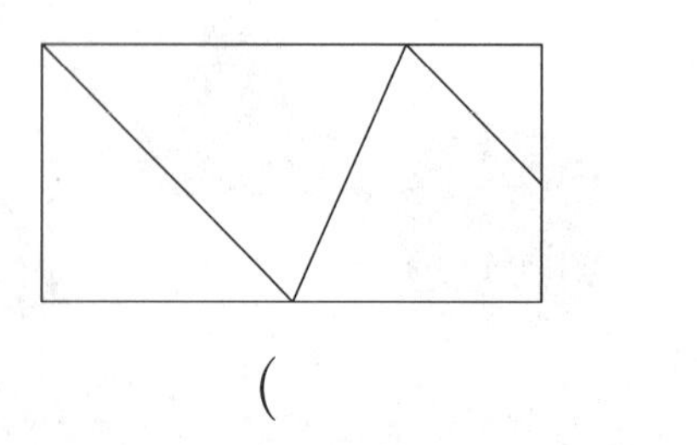

( )

개념 2 □ 알아보고 찾기

1. 사각형 알아보기

그림과 같은 모양의 도형을 사각형이라고 합니다.

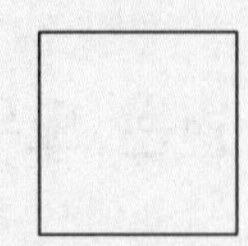 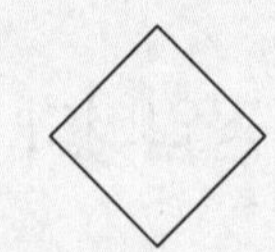 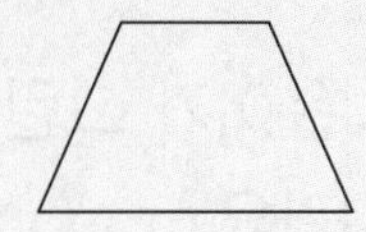

사각형은 곧은 선이 모두 4개 있고, 뾰족한 곳이 모두 4개 있습니다.

2. 사각형의 특징

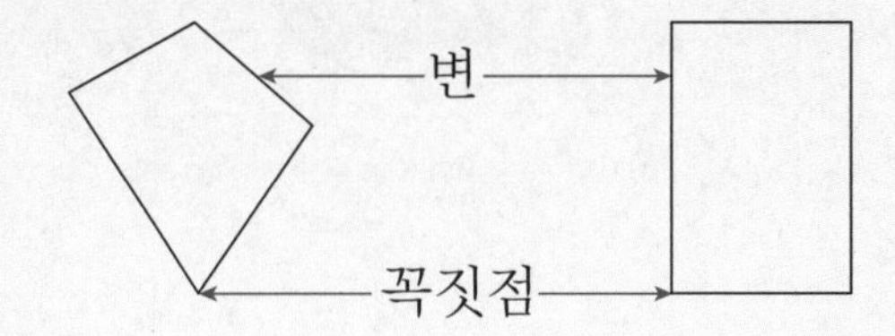

사각형은 변이 4개, 꼭짓점이 4개야.

개념 동영상

7 사각형의 꼭짓점을 모두 찾아 ○표 하세요.

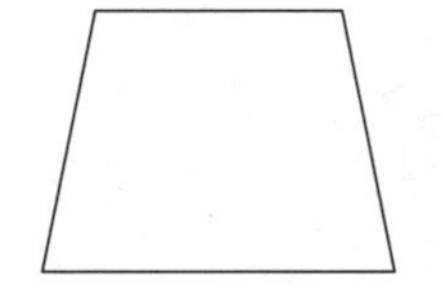

8 사각형은 모두 몇 개인가요?

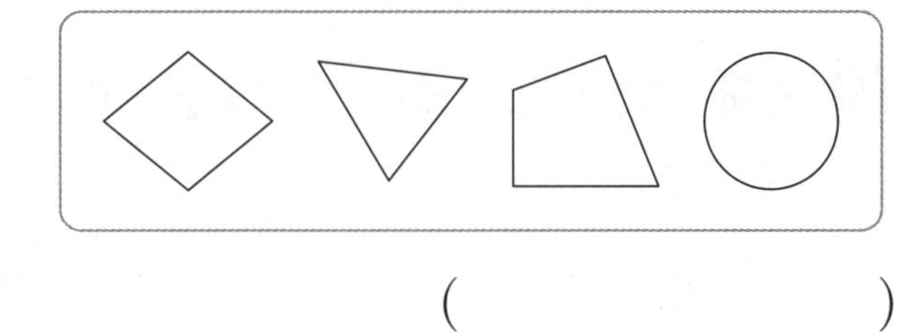

( )

9 주변에서 사각형 모양이 있는 물건 1개를 찾아 이름을 쓰세요.

( )

10 ㉠과 ㉡에 알맞은 수를 각각 쓰세요.

사각형은 변이 ㉠개, 꼭짓점이 ㉡개 있습니다.

㉠ ( )

㉡ ( )

11 서로 다른 사각형을 2개 그려 보세요.

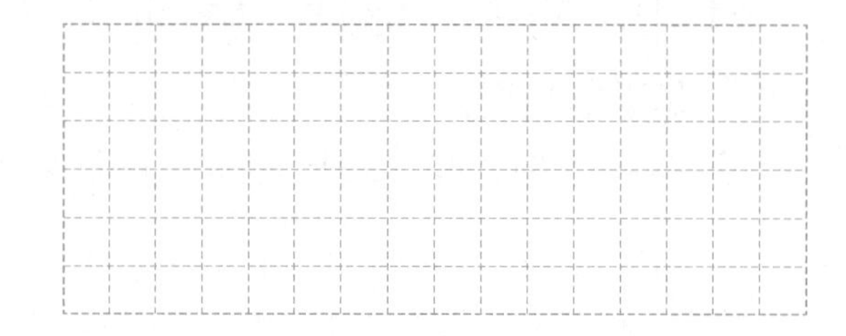

12 사각형을 모두 찾아 색칠해 보세요.

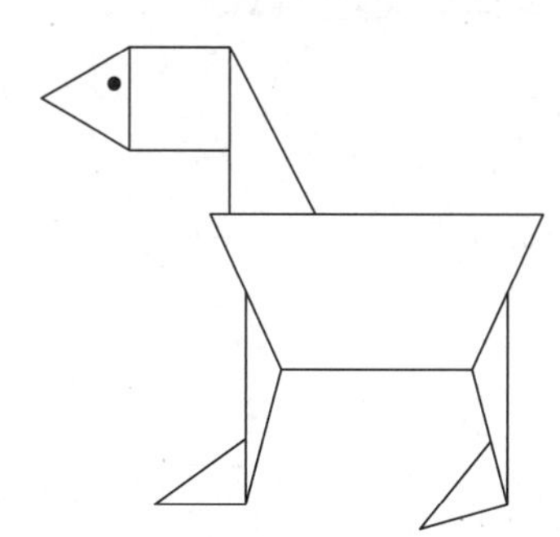

추론

13 하리니가 설명하는 도형의 이름을 쓰세요.

이 도형은 곧은 선으로만 이루어져 있어. 그리고 변이 4개, 꼭짓점이 4개 있어.

( )

개념 3 ○ 알아보고 찾기

1. 원 알아보기

그림과 같은 모양의 도형을 원이라고 합니다.

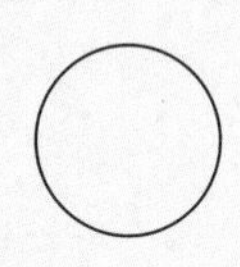 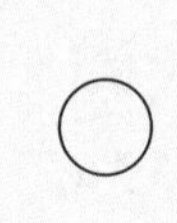 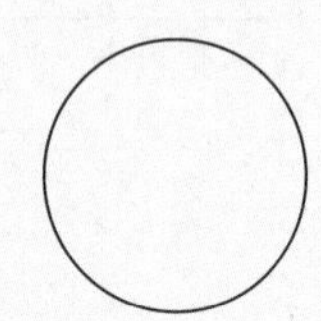

2. 원의 특징

① 곧은 선이 없습니다.→굽은 선으로 이어져 있음.
② 뾰족한 부분이 없습니다.
③ 어느 쪽에서 보아도 똑같이 동그란 모양입니다.
④ 크기가 달라도 생긴 모양이 모두 같습니다.

주의 ⬭은 동그랗지 않고 길쭉한 모양이므로 원이 아닙니다.

개념 동영상

14 원은 어느 것인가요? (　　　　)

① 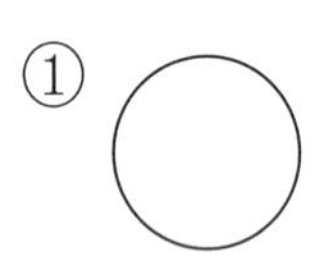 ②  ③ 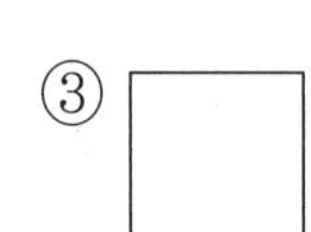

④ 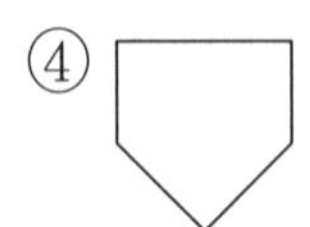 ⑤ 

실생활 연결

15 모양 자입니다. 원을 그릴 수 있는 모양을 모두 찾아 색칠해 보세요.

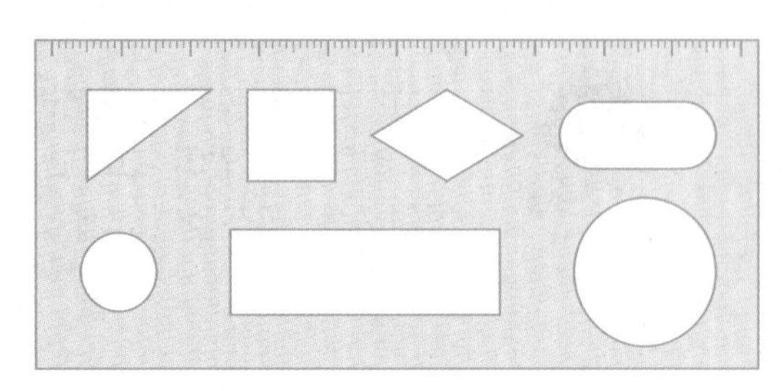

16 주변에서 원 모양이 있는 물건 1개를 찾아 이름을 쓰세요.

(　　　　　　　　)

17 시은이가 그린 곰입니다. 원은 모두 몇 개인가요?

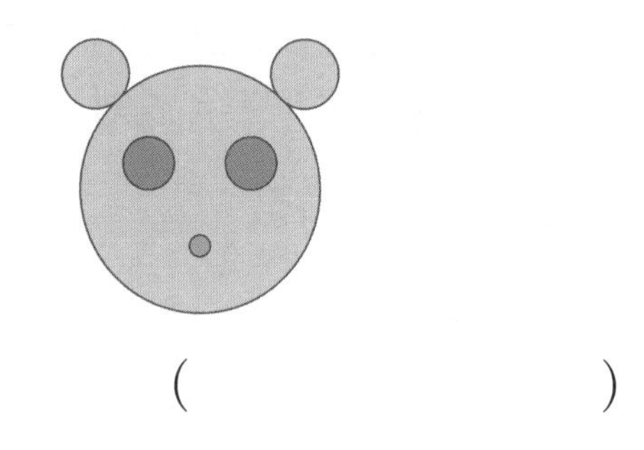

(　　　　　　　　)

18 물건을 본떠 원을 그릴 수 있는 것을 모두 찾아 기호를 쓰세요.

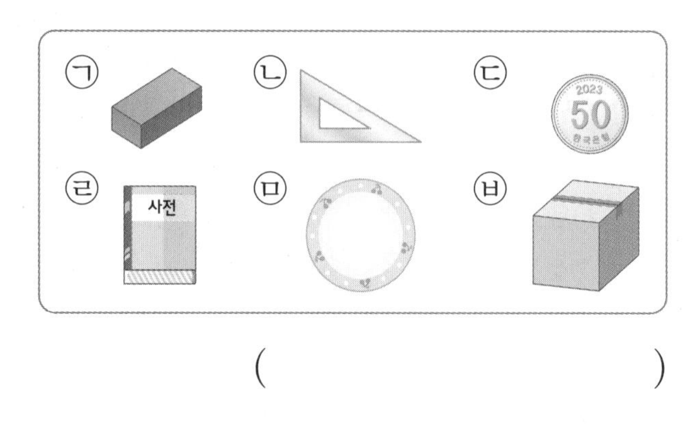

(　　　　　　　　)

19 원에 대해 바르게 설명한 사람을 찾아 ○표 하세요.

(　　　　) (　　　　) (　　　　)

공부한 날 월 일

개념 4 삼각형, 사각형, 원의 특징

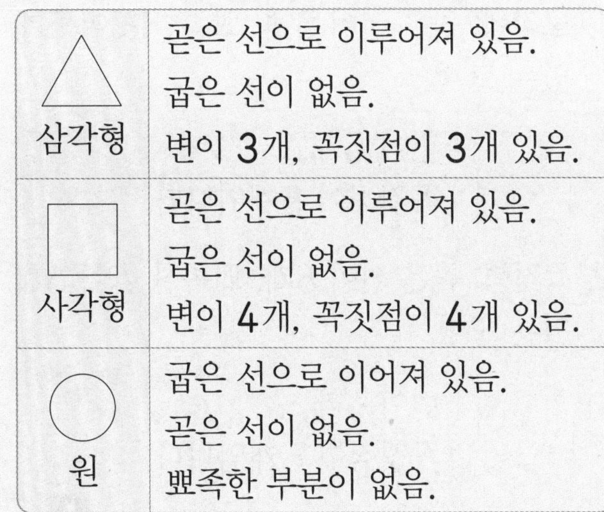

도형	특징
삼각형	곧은 선으로 이루어져 있음. 굽은 선이 없음. 변이 3개, 꼭짓점이 3개 있음.
사각형	곧은 선으로 이루어져 있음. 굽은 선이 없음. 변이 4개, 꼭짓점이 4개 있음.
원	굽은 선으로 이어져 있음. 곧은 선이 없음. 뾰족한 부분이 없음.

20 □ 안에 알맞은 기호나 수를 써넣으세요.

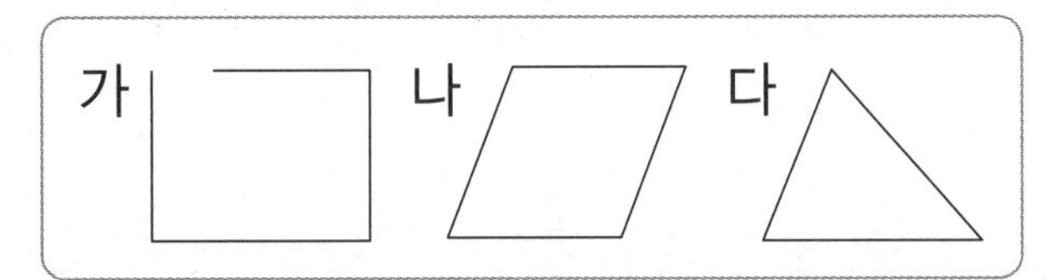

도형	기호	변의 수	꼭짓점의 수
삼각형	□	□개	□개
사각형	□	□개	□개

21 주어진 도형에 대한 설명을 찾아 이어 보세요.

원 •		• 변이 4개입니다.
삼각형 •		• 곧은 선이 없습니다.
사각형 •		• 꼭짓점이 3개입니다.

22 물건을 본떠 그릴 수 있는 도형의 이름을 각각 쓰세요.

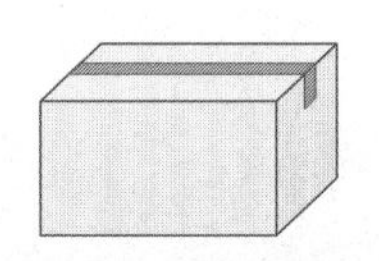
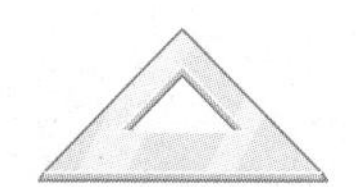

원		

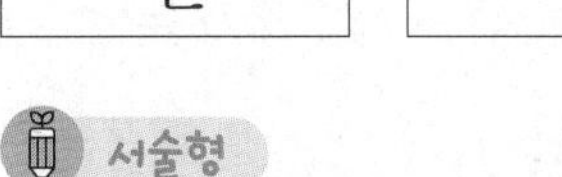

23 자전거 바퀴가 사각형이라면 어떻게 될지 쓰고, 알맞은 바퀴의 모양을 그려 보세요.

바퀴가 사각형이면

↓

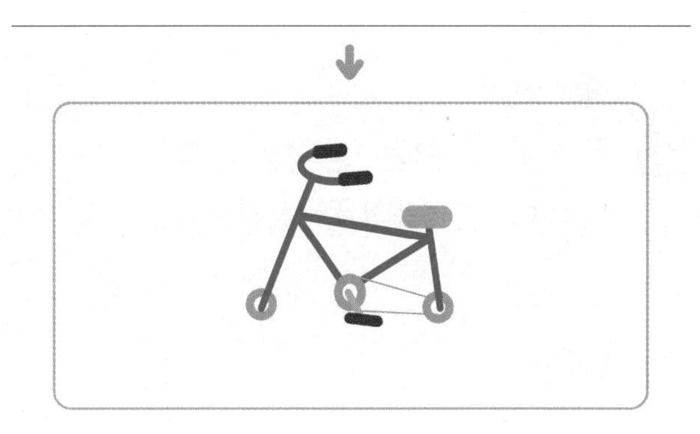

24 주어진 곧은 선을 한 변으로 하는 삼각형과 사각형을 그리려고 합니다. 곧은 선을 각각 몇 개 더 그어야 하는지 쓰세요.

삼각형

곧은 선 □개

사각형

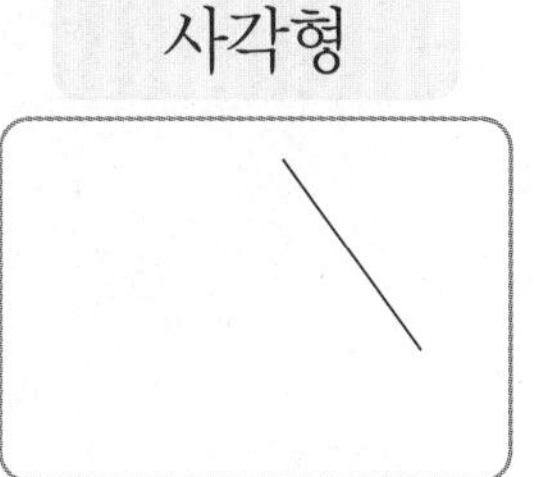

곧은 선 □개

STEP 1

개념별 유형

개념 5 도형이 아닌 까닭 쓰기

• 삼각형이 아닌 까닭

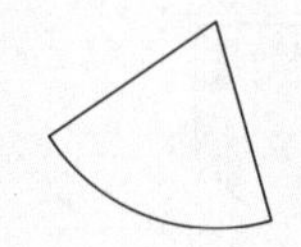

굽은 선이 있음.

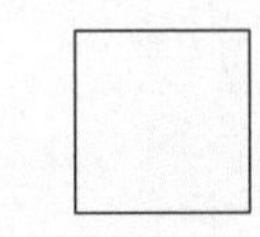

변과 꼭짓점이 3개가 아님.

• 사각형이 아닌 까닭

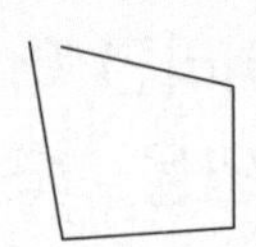

끊어진 부분이 있음.

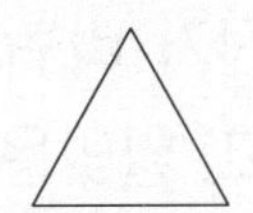

변과 꼭짓점이 4개가 아님.

• 원이 아닌 까닭

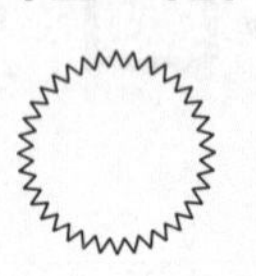

곧은 선이 있음.

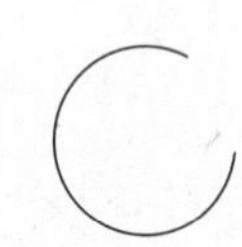

끊어진 부분이 있음.

25 오른쪽 도형은 삼각형이 아닙니다. 그 까닭을 쓰세요.

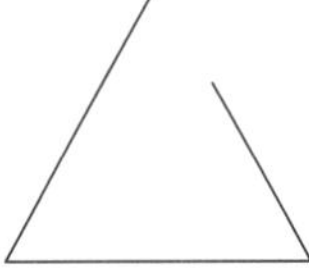

까닭 ______________________

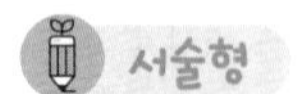

26 사각형이 아닌 도형을 찾아 기호를 쓰고, 그 까닭을 쓰세요.

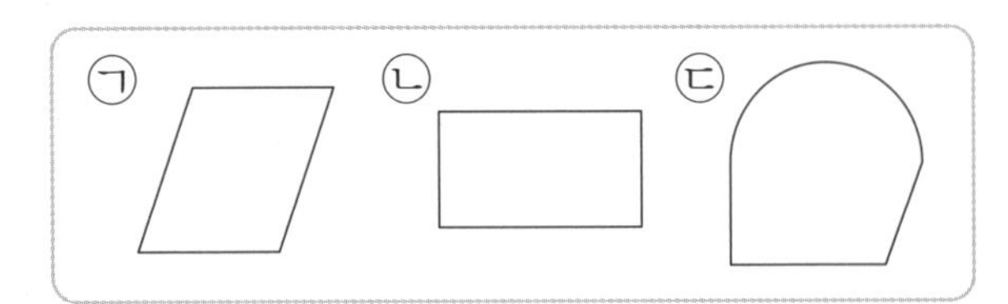

기호 ______________________

까닭 ______________________

개념 6 ⬠과 ⬡ 알아보기

1. 오각형: 곧은 선이 5개, 뾰족한 곳이 5개 있는 도형

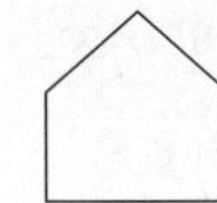

변이 5개,
꼭짓점이 5개입니다.

2. 육각형: 곧은 선이 6개, 뾰족한 곳이 6개 있는 도형

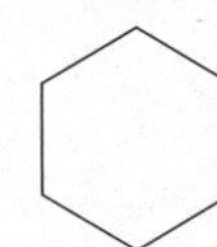

변이 6개,
꼭짓점이 6개입니다.

개념 동영상

27 오각형은 어느 것인가요? (　　　　)

① 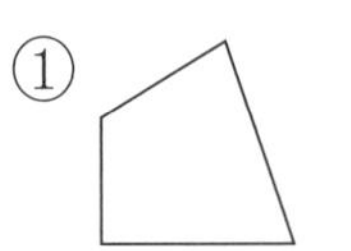
② 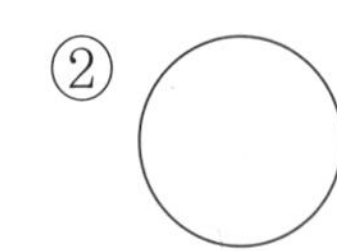
③ 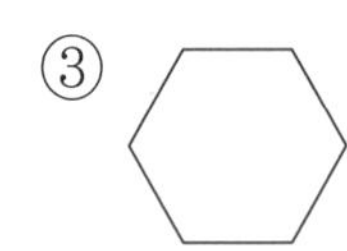

④ ⑤ 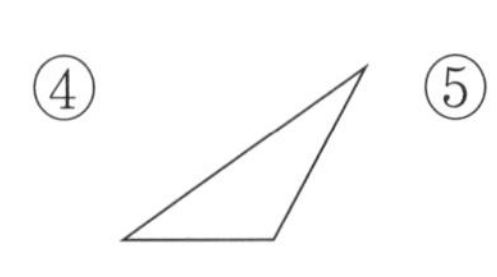

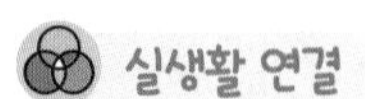

28 벌집에서 찾을 수 있는 도형의 이름을 쓰세요.

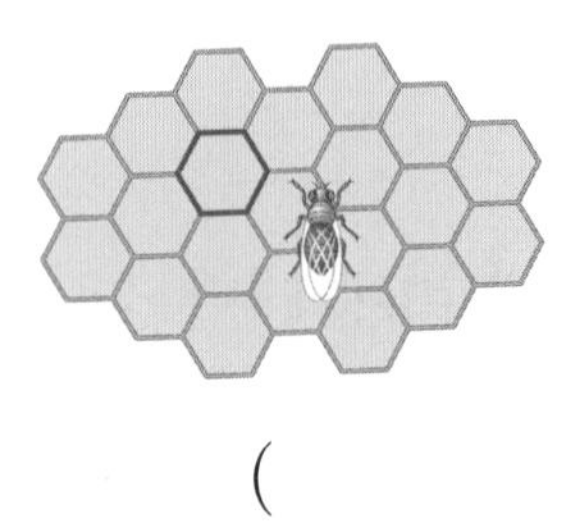

(　　　　　　　　)

29 육각형은 사각형보다 변이 몇 개 더 많은지 구하세요.

(　　　　　　　　)

정답과 해설 7쪽

1~6 형성 평가

맞힌 문제 수 개/8개

공부한 날 월 일

1 원은 어느 것인가요? (　　　　)

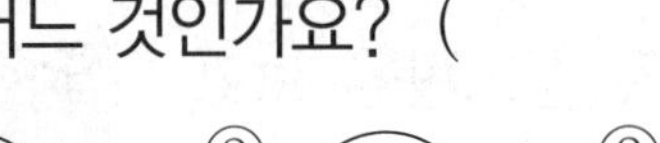

① 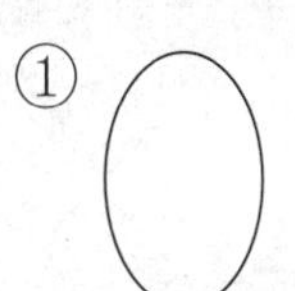 ② 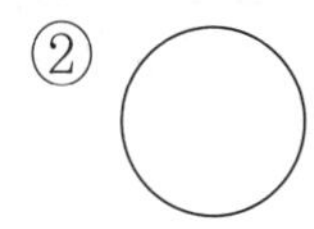 ③ 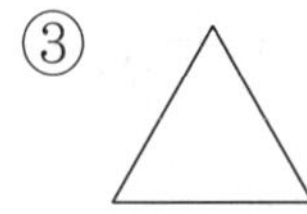

④ 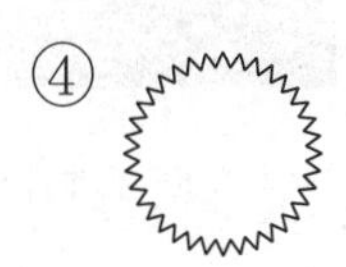 ⑤ 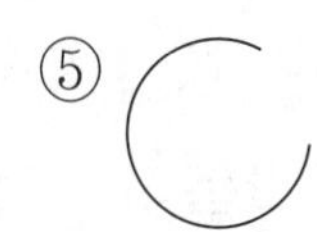

2 도형의 이름을 각각 쓰세요.

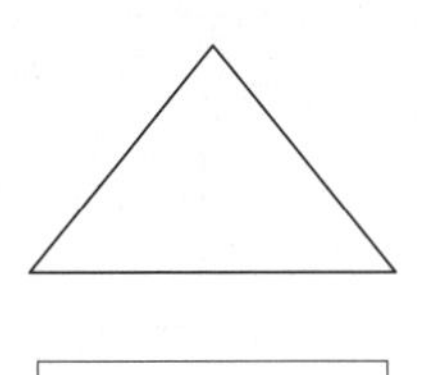 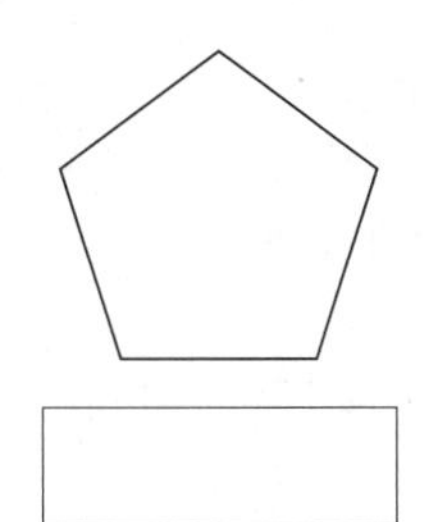

3 물건에서 찾을 수 있는 도형을 찾아 이어 보세요.

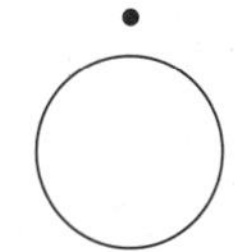 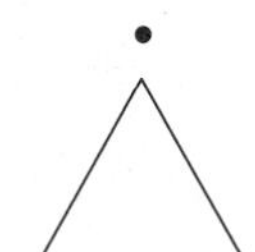 

4 주어진 점을 이어 사각형을 그려 보세요.

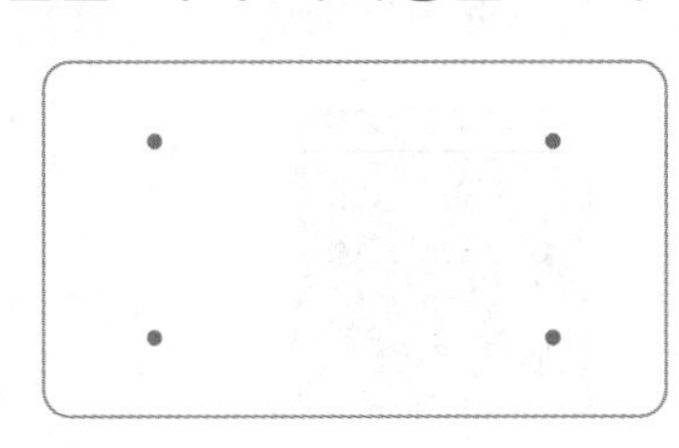

5 서로 다른 삼각형을 2개 그려 보세요.

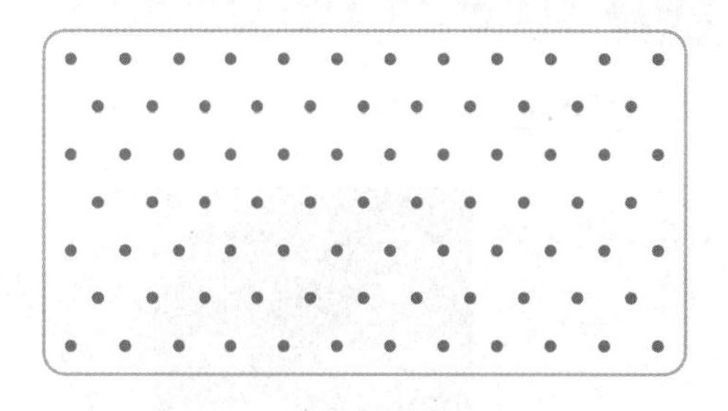

6 종이를 점선을 따라 모두 자르면 어떤 도형이 몇 개 생기는지 쓰세요.

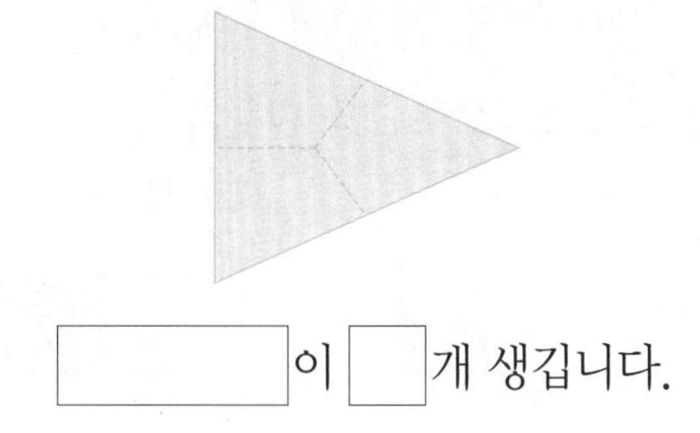

[　　　　]이 [　]개 생깁니다.

7 도형에 대한 설명으로 틀린 것은 어느 것인가요? (　　　　)

① 삼각형은 굽은 선이 없습니다.
② 사각형은 뾰족한 부분이 있습니다.
③ 삼각형은 변이 3개입니다.
④ 육각형은 꼭짓점이 6개입니다.
⑤ 원은 크기가 다르면 생긴 모양도 다릅니다.

서술형

8 도형은 원이 아닙니다. 그 까닭을 쓰세요.

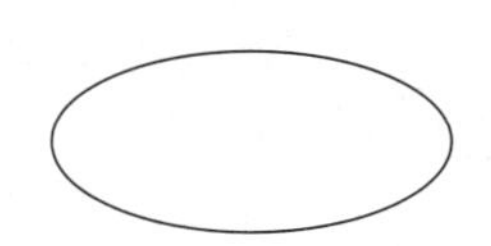

까닭 ______________________

____

2 여러 가지 도형

STEP 1 개념별 유형

개념 7 칠교판으로 모양 만들기

1. 칠교판 알아보기

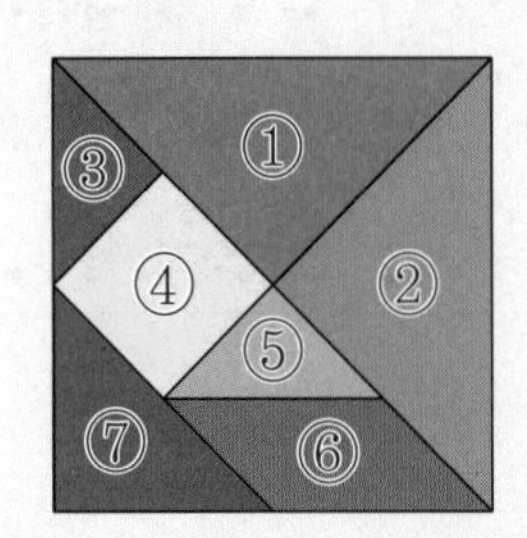

(1) 칠교 조각은 모두 7개입니다.

(2) 삼각형: ①, ②, ③, ⑤, ⑦ ➔ 5개

(3) 사각형: ④, ⑥ ➔ 2개

2. 칠교 조각으로 모양 만들기

예 삼각형

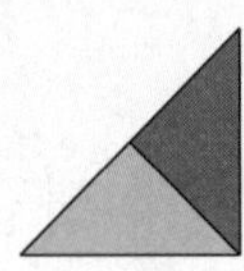

예 사각형

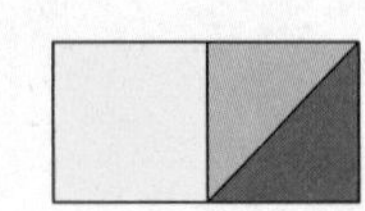

[1~2] 보기의 칠교 조각을 모두 이용하여 주어진 도형을 만들어 보세요.

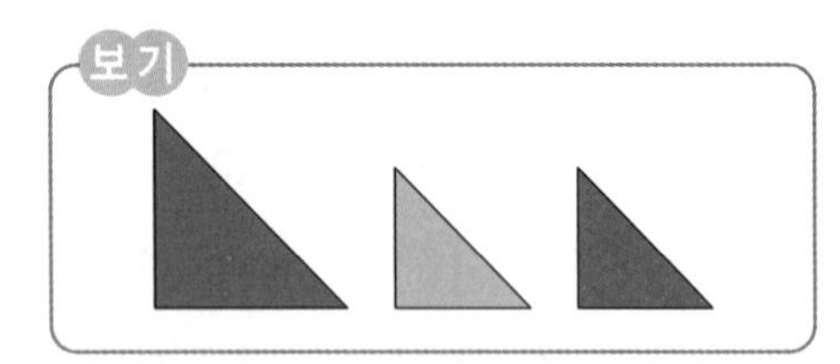

1 삼각형

2 사각형

[3~6] 오른쪽 칠교판을 보고 물음에 답하세요.

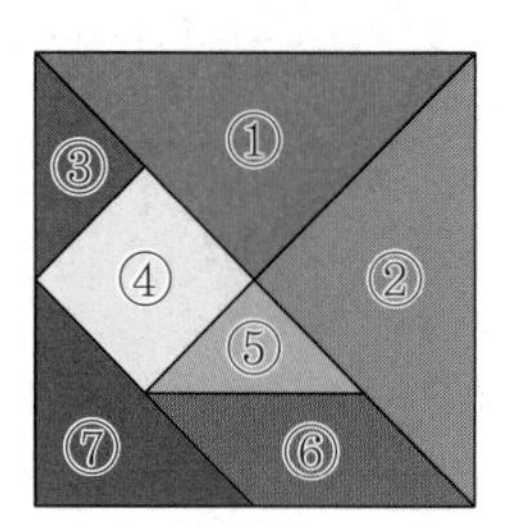

3 다른 칠교 조각들로 ④번 조각을 만들어 보세요.

4 다른 칠교 조각들로 ②번 조각을 만들어 보세요.

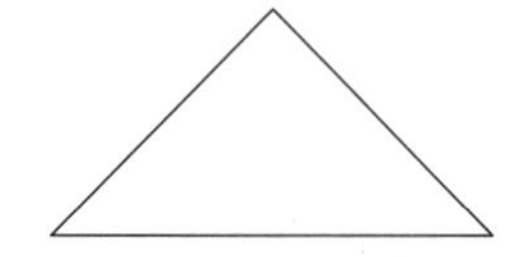

5 ⑤, ⑥번 조각을 모두 이용하여 다음 사각형을 만들어 보세요.

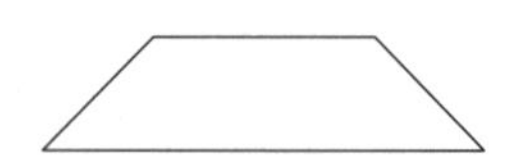

문제 해결

6 7개의 칠교 조각을 모두 이용하여 집 모양을 완성해 보세요.

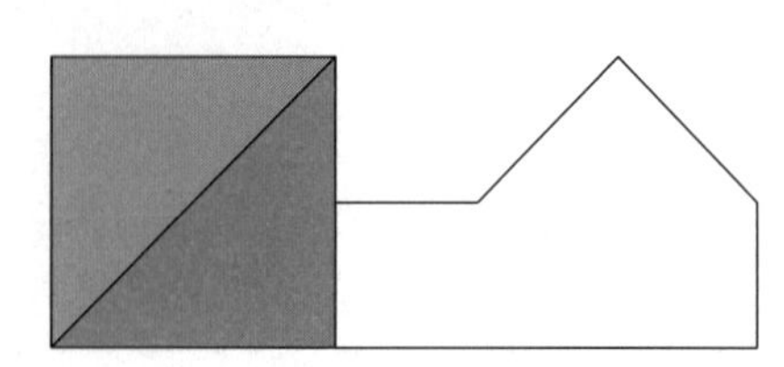

개념 8 쌓은 모양 알아보기

쌓기나무를 쌓을 때에는 면과 면을 맞대어 반듯하게 쌓아야 해.

1. 쌓은 모양의 위치와 방향 알아보기

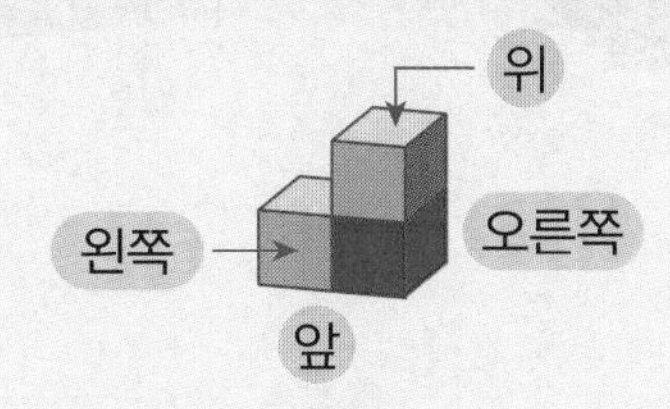

내가 보고 있는 쪽이 앞이고, 오른손이 있는 쪽이 오른쪽이야.

2. 설명을 듣고 똑같이 쌓기

빨간색 쌓기나무를 1개 놓습니다.	빨간색 쌓기나무의 왼쪽과 오른쪽에 1개씩 놓습니다.	빨간색 쌓기나무 위에 1개를 더 놓습니다.

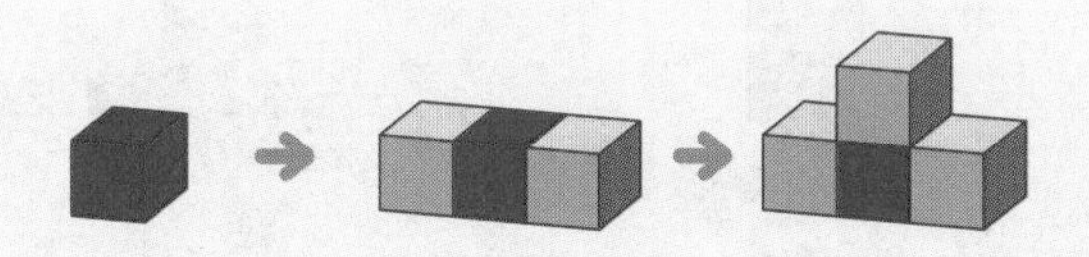

[7~8] 설명하는 쌓기나무를 찾아 ○표 하세요.

7 빨간색 쌓기나무의 위에 있는 쌓기나무

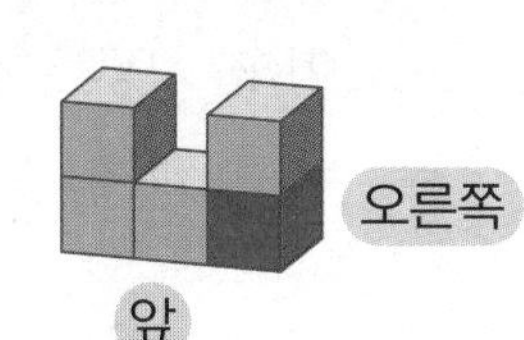

8 빨간색 쌓기나무의 오른쪽에 있는 쌓기나무

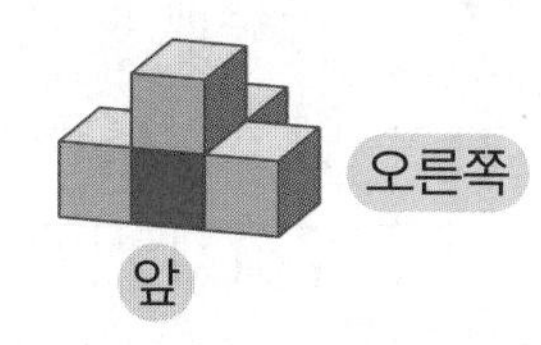

9 오른쪽의 쌓은 모양에 대한 설명입니다. □ 안에 알맞은 수나 말을 써넣으세요.

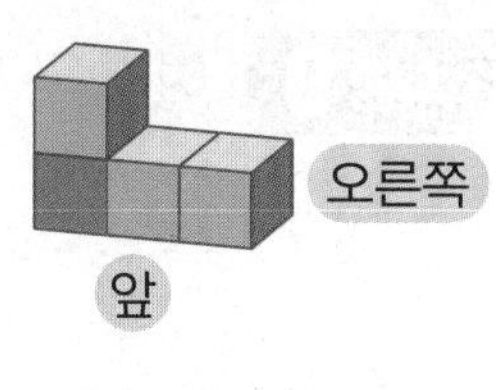

파란색 쌓기나무가 □개 있고, 그 위에 쌓기나무가 □개 있습니다. 그리고 파란색 쌓기나무의 □쪽으로 나란히 쌓기나무가 2개 있습니다.

10 설명대로 쌓은 모양에 ○표 하세요.

초록색 쌓기나무의 왼쪽과 오른쪽에 1개씩 있고, 맨 왼쪽 쌓기나무의 앞에 1개, 맨 오른쪽 쌓기나무의 위에 1개 있어.

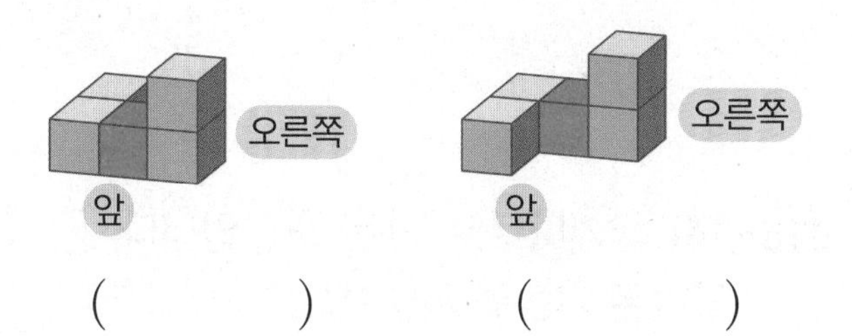

( ) ( )

의사소통

11 오른쪽의 쌓은 모양을 보고 잘못 말한 사람의 이름을 쓰세요.

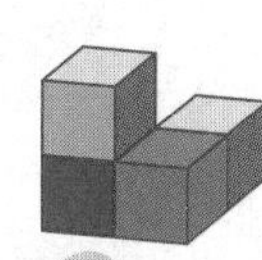

빨간색 쌓기나무의 위에 쌓기나무가 1개 있어.	파란색 쌓기나무의 왼쪽에 빨간색 쌓기나무가 있어.	파란색 쌓기나무의 뒤에 쌓기나무가 없어.

( )

개념 9 여러 가지 모양으로 쌓아 보기

• 쌓기나무 3개, 4개, 5개로 만든 모양

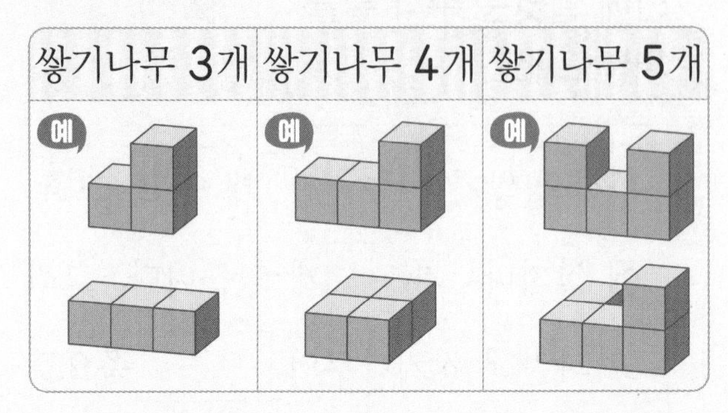

쌓기나무를 쌓을 때에는 면과 면을 맞대어 반듯하게 쌓아야 해.

12 쌓기나무 3개로 만든 모양을 찾아 ○표 하세요.

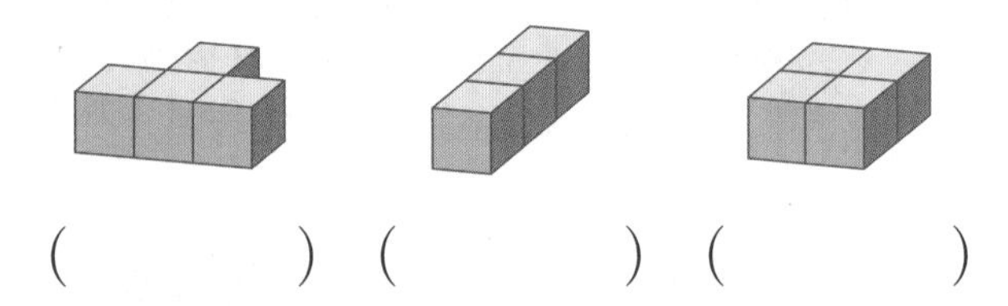

( ) ( ) ( )

[13~14] 쌓기나무로 만든 모양입니다. □ 안에 알맞은 기호를 써넣으세요.

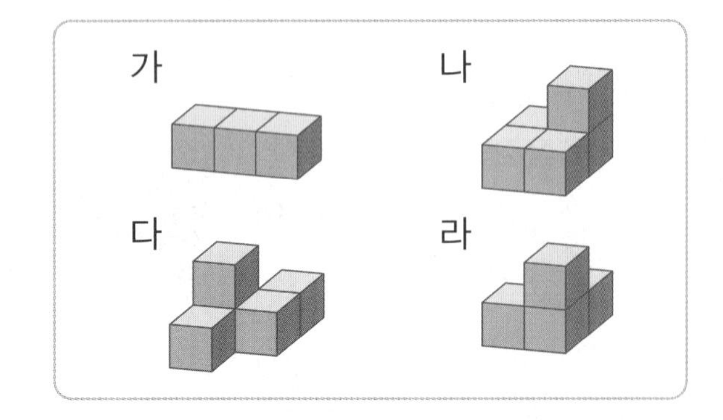

13 쌓기나무 4개로 만든 모양은 □ 입니다.

14 쌓기나무 5개로 만든 모양은 □, □ 입니다.

15 왼쪽 모양에서 쌓기나무 1개를 빼어 오른쪽과 똑같은 모양을 만들려고 합니다. 빼야 하는 쌓기나무에 ○표 하세요.

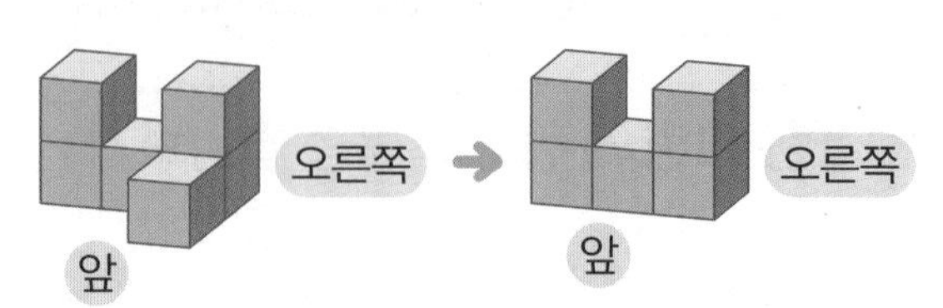

의사소통

[16~17] 설명대로 쌓은 모양을 찾아 기호를 쓰세요.

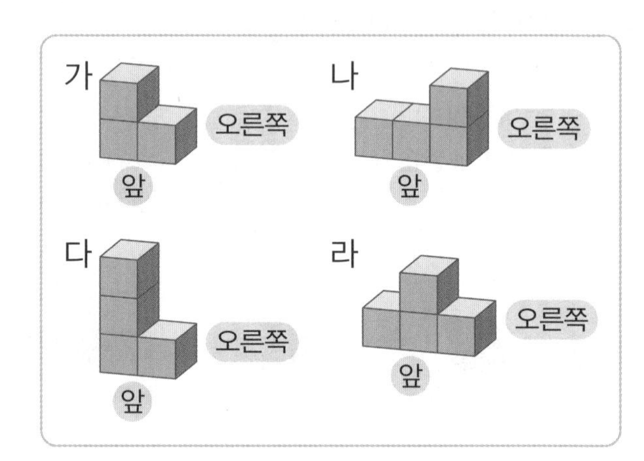

16

1층에 쌓기나무 2개가 옆으로 나란히 있고, 왼쪽 쌓기나무의 위에 쌓기나무가 2개 있습니다.

( )

17

1층에 쌓기나무 3개가 옆으로 나란히 있고, 가운데 쌓기나무의 위에 쌓기나무가 1개 있습니다.

( )

7~9 형성 평가

맞힌 문제 수 개/8개

공부한 날 월 일

[1~2] **설명하는 쌓기나무를 찾아 ○표 하세요.**

1 빨간색 쌓기나무의 아래에 있는 쌓기나무

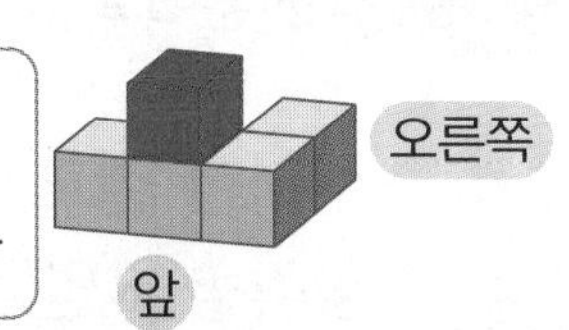

2 빨간색 쌓기나무의 왼쪽에 있는 쌓기나무

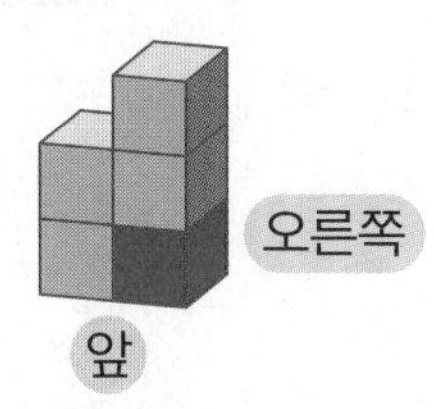

[3~4] **오른쪽 칠교판을 보고 물음에 답하세요.**

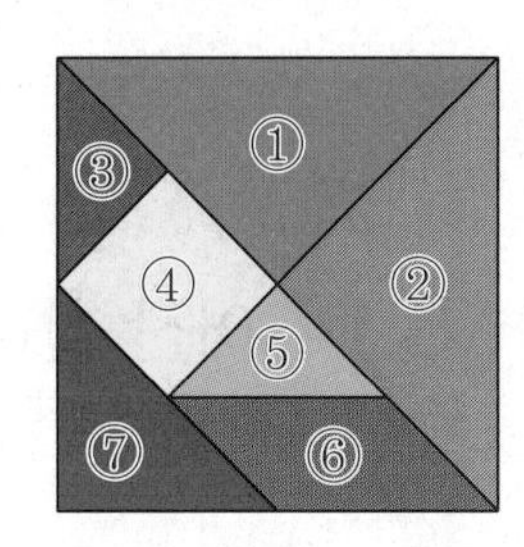

3 칠교 조각에 대해 바르게 말한 사람에 ○표 하세요.

원, 삼각형, 사각형이 있어.

사각형은 1개야.

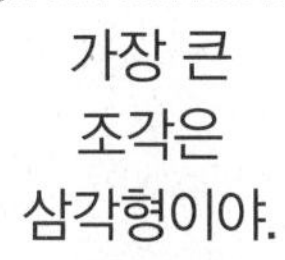

( ) ( ) ( )

문제 해결

4 4개의 칠교 조각을 이용하여 사각형을 만들어 보세요.

5 다음과 똑같은 모양으로 쌓으려면 쌓기나무가 몇 개 필요한가요?

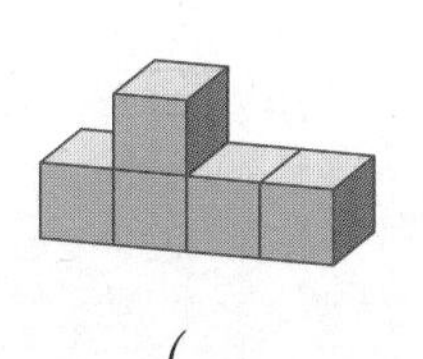

( )

6 쌓기나무 4개로 만든 모양에는 ○표, 그렇지 않은 모양에는 ×표 하세요.

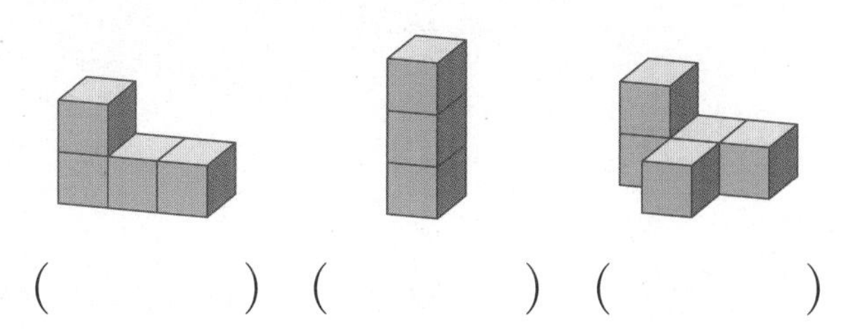

( ) ( ) ( )

[7~8] **쌓기나무로 쌓은 모양을 보고 물음에 답하세요.**

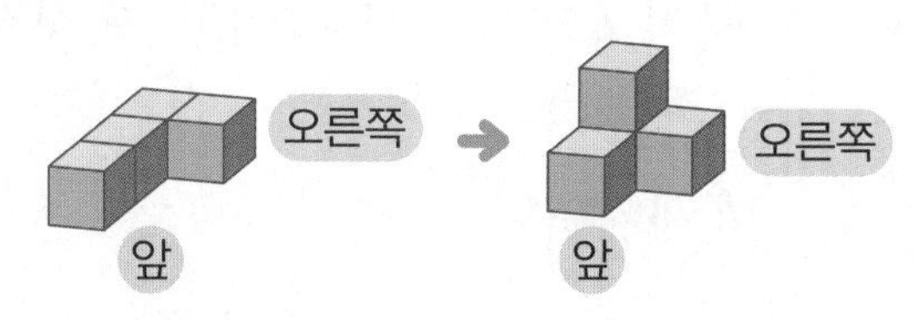

7 왼쪽 모양에서 쌓기나무 1개를 옮겨 오른쪽과 똑같은 모양을 만들려고 합니다. 옮겨야 할 쌓기나무에 ○표 하세요.

8 오른쪽의 쌓은 모양에 대한 설명입니다. □ 안에 알맞은 수를 써넣으세요.

쌓기나무 1개가 있고, 그 앞과 오른쪽, 그리고 위에 쌓기나무가 □개씩 있습니다.

STEP 2

꼬리를 무는 유형

1 도형의 특징 알아보기

1 기본

원에 대한 설명으로 옳은 것을 찾아 기호를 쓰세요.

㉠ 어느 방향에서 보아도 똑같은 모양입니다.
㉡ 꼭짓점이 있습니다.
㉢ 크기가 다르면 모양도 다릅니다.

( )

2 변형

설명이 틀린 부분을 찾아 기호를 쓰고, 바르게 고쳐 보세요.

사각형은 곧은 선이(㉠) 3개(㉡), 뾰족한 곳이 4개(㉢) 있는 도형이고, 꼭짓점은 4개(㉣)입니다.

틀린 부분 ( )
바르게 고치기 ( )

3 서술형

삼각형의 특징을 2가지 쓰세요.

특징1 ______________________

특징2 ______________________

2 칠교 조각을 이용하여 도형 만들기

4 기본

주어진 칠교 조각 3개를 모두 이용하여 삼각형을 만들어 보세요.

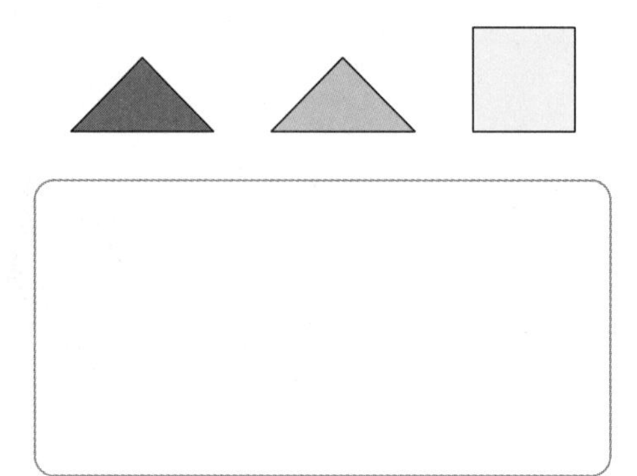

5 변형

주어진 칠교 조각 3개를 모두 이용하여 사각형을 만들어 보세요.

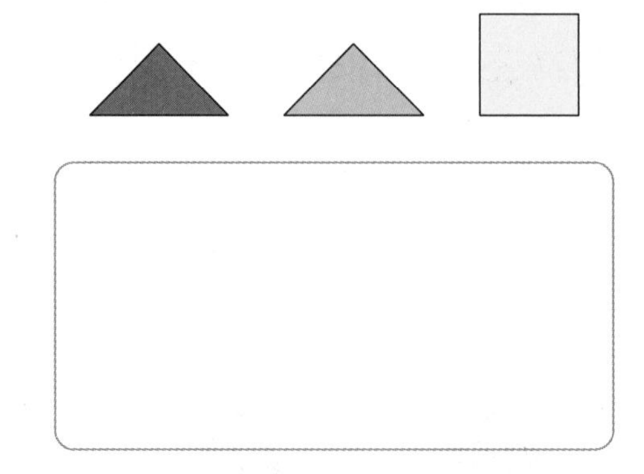

6 변형

주어진 칠교 조각 3개를 모두 이용하여 다음 모양을 만들어 보세요.

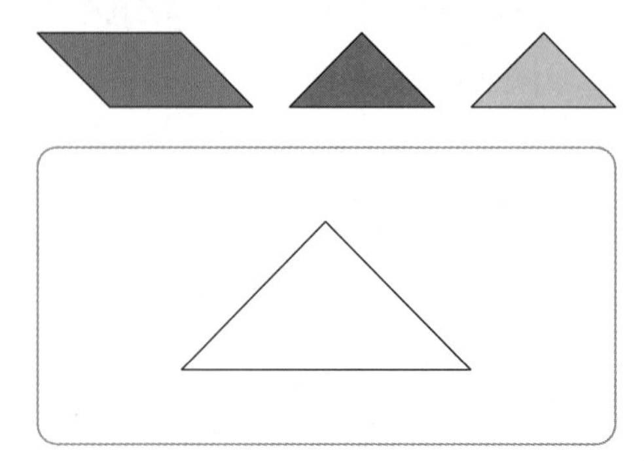

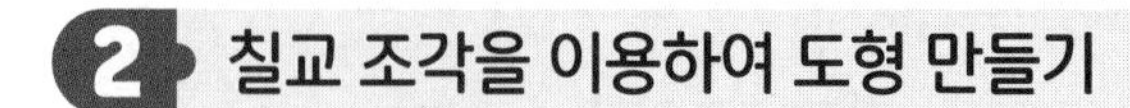

3 잘랐을 때 생기는 도형의 개수 구하기

7 기본 종이를 점선을 따라 모두 자르면 어떤 도형이 몇 개 생기는지 차례로 쓰세요.

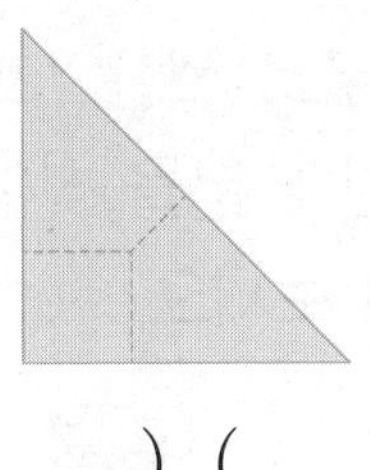

(　　　　　), (　　　　　)

8 변형 색종이를 점선을 따라 모두 자르면 어떤 도형이 몇 개 생기는지 각각 쓰세요.

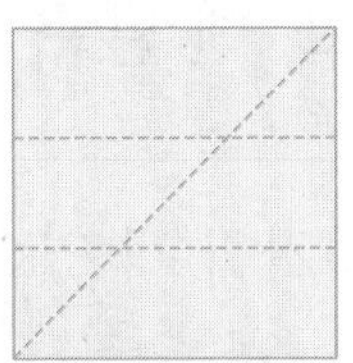

도형의 이름	개수(개)

9 변형 색종이에 3개의 점을 모두 곧은 선으로 이어 도형을 그린 후 그린 도형의 변을 따라 모두 자르면 어떤 도형이 몇 개 생기는지 차례로 쓰세요.

(　　　　　), (　　　　　)

4 설명대로 쌓은 모양 알아보기

10 기본 설명대로 쌓은 사람의 이름을 쓰세요.

> 쌓기나무를 1층에 3개, 2층에 1개 쌓았고, 모두 4개로 쌓았습니다.

주호 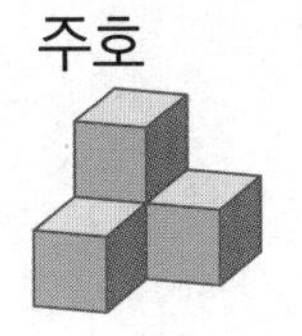 혜리 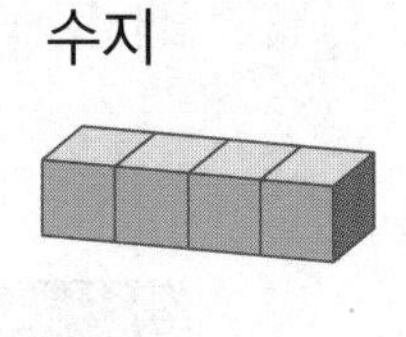 수지

(　　　　　)

11 변형 설명에 맞지 <u>않게</u> 쌓은 쌓기나무 1개를 찾아 ×표 하세요.

> 쌓기나무 2개가 옆으로 나란히 있고, 왼쪽 쌓기나무의 위에 1개가 있고 오른쪽 쌓기나무의 뒤에 2개가 있습니다.

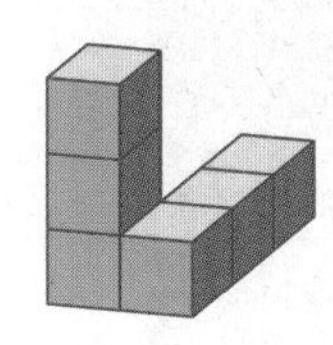

12 변형 설명에 맞게 쌓기나무를 색칠해 보세요.

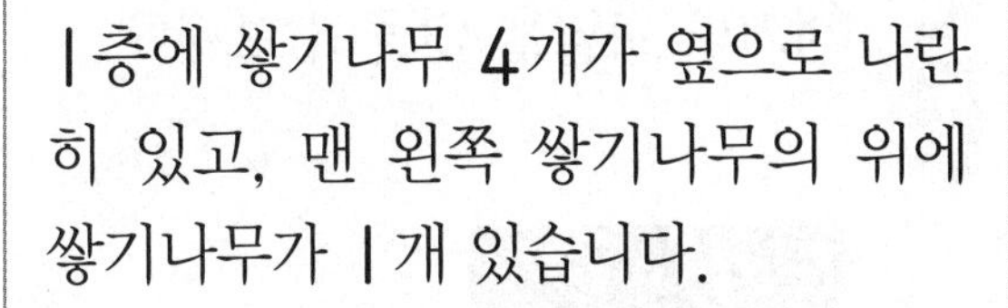

> 1층에 쌓기나무 4개가 옆으로 나란히 있고, 맨 왼쪽 쌓기나무의 위에 쌓기나무가 1개 있습니다.

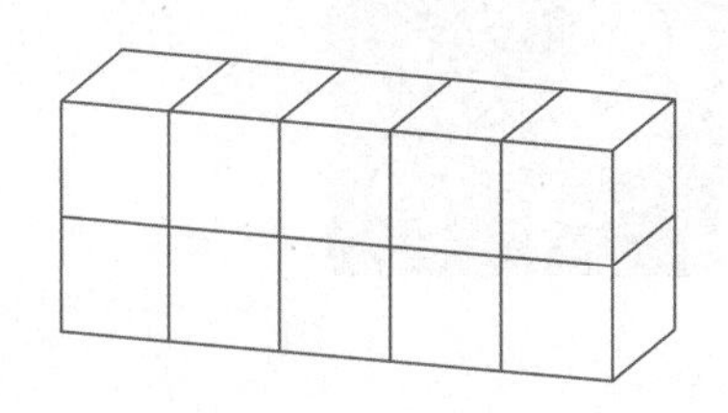

5 칠교 조각으로 모양 만들기

칠교판의 조각으로 모양을 만들 때 가장 큰 조각이 놓일 위치를 찾아 먼저 놓으면 편리합니다.

13 실력 칠교판의 7개의 조각을 모두 이용하여 배 모양을 완성해 보세요.

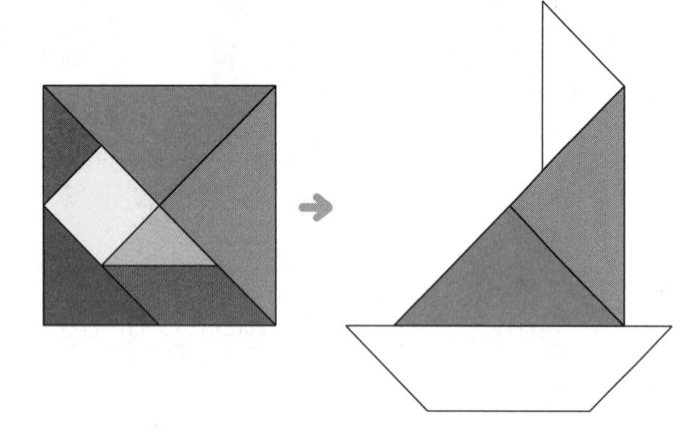

14 변형 칠교판의 7개의 조각을 모두 이용하여 낙타 모양을 완성해 보세요.

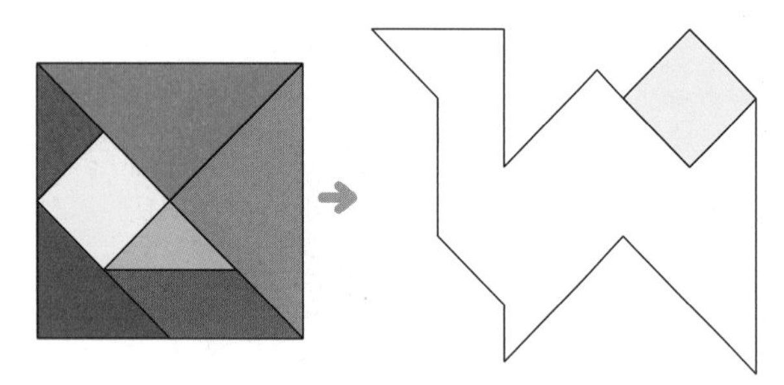

15 레벨업 칠교판의 7개의 조각을 모두 이용하여 캥거루 모양을 만들어 보세요.

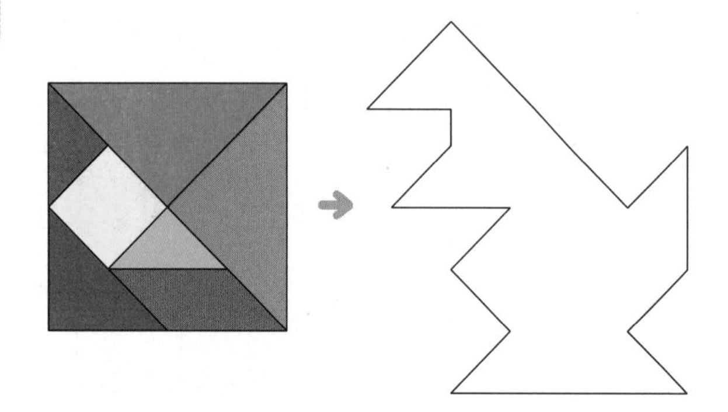

6 쌓기나무로 쌓은 모양 설명하기

쌓은 모양에 대해 쌓기나무의 개수, 위치, 방향, 층수 등을 이용하여 설명해 봅니다.

16 실력 쌓기나무로 쌓은 모양에 대한 설명입니다. 틀린 부분을 찾아 밑줄을 긋고, 바르게 고쳐 보세요.

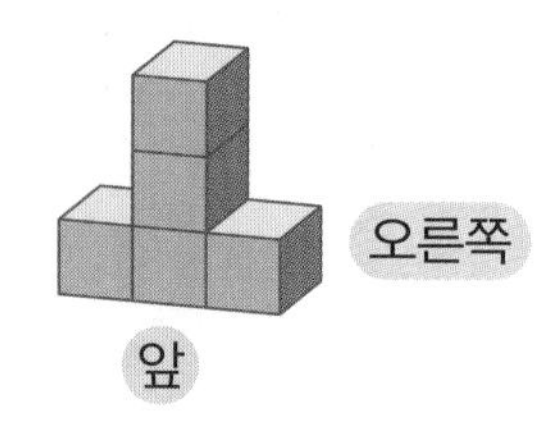

1층에 쌓기나무 3개가 옆으로 나란히 있고, 맨 왼쪽 쌓기나무의 위에 쌓기나무가 1개 있습니다.

17 서술형 쌓기나무로 쌓은 모양을 보고 설명해 보세요.

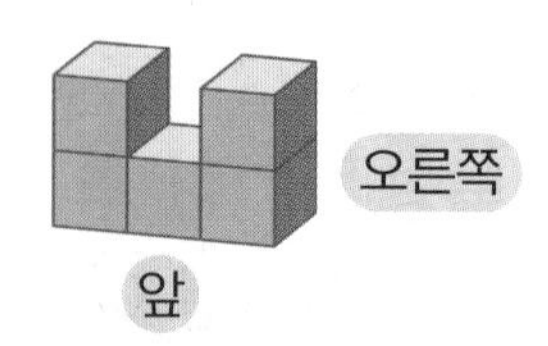

설명 1층에 쌓기나무 3개가

공부한 날 월 일

7 쌓기나무를 옮겨 만들 수 있는 모양 찾기

쌓기나무를 면과 면이 맞닿게 옮기면서 주어진 모양을 만들어 봅니다.

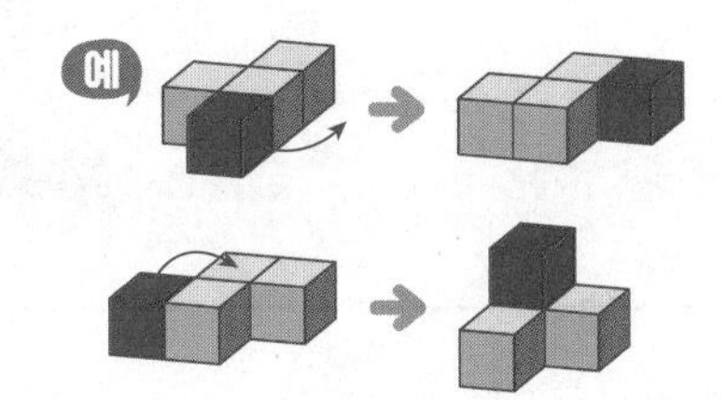

18 실력 다음 모양에서 쌓기나무 1개를 옮겨 만들 수 <u>없는</u> 모양을 찾아 기호를 쓰세요.

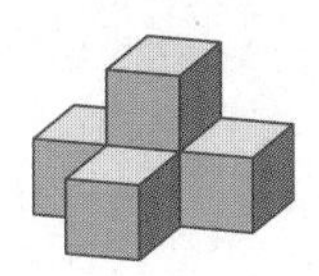

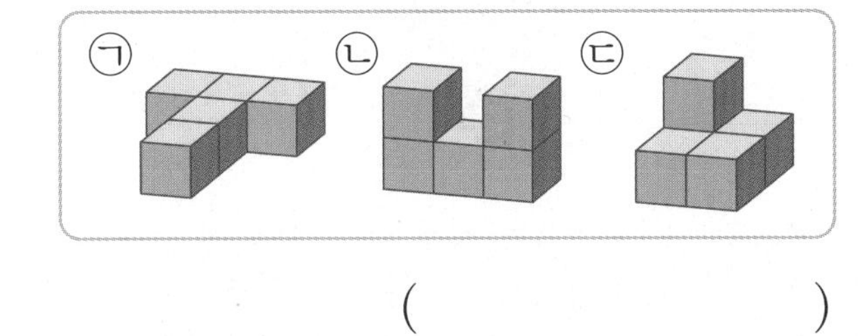

( )

19 변형 다음 모양에서 쌓기나무 1개를 옮겨 만들 수 있는 모양을 찾아 기호를 쓰세요.

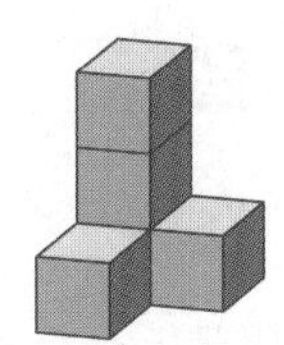

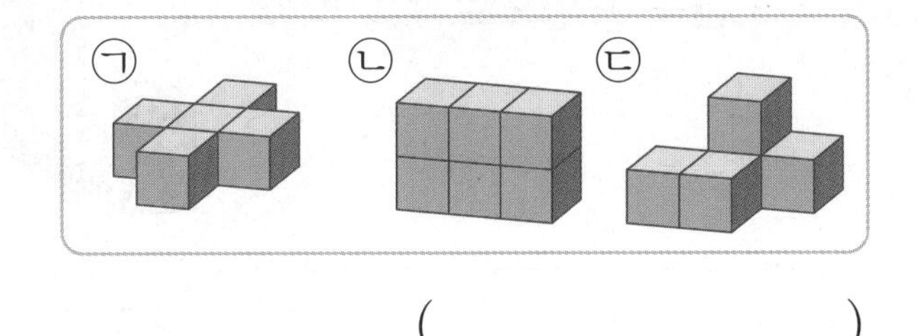

( )

8 설명하는 도형의 이름 알아보기

곧은 선으로 이루어진 도형은 삼각형, 사각형, ...이 있습니다.
삼각형, 사각형에서 곧은 선은 변이고, 변의 수와 꼭짓점의 수는 같습니다.

20 실력 서준이가 설명하는 도형의 이름을 쓰고, 그 도형을 1개 그려 보세요.

서준

- 모두 4개의 곧은 선으로만 이루어져 있어.
- 꼭짓점은 모두 4개야.

도형의 이름:

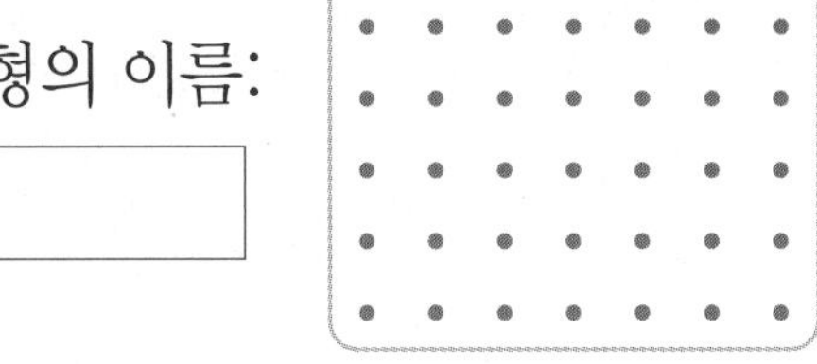

21 레벨업 서아가 설명하는 도형의 이름을 쓰고, 그 도형을 1개 그려 보세요.

서아

- 모두 3개의 곧은 선으로만 이루어져 있어.
- 변과 꼭짓점의 수의 합은 6개야.

도형의 이름:

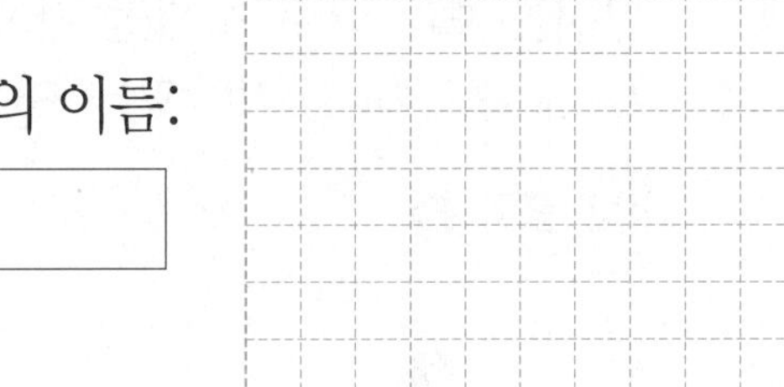

수학 독해력 유형

독해력 유형 1 남는(부족한) 쌓기나무의 수 구하기

구하려는 것에 밑줄을 긋고 풀어 보세요.

세영이는 쌓기나무 11개를 가지고 있습니다. 세영이가 오른쪽 모양으로 쌓는다면 남는 쌓기나무는 몇 개인지 구하세요.

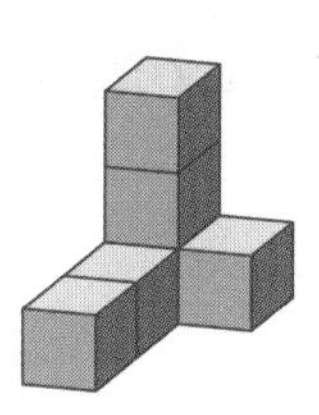

해결 비법

(남는 개수)
=(가진 개수)−(필요한 개수)

(부족한 개수)
=(필요한 개수)−(가진 개수)

문제 해결

❶ 모양을 쌓는 데 필요한 쌓기나무의 수 구하기:

1층에 ☐개, 2층에 1개, 3층에 1개이므로

모두 ☐개입니다.

❷ (남는 쌓기나무의 수)=11−☐=☐(개)

답 ______

쌍둥이 유형 1-1

위의 문제 해결 방법을 따라 풀어 보세요.

준서는 쌓기나무 9개를 가지고 있습니다. 준서가 오른쪽 모양으로 쌓는다면 남는 쌓기나무는 몇 개인지 구하세요.

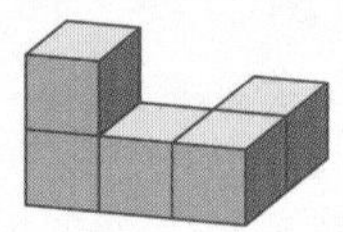

따라 풀기 ❶

❷

답 ______

쌍둥이 유형 1-2

민하는 쌓기나무 4개를 가지고 있습니다. 민하가 오른쪽 모양으로 쌓으려고 할 때 부족한 쌓기나무는 몇 개인지 구하세요.

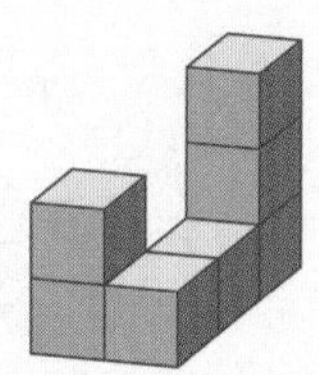

따라 풀기 ❶

❷

답 ______

정답과 해설 10쪽

공부한 날 월 일

독해력 유형 2 모양을 만드는 데 이용한 도형의 수 비교하기

구하려는 것에 밑줄을 긋고 풀어 보세요.

오른쪽은 삼각형, 사각형, 원을 이용하여 만든 모양입니다. 가장 많이 이용한 도형의 이름을 쓰세요.

해결 비법

도형별로 서로 다른 표시를 해 가며 세어 봅니다.

예

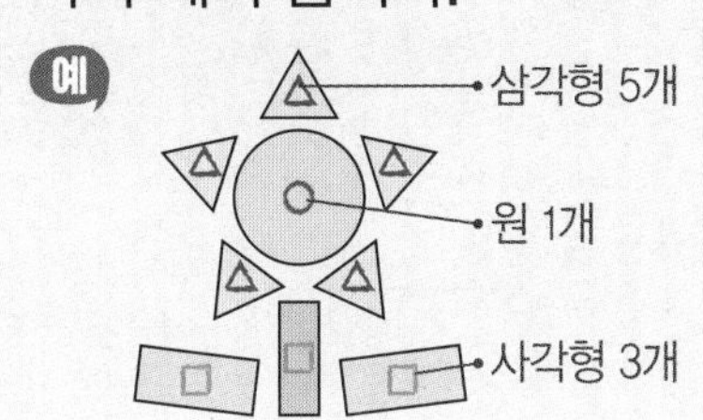

문제 해결

❶ 이용한 도형의 수 구하기:

삼각형 □개, 사각형 □개, 원 □개

❷ 가장 많이 이용한 도형의 이름: □

답 ________________

쌍둥이 유형 2-1

위의 문제 해결 방법을 따라 풀어 보세요.

오른쪽은 삼각형, 사각형, 원을 이용하여 만든 모양입니다. 가장 많이 이용한 도형의 이름을 쓰세요.

따라 풀기 ❶

❷

답 ________________

독해력 유형 3 접힌 부분을 따라 잘랐을 때 생기는 도형 구하기

✎ 구하려는 것에 밑줄을 긋고 풀어 보세요.

민수는 그림과 같이 색종이를 3번 접은 후 펼쳐서 접힌 부분을 따라 모두 잘랐습니다. 어떤 도형이 몇 개 생기는지 차례로 쓰세요.

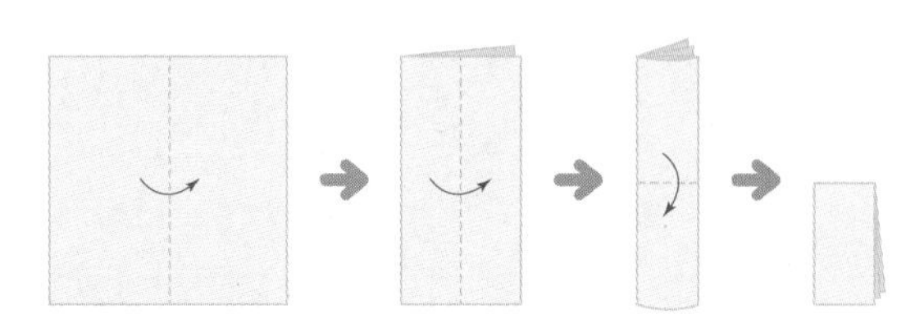

해결 비법

색종이를 펼쳤을 때 접힌 선을 차례로 그립니다.

예

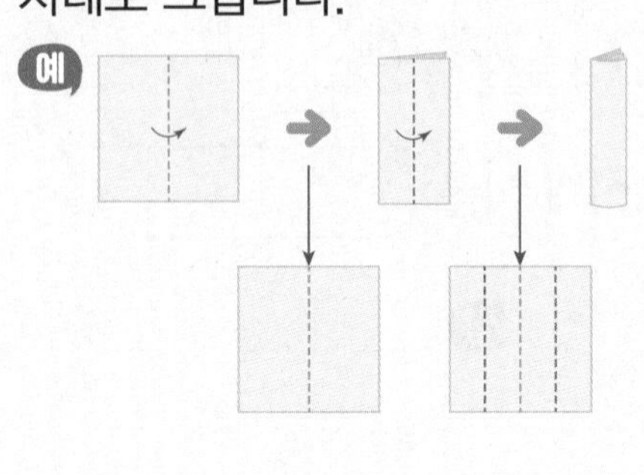

문제 해결

❶ 펼쳤을 때 접힌 선을 점선으로 나타내기:

❷ 잘랐을 때 생기는 도형의 이름: ☐,

도형의 수: ☐개

답 ______________, ______________

쌍둥이 유형 3-1

✎ 위의 문제 해결 방법을 따라 풀어 보세요.

재후는 그림과 같이 색종이를 3번 접은 후 펼쳐서 접힌 부분을 따라 모두 잘랐습니다. 어떤 도형이 몇 개 생기는지 차례로 쓰세요.

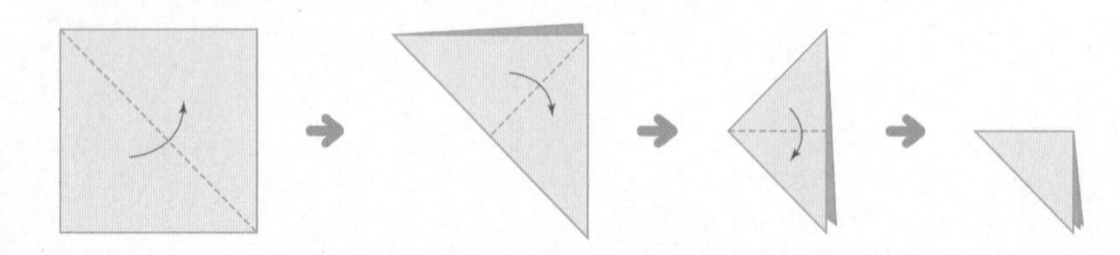

따라 풀기 ❶

❷

답 ______________, ______________

정답과 해설 10쪽

독해력 유형 4 크고 작은 도형 찾기

구하려는 것에 밑줄을 긋고 풀어 보세요.

도형에서 찾을 수 있는 크고 작은 삼각형은 모두 몇 개인지 구하세요.

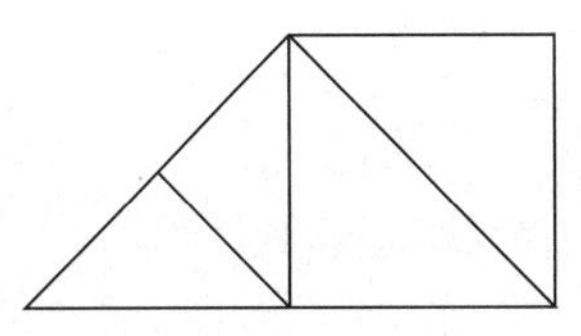

해결 비법

찾을 수 있는 삼각형 모양을 빠짐없이 모두 알아봅니다.

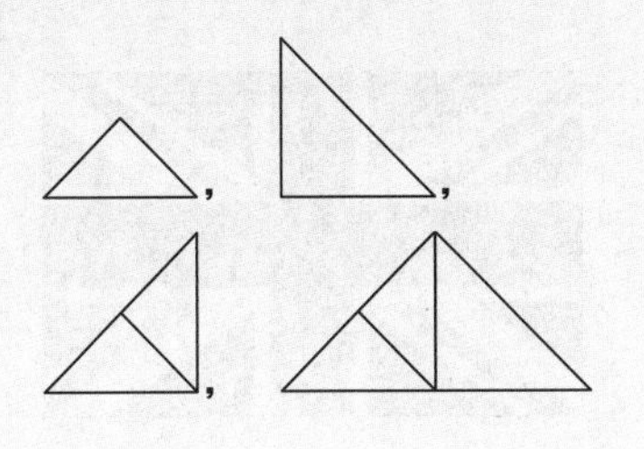

문제 해결

❶ 삼각형 1개로 이루어진 삼각형: □개

삼각형 2개로 이루어진 삼각형: □개

삼각형 3개로 이루어진 삼각형: □개

❷ 크고 작은 삼각형의 수: □개

답 ________________

위의 문제 해결 방법을 따라 풀어 보세요.

쌍둥이 유형 4-1

도형에서 찾을 수 있는 크고 작은 사각형은 모두 몇 개인지 구하세요.

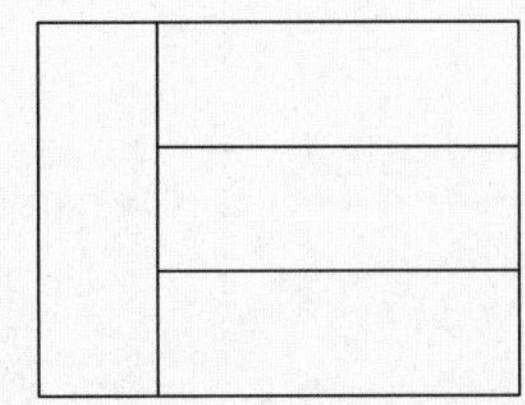

따라 풀기 ❶

❷

답 ________________

유형TEST

[1~2] 도형을 보고 물음에 답하세요.

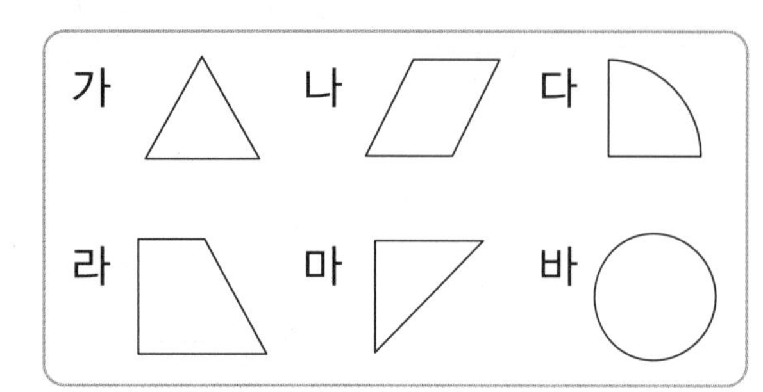

1 삼각형을 모두 찾아 기호를 쓰세요.

( )

2 사각형을 모두 찾아 기호를 쓰세요.

( )

3 다음과 똑같은 모양으로 쌓으려면 쌓기나무가 몇 개 필요한가요?

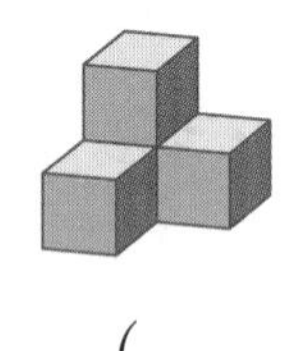

( )

4 꼭짓점이 없는 도형을 찾아 기호를 쓰세요.

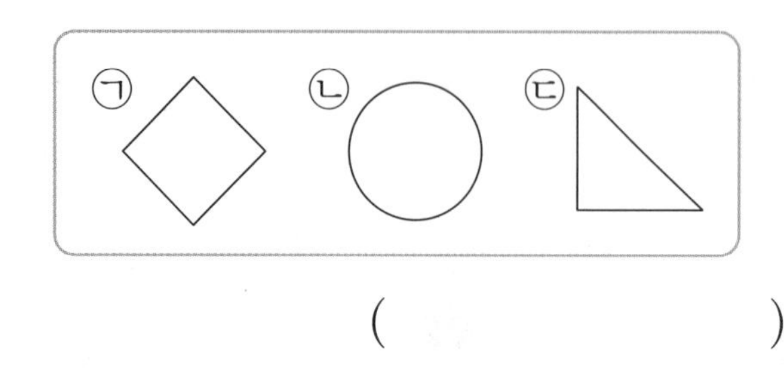

( )

5 도윤이가 그린 도형의 변은 몇 개인가요?

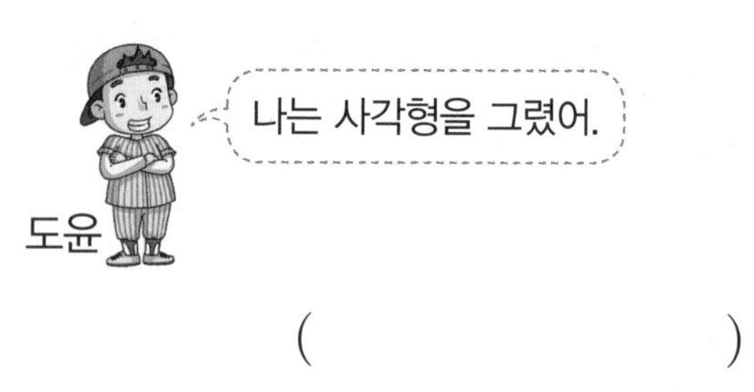

( )

실생활 연결

6 영국 국기입니다. 삼각형 모양은 모두 몇 개인가요?

( )

7 왼쪽 모양에서 쌓기나무 1개를 빼어 오른쪽과 똑같은 모양을 만들려고 합니다. 빼야 하는 쌓기나무를 찾아 번호를 쓰세요.

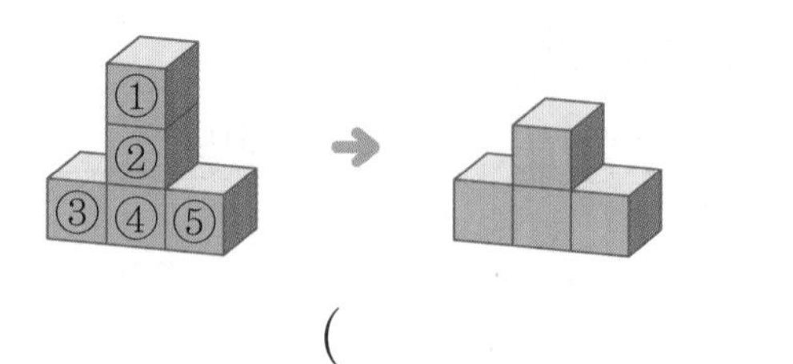

( )

8 도형을 보고 표를 완성해 보세요.

도형	(마름모 모양)	(삼각형 모양)
변의 수(개)	4	
꼭짓점의 수(개)		3
도형의 이름		

점수 점

9 서로 다른 사각형을 2개 그려 보세요.

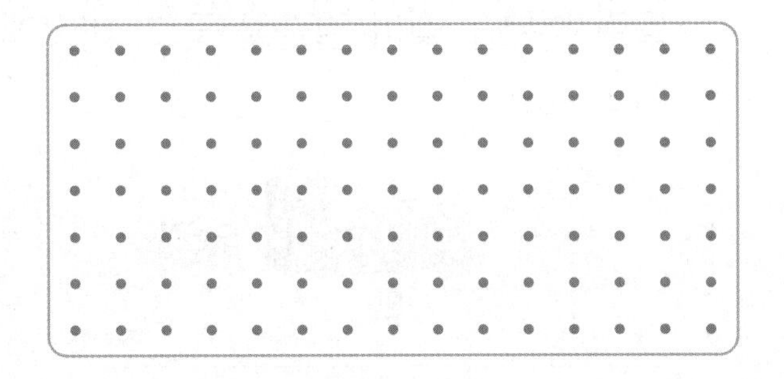

10 도형의 특징을 바르게 설명한 것을 찾아 기호를 쓰세요.

㉠ 원은 굽은 선이 없습니다.
㉡ 사각형은 모두 4개의 곧은 선이 있습니다.
㉢ 삼각형은 변과 꼭짓점이 없습니다.

( )

의사소통

11 설명대로 쌓은 모양을 찾아 이어 보세요.

1층에 쌓기나무 3개가 옆으로 나란히 있고, 가운데 쌓기나무의 위에 쌓기나무가 2개 있습니다.

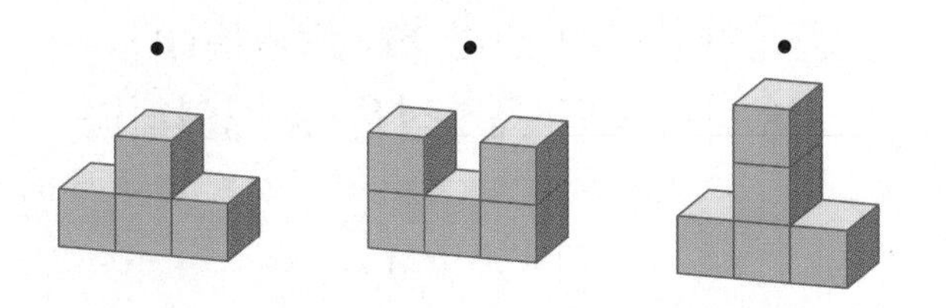

[12~13] 4개의 칠교 조각을 모두 이용하여 주어진 모양을 만들어 보세요.

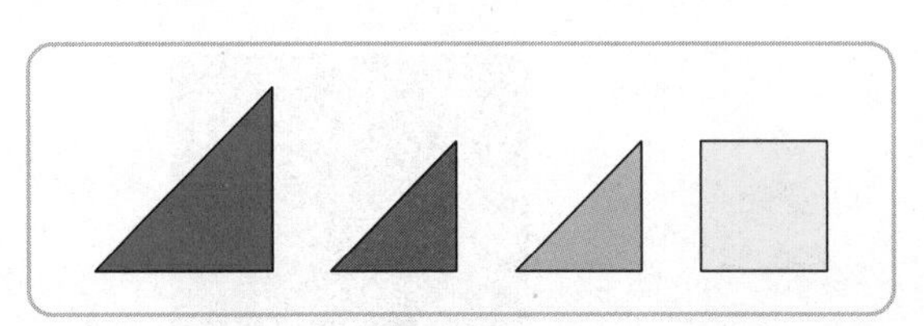

12

13

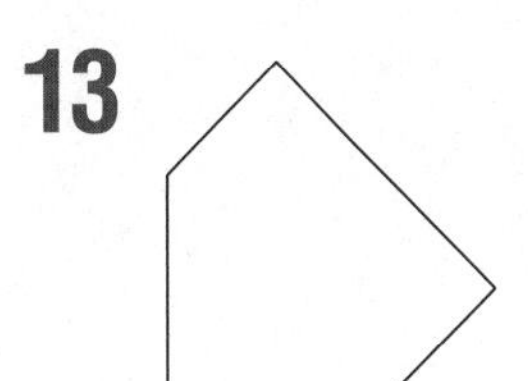

14 쌓기나무 5개로 만든 모양이 아닌 것을 찾아 기호를 쓰세요.

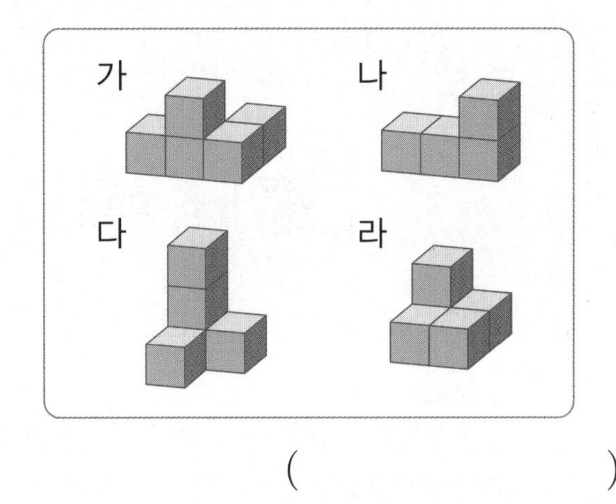

( )

15 원과 삼각형 안에 쓰여 있는 수의 합을 구하세요.

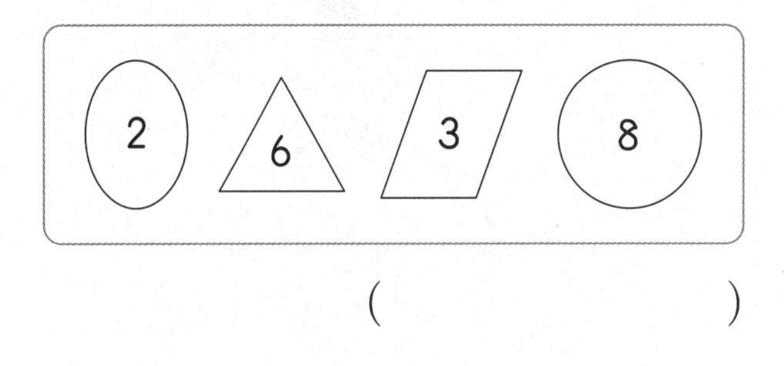

( )

16 칠교판의 조각 중 삼각형 모양 조각은 사각형 모양 조각보다 몇 개 더 많은가요?

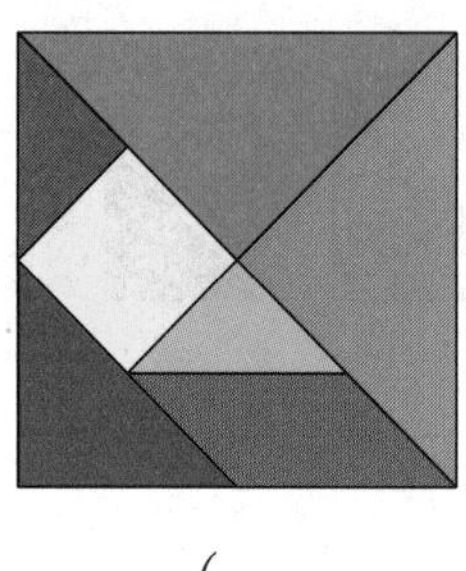

(　　　　　　　　)

17 조건에 맞게 쌓기나무를 색칠해 보세요.

(1) 조건
빨간색 쌓기나무의 왼쪽에 노란색 쌓기나무

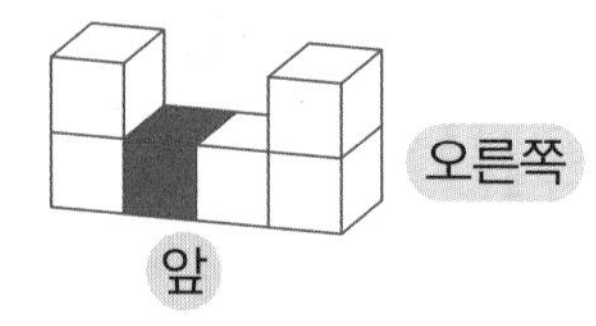

(2) 조건
- 빨간색 쌓기나무의 아래에 초록색 쌓기나무
- 빨간색 쌓기나무의 오른쪽에 파란색 쌓기나무

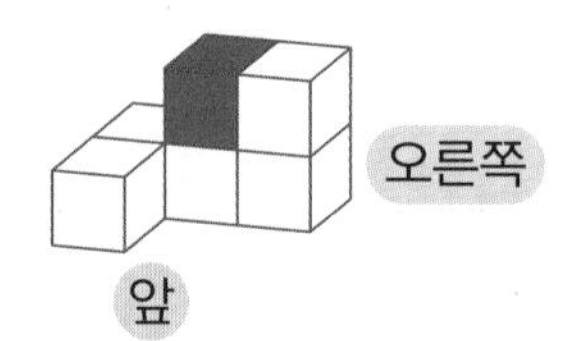

18 쌓기나무로 쌓은 모양에 대한 설명입니다. 틀린 부분을 찾아 밑줄을 긋고, 바르게 고쳐 보세요.

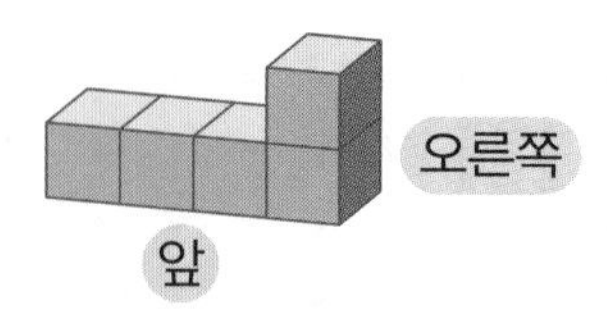

1층에 쌓기나무 3개가 옆으로 나란히 있고, 맨 왼쪽 쌓기나무의 위에 쌓기나무가 1개 있습니다.

실생활 연결

19 칠교판의 조각 7개를 모두 이용하여 자동차 모양을 만들어 보세요.

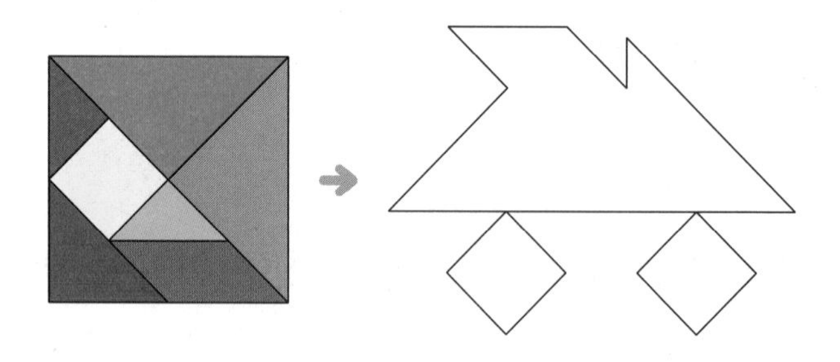

20 ■와 ★에 알맞은 수의 합을 구하세요.

- 삼각형의 변은 ■개입니다.
- 사각형의 꼭짓점은 ★개입니다.

(　　　　　　　　)

공부한 날　　월　　일

21 설명대로 쌓은 것을 찾아 기호를 쓰세요.

> 쌓기나무 5개로 쌓았고, 1층에 3개, 2층에 2개 쌓았습니다.

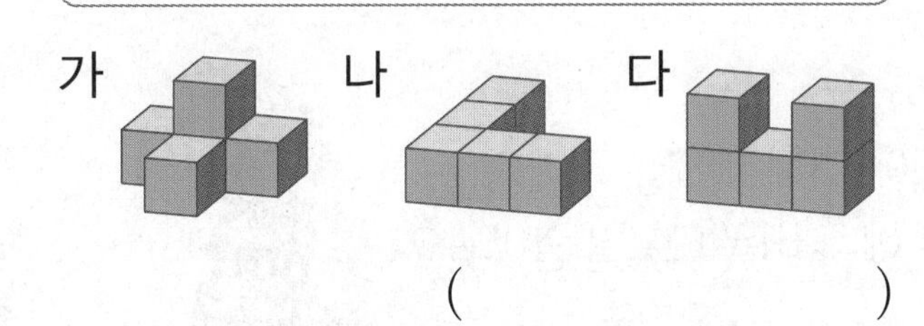

(　　　　　　　　)

22 보기 에서 설명하는 도형의 이름을 쓰세요.

> 보기
> - 모두 3개의 곧은 선으로만 이루어져 있습니다.
> - 꼭짓점은 모두 3개입니다.

(　　　　　　　　)

문제 해결

23 찾을 수 있는 크고 작은 삼각형은 모두 몇 개인가요?

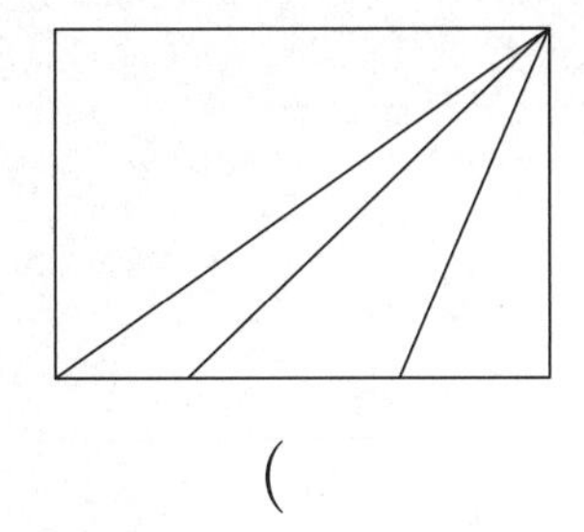

(　　　　　　　　)

서술형

24 색종이에 3개의 점을 모두 곧은 선으로 이어 도형을 그린 후 그린 도형의 변을 따라 모두 자르려고 합니다. 어떤 도형이 각각 몇 개 생기는지 풀이 과정을 쓰고 답을 구하세요.

풀이

답

도형의 이름	개수(개)

서술형

25 성우는 쌓기나무 8개를 가지고 있습니다. 성우가 다음 모양으로 쌓는다면 남는 쌓기나무는 몇 개인지 풀이 과정을 쓰고 답을 구하세요.

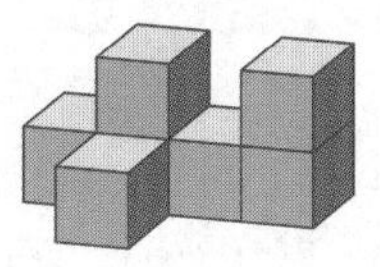

풀이

답

3 덧셈과 뺄셈

달콤한 디저트 나라를 잘 지나왔나요?
이제 치즈 나라에서 덧셈과 뺄셈에 대해 배워볼 거예요.
한 칸씩 통과해 가면서 이번 단원에서 배울 내용을 알아봐요.
출발!
다리를 건너 가요!
1 8
+ 3
❶
18+3은 얼마지?
25−6은 얼마지?
2 5
− 6
❷
큐알 코드를 찍으면 개념 학습 영상도 보고, 수학 게임도 할 수 있어요.
구멍이 뚫린 치즈를 '에멘탈 치즈'라고 해! 스위스를 대표하는 치즈야!
정답 확인 | ❶ 21 ❷ 19

24
19
합 24 +19 43
차 24 −19 5
기차 앞에 적힌 두 수의 합과 차를 구해 봐!
사진을 찍을 때 왜 '치즈'라고 할까?
이제 덧셈과 뺄셈을 배우러 가자!
GO GO~
'치즈'라고 할 때 이가 가장 많이 보이게 웃을 수 있기 때문이에요!
사진을 찍겠습니다. 하나~ 둘~
김치~
치즈~

STEP 1

개념별 유형

개념 1 받아올림이 있는 (두 자리 수)+(한 자리 수)

예 16+7의 계산

일의 자리에서 받아올림한 수

$$\begin{array}{r} 16 \\ +\ \ 7 \\ \hline \end{array} \rightarrow \begin{array}{r} ^{1}\ \ \\ 16 \\ +\ \ 7 \\ \hline 3 \end{array} \rightarrow \begin{array}{r} ^{1}\ \ \\ 16 \\ +\ \ 7 \\ \hline 23 \end{array}$$

6+7=13　　1+1=2

- 일의 자리 계산: 6+7=13에서 **10**은 십의 자리로 받아올림하고 **3**은 일의 자리에 내려 씁니다.
- 십의 자리 계산: 받아올림한 수와 십의 자리 수를 더해 십의 자리에 씁니다.

일의 자리 계산에서 10이거나 10이 넘으면 십의 자리로 받아올림해.

개념 동영상

1 27+4를 구하려고 합니다. 수판에 더하는 수 4만큼 △를 그려 구하세요.

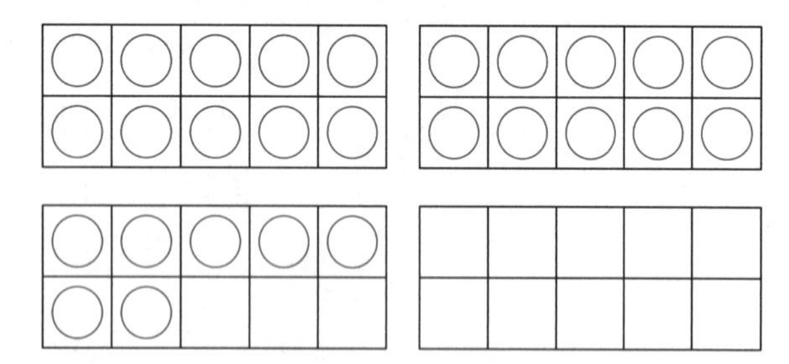

→ 27+4=□

2 그림을 보고 덧셈을 하세요.

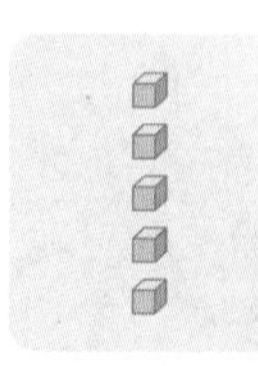

19+5=□

3 계산해 보세요.

(1)
$$\begin{array}{r} 28 \\ +\ \ 6 \\ \hline \end{array}$$

(2)
$$\begin{array}{r} 9 \\ +32 \\ \hline \end{array}$$

4 빈 곳에 알맞은 수를 써넣으세요.

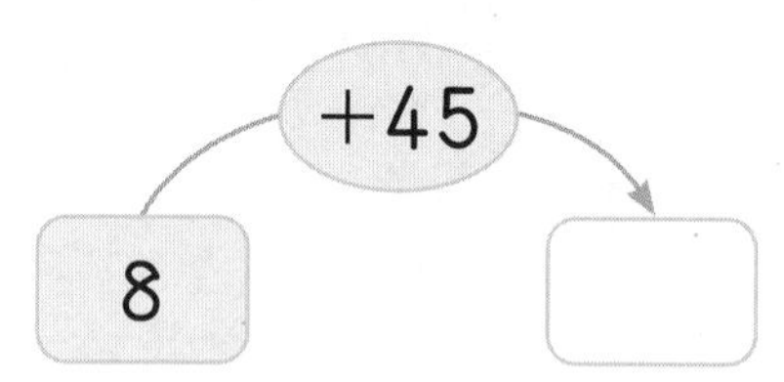

5 다음이 나타내는 수를 구하세요.

63보다 9만큼 더 큰 수

(　　　　　　　　)

의사소통

6 다은이가 정리한 재활용품은 모두 몇 개인지 구하세요.

병뚜껑 38개와 종이 상자 5개를 정리했어.

식 ______________________

답 

공부한 날 월 일

개념 2 받아올림이 있는 (두 자리 수)+(두 자리 수) (1)

1. 28+15를 여러 가지 방법으로 계산하기

방법 1 **15**를 가르기하여 계산

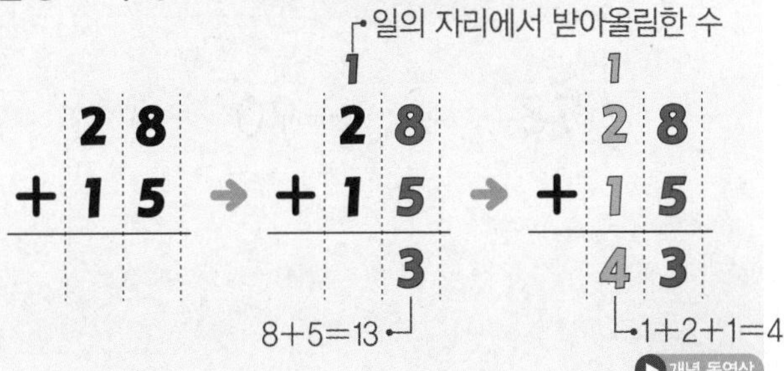

방법 2 **28**을 가까운 몇십으로 바꾸어 계산

15에서 2를 옮겨 28을 30으로 만들어 더합니다.

28+2+13=43

28+15=43

2. 28+15의 계산 방법 알아보기

일의 자리에서 받아올림한 수

	2	8	→		1 2	8	→		1 2	8
+	1	5		+	1	5		+	1	5
						3			4	3

8+5=13, 1+2+1=4

개념 동영상

[7~8] □ 안에 알맞은 수를 써넣으세요.

7

33+29=33+□+9

=□+9=□

8

27+46=27+3+□

=30+□=□

9 계산해 보세요.

(1)
```
  2 5
+ 1 9
-----
```

(2)
```
  1 8
+ 6 3
-----
```

추론

10 계산에서 잘못된 곳을 찾아 바르게 고쳐 보세요.

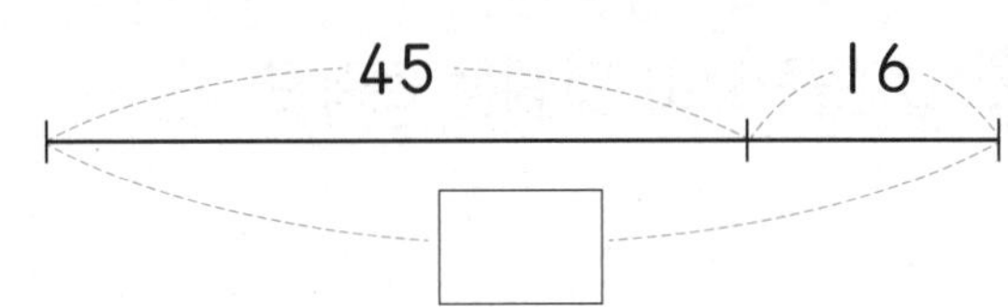

11 □ 안에 알맞은 수를 써넣으세요.

45 16

□

문제 해결

12 바닷가에서 태리는 조개껍데기 35개를 줍고, 혜리는 19개를 주웠습니다. 두 사람이 주운 조개껍데기는 모두 몇 개인가요?

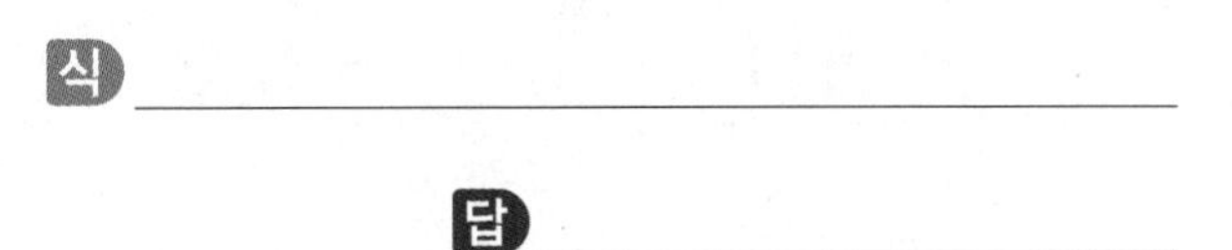

개념 3 받아올림이 있는 (두 자리 수)+(두 자리 수) (2)

1. 십의 자리에서 받아올림이 있는 (두 자리 수)+(두 자리 수)

예 62+51의 계산

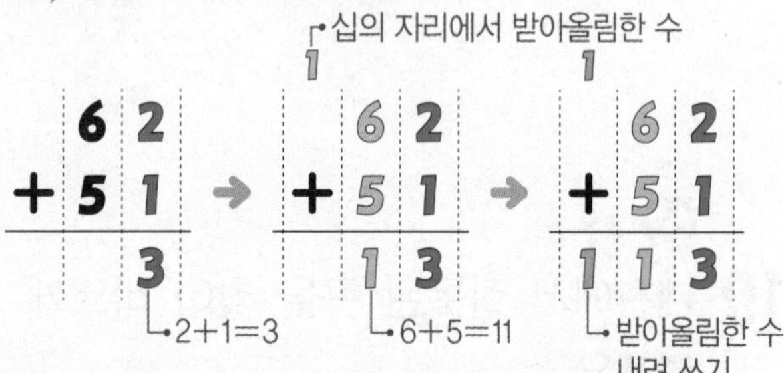

2. 일의 자리, 십의 자리에서 받아올림이 있는 (두 자리 수)+(두 자리 수)

예 69+37의 계산

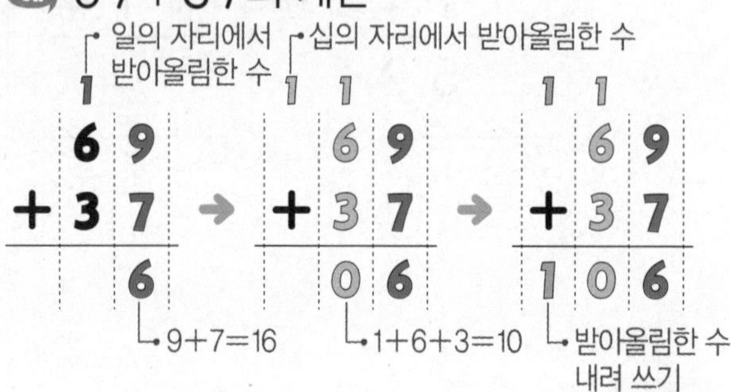

13 그림을 보고 덧셈을 하세요.

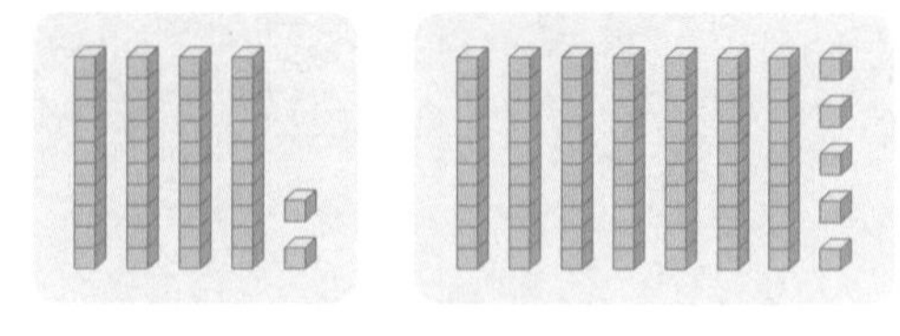

42+75=□

14 계산해 보세요.

(1)
```
  5 6
+ 5 1
```

(2)
```
  3 9
+ 8 3
```

15 다음 계산에서 □이 실제로 나타내는 수는 얼마인지 구하세요.

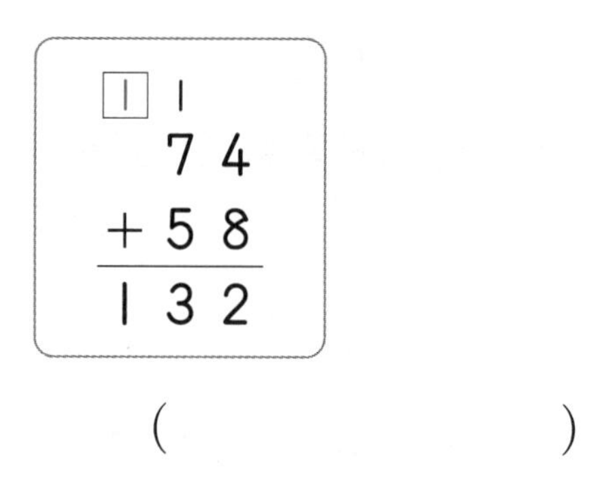
```
 □ 1
   7 4
 + 5 8
 1 3 2
```

(　　　　　　)

16 빈 곳에 알맞은 수를 써넣으세요.

17 크기를 비교하여 더 큰 수에 ○표 하세요.

85+36	120
(　　)	(　　)

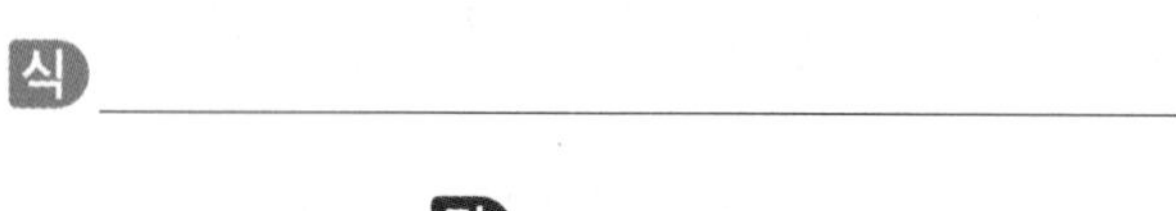

18 성재는 동화책을 어제는 46쪽, 오늘은 69쪽 읽었습니다. 성재가 어제와 오늘 읽은 동화책은 모두 몇 쪽인가요?

식 ____________________

답 ____________________

1~3 형성 평가

맞힌 문제 수 개/8개

공부한 날 월 일

1 두 수의 합을 빈 곳에 써넣으세요.

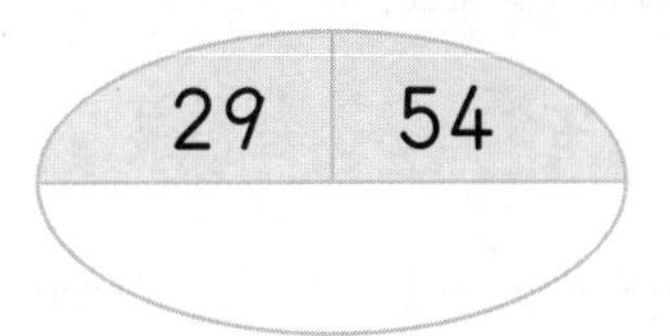

2 □ 안에 알맞은 수를 써넣으세요.

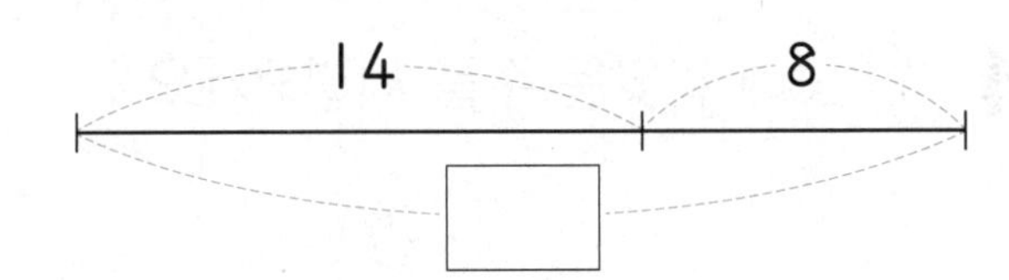

3 보기와 같이 계산해 보세요.

보기

$48+33=48+2+31$
$=50+31$
$=81$

$56+26=$ ____

$=$ ____

$=$ ____

4 빈 곳에 알맞은 수를 써넣으세요.

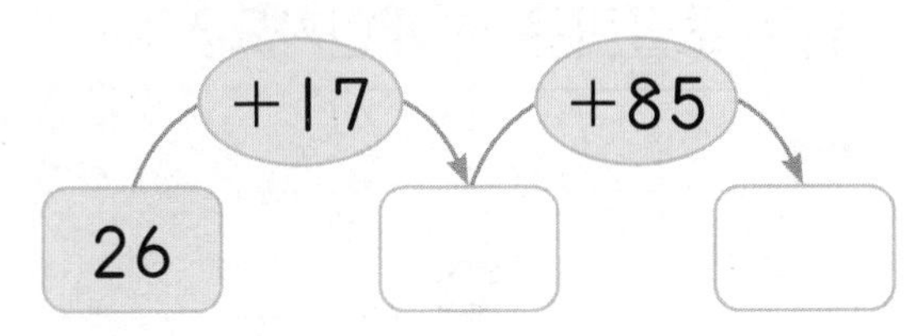

5 보기와 같이 계산이 맞도록 필요없는 수를 지우려고 합니다. 지워야 할 수에 ×표 하세요.

보기

$26+8+7=33$ (8에 ×표)

$45+6+9=51$

6 계산 결과를 찾아 이어 보세요.

23+86 •	• 102
97+5 •	• 109

7 계산 결과의 크기를 비교하여 ○ 안에 >, =, <를 알맞게 써넣으세요.

66+8  48+17

8 서준이는 동화책 29권, 위인전 57권을 기부하려고 합니다. 서준이가 기부하려는 책은 모두 몇 권인가요?

식 ____

답 

개념 4 받아내림이 있는 (두 자리 수)−(한 자리 수)

예 22−8의 계산

받아내림하고 남은 수 / 십의 자리에서 받아내림한 수

$$\begin{array}{r} 22 \\ -\ \ 8 \\ \hline \end{array} \rightarrow \begin{array}{r} {\scriptstyle 1\ 10} \\ \not{2}2 \\ -\ \ 8 \\ \hline 4 \end{array} \rightarrow \begin{array}{r} {\scriptstyle 1\ 10} \\ \not{2}2 \\ -\ \ 8 \\ \hline 14 \end{array}$$

10+2−8=4 / 2−1=1

- 일의 자리 계산: 2에서 8을 뺄 수 없으므로 **십의 자리에서 10을 받아내림**하고 10+2−8=**4**를 일의 자리에 씁니다.
- 십의 자리 계산: 받아내림하고 남은 1을 십의 자리에 내려 씁니다.

일의 자리 수끼리 뺄 수 없으면 십의 자리에서 10을 받아내림하여 계산해.

1 31−5를 구하려고 합니다. 빼는 수 5만큼 /으로 지워 구하세요.

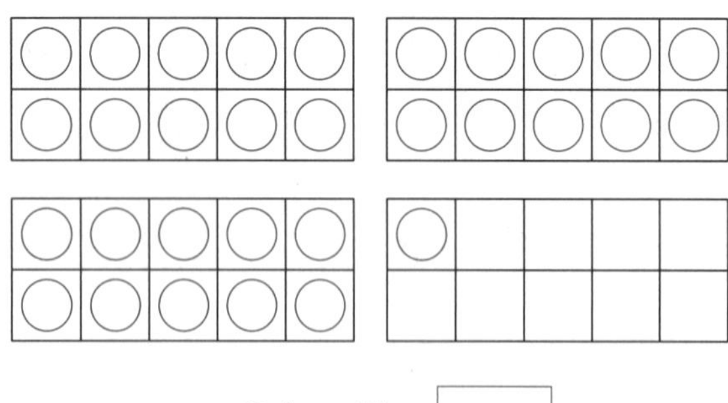

→ 31−5=□

2 그림을 보고 뺄셈을 하세요.

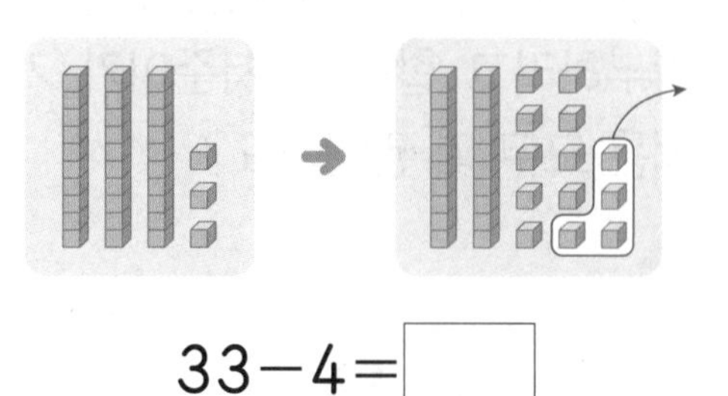

33−4=□

3 계산해 보세요.

(1) $\begin{array}{r} 45 \\ -\ \ 9 \\ \hline \end{array}$ (2) $\begin{array}{r} 52 \\ -\ \ 6 \\ \hline \end{array}$

4 빈 곳에 알맞은 수를 써넣으세요.

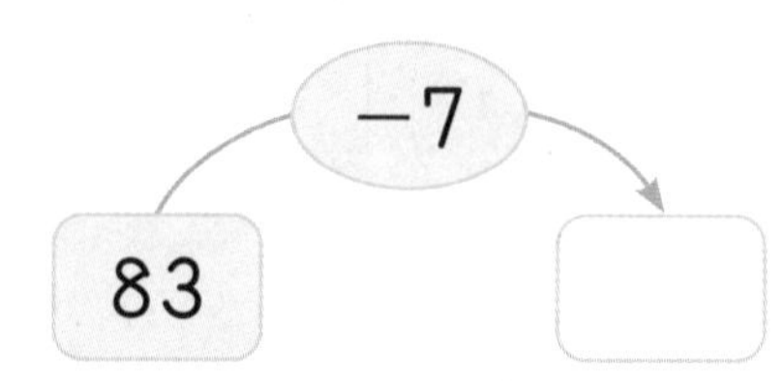

5 크기를 비교하여 ○ 안에 >, =, <를 알맞게 써넣으세요.

66−9 ○ 56

문제 해결

6 민규는 초콜릿을 33개 가지고 있습니다. 그중에서 8개를 친구에게 주면 민규에게 남는 초콜릿은 몇 개인가요?

식 ______________________

답 ______________________

개념 5 받아내림이 있는 (몇십)−(몇십몇)

1. 50−37을 여러 가지 방법으로 계산하기

방법 1 37을 가르기하여 계산

50−37=13

30 7

50−37
=50−30−7
=20−7=13

방법 2 37을 가까운 몇십으로 바꾸어 계산

두 수에 각각 3을 더해 37은 40, 50은 53으로 만들어 뺍니다.

53−40=13

50−37=13

2. 50−37의 계산 방법 알아보기

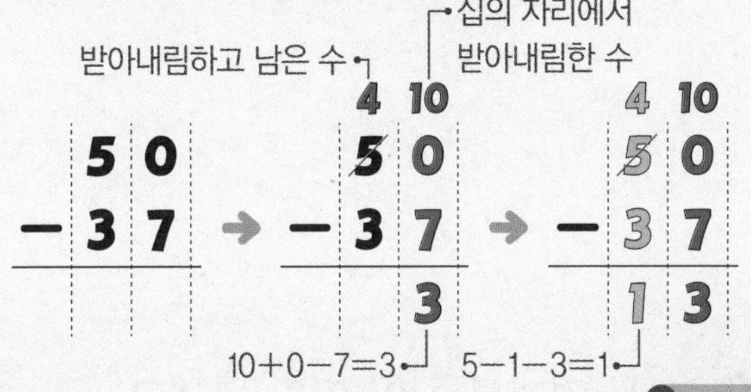

7 도윤이가 말한 방법으로 계산하려고 합니다. □ 안에 알맞은 수를 써넣으세요.

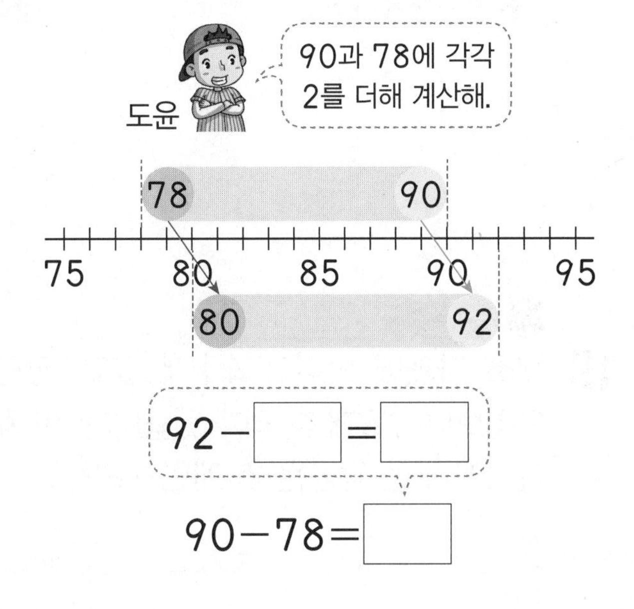

92−□=□

90−78=□

8 계산해 보세요.

(1)
$$\begin{array}{r} 40 \\ -\ 15 \\ \hline \end{array}$$

(2)
$$\begin{array}{r} 90 \\ -\ 51 \\ \hline \end{array}$$

9 두 수의 차가 26인 것에 ○표 하세요.

50, 14 ( )　　70, 44 ( )

10 계산에서 잘못된 곳을 찾아 바르게 고쳐 보세요.

$$\begin{array}{r} 90 \\ -\ 43 \\ \hline 57 \end{array} \rightarrow \begin{array}{r} 90 \\ -\ 43 \\ \hline \end{array}$$

11 하린이가 말하는 수를 구하세요.

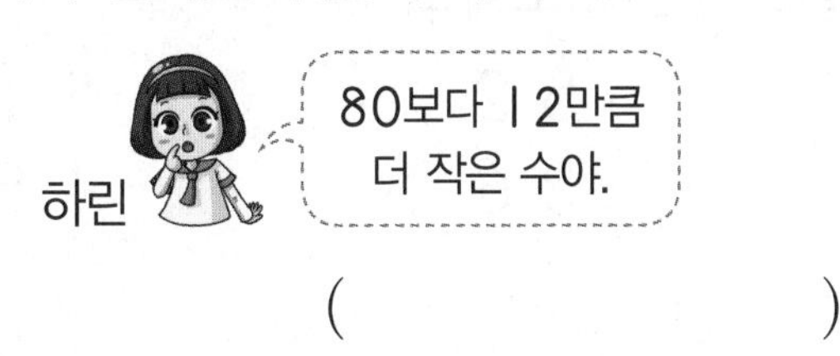

( )

문제 해결

12 준호가 모은 캐릭터 카드 50장 중 16장을 동생에게 주었습니다. 준호에게 남은 캐릭터 카드는 몇 장인가요?

식 ________________

답 ________________

개념 6 받아내림이 있는 (두 자리 수)−(두 자리 수)

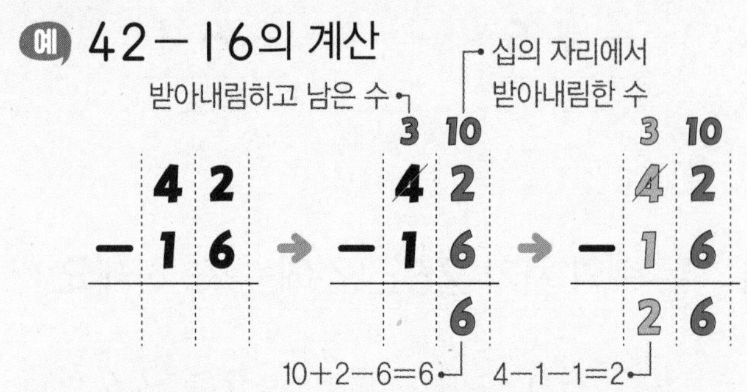

일의 자리 계산에서 2에서 6을 뺄 수 없으므로 십의 자리에서 **10**을 받아내림하여 계산합니다.

개념 동영상

13 그림을 보고 뺄셈을 하세요.

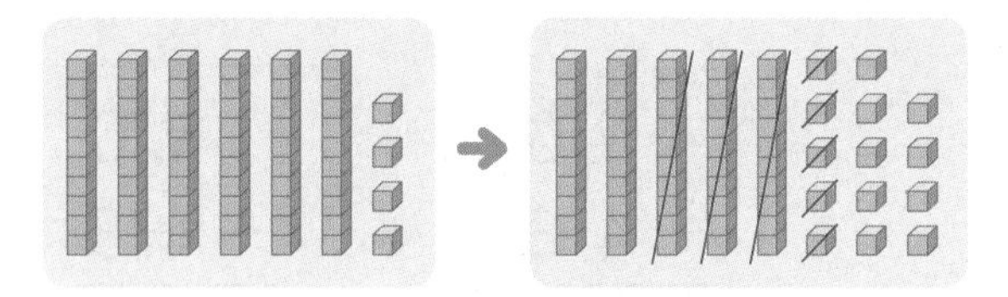

14 계산해 보세요.

(1) $52 - 36$

(2) $81 - 15$

(3) 32−18

(4) 75−29

15 빈 곳에 알맞은 수를 써넣으세요.

16 □ 안에 알맞은 수를 써넣으세요.

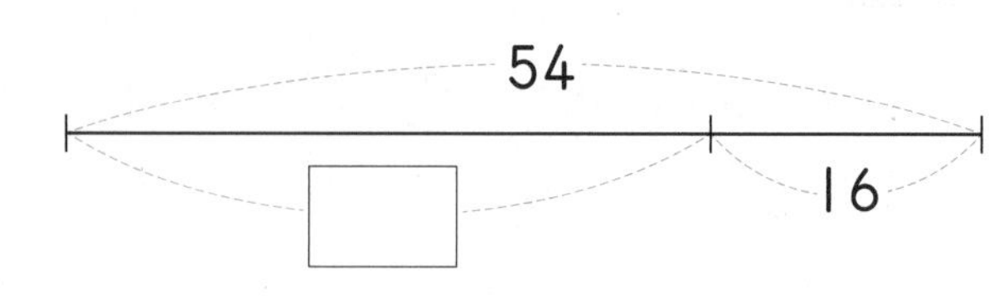

17 계산 결과가 49인 것에 색칠해 보세요.

85−16 93−44

18 계산 결과를 찾아 이어 보세요.

47−19 • • 28

62−38 • • 24

문제 해결

19 채소 가게에 오이가 41개 있고, 당근은 오이보다 14개 더 적게 있습니다. 이 채소 가게에 있는 당근은 몇 개인가요?

식 ____________________

개념 7 덧셈과 뺄셈하기

1. 받아올림이 있는 두 자리 수끼리의 덧셈

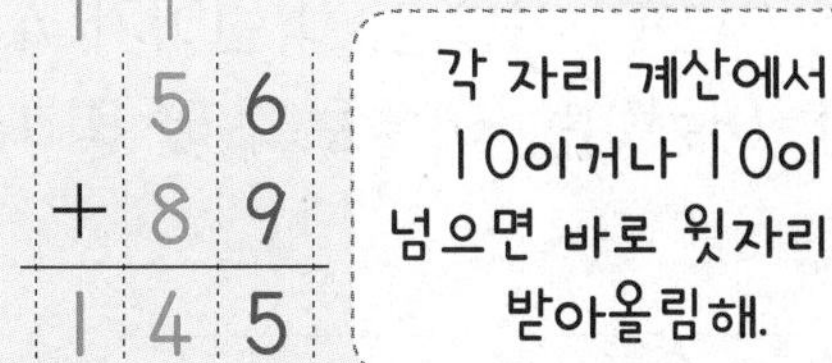

2. 받아내림이 있는 두 자리 수끼리의 뺄셈

$$\begin{array}{r} \overset{6\,10}{\cancel{7}\,5} \\ -\ 3\,6 \\ \hline 3\,9 \end{array}$$

일의 자리 수끼리 뺄 수 없으면 십의 자리에서 받아내림해.

20 두 수의 합을 구하세요.

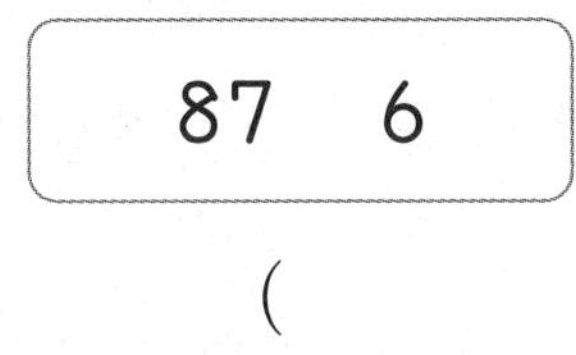

( )

[21~22] □ 안에 알맞은 수를 써넣으세요.

21

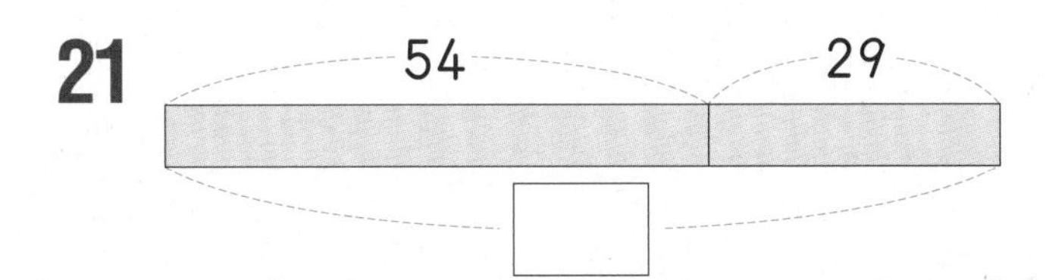

22

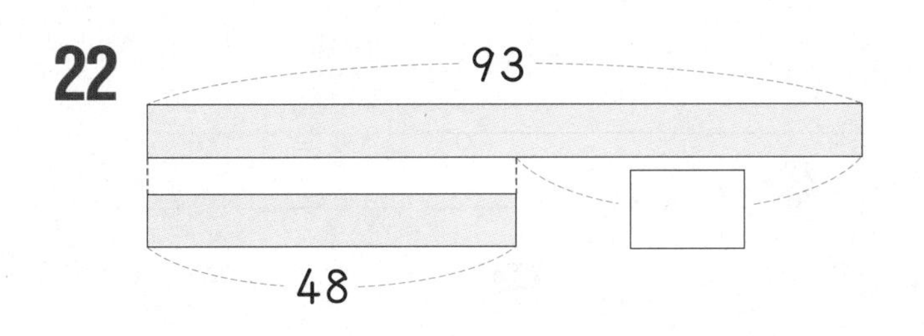

23 빈 곳에 알맞은 수를 써넣으세요.

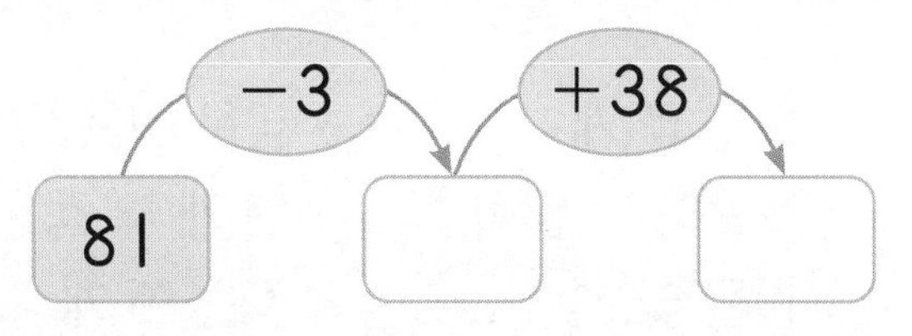

24 계산 결과가 다른 하나에 ○표 하세요.

90−46	72−27	19+25

25 계산 결과의 크기를 비교하여 ○ 안에 >, =, <를 알맞게 써넣으세요.

25+36 ○ 70−18

정보처리

26 풍선에 쓰여 있는 덧셈과 뺄셈의 계산 결과를 찾아 이어 보세요.

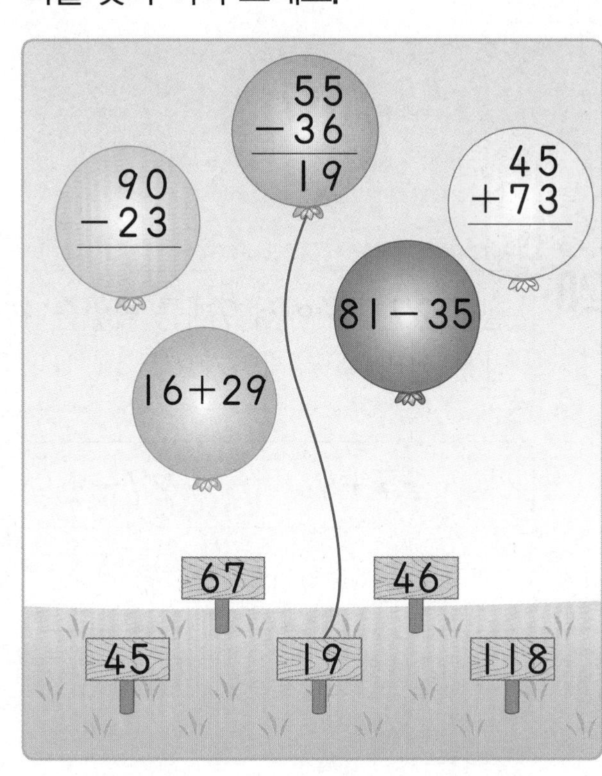

개념별 유형

개념 8 덧셈과 뺄셈의 활용

• 모두 몇 개 • ~보다 더 많이 • 합은 몇 개	• 남은 것은 몇 개 • 몇 개 더 적은지 • 차는 몇 개
↓ 덧셈식을 이용	↓ 뺄셈식을 이용

[27~28] 문제에 알맞은 계산에 ○표 하고, 답을 구하세요.

27 노란색 구슬이 15개, 빨간색 구슬이 8개 있습니다. 구슬은 모두 몇 개인가요?

15+8　　　15−8

(　　　　　　)

28 젤리 27개 중에서 9개를 먹었습니다. 남은 젤리는 몇 개인가요?

27+9　　　27−9

(　　　　　　)

문제를 읽고 덧셈과 뺄셈 중에서 어느 것을 이용해야 할지 ○표 한 후 풀어 보세요.

29 수영장에 어른이 80명, 어린이가 43명 있습니다. 어린이는 어른보다 몇 명 더 적은가요?

덧셈　　뺄셈

식 ______________________

답 ______________

30 서진이가 줄넘기를 어제는 64번 넘었고, 오늘은 어제보다 56번 더 많이 넘었습니다. 서진이가 오늘은 줄넘기를 몇 번 넘었나요?

덧셈　　뺄셈

식 ______________________

답 ______________

31 동물 병원에서 강아지를 44마리, 고양이를 36마리 치료했습니다. 치료한 강아지와 고양이의 수의 차는 몇 마리인가요?

덧셈　　뺄셈

식 ______________________

답 ______________

4~8 형성 평가

맞힌 문제 수 개/7개

공부한 날 월 일

1 두 수의 차를 구하세요.

32 5

( )

2 사각형에 쓰여 있는 수의 차를 구하세요.

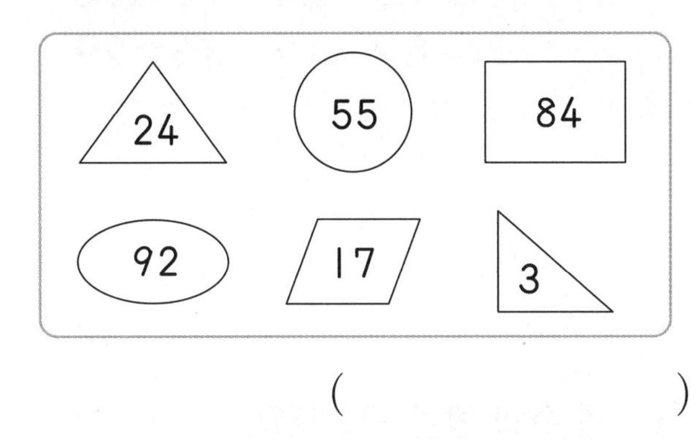

( )

3 계산 결과를 찾아 같은 색으로 칠해 보세요.

56+18 70−43

4 두 수의 차가 같은 것에 모두 ○표 하세요.

50−14	73−47	42−6
( )	( )	( )

5 87−19를 다은이가 말하는 방법으로 계산해 보세요.

87을 80과 7로 가르기하여 80에서 19를 먼저 빼고 7을 더해.

87−19

6 계산 결과가 더 큰 계산식의 기호를 쓰세요.

㉠ 36+16 ㉡ 70−19

( )

7 동물원에 있는 거북의 나이는 91살이고, 원숭이의 나이는 23살입니다. 거북은 원숭이보다 몇 살 더 많은가요?

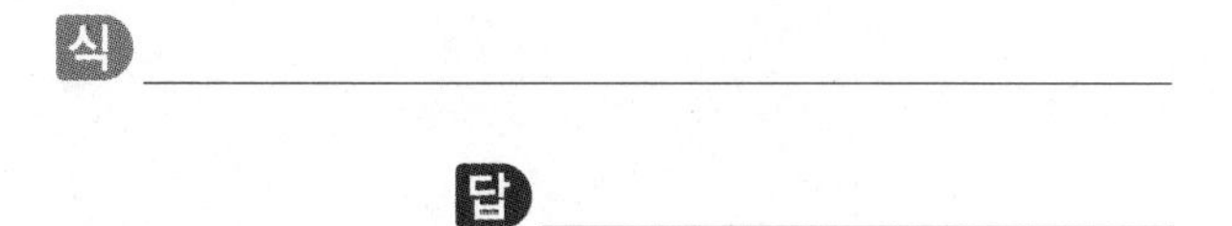

식 ______________________

답 ______________________

개념별 유형

개념 9 세 수의 계산 (1)

세 수의 덧셈과 세 수의 뺄셈은 앞에서부터 두 수씩 순서대로 계산합니다.

예 $15+18+21=54$
① $15+18=33$
② $33+21=54$

예 $40-17-16=7$
① $40-17=23$
② $23-16=7$

잘못된 계산: $40-17-16=39$
① $17-16=1$
② $40-1=39$

세 수의 덧셈은 순서를 바꾸어 더해도 계산 결과는 같아.

$15+18+21=15+39$
$=54$

[1~2] □ 안에 알맞은 수를 써넣으세요.

1 $27+8+17=\square$
① □
② □

2 $95-28-15=\square$
① □
② □

3 계산해 보세요.

(1) $26+19+47$

(2) $73-18-29$

4 바르게 계산한 것의 기호를 쓰세요.

㉠ $70-24-18=18$
㉡ $82-17-36=29$

(　　　　　　　　)

5 세 수의 합을 구하세요.

28　　59　　48

(　　　　　　　　)

정보처리

6 다은이가 말한 식을 계산한 결과가 함께 적혀 있는 글자를 찾아 쓰세요.

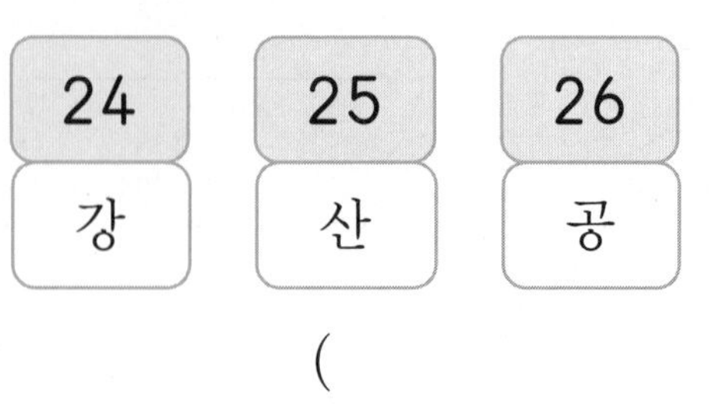

(　　　　　　　　)

개념 10 세 수의 계산 (2)

덧셈과 뺄셈이 섞인 세 수의 계산은 앞에서부터 두 수씩 순서대로 계산합니다.

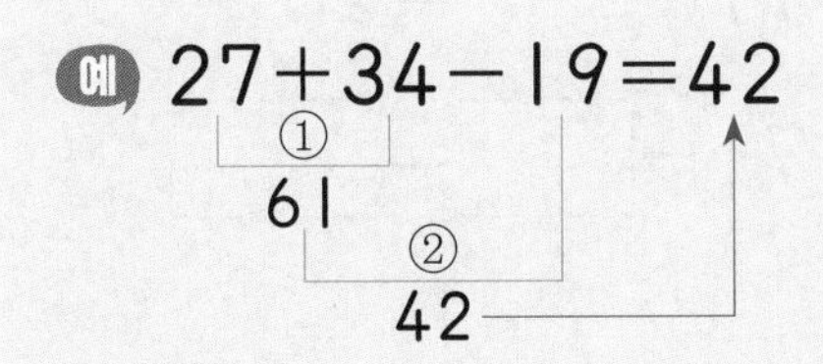

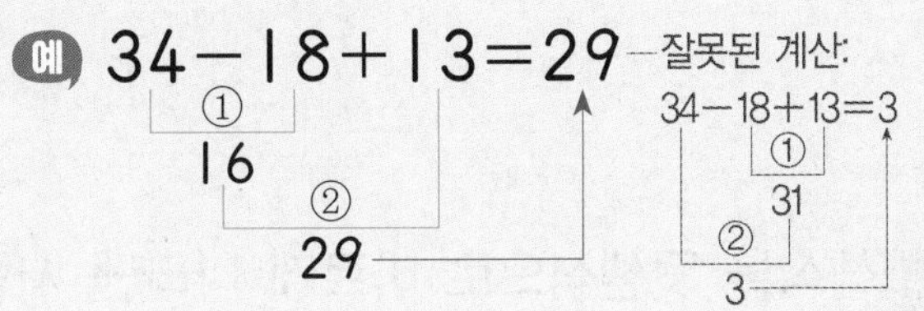

7 계산 순서를 바르게 나타낸 것에 ○표 하세요.

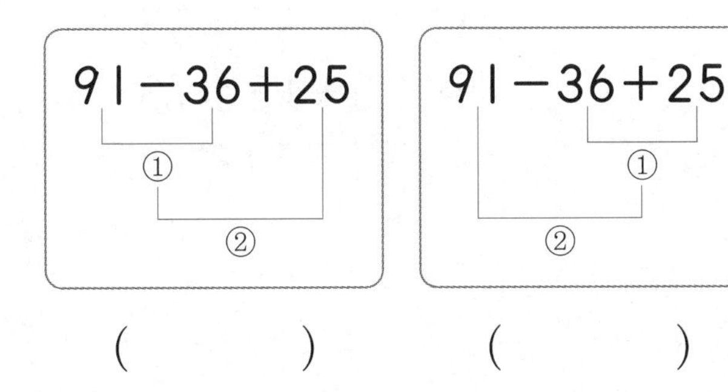

(   )   (   )

8 □ 안에 알맞은 수를 써넣으세요.

$$\begin{array}{r} 57 \\ +34 \\ \hline \square \end{array} \quad \begin{array}{r} \square \\ -23 \\ \hline \square \end{array}$$

➔ $57+34-23=\square$

9 계산해 보세요.

(1) $64+19-37$

(2) $43-14+35$

10 빈 곳에 알맞은 수를 써넣으세요.

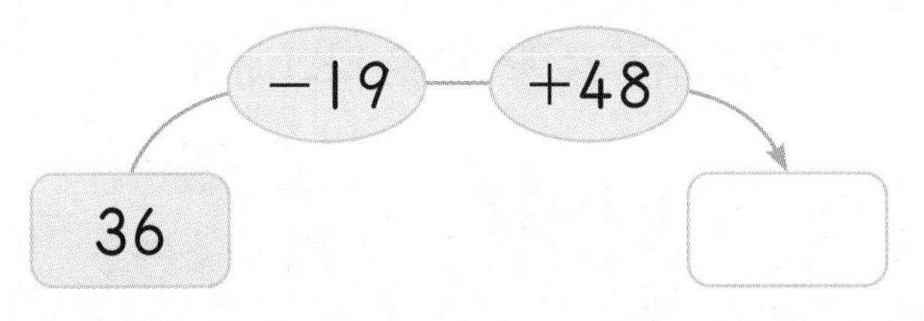

11 계산 결과를 찾아 이어 보세요.

48+15−26 •		• 36
		• 37
32−16+22 •		• 38

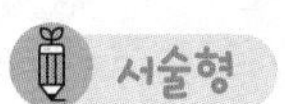

12 계산이 잘못된 까닭을 쓰고, 바르게 고쳐 계산해 보세요.

$36-13+19=4$

32

4

➔

$36-13+19$

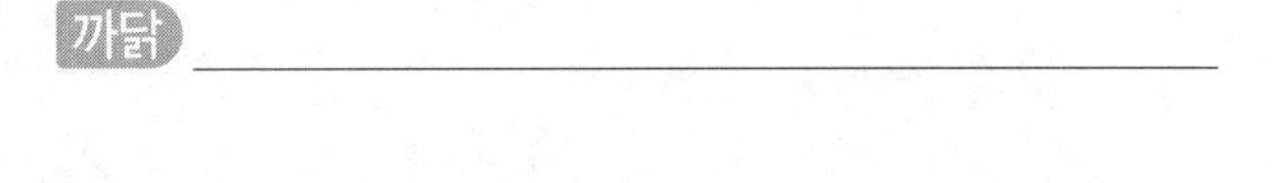

개념 11 덧셈과 뺄셈의 관계를 식으로 나타내기

1. 덧셈식을 뺄셈식으로 나타내기

$5+7=12 \rightarrow \begin{cases} 12-5=7 \\ 12-7=5 \end{cases}$

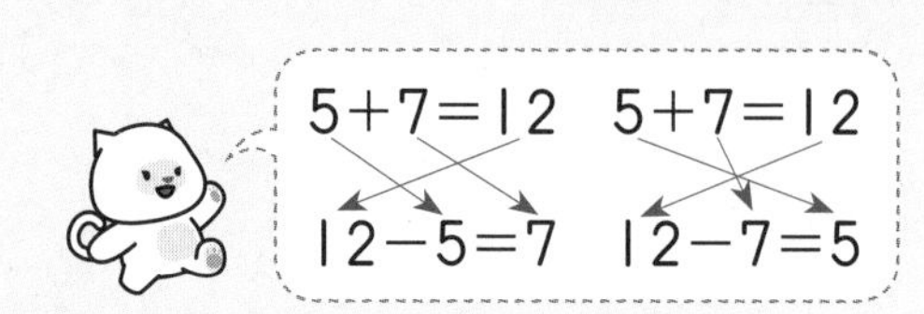

2. 뺄셈식을 덧셈식으로 나타내기

$13-4=9 \rightarrow \begin{cases} 9+4=13 \\ 4+9=13 \end{cases}$

13−4=9 13−4=9
9+4=13 4+9=13

개념 동영상

13 그림을 보고 덧셈식을 뺄셈식으로 나타내 보세요.

17	14
31	

$17+14=31$ → $31-\square=14$, $31-\square=17$

14 그림을 보고 뺄셈식을 덧셈식으로 나타내 보세요.

24 (6, 18)

$24-6=18$ → $18+\square=24$, $6+\square=24$

15 덧셈식을 2개의 뺄셈식으로 나타내 보세요.

$46+25=71$

$\rightarrow \begin{cases} 71-\square=25 \\ 71-\square=\square \end{cases}$

16 뺄셈식을 덧셈식으로 바르게 나타낸 사람의 이름을 쓰세요.

$55-37=18$

소민: $18+37=55$
지효: $55+18=73$

( )

17 세 수를 이용하여 뺄셈식을 완성하고, 뺄셈식을 2개의 덧셈식으로 나타내 보세요.

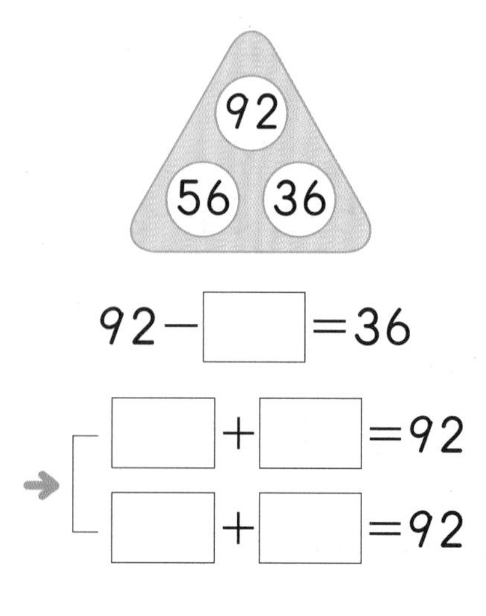

$92-\square=36$

$\rightarrow \begin{cases} \square+\square=92 \\ \square+\square=92 \end{cases}$

개념 12 □가 사용된 덧셈식을 만들고 □의 값 구하기

예 종이배가 6개 있었는데 몇 개를 더 접어 11개가 되었을 때 더 접은 종이배의 수 구하기

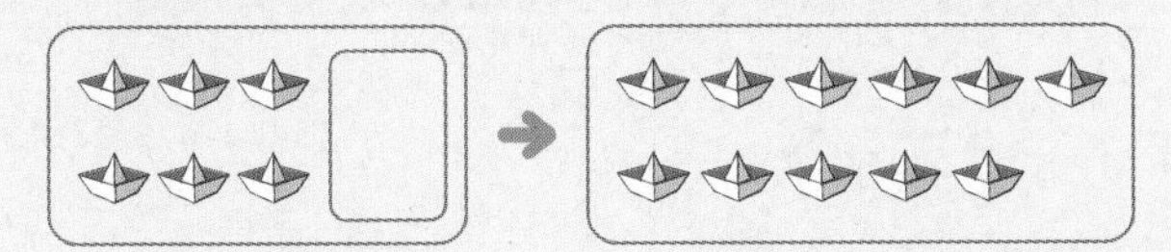

① 더 접은 종이배의 수를 □로 하여 덧셈식 만들기

6+□=11

② □의 값 구하기

6+□=11

11−6=□, □=5

모르는 어떤 수를 □, ○, △ 등의 기호를 사용하여 식으로 나타낼 수 있어~

개념 동영상

[18~19] 아린이는 사탕을 9개 가지고 있었는데 오늘 사탕 몇 개를 더 사서 15개가 되었습니다. 물음에 답하세요.

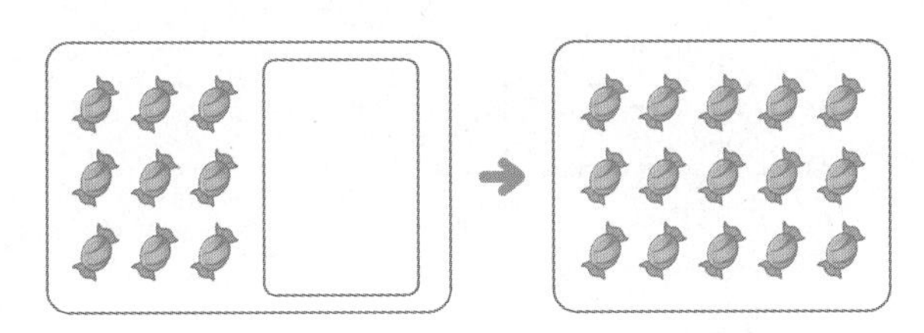

18 전체 사탕 수를 구하는 덧셈식을 만들 때 □로 나타내야 하는 것의 기호를 쓰세요.

㉠ 처음 사탕의 수 ㉡ 더 산 사탕의 수

( )

19 □를 사용하여 전체 사탕 수를 구하는 덧셈식을 만들고, □의 값을 구하세요.

덧셈식 ______

□의 값 ______

20 □의 값을 구하는 식으로 잘못 나타낸 것의 기호를 쓰세요.

㉠ 26+□=73 ➔ 73+26=□

㉡ □+37=82 ➔ 82−37=□

( )

21 □ 안에 알맞은 수를 써넣으세요.

□+44=80

22 □를 사용하여 그림에 알맞은 덧셈식을 만들고, □의 값을 구하세요.

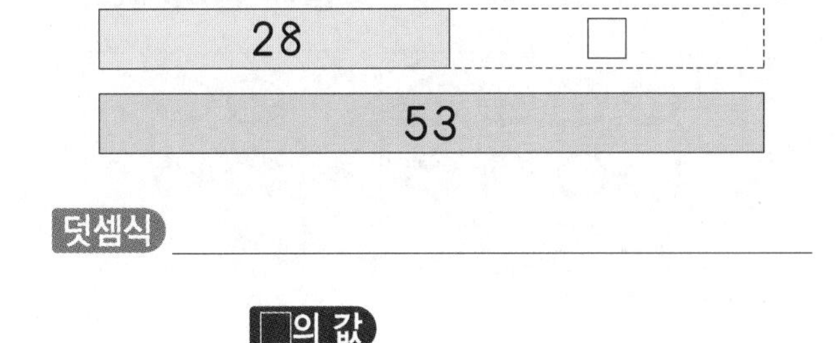

덧셈식 ______

□의 값 ______

23 지효의 나이는 9살이고 지효와 어머니의 나이의 합은 46살입니다. 어머니의 나이를 □로 하여 덧셈식을 만들고, □의 값을 구하세요.

덧셈식 ______

□의 값 ______

개념 13 □가 사용된 뺄셈식을 만들고 □의 값 구하기

예 연필 14자루 중 몇 자루를 나누어 주고 남은 연필이 8자루일 때 나누어 준 연필의 수 구하기

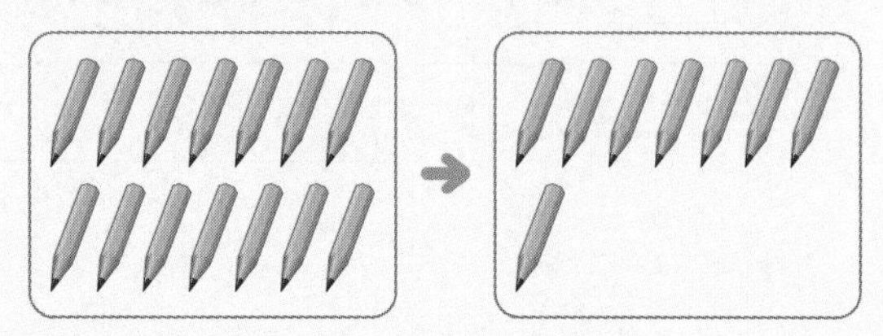

① 나누어 준 연필의 수를 □로 하여 뺄셈식 만들기

$14-\square=8$

② □의 값 구하기

$14-\square=8$

$14-8=\square$, $\square=6$

개념 동영상

[24~25] 감 12개가 있었는데 몇 개를 먹었더니 5개가 남았습니다. 물음에 답하세요.

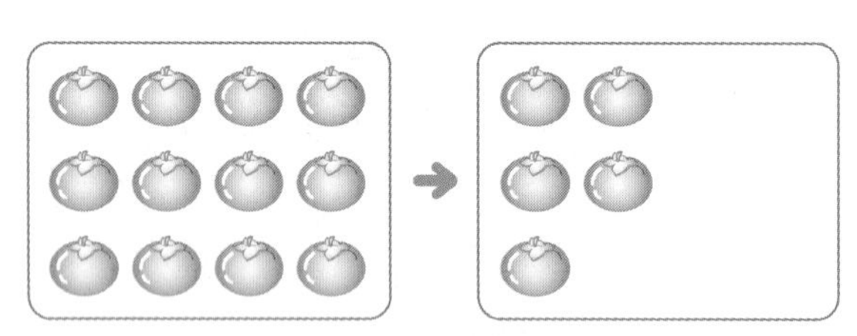

24 먹은 감의 수를 □로 하여 뺄셈식을 바르게 만든 것에 ○표 하세요.

$12+\square=5$	$12-\square=5$
(　　)	(　　)

25 먹은 감은 몇 개인가요?

(　　　　　)

26 □ 안에 알맞은 수를 써넣으세요.

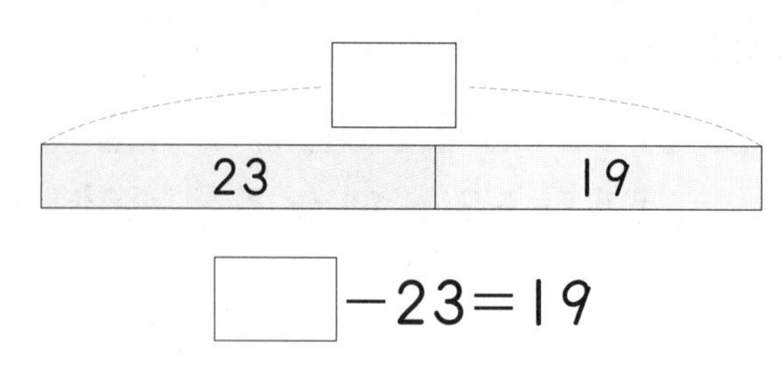

$\square-23=19$

27 □ 안에 알맞은 수를 써넣으세요.

(1) $45-\square=26$

(2) $\square-17=55$

28 □ 안에 알맞은 수를 찾아 이어 보세요.

$\square-5=15$ •　　　• 18

$36-\square=18$ •　　　• 20

　　　　　　　　　• 22

29 어떤 수에서 39를 뺐더니 54가 되었습니다. 어떤 수를 □로 하여 뺄셈식을 만들고, 어떤 수를 구하세요.

뺄셈식 ______________________

어떤 수 ______________________

9 ~ 13 형성 평가

맞힌 문제 수 개/7개

공부한 날 월 일

1 뺄셈식을 덧셈식으로 잘못 나타낸 것의 기호를 쓰세요.

㉠ $15-9=6 \rightarrow 6+15=21$
㉡ $23-4=19 \rightarrow 4+19=23$

( )

2 덧셈식을 보고 뺄셈식 2개를 만들어 보세요.

$26+49=75$

뺄셈식 1 ______________

뺄셈식 2 ______________

3 빈 곳에 알맞은 수를 써넣으세요.

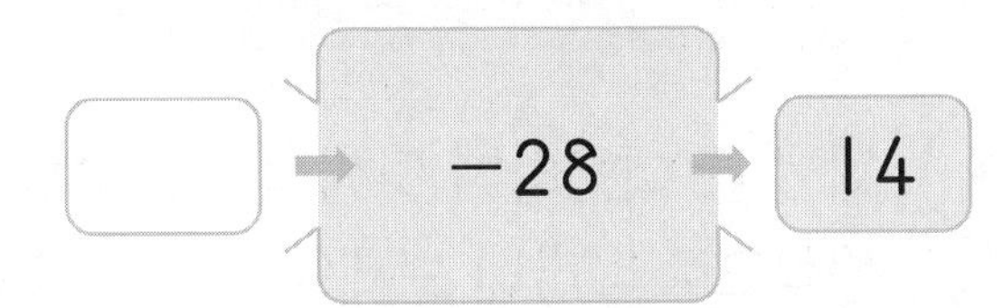

4 ■+●를 구하세요.

$36+25+7=$■
$43-8+29=$●

( )

5 가장 큰 수에서 나머지 두 수를 뺀 값을 구하세요.

19 51 17

( )

6 □ 안에 들어갈 수가 같은 것을 모두 찾아 기호를 쓰세요.

㉠ $\square+12=30$
㉡ $90-\square=62$
㉢ $19+\square=37$

( )

7 정한이가 초콜릿을 몇 개 가지고 있었는데 형에게 27개를 받았더니 66개가 되었습니다. 정한이가 처음에 가지고 있었던 초콜릿은 몇 개인지 알아보세요.

(1) 정한이가 처음에 가지고 있었던 초콜릿의 수를 □로 하여 덧셈식을 만들어 보세요.

덧셈식 ______________

(2) 정한이가 처음에 가지고 있었던 초콜릿은 몇 개인지 구하세요.

( )

STEP 2 꼬리를 무는 유형

1 두 수의 합(차) 구하기

1 기본 두 수의 합을 구하세요.

33　　9

(　　　　　　)

2 변형 두 수의 차를 구하세요.

- 10이 5개, 1이 4개인 수
- 10이 2개, 1이 6개인 수

(　　　　　　)

3 변형 가장 큰 수와 가장 작은 수의 합을 구하세요.

82　　57　　69

(　　　　　　)

4 실생활 체험 농장에서 세 사람이 딴 딸기의 수입니다. 딸기를 가장 많이 딴 사람과 가장 적게 딴 사람의 딸기 수의 차는 몇 개인가요?

난 81개 땄어.　　난 90개 땄는데!　　난 84개 땄어.

(　　　　　　)

2 덧셈과 뺄셈의 관계 활용하기

5 기본 □ 안에 알맞은 수를 써넣으세요.

$\square + 9 = 25$

→ $25 - \square = 16$

6 변형 □ 안에 알맞은 수를 써넣으세요.

$61 - \square = 34$

→ $\square + 27 = 61$

7 변형 세 수를 이용하여 덧셈식을 완성하고, 뺄셈식으로 나타내 보세요.

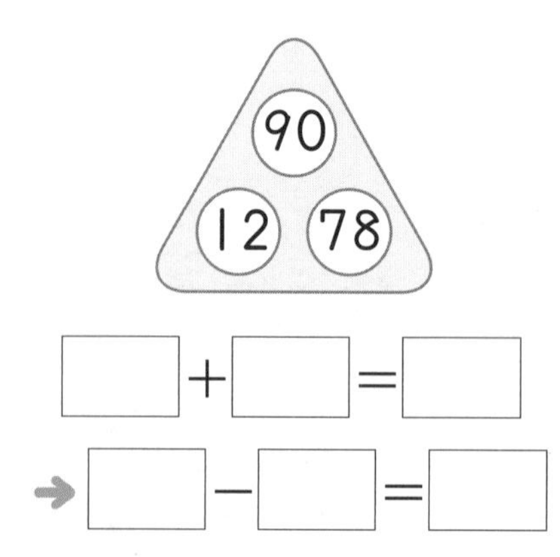

$\square + \square = \square$

→ $\square - \square = \square$

3 그림에서 □의 값 구하기

8 기본 □ 안에 알맞은 수를 써넣으세요.

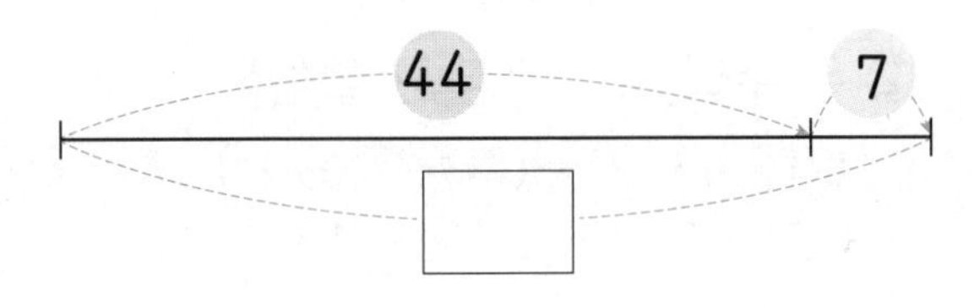

9 변형 ㉠에 알맞은 수를 구하세요.

48	47
37	㉠

(　　　　　　　　)

10 변형 □ 안에 알맞은 수를 써넣으세요.

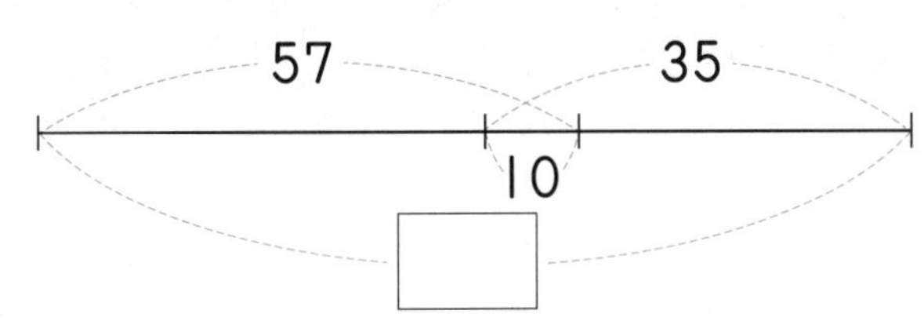

11 변형 ■에 알맞은 수를 구하세요.

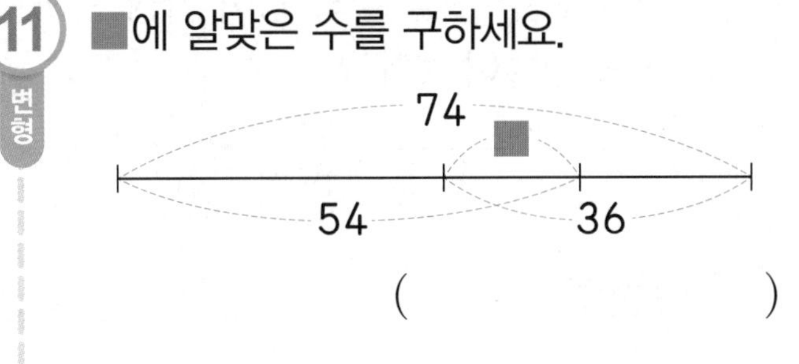

(　　　　　　　　)

4 덧셈식(뺄셈식) 완성하기

12 기본 □ 안에 알맞은 수를 써넣으세요.

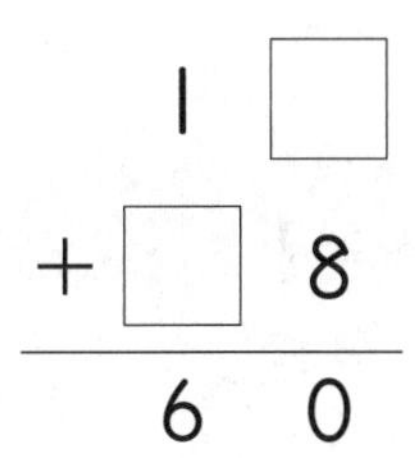

13 변형 □ 안에 알맞은 수를 써넣으세요.

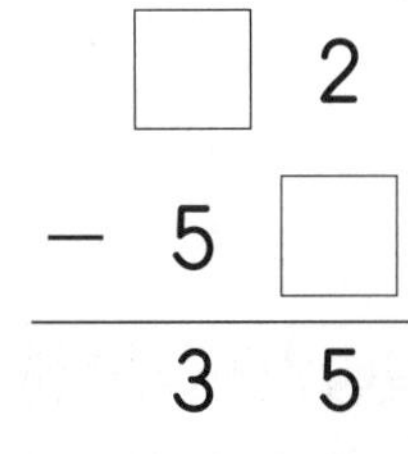

14 변형 숫자 1, 3, 6을 모두 사용하여 주어진 계산 결과가 나오도록 완성해 보세요.

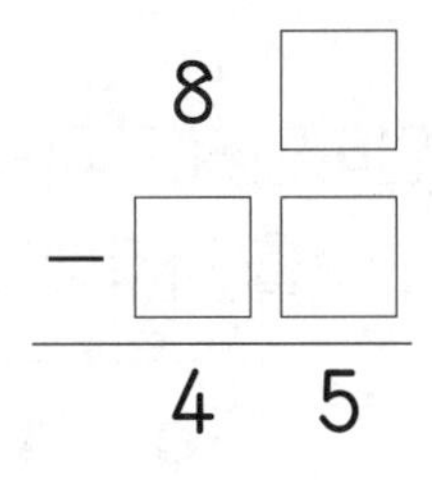

STEP 2 꼬리를 무는 유형

5 모양에 알맞은 수 구하기

3+●=5 ●의 값을 구해

↓

●−▲=1 ▲의 값을 구합니다.

15 실력 ▲는 얼마인지 구하세요. (단, 같은 모양은 같은 수를 나타냅니다.)

- 14+●=41
- ●−▲=8

(　　　　　　　)

16 변형 ■는 얼마인지 구하세요. (단, 같은 모양은 같은 수를 나타냅니다.)

- 60−★=16
- ★+■=52

(　　　　　　　)

17 레벨업 ★은 얼마인지 구하세요. (단, 같은 모양은 같은 수를 나타냅니다.)

- ◆+◆=30
- ◆+★=32

(　　　　　　　)

6 조건에 맞는 덧셈식(뺄셈식) 구하기

① 두 수의 합이 가장 큰 덧셈식:
(가장 큰 수)+(두 번째로 큰 수)

② 두 수의 차가 가장 큰 뺄셈식:
(가장 큰 수)−(가장 작은 수)

18 실력 두 수의 합이 가장 크도록 두 수를 골라 □ 안에 써넣고 계산해 보세요.

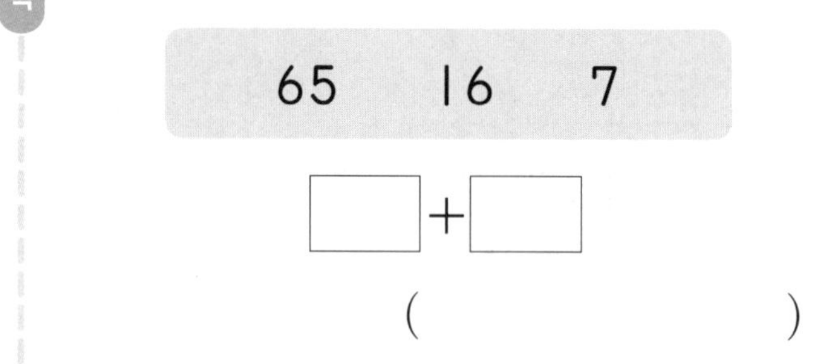

□+□

(　　　　　　　)

19 변형 두 수의 차가 가장 크도록 두 수를 골라 □ 안에 써넣고 계산해 보세요.

74 8 25

□−□

(　　　　　　　)

20 레벨업 수 카드 3장 중에서 2장을 골라 두 자리 수를 만들었습니다. 만든 두 자리 수 중에서 두 수를 골라 합이 가장 큰 덧셈식을 만들어 보세요.

덧셈식 ______________________

7 계산 결과에 맞는 두 수 구하기

예 5, 9, 42 중 두 수를 골라 차가 37인 뺄셈식 만들기

① 차 37의 일의 자리 숫자가 7이므로 차의 일의 자리 숫자가 **7**인 두 수를 찾으면 **42**와 **5**입니다.

② ①에서 구한 두 수의 차가 **37**이 되는지 확인합니다. ➔ **42−5=37**

21 실력 수 카드 3장 중에서 2장을 골라 차가 76이 되는 식을 만들어 보세요.

80 | 8 | 4

□−□=76

22 변형 수 카드 4장 중에서 2장을 골라 차가 43이 되는 식을 만들어 보세요.

8 | 16 | 51 | 18

식 ______

8 계산 결과가 가장 큰 식 만들기

• 계산 결과가 가장 큰 덧셈식
더하는 두 수가 클수록 계산 결과도 커집니다.

• 계산 결과가 가장 큰 뺄셈식
빼어지는 수가 클수록, 빼는 수가 작을수록 계산 결과는 커집니다.

23 실력 수 카드 2, 5, 8 중에서 2장을 골라 두 자리 수를 만들어 63에 더하려고 합니다. 계산 결과가 가장 큰 수가 되도록 덧셈을 만들고 계산해 보세요.

63+□=□

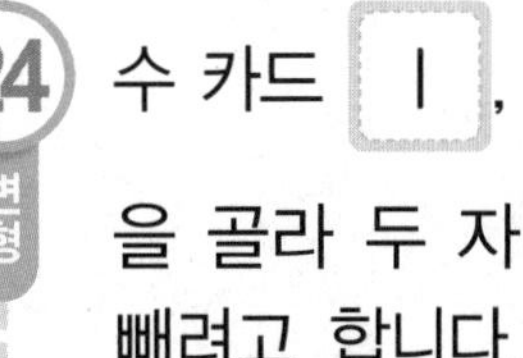

24 변형 수 카드 1, 4, 7 중에서 2장을 골라 두 자리 수를 만들어 81에서 빼려고 합니다. 계산 결과가 가장 큰 수가 되도록 뺄셈을 만들고 계산해 보세요.

81−□=□

STEP 3

수학 독해력 유형

독해력 유형 1 세 수의 계산 활용하기

구하려는 것에 밑줄을 긋고 풀어 보세요.

버스에 26명이 타고 있었습니다. 이번 정류장에서 7명이 타고 10명이 내렸습니다. 지금 버스에 타고 있는 사람은 몇 명인지 구하세요.

해결 비법

더 탄 사람 수는 더하고
내린 사람 수는 뺍니다.

문제 해결

(지금 버스에 타고 있는 사람 수)

$=26+\square-10$

$=\square-10$

$=\square$(명)

답 ____________

쌍둥이 유형 1-1

위의 문제 해결 방법을 따라 풀어 보세요.

기차에 35명이 타고 있었습니다. 이번 역에서 56명이 타고 28명이 내렸습니다. 지금 기차에 타고 있는 사람은 몇 명인지 구하세요.

따라 풀기

답 ____________

쌍둥이 유형 1-2

정국이는 구슬을 53개 가지고 있었는데 석진이에게 18개를 주고 지민이에게 9개를 받았습니다. 정국이가 지금 가지고 있는 구슬은 몇 개인가요?

따라 풀기

답 ____________

독해력 유형 2 바르게 계산한 값 구하기

구하려는 것에 밑줄을 긋고 풀어 보세요.

어떤 수에서 16을 빼야 할 것을 잘못하여 더했더니 40이 되었습니다. 바르게 계산하면 얼마인지 구하세요.

해결 비법

먼저 잘못 계산한 부분을 찾아 식을 만듭니다.

→ 어떤 수(▲)에서 16을 빼야 할 것을 잘못하여 더했더니(+16) 40이(=40) 되었습니다.

문제 해결

❶ 어떤 수를 ▲로 하여 잘못 계산한 식 만들기:

▲+☐=40

❷ 어떤 수 ▲의 값 구하기:

40−☐=▲, ▲=☐

❸ 바르게 계산한 값: ☐−16=☐

답 ____________

쌍둥이 유형 2-1

위의 문제 해결 방법을 따라 풀어 보세요.

어떤 수에서 27을 빼야 할 것을 잘못하여 더했더니 82가 되었습니다. 바르게 계산하면 얼마인지 구하세요.

따라 풀기 ❶

❷

❸

답 ____________

쌍둥이 유형 2-2

76에 어떤 수를 더해야 하는데 잘못하여 뺐더니 59가 되었습니다. 바르게 계산하면 얼마인지 구하세요.

따라 풀기 ❶

❷

❸

 ____________

수학 독해력 유형

독해력 유형 3 조건을 만족하는 수 구하기

✎ 구하려는 것에 밑줄을 긋고 풀어 보세요.

■에 알맞은 수 중에서 가장 작은 수를 구하세요.

27+■>62

해결 비법

27+■>62를 27+■=62로 바꿔 ■의 값을 구한 후, 실제 ■가 될 수 있는 수를 알아봅니다.

문제 해결

❶ 27+■=62일 때 ■ 구하기

➔ 62−☐=■, ■=☐

❷ 27+■>62에서 ■는 ❶에서 구한 값보다 (커야 , 작아야) 합니다.

└ 알맞은 말에 ○표 하기

❸ ■에 알맞은 수 중에서 가장 작은 수: ☐

답 ____________

✎ 위의 문제 해결 방법을 따라 풀어 보세요.

쌍둥이 유형 3-1

☐ 안에 들어갈 수 있는 수 중에서 가장 작은 수를 구하세요.

49+☐>93

따라 풀기 ❶

❷

❸

답 ____________

공부한 날 월 일

독해력 유형 4 처음 수 구하기

구하려는 것에 밑줄을 긋고 풀어 보세요.

민규가 가지고 있던 사탕 중에서 9개를 정한이에게 주고 18개를 명호에게 주었더니 15개가 남았습니다. 민규가 처음에 가지고 있던 사탕은 몇 개인가요?

해결 비법

덧셈과 뺄셈의 관계를 이용하여 처음 수를 구합니다.

처음에 가지고 있던 사탕 수

−9 ↓ ↑ +9

정한이에게 주고 남은 사탕 수

−18 ↓ ↑ +18

명호에게 주고 남은 사탕 수

문제 해결

❶ (명호에게 주기 전 사탕의 수)

=15+□=□(개)

❷ (정한이에게 주기 전 사탕의 수)

=□+9=□(개)

❸ (처음에 가지고 있던 사탕의 수)

=(정한이에게 주기 전 사탕의 수)=□개

답 ________

위의 문제 해결 방법을 따라 풀어 보세요.

쌍둥이 유형 4-1

성재가 가지고 있던 쿠키 중에서 27개를 동생에게 주고 16개를 먹었더니 19개가 남았습니다. 성재가 처음에 가지고 있던 쿠키는 몇 개인가요?

따라 풀기 ❶

❷

❸

답 ________

쌍둥이 유형 4-2

상자에 있던 귤 중에서 19개가 썩어서 버렸습니다. 이 상자에 귤 26개를 더 담았더니 85개가 되었습니다. 처음 상자에 있던 귤은 몇 개인가요?

따라 풀기 ❶

❷

❸

답 ________

유형TEST

1 그림을 보고 덧셈을 하세요.

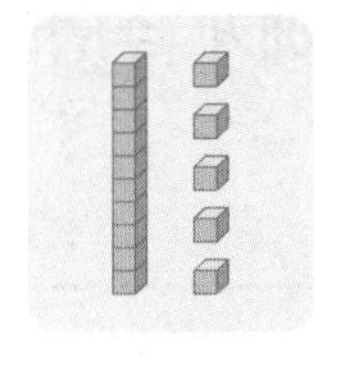 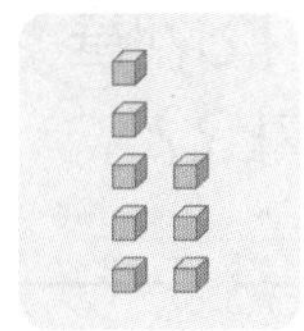

$15+8=\square$

2 다음 계산에서 □ 안의 숫자 1이 나타내는 수는 얼마인가요?

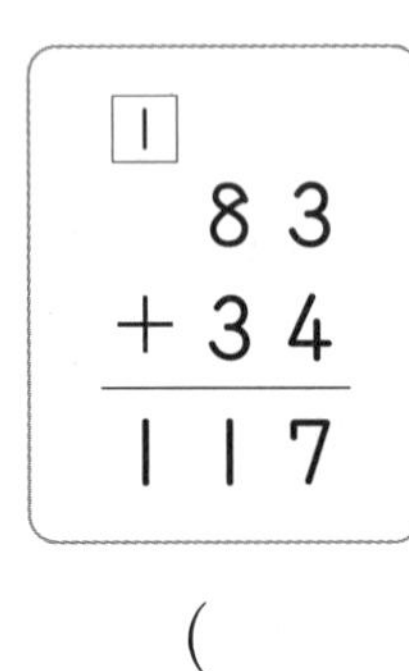

(　　　　　　)

3 계산해 보세요.

(1) $\begin{array}{r} 47 \\ +\ 25 \\ \hline \end{array}$　　(2) $\begin{array}{r} 30 \\ -\ 19 \\ \hline \end{array}$

4 □ 안에 알맞은 수를 써넣으세요.

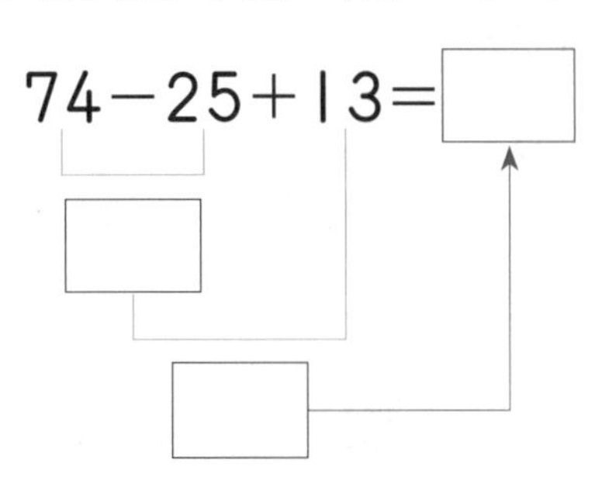

5 덧셈식을 2개의 뺄셈식으로 나타내 보세요.

$36+17=53$

→ $53-\square=36$, $53-\square=\square$

6 양쪽 단추의 수가 같아지도록 빈 곳에 단추를 ○로 그리고, □ 안에 알맞은 수를 써넣으세요.

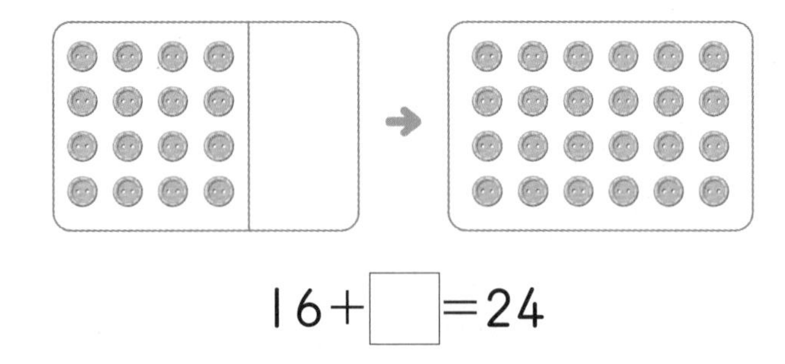

$16+\square=24$

7 □ 안에 알맞은 수를 써넣으세요.

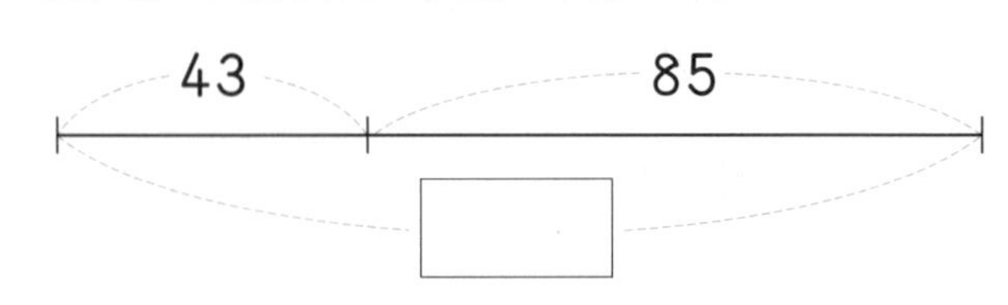

점수 점

공부한 날 월 일

추론

8 계산에서 잘못된 곳을 찾아 바르게 고쳐 보세요.

$$\begin{array}{r} 94 \\ +18 \\ \hline 102 \end{array} \rightarrow \begin{array}{r} 94 \\ +18 \\ \hline \end{array}$$

9 두 수의 합과 차를 구하세요.

53 48

합 (   )

차 (   )

10 빈 곳에 알맞은 수를 써넣으세요.

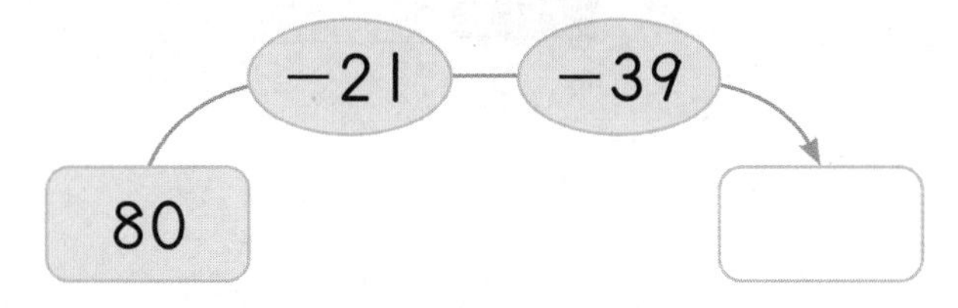

11 계산 결과를 찾아 이어 보세요.

43+7 •	• 51
80−29 •	• 50

12 보기와 같이 계산해 보세요.

보기

$43-28=43-20-8$
$=23-8$
$=15$

$91-76=$ ______

$=$ ______

$=$ ______

13 세호는 동화책을 어제는 13쪽, 오늘은 9쪽 읽었습니다. 세호가 어제와 오늘 읽은 동화책은 모두 몇 쪽인가요?

(   )

14 은지는 가지고 있던 젤리 30개 중에서 13개를 동생에게 주었습니다. 은지에게 남은 젤리는 몇 개인가요?

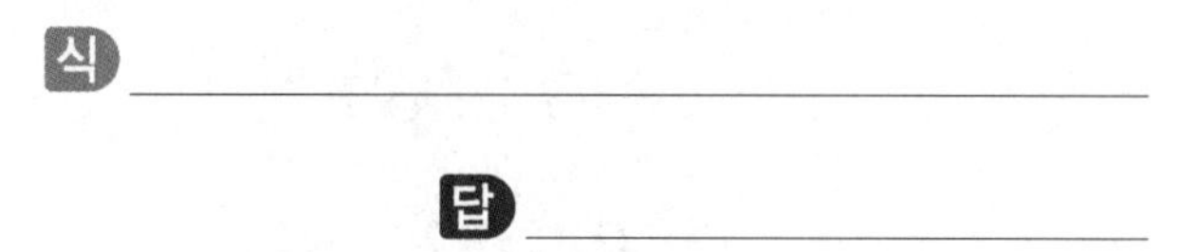

3 덧셈과 뺄셈

15 위에 있는 두 수의 합을 아래에 있는 빈 곳에 써넣으세요.

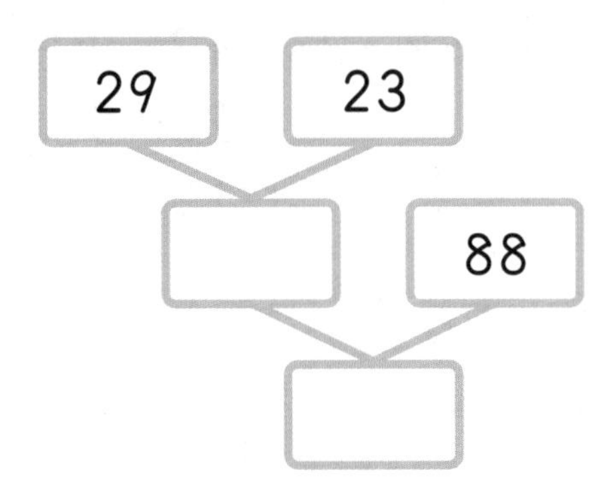

16 계산 결과의 크기를 비교하여 ○ 안에 >, =, <를 알맞게 써넣으세요.

79+3 ○ 96−8

17 화살 두 개를 던져 맞힌 두 수의 합은 가운데 72와 같습니다. 맞힌 두 수에 ○표 하세요.

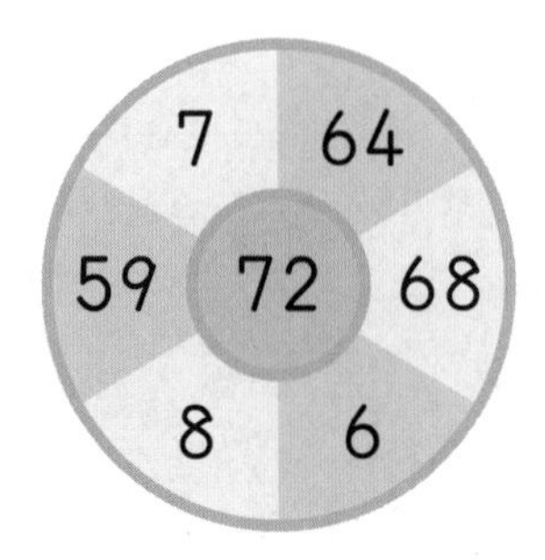

18 □ 안에 들어갈 수가 같은 것을 모두 찾아 기호를 쓰세요.

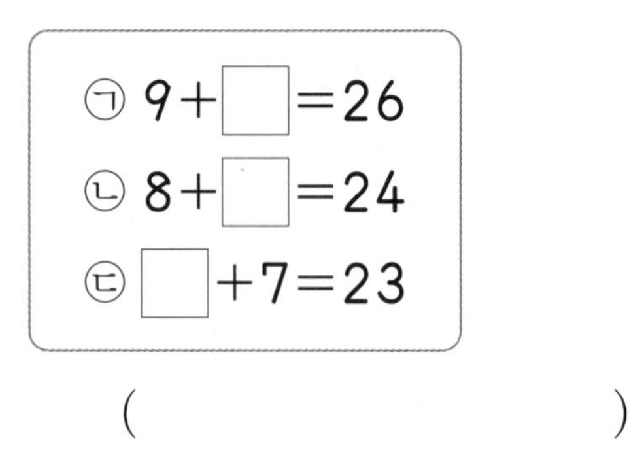

(　　　　　　　　)

19 어항에 있는 금붕어 31마리 중에서 친구에게 몇 마리를 주었더니 16마리가 남았습니다. 친구에게 준 금붕어의 수를 □로 하여 뺄셈식을 만들고, □의 값을 구하세요.

뺄셈식 ______________

□의 값 ______________

정보처리

20 수 카드 3장 중에서 2장을 골라 차가 45가 되는 식을 만들어 보세요.

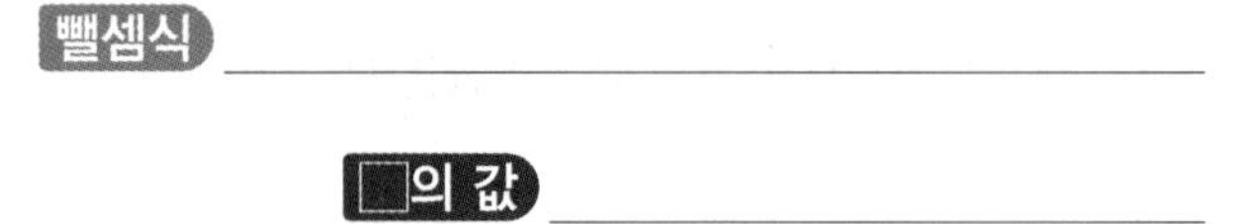

□−□=45

21 □ 안에 알맞은 수를 써넣으세요.

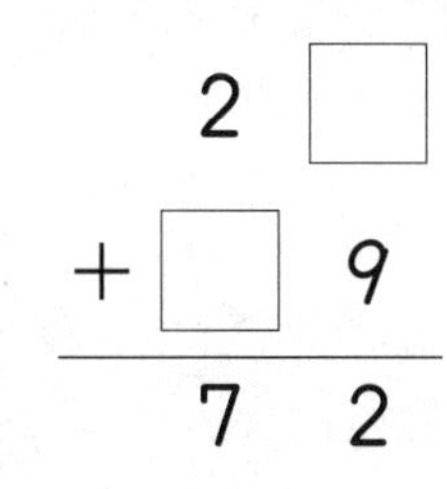

22 두 수의 합이 가장 크도록 두 수를 골라 □ 안에 써넣고 계산해 보세요.

15 7 56

□+□

( )

23 수 카드 3, 5, 9, 7 을 모두 한 번씩 사용하여 (두 자리 수)+(두 자리 수)를 만들려고 합니다. 계산 결과가 가장 큰 덧셈식을 만들어 보세요.

덧셈식 ______________________

서술형

24 개미집에 개미가 45마리 있었습니다. 개미 15마리가 더 들어왔고 잠시 후 23마리가 나갔습니다. 지금 개미집에 있는 개미는 몇 마리인지 풀이 과정을 쓰고 답을 구하세요.

풀이

답 ______________

서술형

25 □ 안에 들어갈 수 있는 수 중에서 가장 작은 수를 구하려고 합니다. 풀이 과정을 쓰고 답을 구하세요.

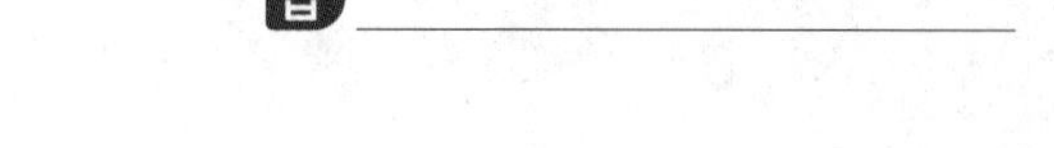

34+□>53

풀이

답 ______________

4 길이 재기

고소한 치즈 나라를 잘 지나왔나요?
이제 바다 나라에서 길이 재기에 대해 배워볼 거예요.
한 칸씩 통과해 가면서 이번 단원에서 배울 내용을 알아봐요.

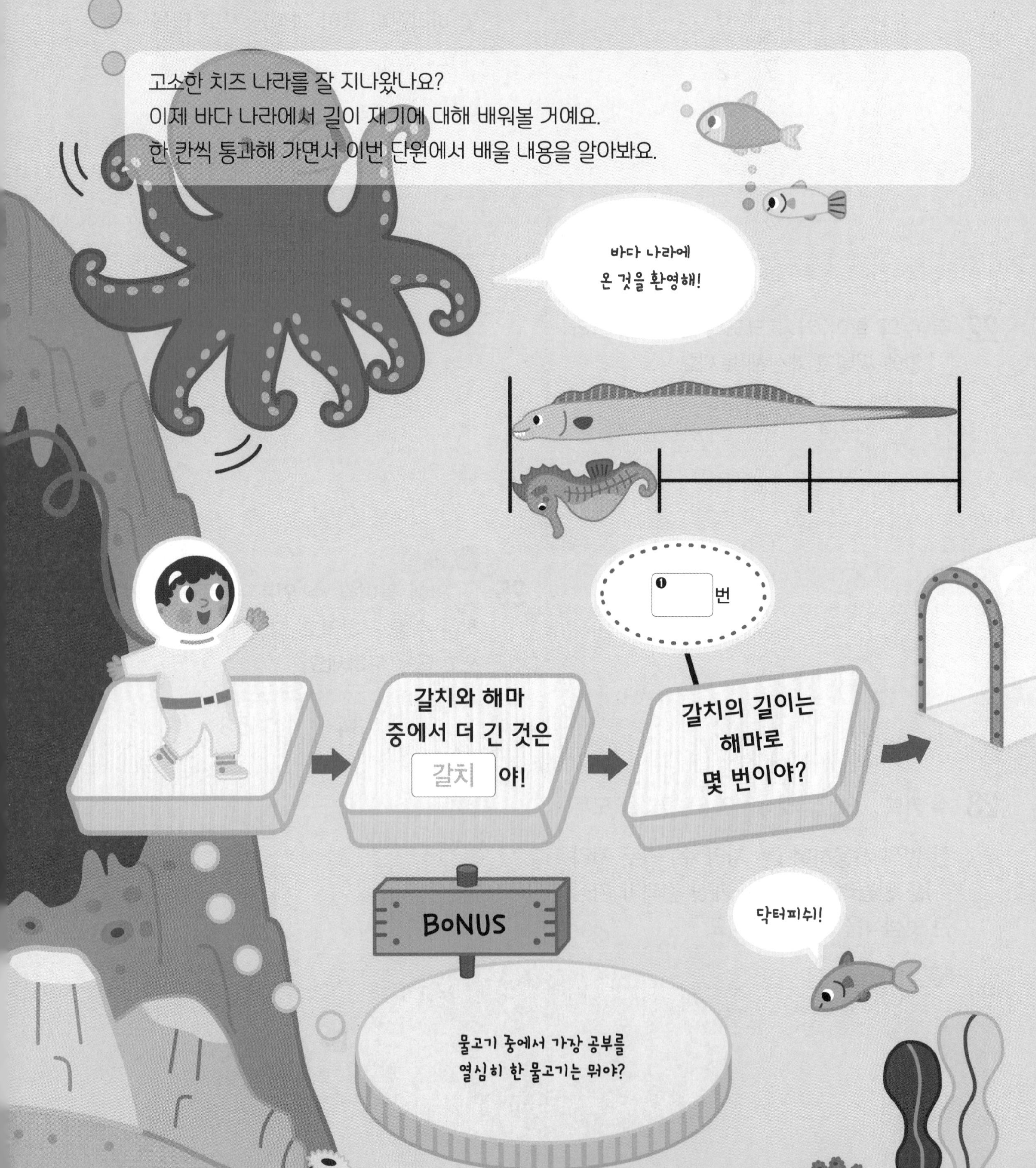

세상에서 가장
행복한 바다는 무엇인지 알아?
물개 네가 맞히면
풀어줄게.
사랑해!
상어 조심
0 1 2 3 4
오징어
조개의 길이는
몇 cm야?
큐알 코드를 찍으면
개념 학습 영상도 보고,
수학 게임도 할 수 있어요.
물개와 오징어
중에서 상어와 더
가깝게 있는 것은
뭐야?
❷ cm
이제 길이 재기를
배우러 가자~
GO GO~
정답 확인 | ❶ 3 ❷ 3

STEP 1

개념별 유형

개념 1 길이를 비교하는 방법

예 사물함의 길이 비교하기

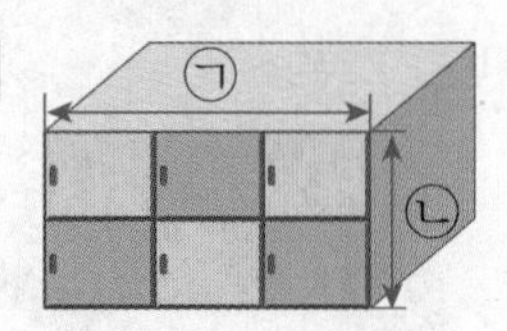

㉠과 ㉡의 길이는 직접 맞대어 비교할 수 없으므로 종이띠로 ㉠과 ㉡의 길이만큼 본뜬 다음 한쪽 끝을 맞추어 종이띠의 길이를 비교합니다.

㉠:

㉡:

→ ㉠의 길이가 더 깁니다.

개념 2 여러 가지 단위로 길이 재기 (1)

1. 단위길이: 어떤 길이를 재는 데 기준이 되는 길이로 길이를 잴 때 사용할 수 있는 단위에는 클립, 연필, 뼘 등이 있습니다.

2. 몸의 일부를 이용하여 길이 재기

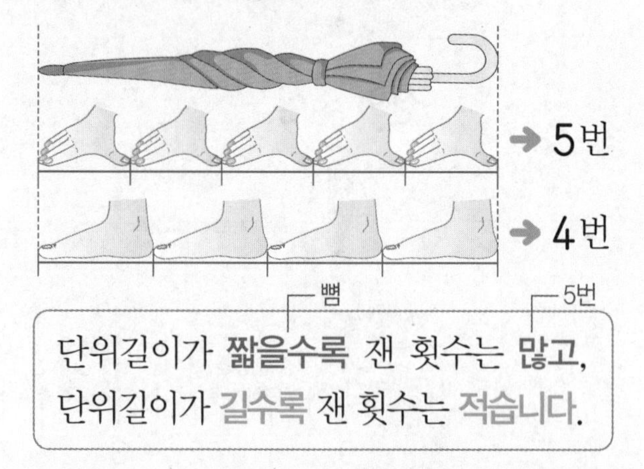

뼘 / 5번

단위길이가 짧을수록 잰 횟수는 많고,
단위길이가 길수록 잰 횟수는 적습니다.

참고 몸의 일부나 물건을 이용하여 길이를 재다 보면 딱 맞게 떨어지지 않는 경우가 많은데 이때 '몇 번쯤 된다.'와 같이 표현합니다.

개념 동영상

[1~2] 그림을 보고 물음에 답하세요.

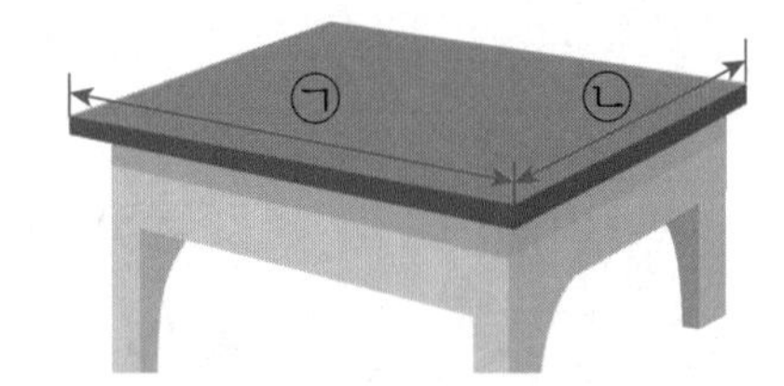

1 ㉠과 ㉡의 길이를 비교할 수 있는 올바른 방법에 ○표 하세요.

직접 맞대어 비교하기 (　　)

털실을 이용하여 비교하기 (　　)

문제 해결

2 ㉠과 ㉡의 길이만큼 털실을 잘랐습니다. 길이를 비교해 보세요.

㉠:

㉡:

알맞은 말에 ○표 하기

□의 길이가 더 (깁니다 , 짧습니다).

3 막대의 길이는 몇 뼘인가요?

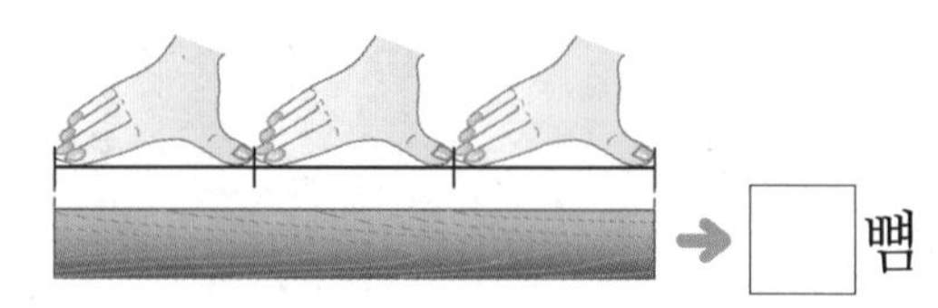

4 소파의 길이는 발 길이로 몇 번쯤인가요?

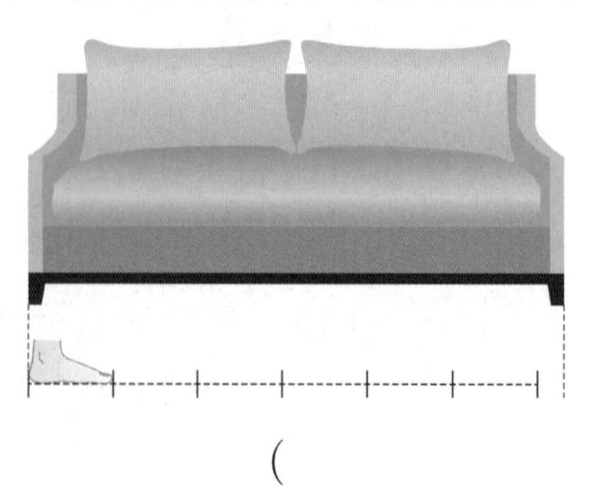

(　　　　　)

5 냉장고의 높이를 잴 때 가장 알맞은 단위를 찾아 기호를 쓰세요.

㉠ 엄지손톱 ㉡ 뼘 ㉢ 새끼손가락

( )

[6~8] 스케치북의 긴 쪽의 길이를 몸의 일부를 이용하여 쟀습니다. 알맞은 것에 ○표 하세요.

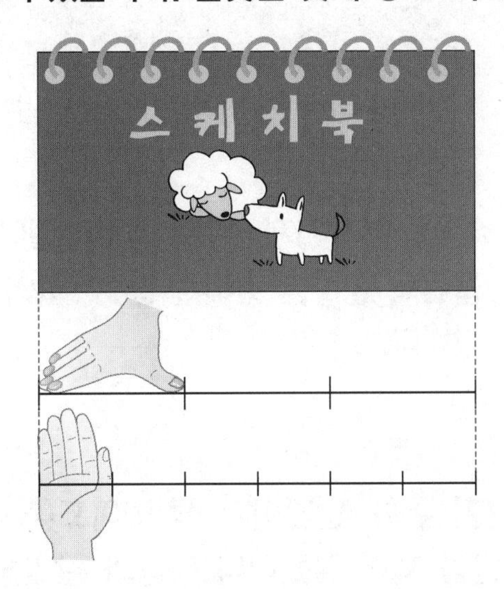

6 단위길이가 더 짧은 것은

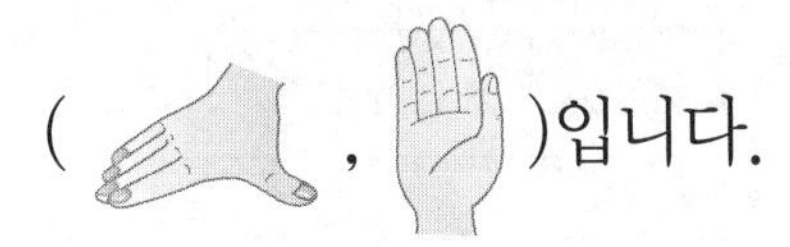
(,)입니다.

7 잰 횟수가 더 많은 것은

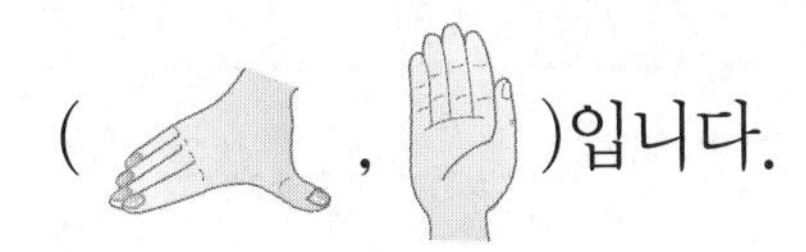
(,)입니다.

8 단위길이가 짧을수록 잰 횟수는 (많습니다 , 적습니다).

개념 3 여러 가지 단위로 길이 재기 (2)

예 색연필의 길이를 클립으로 재기

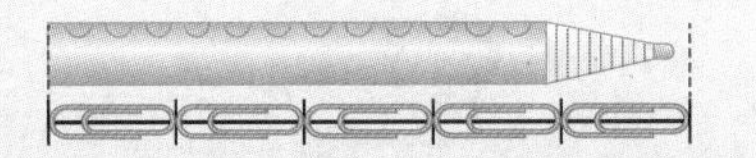

➔ 색연필의 길이는 클립으로 5번쯤입니다.

참고 클립을 옮겨 가며 길이를 잴 때 (|)로 표시하면서 빈틈없이 이어서 재면 좀더 정확하게 잴 수 있습니다.

개념 동영상

9 길이를 잴 때 사용되는 단위 중에서 가장 긴 것에 ○표, 가장 짧은 것에 △표 하세요.

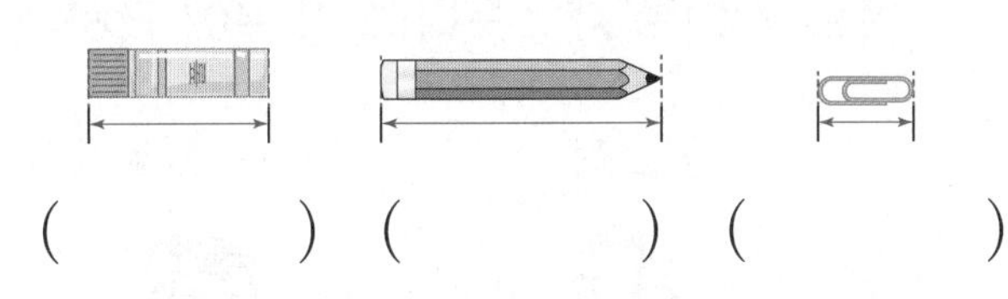

( ) ( ) ( )

10 스마트폰의 길이는 지우개로 몇 번쯤인가요?

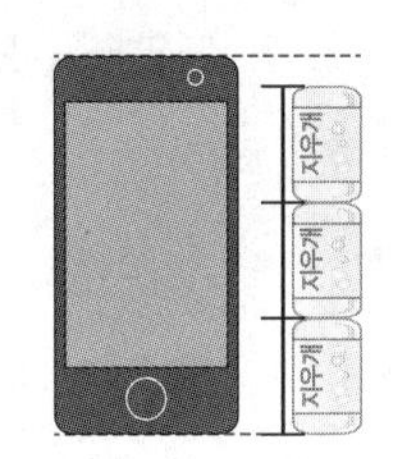

( )

11 보기에서 설명하는 길이만큼 막대를 색칠해 보세요.

보기
클립으로 4번

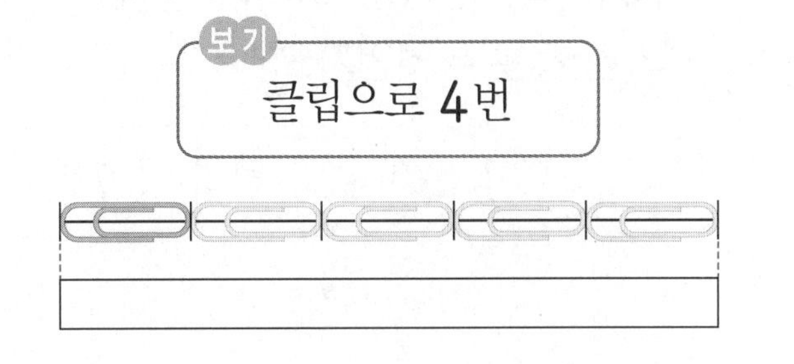

STEP 1

개념별 유형

추론

12 가위와 수첩의 길이를 지우개로 각각 재었습니다. 지우개로 각각 몇 번인가요?

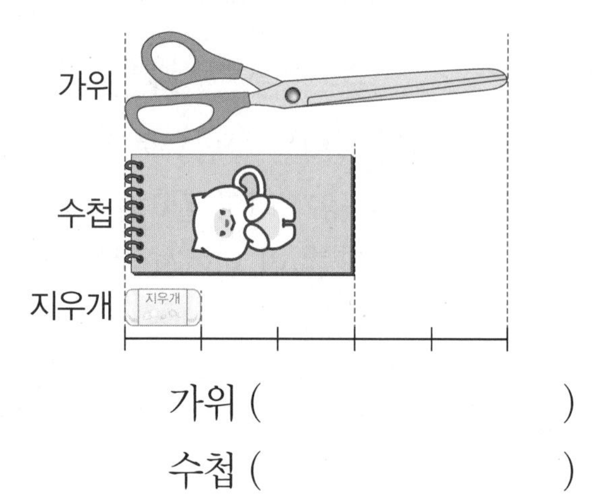

가위 (　　　　　　)

수첩 (　　　　　　)

[13~14] 도윤이와 다은이가 각자 같은 침대 긴 쪽의 길이를 재었습니다. 물음에 답하세요.

13 길이를 재는 데 사용한 단위길이가 더 긴 사람은 누구인가요?

(　　　　　　)

14 잰 횟수가 더 적은 사람은 누구인가요?

(　　　　　　)

15 유진이가 연필로 두 물건의 길이를 잰 횟수입니다. 우산과 허리띠 중에서 길이가 더 긴 것은 무엇인가요?

우산: 5번	허리띠: 7번

(　　　　　　)

개념 4 여러 가지 단위로 길이를 잴 때 불편한 점

예 줄을 각자 뼘의 길이만큼 재어 자르기

사람마다 뼘의 길이가 다르기 때문에 자른 줄의 길이가 다를 수 있습니다.

길이를 재는 단위가 다르면 잰 길이가 다를 수 있어서 불편해.

예 길이가 다른 단위로 같은 물건의 길이 재기

같은 물건의 길이를 재더라도 단위길이가 다르면 잰 횟수가 서로 달라서 불편합니다.

참고 여러 가지 단위로 물건의 길이를 재면 물건의 정확한 길이를 알 수 없어서 불편합니다.

[16~17] 주희, 민영이가 색 테이프를 각자 2뼘만큼 재어 잘랐더니 다음과 같았습니다. 물음에 답하세요.

주희

민영

16 알맞은 말에 ○표 하세요.

두 사람이 자른 색 테이프의 길이는 서로 (같습니다 , 다릅니다).

서술형

17 두 사람이 자른 색 테이프의 길이가 다른 까닭을 쓰세요.

까닭 ______________________

____

[18~19] 하은이와 시윤이가 각자 뼘으로 태권도 띠의 길이를 재었습니다. 물음에 답하세요.

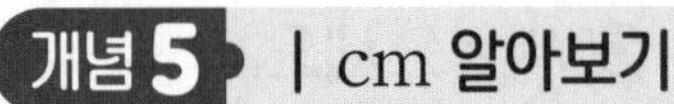

하은	시윤
9뼘	10뼘

18 □ 안에 알맞은 이름을 써넣으세요.

뼘으로 잰 횟수가 적을수록 한 뼘의 길이가 더 깁니다. 따라서 한 뼘의 길이가 더 긴 사람은 □입니다.

문제 해결

19 태권도 띠의 길이를 잰 횟수가 같으려면 어떻게 재어야 하는지 바르게 설명한 것의 기호를 쓰세요.

㉠ 뼘이 아닌 똑같은 길이의 물건으로 재어야 합니다.
㉡ 뼘이 아닌 각자 자신의 발 길이로 재어야 합니다.

( )

서술형

20 물건의 길이를 잴 때 사람마다 재는 단위가 다르면 어떤 점이 불편할지 쓰세요.

같은 물건의 길이를 재더라도

개념 5 1 cm 알아보기

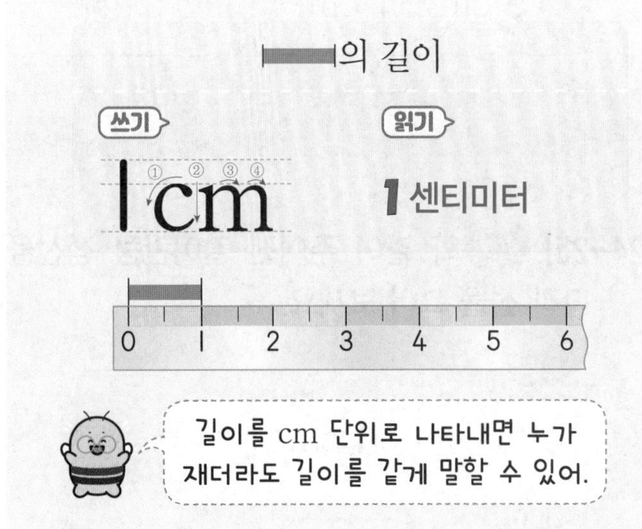

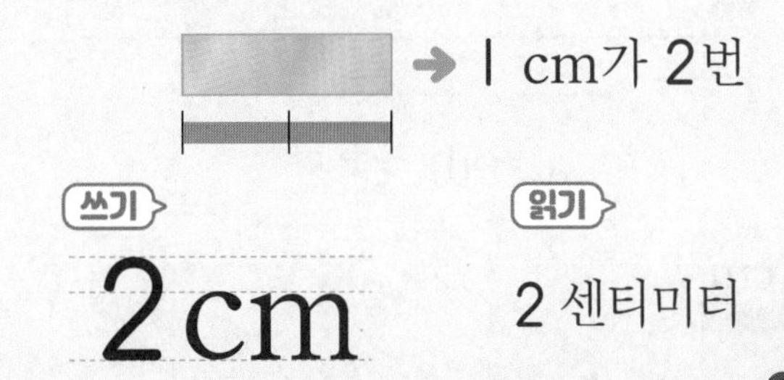

2. 길이를 쓰고 읽기

→ 1 cm가 2번

쓰기 2 cm

읽기 2 센티미터

개념 동영상

21 주어진 길이를 쓰고 읽어 보세요.

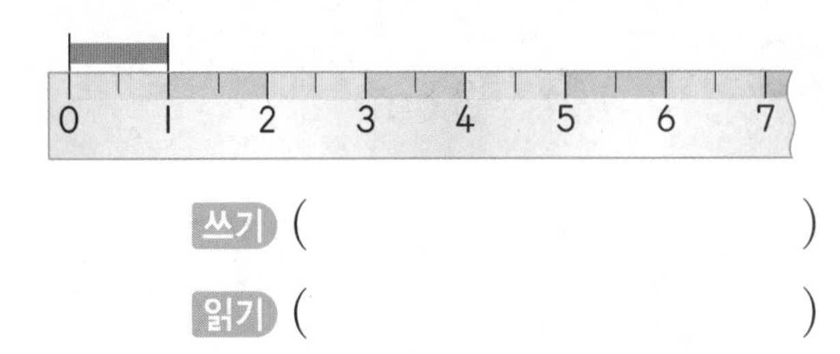

쓰기 ( )

읽기 ( )

22 다음 길이를 쓰고 읽어 보세요.

6 cm

( )

23 □ 안에 알맞은 수를 써넣으세요.

5 cm는 1 cm가 □ 번입니다.

27 가의 길이는 1 cm입니다. 나의 길이는 몇 cm인가요?

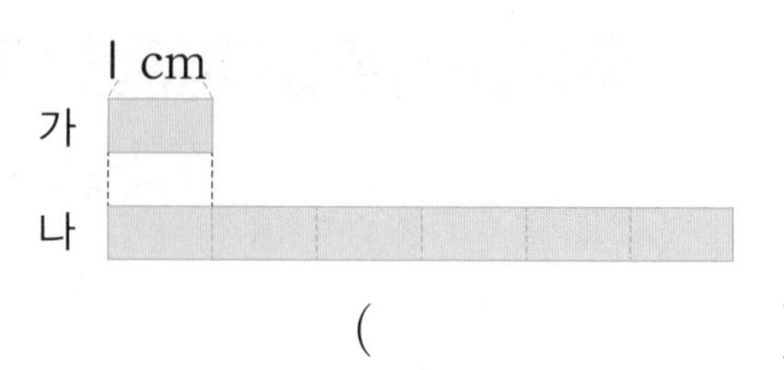

( )

[24~25] 보기 와 같이 주어진 길이만큼 점선을 따라 선을 그어 보세요.

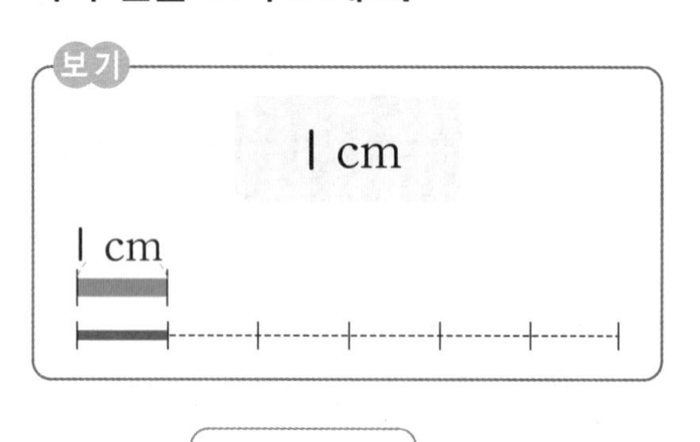

24 2 cm

1 cm

25 3 cm

[28~29] 길이를 비교하여 ○ 안에 >, =, <를 알맞게 써넣으세요.

28

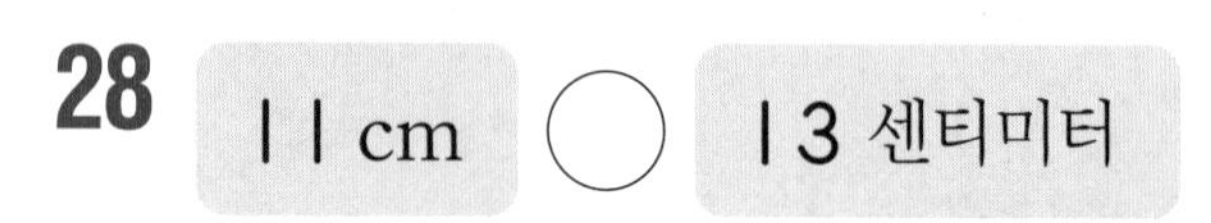

29 9 cm ○ 1 cm가 8번

문제 해결

26 지유가 말하는 지우개의 길이는 몇 cm인가요?

( )

30 그림에서 가장 작은 사각형의 한 변의 길이는 1 cm로 모두 같습니다. 빨간색 선의 길이는 몇 cm인가요?

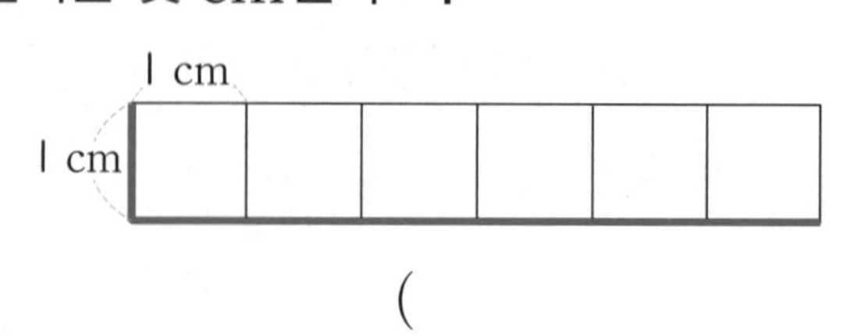

( )

1~5 형성 평가

맞힌 문제 수 개/7개

공부한 날 월 일

1 모형으로 모양 만들기를 하였습니다. 더 짧게 연결한 사람의 이름을 쓰세요.

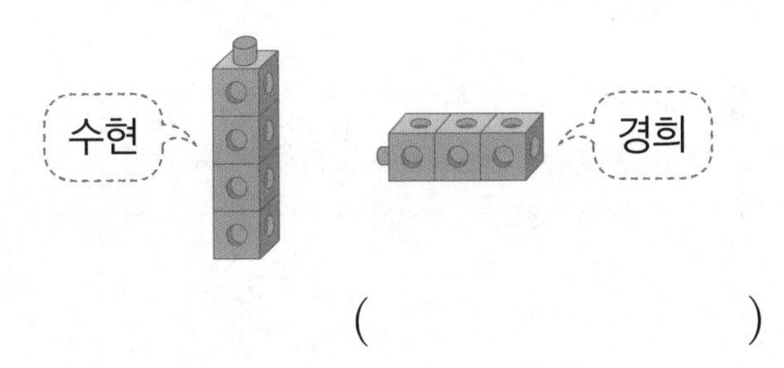

( )

[2~3] 연필의 길이를 클립과 지우개로 각각 재었습니다. 물음에 답하세요.

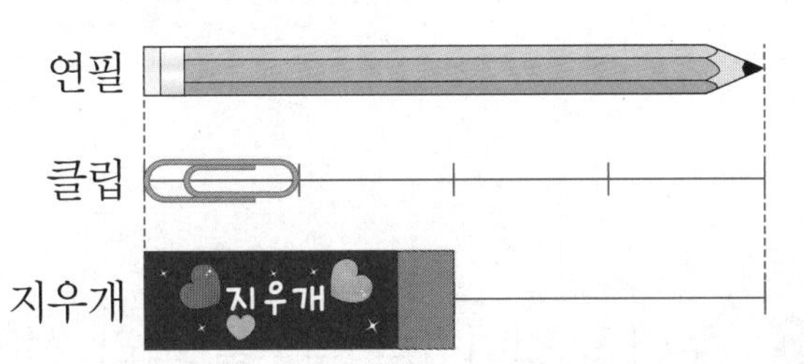

2 연필의 길이는 클립과 지우개로 각각 몇 번인가요?

클립 ( )

지우개 ( )

3 위 2에서 잰 횟수가 더 많은 것은 클립과 지우개 중 어느 것인가요?

( )

4 □ 안에 알맞은 수를 각각 써넣으세요.

(1) 1 cm가 □번이면 2 cm입니다.

(2) □ 센티미터는 7 cm라고 씁니다.

5 그림에서 가장 작은 사각형의 한 변의 길이는 1 cm로 모두 같습니다. 파란색 선의 길이는 몇 cm인가요?

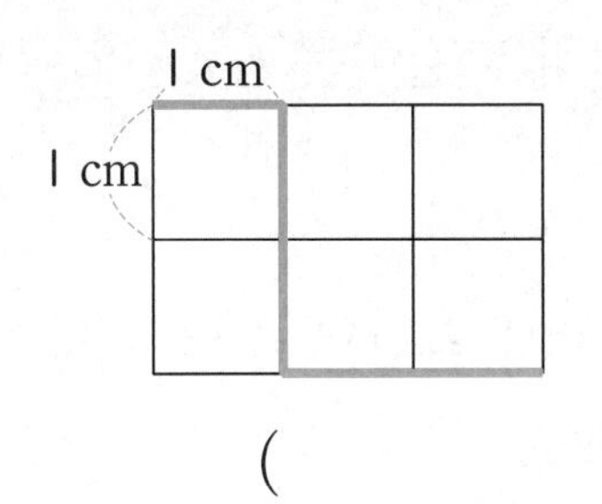

( )

[6~7] 아라가 뼘으로 물건의 길이를 재었습니다. 물음에 답하세요.

국자	효자손
2뼘	3뼘

6 국자와 효자손 중 어느 것의 길이가 더 짧은가요?

( )

서술형

7 아라가 물건을 잰 것과 같이 뼘으로 물건의 길이를 잿을 때 불편한 점을 쓰세요.

STEP 1 개념별 유형

개념 6 자로 길이 재는 방법 (1)

• 눈금 0에 맞추어 길이 재는 방법

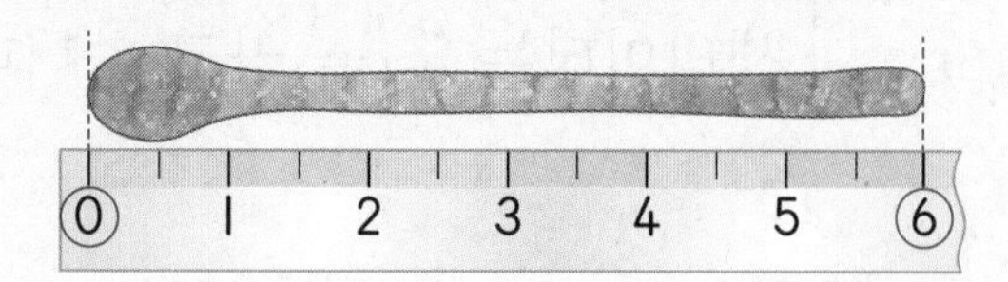

① 젤리의 한쪽 끝을 자의 눈금 0에 맞춥니다.

② 젤리의 다른 쪽 끝에 있는 자의 눈금을 읽습니다.

➔ 젤리의 길이는 6 cm입니다.

1 □ 안에 알맞은 수를 써넣어 자를 완성해 보세요.

0 1 □ 3 4 □ 6 7

2 자로 밧줄의 길이를 재려고 합니다. 자 위에 바르게 놓은 것의 기호를 쓰세요.

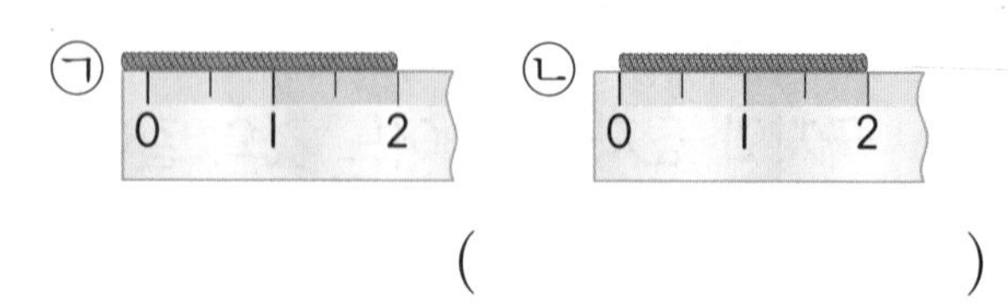

( )

3 지우개의 길이는 몇 cm인가요?

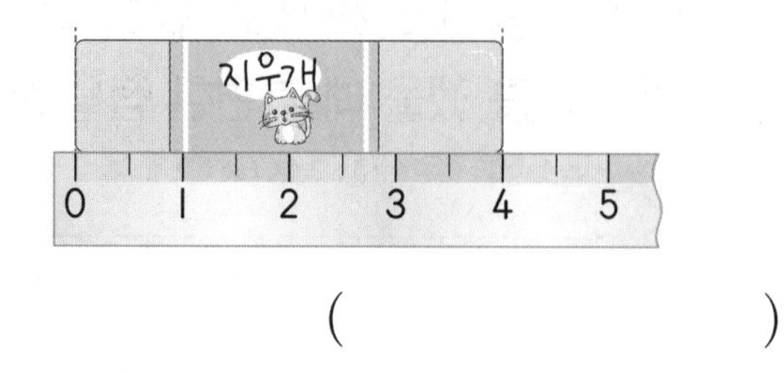

( )

[4~5] 물건의 길이는 몇 cm인지 자로 재어 보세요.

4

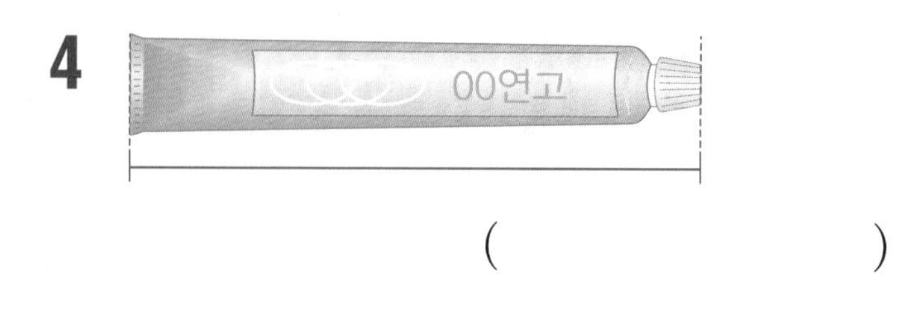

( )

5

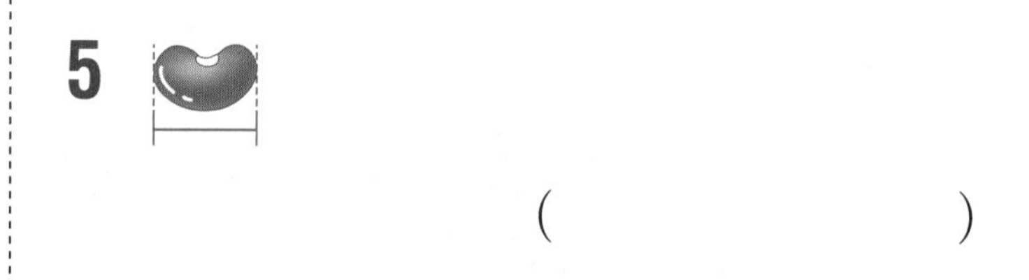

( )

6 주어진 길이만큼 점선을 따라 선을 그어 보세요.

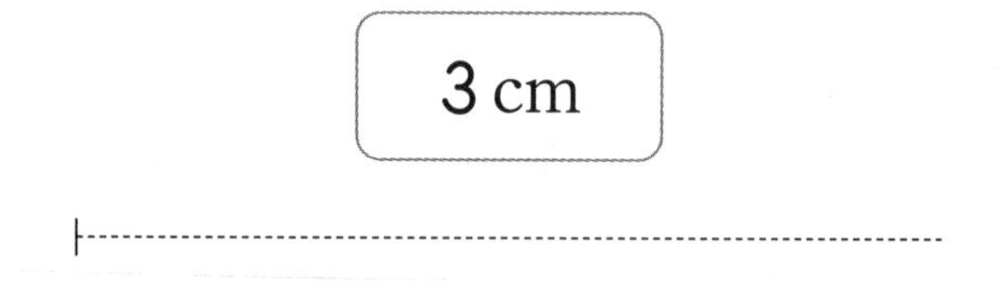

7 사각형의 변의 길이를 자로 재어 □ 안에 써넣으세요.

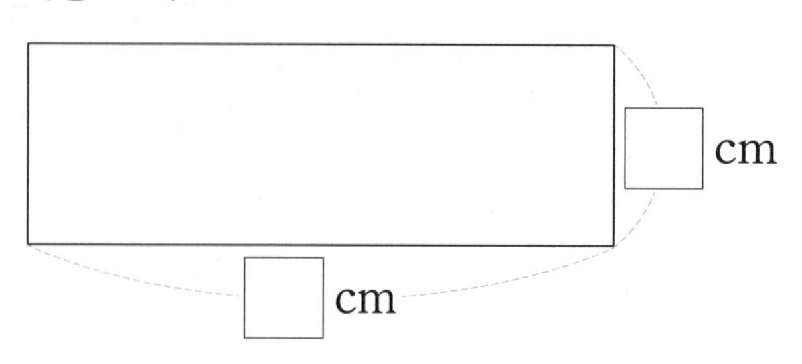

개념 7 자로 길이 재는 방법 (2)

• 눈금 0에 맞추지 않고 길이 재는 방법

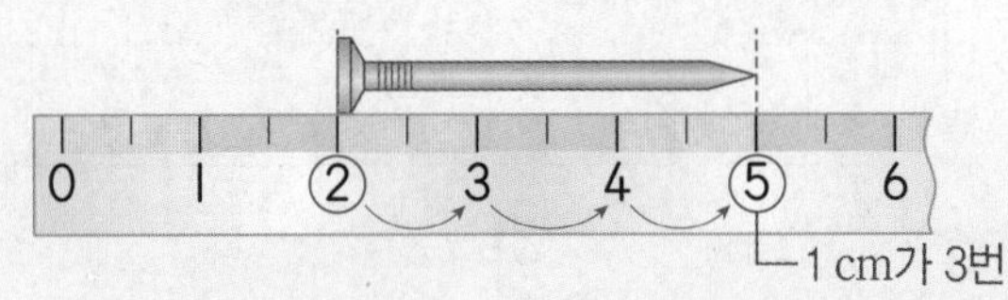

① 못의 한쪽 끝을 자의 한 눈금에 맞춥니다.

② 그 눈금에서 못의 다른 쪽 끝까지 **1 cm가 몇 번 들어가는지** 셉니다.

➔ 못의 길이는 3 cm입니다.

8 □ 안에 알맞은 수를 써넣으세요.

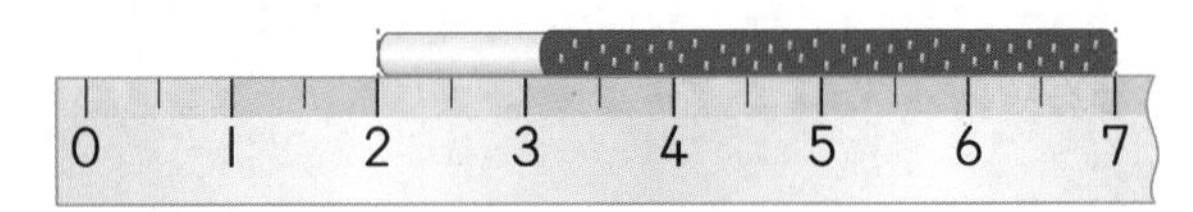

막대 과자의 길이는 1 cm가 □번이므로 □cm입니다.

[9~10] 물건의 길이는 몇 cm인지 쓰세요.

9

0 1 2 3 4 5 6

( )

10

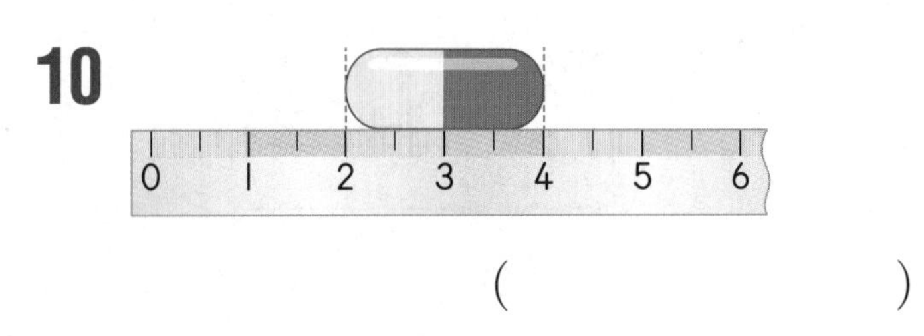

( )

추론

11 철사를 다음과 같이 놓고 길이 재기를 했을 때 잘못된 까닭을 바르게 설명한 사람의 이름을 쓰세요.

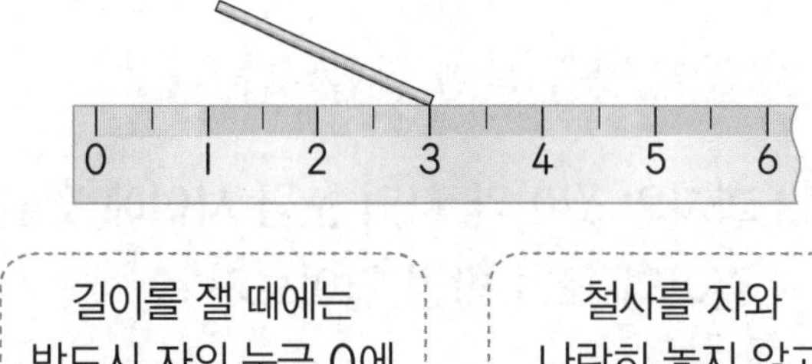

길이를 잴 때에는 반드시 자의 눈금 0에 맞추어야 하기 때문이야.

철사를 자와 나란히 놓지 않고 비스듬하게 놓았기 때문이야.

다은

하린

( )

12 길이가 2 cm인 콩의 기호를 쓰세요.

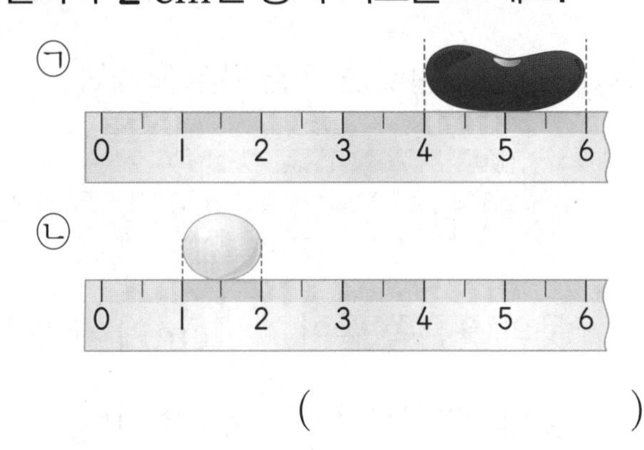

( )

13 두 색 테이프의 길이는 같은가요, 다른가요?

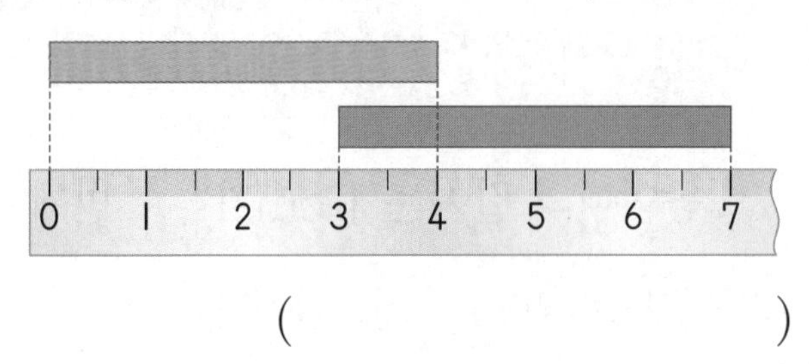

( )

개념 8 자로 길이 재기

길이가 자의 눈금 사이에 있을 때는 눈금과 가까운 쪽에 있는 숫자를 읽으며, 숫자 앞에 약을 붙여 말합니다.

예 과자의 길이가 자의 눈금 사이에 있을 때 길이의 표현 방법 알아보기

(1)

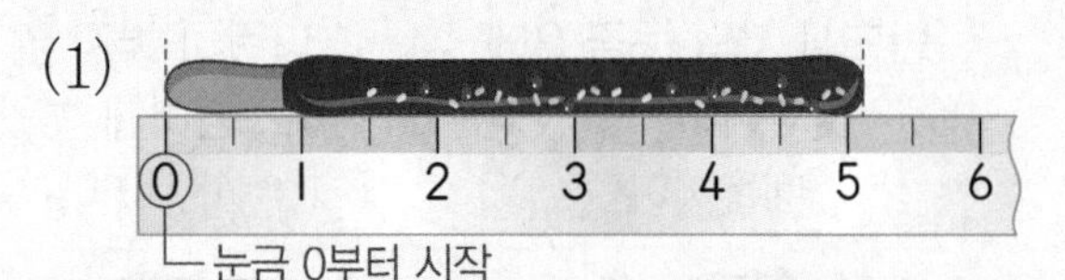

5 cm와 6 cm 사이에 있고, 5 cm에 가깝기 때문에 약 5 cm입니다.

(2)

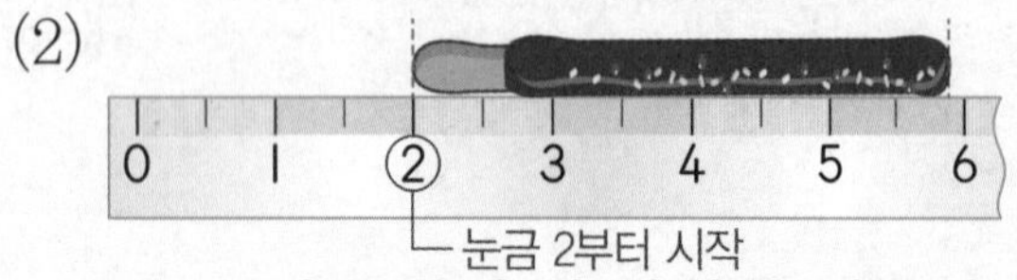

1 cm가 4번에 더 가깝기 때문에 약 4 cm입니다.

개념 동영상

14 □ 안에 알맞은 수를 써넣으세요.

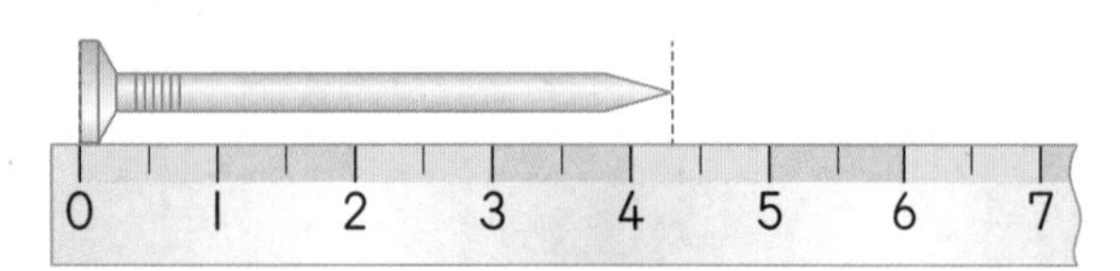

못의 오른쪽 끝이 □ cm에 가까우므로 못의 길이는 약 □ cm입니다.

15 □ 안에 알맞은 수를 써넣으세요.

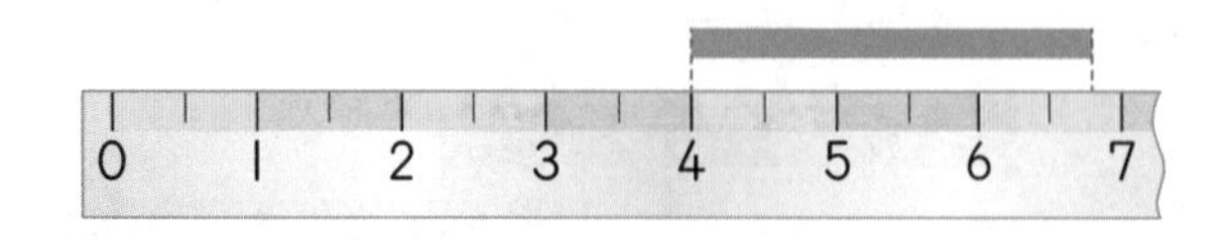

종이띠의 길이는 1 cm가 □ 번에 가까우므로 약 □ cm입니다.

[16~17] 색 테이프의 길이는 약 몇 cm인지 쓰세요.

16

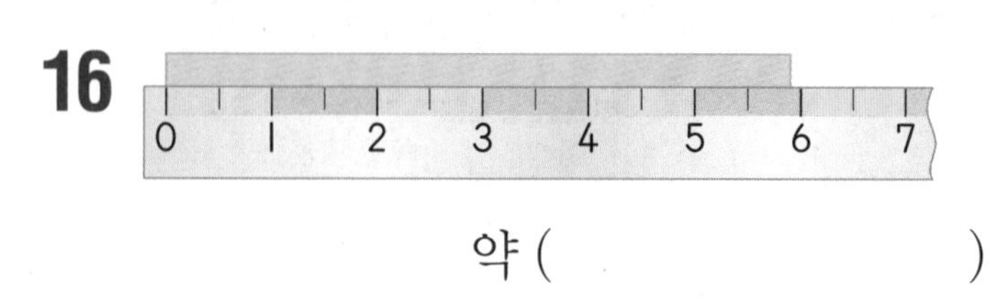

약 (　　　　)

17

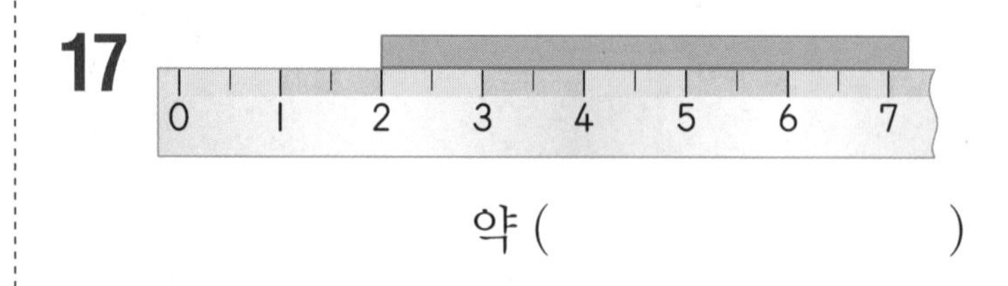

약 (　　　　)

18 면봉의 길이는 약 몇 cm인지 자로 재어 보세요.

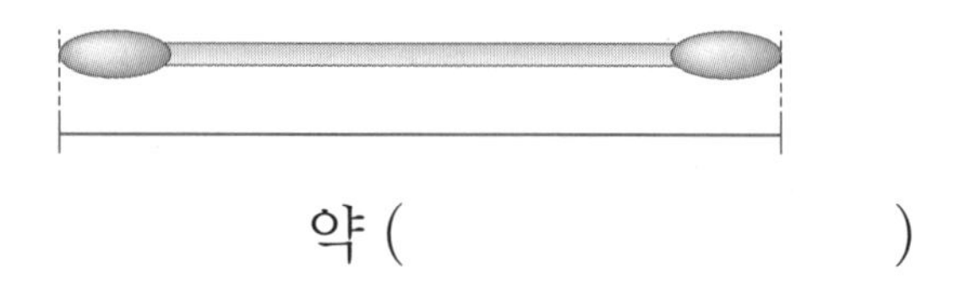

약 (　　　　)

19 열쇠의 길이는 약 몇 cm인지 자로 재어 보세요.

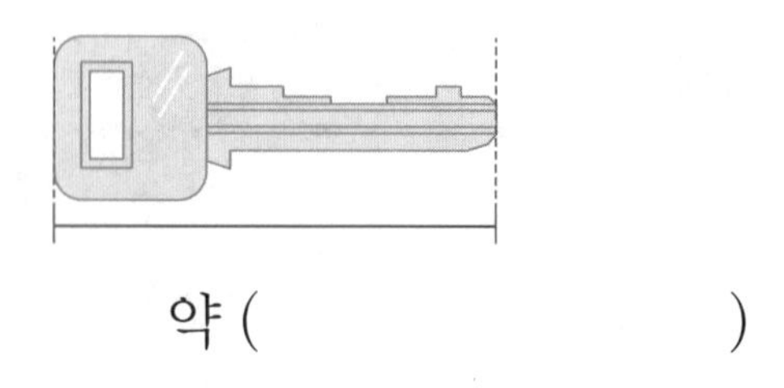

약 (　　　　)

공부한 날　　월　　일

의사소통

20 두 색연필의 길이는 모두 약 7 cm이지만 실제 길이는 다릅니다. 그 까닭을 바르게 말했으면 ○표, 잘못 말했으면 ×표 하세요.

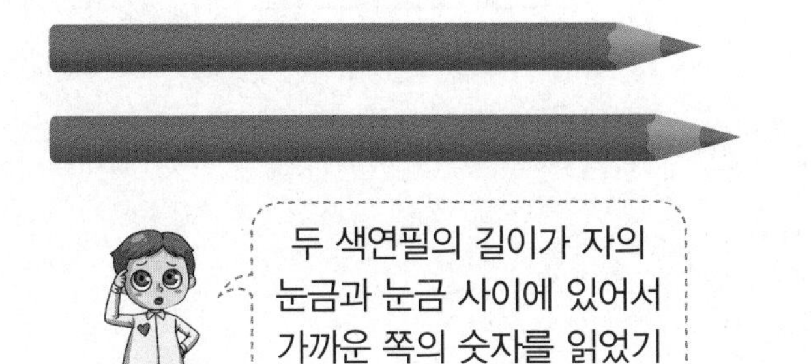

두 색연필의 길이가 자의 눈금과 눈금 사이에 있어서 가까운 쪽의 숫자를 읽었기 때문이야.

(　　　　　　　　)

21 길이가 약 3 cm인 펜 뚜껑의 기호를 쓰세요.

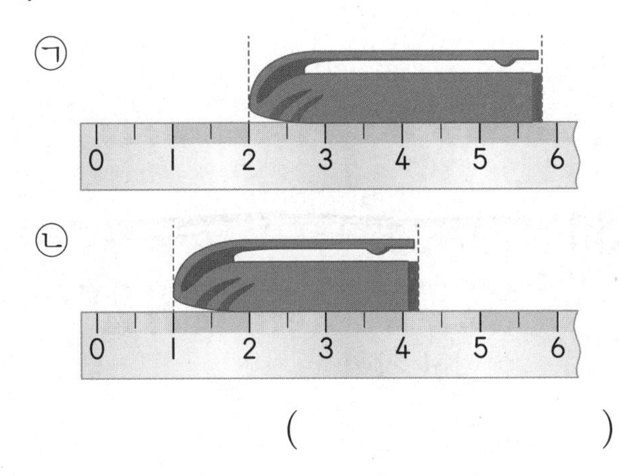

(　　　　　　　　)

문제 해결

22 세아와 시아가 갖고 있는 리본입니다. 길이가 약 5 cm인 리본을 갖고 있는 사람의 이름을 쓰세요.

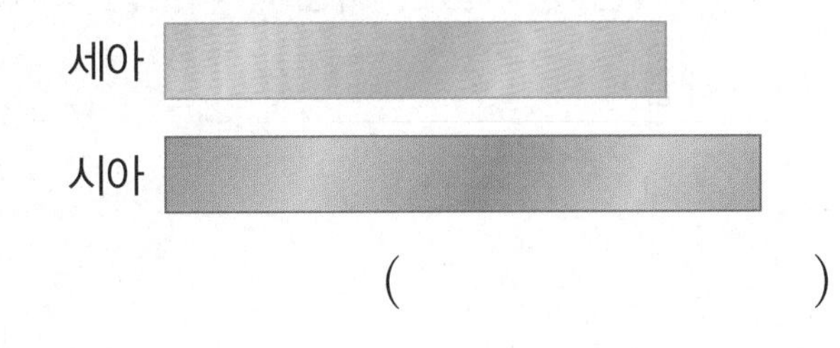

(　　　　　　　　)

개념 9 길이를 잘못 말한 까닭 알아보기

예 철사의 길이가 2 cm가 아닌 까닭

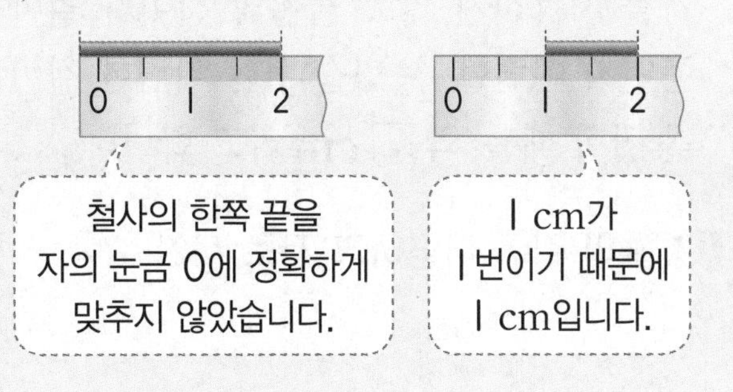

[23~24] 다음 크레파스의 길이는 7 cm가 아닙니다. 그 까닭을 완성해 보세요.

23

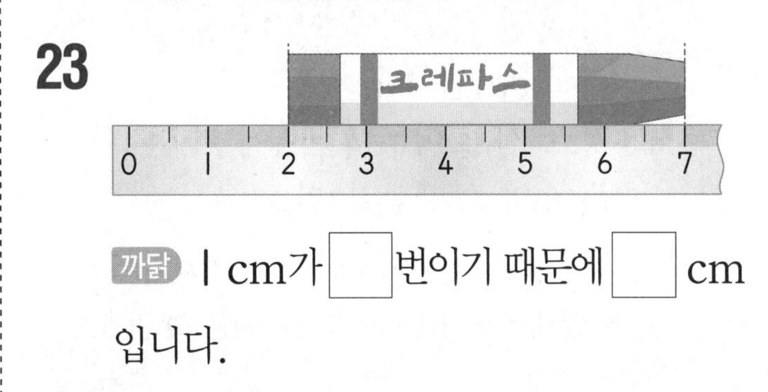

까닭 1 cm가 ☐번이기 때문에 ☐ cm입니다.

24

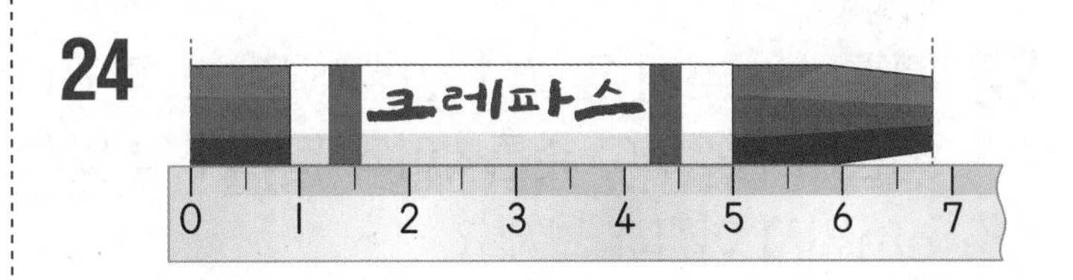

까닭 7 cm에 가깝기 때문에 ☐ 7 cm입니다.

서술형

25 성훈이는 다음 집게의 길이를 3 cm라고 잘못 말했습니다. 잘못된 까닭을 쓰세요.

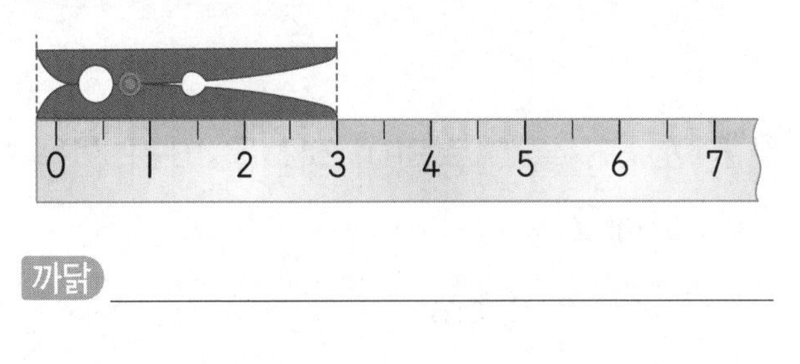

까닭 ______________________________

____

STEP 1

개념별 유형

개념 10 길이 어림하기

자를 사용하지 않고 물건의 길이가 얼마쯤인지 어림할 수 있습니다. 어림한 길이를 말할 때는 '약 □ cm'라고 합니다.

예 풀의 길이 어림하고 자로 재기

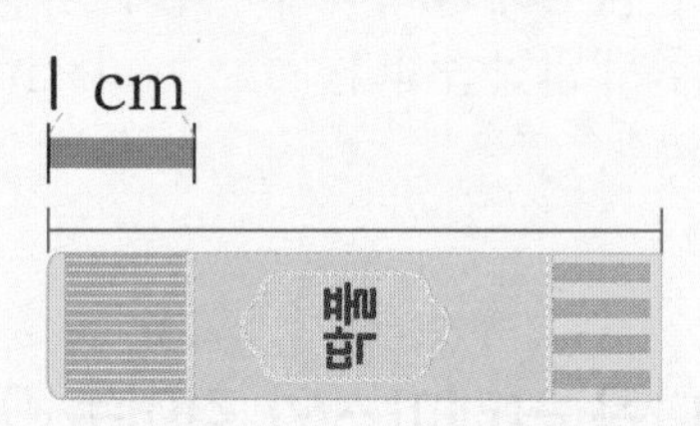

① 자를 사용하지 않고 어림하면 1 cm가 4번 정도이므로 어림한 길이는 약 4 cm입니다.
② 자로 잰 길이는 4 cm에 가깝기 때문에 약 4 cm입니다.

참고 어림한 길이와 실제 길이의 차가 작을수록 실제 길이에 더 가깝게 어림한 것입니다.

개념 동영상

추론

26 자를 사용하지 않고 1 cm가 몇 번 정도 되는지 생각하여 손톱깎이의 길이가 약 몇 cm인지 어림해 보세요.

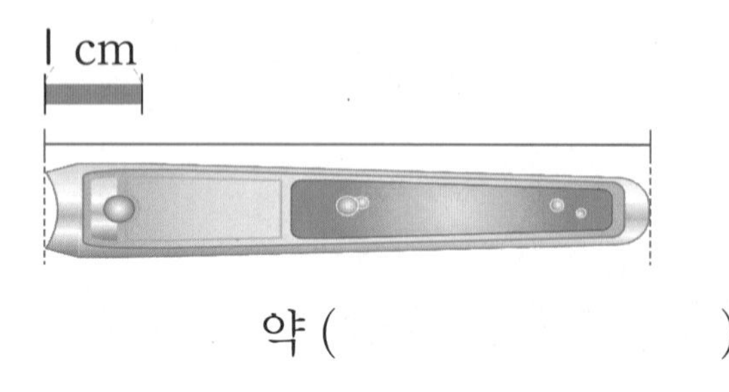

약 (   )

27 4 cm를 어림하여 점선을 따라 선을 그어 보세요.

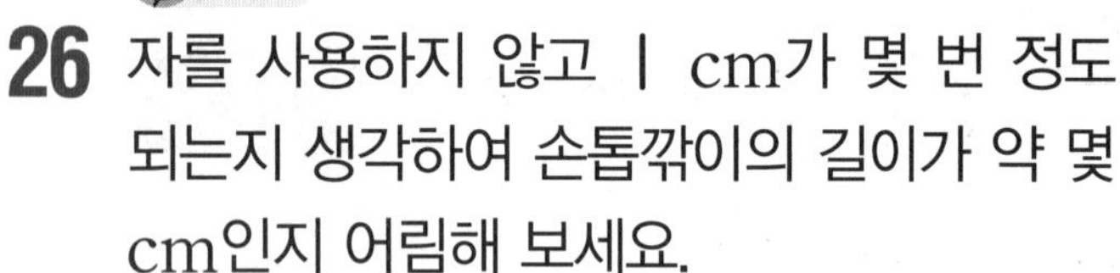

28 자를 사용하지 않고 꼬치의 길이가 약 몇 cm인지 어림해 보세요.

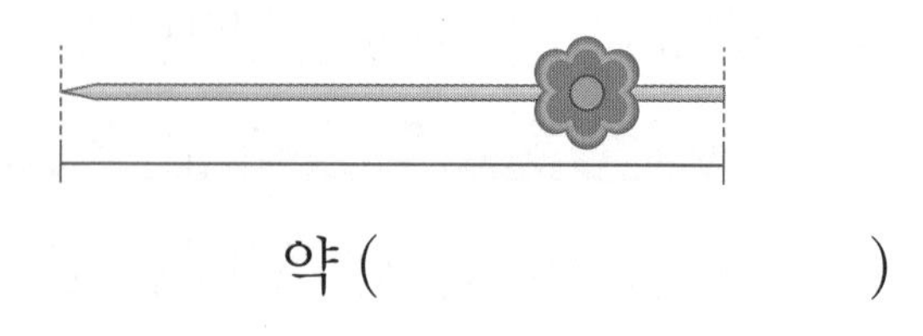

약 (   )

[29~30] 물건의 길이를 어림하고, 자로 재어 보세요.

29

어림한 길이	약
자로 잰 길이	약

30

어림한 길이	약
자로 잰 길이	약

31 태연이와 종희는 6 cm를 어림하여 다음과 같이 종이띠를 잘랐습니다. 6 cm에 더 가깝게 어림한 사람의 이름을 쓰세요.

태연

종희

(   )

6~10 형성 평가

맞힌 문제 수 개/7개

공부한 날 월 일

1 옷핀의 길이를 바르게 말한 사람의 이름을 쓰세요.

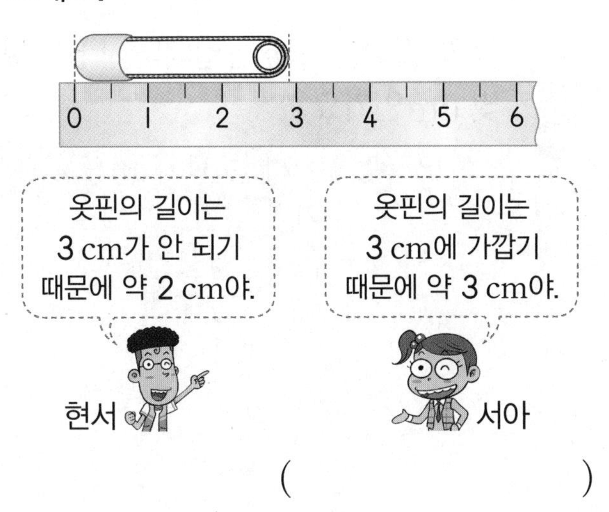

( )

2 길이가 3 cm인 과자에 ○표 하세요.

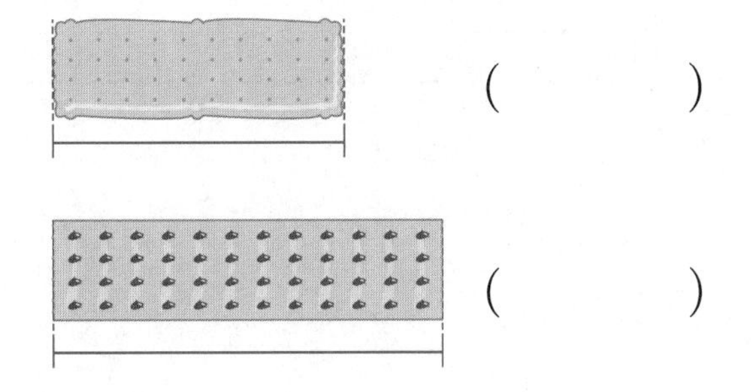

( )

( )

3 선의 길이가 더 짧은 것의 기호를 쓰세요.

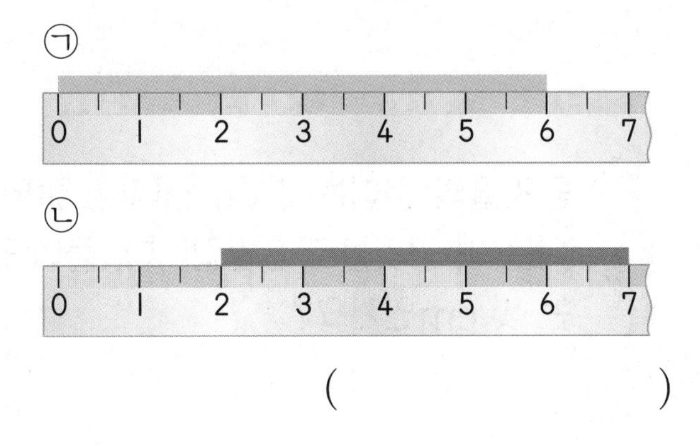

( )

4 주어진 길이를 어림하여 점선을 따라 선을 그어 보세요.

6 cm

5 길이가 같은 크레파스를 찾아 기호를 쓰세요.

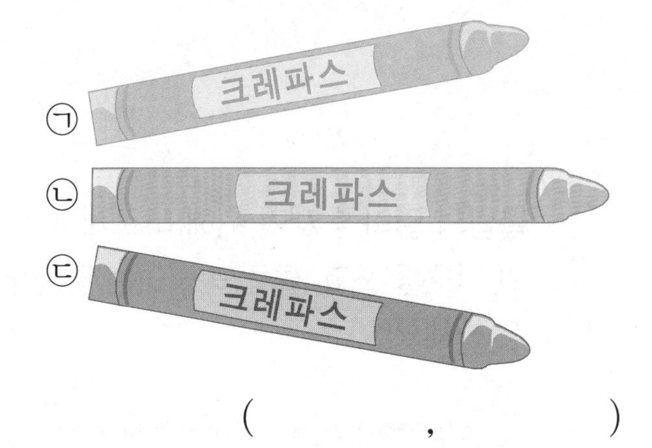

(,)

[6~7] **다음 연필을 보고 물음에 답하세요.**

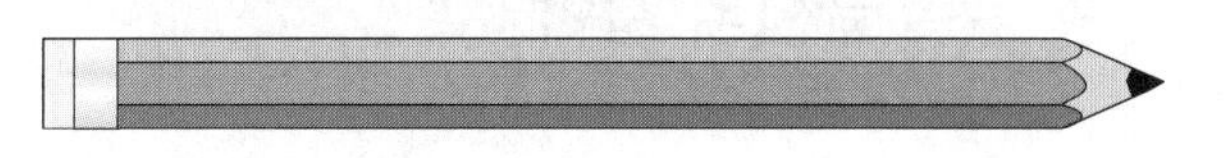

6 연필의 길이를 자로 재어 수희는 약 7 cm, 진호는 약 8 cm라고 하였습니다. 길이 재기를 잘못한 사람의 이름을 쓰세요.

( )

7 위 6과 같이 답한 까닭을 쓰세요.

까닭 ______________________

____

4 길이 재기

STEP 2 꼬리를 무는 유형

1 길이를 재기 위해 바르게 놓은 것 찾기

1 기본

수수깡의 길이를 재기 위해 바르게 놓은 것의 기호를 쓰세요.

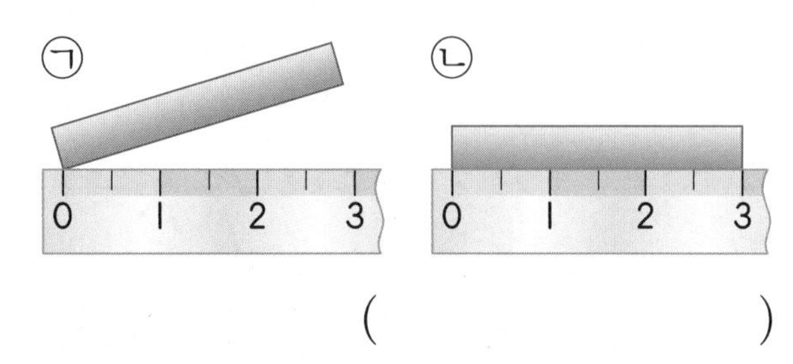

(　　　　　　　　)

2 변형

클립의 길이를 재기 위해 바르게 놓은 것의 기호를 쓰고, 클립의 길이는 몇 cm인지 쓰세요.

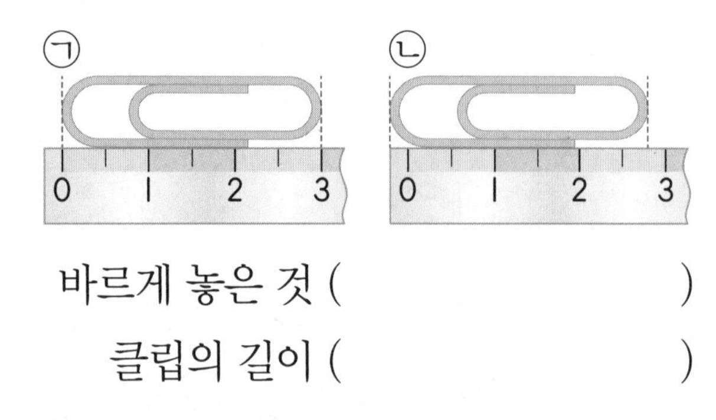

바르게 놓은 것 (　　　　　　　　)

클립의 길이 (　　　　　　　　)

3 실생활

서우와 진수가 각자 아몬드의 길이를 재기 위해 다음과 같이 놓았습니다. 바르게 놓은 사람의 이름을 쓰세요.

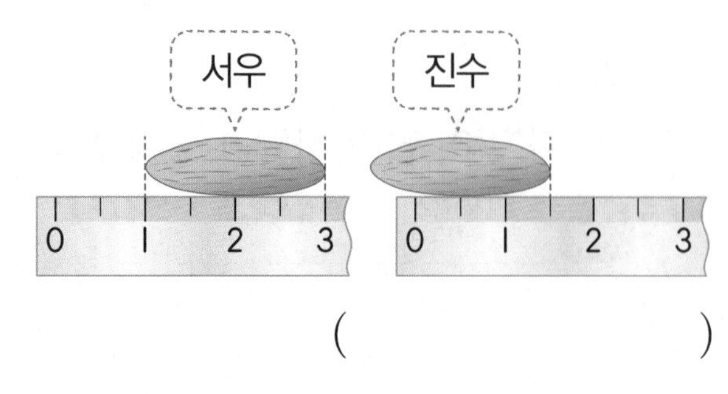

(　　　　　　　　)

2 주어진 길이로 몇 번인지 세어 길이 구하기

4 기본

가의 길이는 1 cm입니다. 나의 길이는 몇 cm인가요?

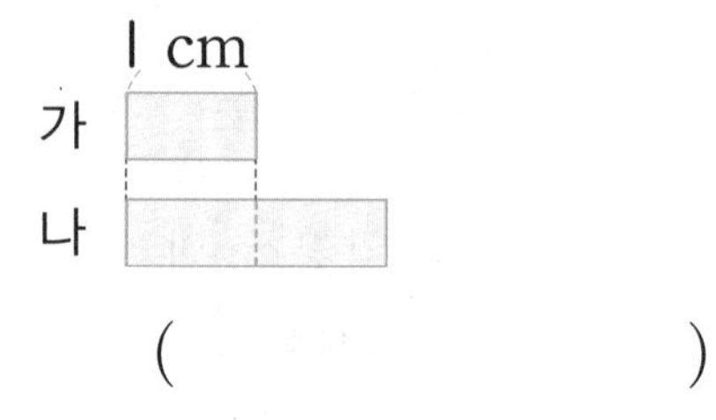

(　　　　　　　　)

5 변형

가의 길이는 2 cm입니다. 나의 길이는 몇 cm인가요?

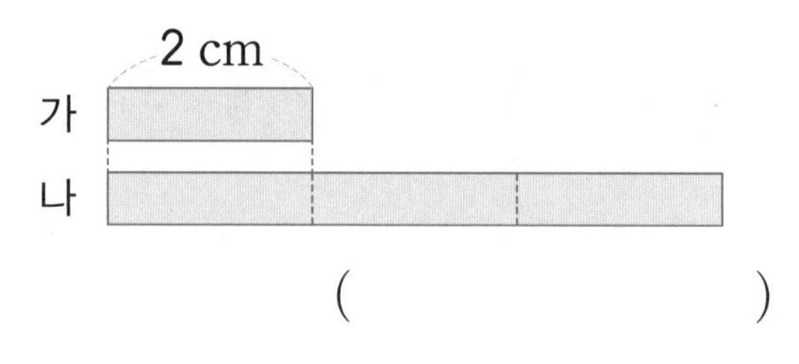

(　　　　　　　　)

6 변형

1 cm가 7번인 길이는 몇 cm인가요?

(　　　　　　　　)

7 실생활

공깃돌의 길이는 1 cm입니다. 풀의 길이는 이 공깃돌로 8번입니다. 풀의 길이는 몇 cm인가요?

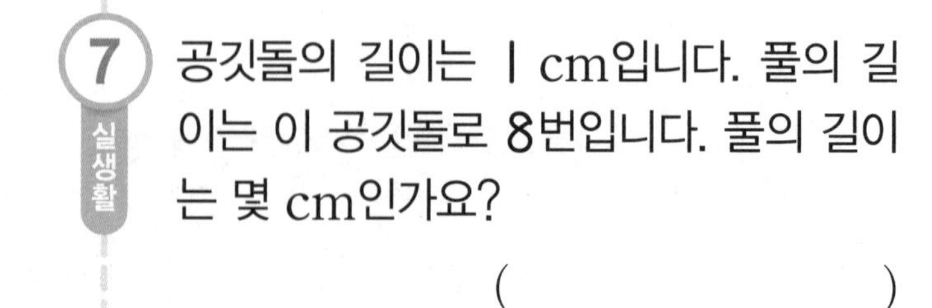

(　　　　　　　　)

공부한 날 월 일

3 모형을 단위로 길이 비교하기

8 기본 소율, 영아, 현석이는 모형으로 모양 만들기를 하였습니다. 가장 길게 연결한 사람은 누구인가요?

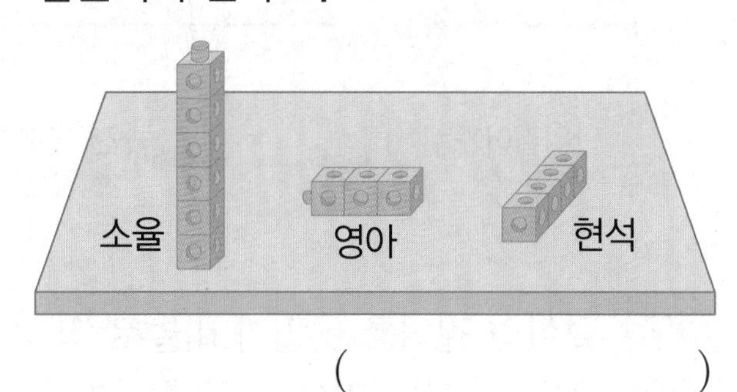

( )

9 변형 해원, 하은, 경호는 모형으로 모양 만들기를 하였습니다. 가장 짧게 연결한 사람은 누구인가요?

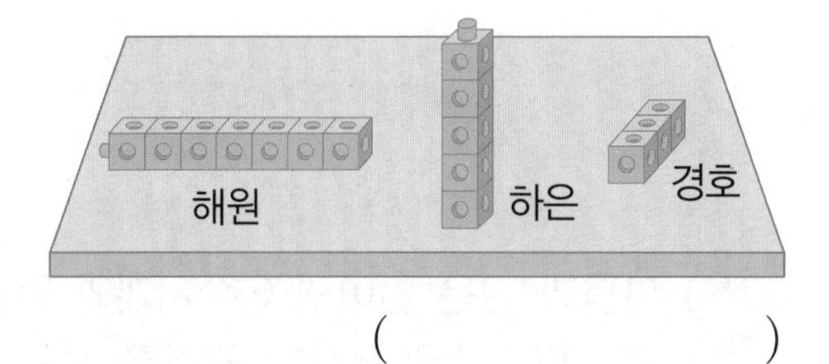

( )

10 변형 주희, 성연, 민주가 모형으로 모양 만들기를 하였습니다. 주희가 가장 길게 연결했을 때 주희가 만든 모양을 찾아 기호를 쓰세요.

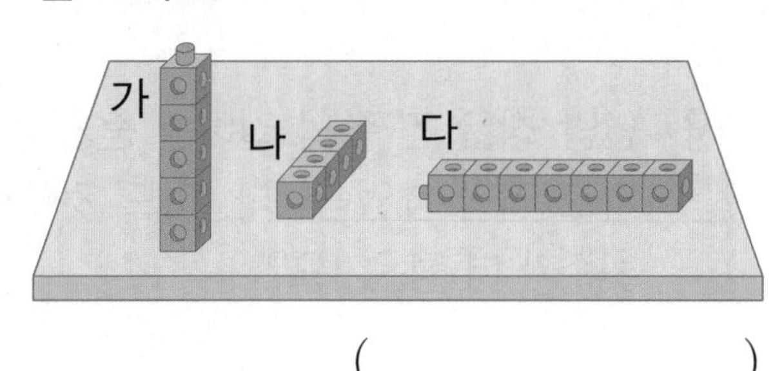

( )

4 선의 길이의 합 구하기

11 기본 두 선의 길이의 합은 몇 cm인가요?

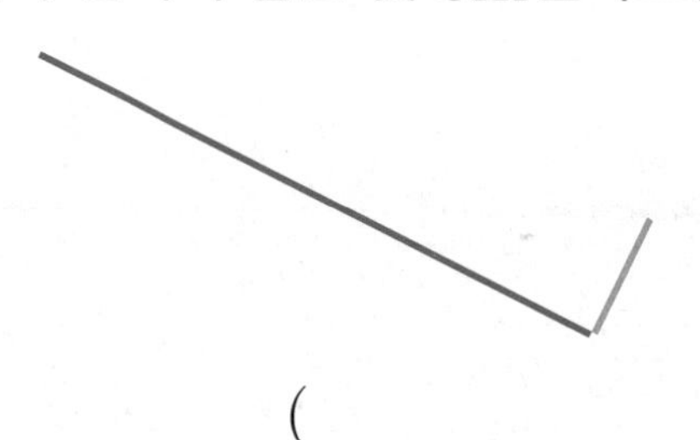

( )

12 변형 세 선의 길이의 합은 몇 cm인가요?

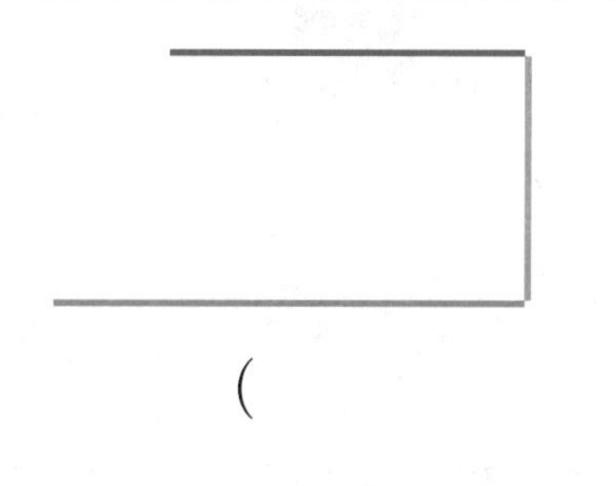

( )

13 변형 가장 긴 선과 가장 짧은 선의 길이의 합은 몇 cm인가요?

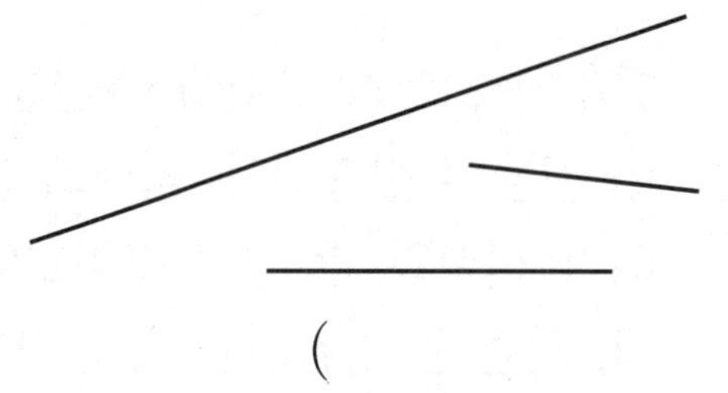

( )

5 잰 횟수가 같을 때 길이 비교하기

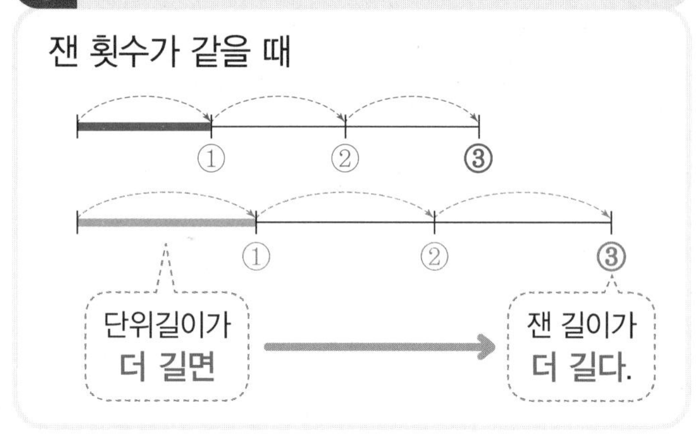

14 실력 더 긴 막대를 가지고 있는 사람의 이름을 쓰세요.

(　　　　　　　　)

15 변형 더 짧은 막대를 가지고 있는 사람의 이름을 쓰세요.

수현이의 막대	나림이의 막대
지우개로 3번	뼘으로 3번

(　　　　　　　　)

16 레벨업 영주와 진희가 각자의 뼘으로 5번씩 재어 끈을 잘랐습니다. 영주의 한 뼘의 길이가 진희의 한 뼘의 길이보다 더 깁니다. 자른 끈의 길이가 더 긴 사람은 누구인가요?

(　　　　　　　　)

6 잰 횟수가 더 적은(많은) 것 찾기

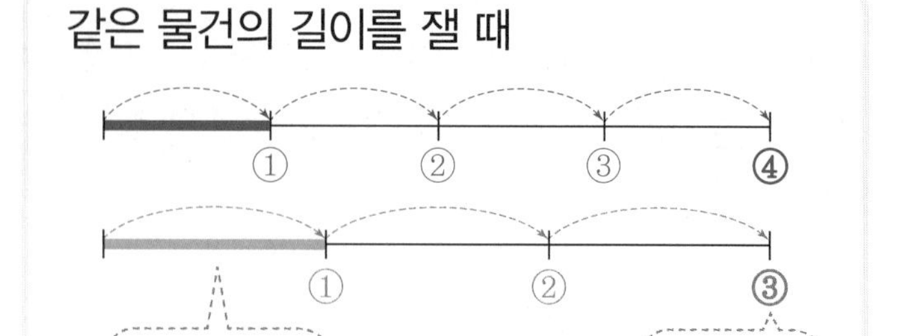

17 실력 털실의 길이를 옷핀과 바늘로 각각 재었습니다. 어느 것으로 잰 횟수가 더 적은가요?

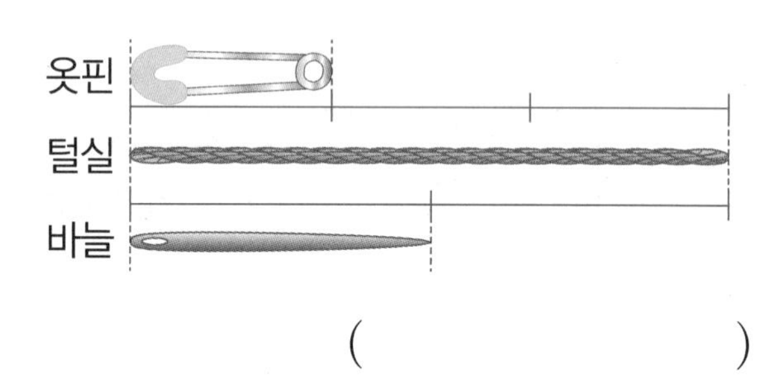

(　　　　　　　　)

18 변형 다음과 같은 길이의 이쑤시개와 면봉으로 각각 같은 우산의 길이를 재었습니다. 어느 것으로 잰 횟수가 더 많은가요?

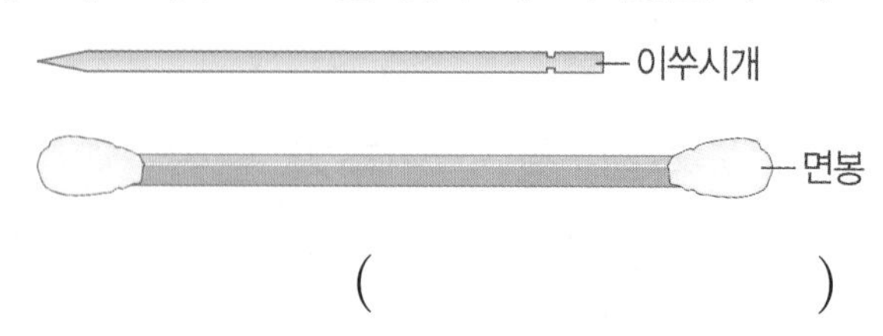

(　　　　　　　　)

19 레벨업 안방 창문 긴 쪽의 길이를 숟가락과 국자로 각각 재었습니다. 어느 것으로 잰 횟수가 더 적은가요?

(　　　　　　　　)

7 주어진 막대를 사용하여 길이 만들기

• 길이가 1 cm, 2 cm인 막대들을 여러 번 사용하여 6 cm 만들기

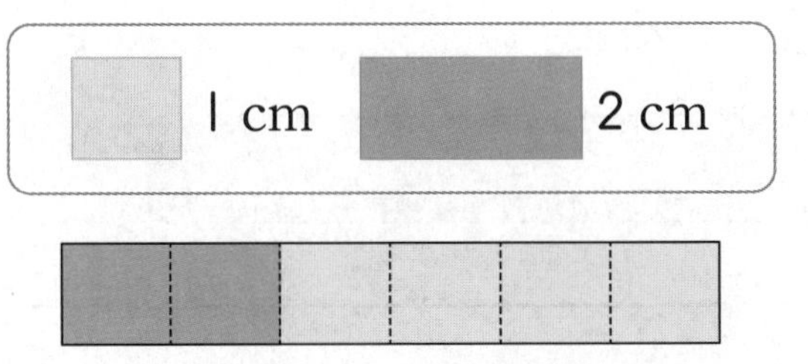

➔ 더 긴 막대를 먼저 놓아 본 후 남는 부분을 짧은 막대로 채워 만들면 편리합니다.

20 실력 주어진 1 cm, 3 cm 길이의 막대들을 모두 사용하여 5 cm를 만들어 보세요. (단, 막대를 여러 번 사용할 수 있습니다.)

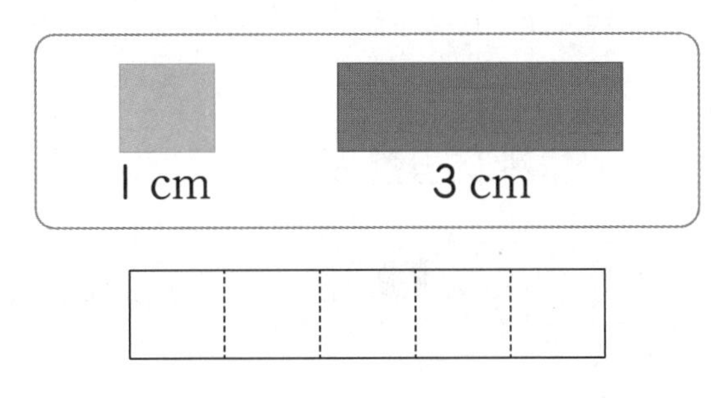

21 레벨업 주어진 1 cm, 2 cm, 3 cm 길이의 막대들을 모두 사용하여 서로 다른 방법으로 7 cm를 두 개 만들어 보세요. (단, 막대를 여러 번 사용할 수 있습니다.)

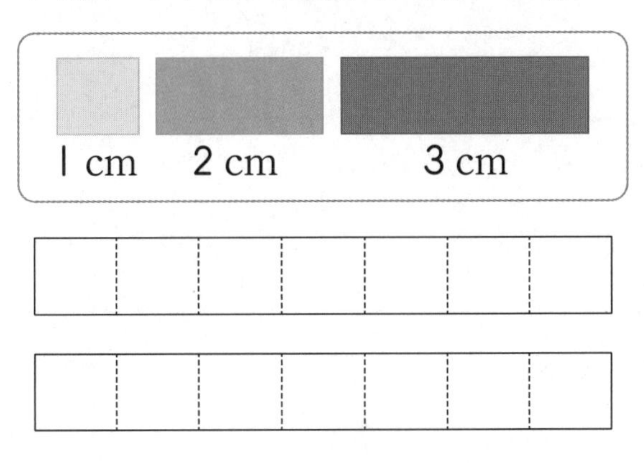

8 어림한 길이로 물건의 길이 구하기

한 뼘의 길이가 약 12 cm이면 2뼘의 길이는 12 cm를 2번 더한 길이입니다.

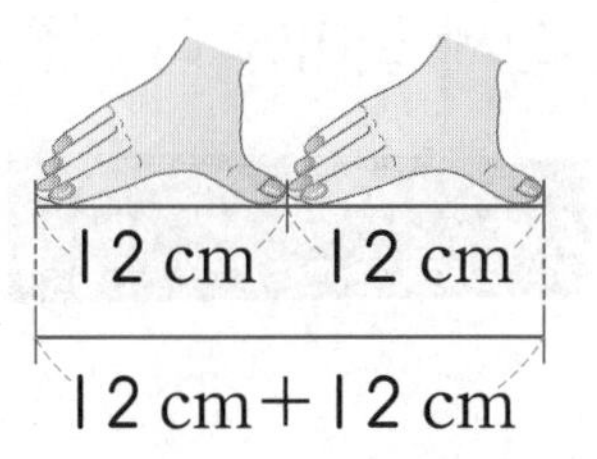

22 실력 윤서가 도화지의 긴 쪽의 길이를 재었더니 2뼘이었습니다. 윤서의 한 뼘의 길이가 약 12 cm라면 도화지의 긴 쪽의 길이는 약 몇 cm인가요?

약 (   )

23 변형 혜진이는 할아버지 지팡이의 길이를 약 20 cm 길이의 물병으로 재었더니 4번이었습니다. 할아버지 지팡이의 길이는 약 몇 cm인가요?

약 (   )

24 레벨업 유이가 신발장의 높이를 재었더니 3뼘을 재고 남은 길이가 5 cm였습니다. 유이의 한 뼘의 길이가 약 13 cm라면 신발장의 높이는 약 몇 cm인가요?

약 (   )

STEP 3 수학 독해력 유형

독해력 유형 1 더 가깝게 어림한 사람 알아보기

✎ 구하려는 것에 밑줄을 긋고 풀어 보세요.

실제 길이가 14 cm인 사인펜의 길이를 현지는 약 13 cm, 유민이는 약 16 cm로 어림했습니다. 실제 길이에 더 가깝게 어림한 사람의 이름을 쓰세요.

해결 비법

어림한 길이와 실제 길이의 차가 작을수록 실제 길이에 더 가깝게 어림한 것입니다.

❶ 어림한 길이가 실제 길이보다 짧을 때 차 구하기:
(실제 길이)−(어림한 길이)

❷ 어림한 길이가 실제 길이보다 길 때 차 구하기:
(어림한 길이)−(실제 길이)

문제 해결

❶ 실제 길이와 현지가 어림한 길이의 차 구하기:

14 cm − ☐ cm = ☐ cm → 약 ☐ cm

❷ 실제 길이와 유민이가 어림한 길이의 차 구하기:

16 cm − ☐ cm = ☐ cm → 약 ☐ cm

❸ 실제 길이에 더 가깝게 어림한 사람의 이름: ☐

답 ______________

쌍둥이 유형 1-1

✎ 위의 문제 해결 방법을 따라 풀어 보세요.

실제 길이가 13 cm인 볼펜의 길이를 수아는 약 15 cm, 경미는 약 12 cm로 어림했습니다. 실제 길이에 더 가깝게 어림한 사람의 이름을 쓰세요.

따라 풀기 ❶

❷

❸

답 ______________

공부한 날 월 일

독해력 유형 2 단위의 길이 비교하기

구하려는 것에 밑줄을 긋고 풀어 보세요.

성우, 연지, 지후가 각자의 뼘으로 같은 우산의 길이를 재었더니 성우는 3뼘, 연지는 5뼘, 지후는 4뼘이었습니다. 한 뼘의 길이가 가장 긴 사람의 이름을 쓰세요.

해결 비법

예

잰 횟수: 3번 < 6번

반대

단위길이: >

같은 물건의 길이를 잴 때 잰 횟수가 적을수록 단위길이는 더 깁니다.

문제 해결

❶ 우산의 길이를 뼘으로 잰 횟수가 적을수록 한 뼘의 길이가 더 (깁니다 , 짧습니다).

알맞은 말에 ○표 하기

❷ 뼘으로 잰 횟수가 가장 적은 사람의 이름: ☐

❸ 한 뼘의 길이가 가장 긴 사람의 이름: ☐

답 ______________

쌍둥이 유형 2-1

위의 문제 해결 방법을 따라 풀어 보세요.

민규, 예지, 유나가 각자의 뼘으로 같은 칠판 긴 쪽의 길이를 재었더니 민규는 13뼘, 예지는 14뼘, 유나는 11뼘이었습니다. 한 뼘의 길이가 가장 긴 사람의 이름을 쓰세요.

따라 풀기 ❶

❷

❸

답 ______________

수학 독해력 유형

독해력 유형 3 사용한 길이 구하기

구하려는 것에 밑줄을 긋고 풀어 보세요.

예진이는 길이가 34 cm, 윤아는 길이가 40 cm인 리본을 가지고 있었습니다. 이 리본을 각자 사용하고 남은 길이가 예진이는 12 cm, 윤아는 15 cm입니다. 두 사람이 사용한 리본의 길이는 모두 몇 cm인가요?

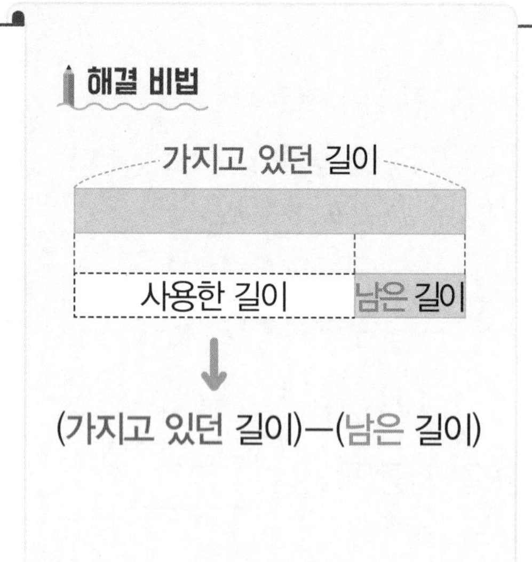

문제 해결

❶ (예진이가 사용한 리본의 길이)

=34 cm−□ cm=□ cm

❷ (윤아가 사용한 리본의 길이)

=40 cm−□ cm=□ cm

❸ (두 사람이 사용한 리본의 길이의 합)

=□ cm+□ cm=□ cm

답 ____________

쌍둥이 유형 3-1

위의 문제 해결 방법을 따라 풀어 보세요.

석빈이는 길이가 55 cm, 윤재는 길이가 48 cm인 철사를 가지고 있었습니다. 이 철사를 각자 사용하고 남은 길이가 석빈이는 30 cm, 윤재는 32 cm입니다. 두 사람이 사용한 철사의 길이는 모두 몇 cm인가요?

따라 풀기 ❶

❷

❸

답 ____________

정답과 해설 24쪽

공부한 날 월 일

독해력 유형 4 단위길이로 물건의 길이 구하기

구하려는 것에 밑줄을 긋고 풀어 보세요.

약병으로 잰 포크의 길이는 2번, 젓가락의 길이는 3번입니다. 포크의 길이가 10 cm일 때 젓가락의 길이는 몇 cm인가요?

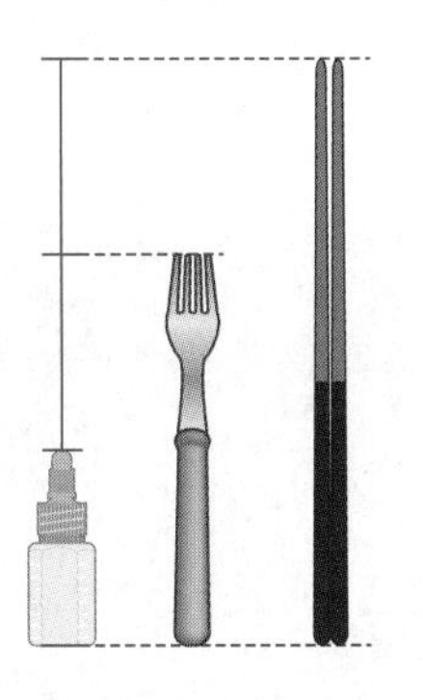

해결 비법

포크 길이= 약병 2개 길이

포크 길이= 10 cm

약병 2개 길이=10 cm

문제 해결

❶ (약병 2개의 길이)=(포크의 길이)=□ cm

❷ (약병 1개의 길이)=□ cm

❸ (젓가락의 길이)=(약병 □개의 길이)

=□ cm+□ cm+□ cm

=□ cm

답 ______

쌍둥이 유형 4-1

위의 문제 해결 방법을 따라 풀어 보세요.

빨대의 길이는 모형 11개를 연결한 길이와 같고, 붓의 길이는 모형 14개를 연결한 길이와 같습니다. 빨대의 길이가 11 cm일 때 붓의 길이는 몇 cm인가요?

빨대 붓

따라 풀기 ❶

❷

❸

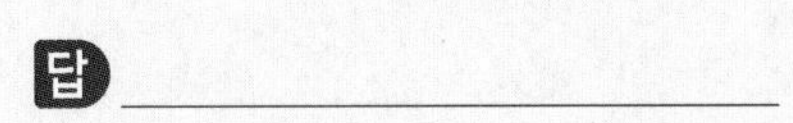

답 ______

유형TEST

1 다음 길이를 쓰고 읽어 보세요.

| cm가 9번

쓰기 (   )

읽기 (   )

[2~3] 막대의 길이는 몇 cm인지 쓰세요.

2

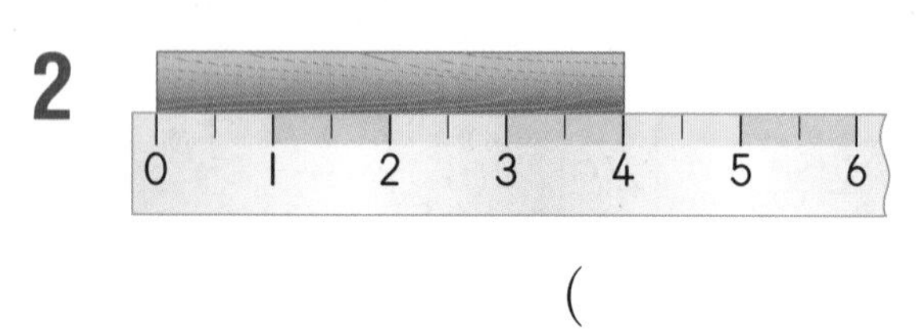

(   )

3

0 1 2 3 4 5 6

(   )

4 선의 길이는 몇 뼘쯤인가요?

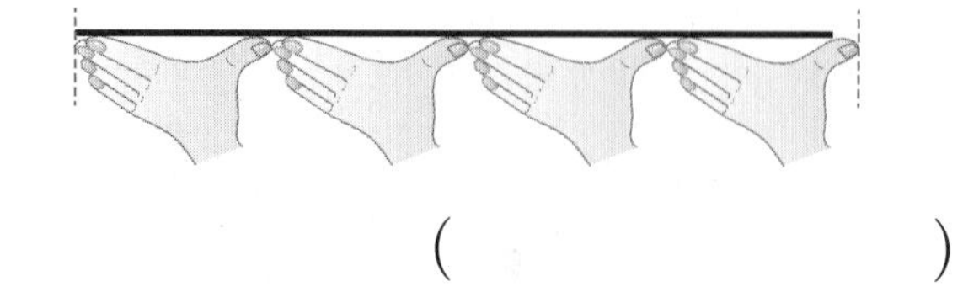

(   )

5 주어진 길이만큼 점선을 따라 선을 그어 보세요.

4 cm

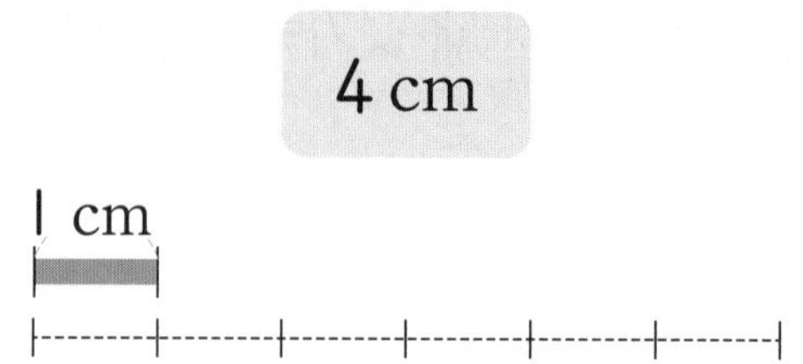

실생활 연결

[6~7] ㉠과 ㉡의 길이를 비교하려고 합니다. 물음에 답하세요.

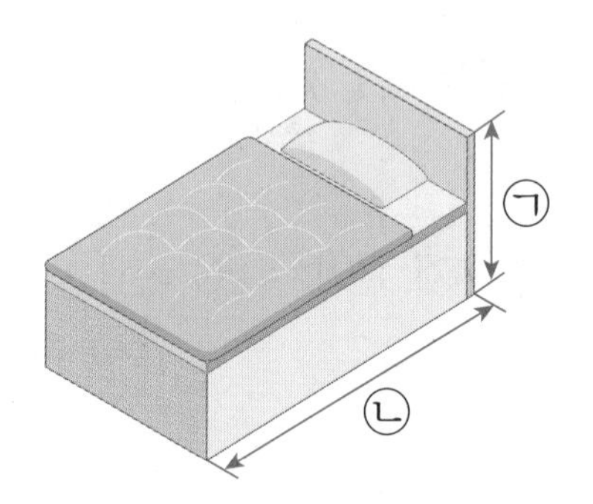

6 ㉠과 ㉡의 길이를 비교할 수 있는 올바른 방법에 ○표 하세요.

색 테이프를 이용하여 비교하기	( )
직접 맞대어 비교하기	( )

7 색 테이프를 ㉠과 ㉡의 길이만큼 자른 것입니다. 더 짧은 것에 ○표 하세요.

㉠ (   )

㉡ (   )

점수 점 | 공부한 날 월 일

[8~9] 물건의 길이는 약 몇 cm인지 자로 재어 보세요.

8

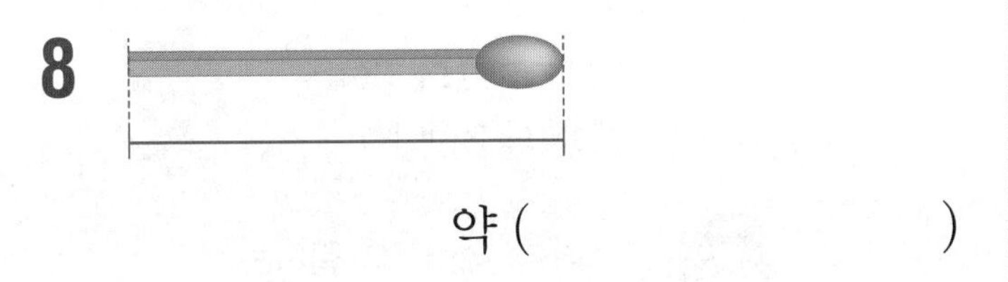

약 (   )

9

약 (   )

[10~11] 그림을 보고 물음에 답하세요.

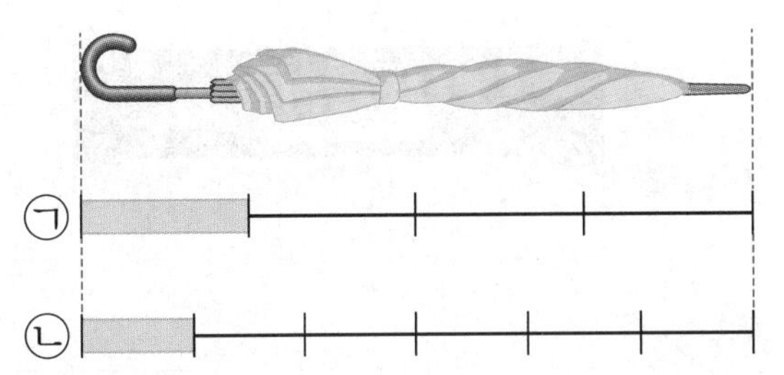

10 우산의 길이는 ㉠과 ㉡으로 각각 몇 번인가요?

㉠ (   )

㉡ (   )

11 위 **10**에서 잰 횟수를 이용하여 알맞은 말에 ○표 하세요.

단위의 길이가 길수록 잰 횟수는 (많습니다 , 적습니다).

12 대화를 읽고 알맞은 말에 ○표 하세요.

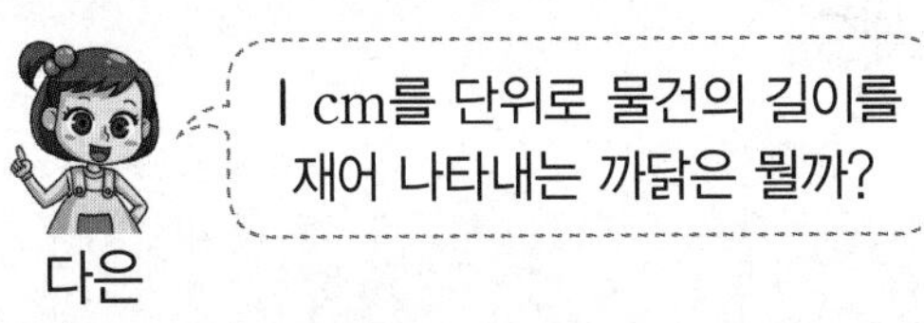

누가 재더라도 길이를 (같게 , 다르게) 말할 수 있기 때문이야.

추론

13 그림에서 가장 작은 사각형의 한 변의 길이는 1 cm로 모두 같습니다. 빨간색 선의 길이는 몇 cm인가요?

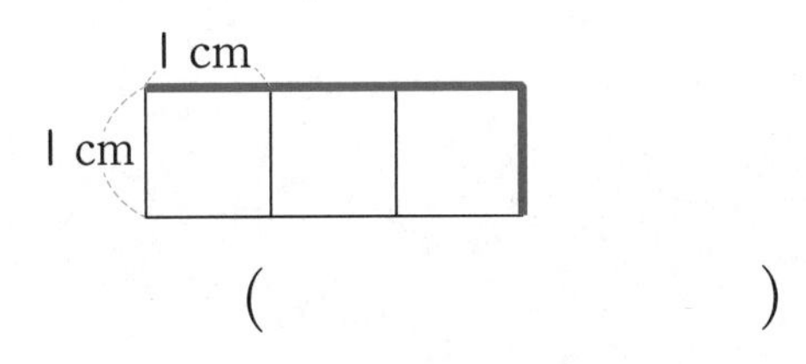

(   )

14 막대 사탕의 길이를 어림하고, 자로 재어 보세요.

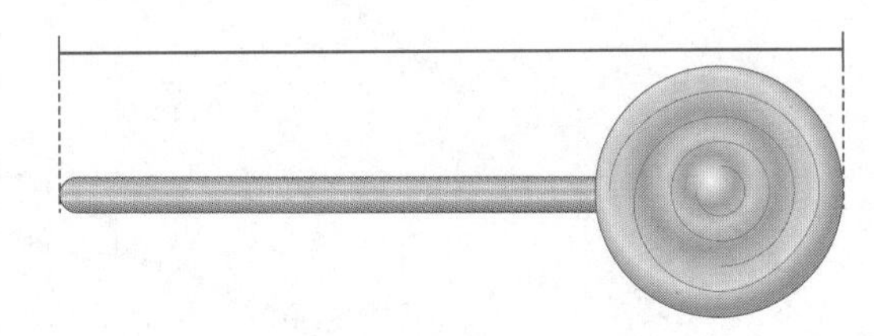

어림한 길이: 약 (   )

자로 잰 길이: 약 (   )

유형TEST

15 길이가 약 7 cm인 색 테이프의 기호를 쓰세요.

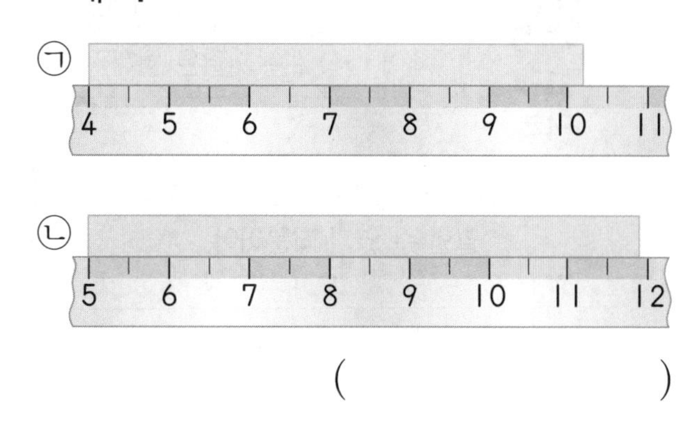

( )

16 길이가 더 긴 것의 기호를 쓰세요.

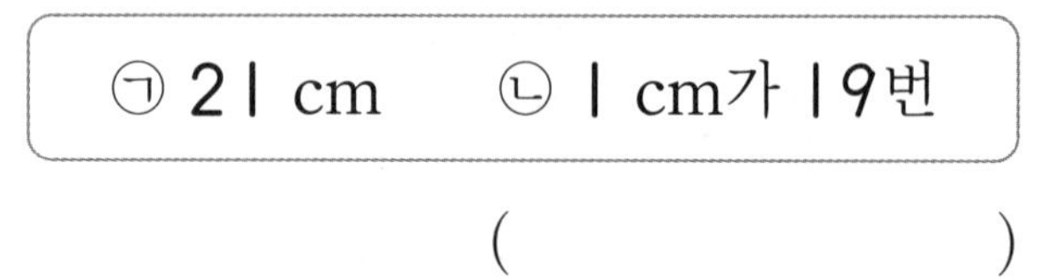

( )

17 민규와 지호가 각자 가져온 비눗방울 병입니다. 길이가 8 cm에 더 가까운 것을 가져온 사람의 이름을 쓰세요.

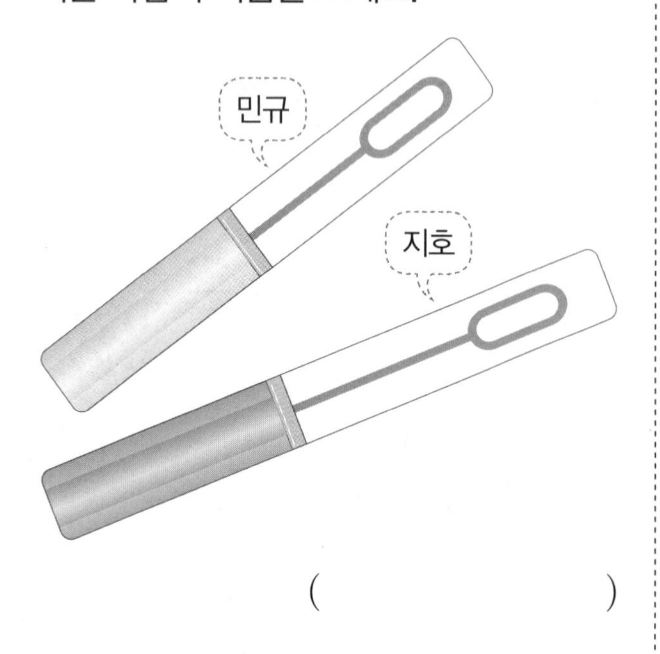

( )

18 가장 긴 색 테이프를 가지고 있는 사람을 찾아 이름을 쓰세요.

( )

서술형

19 우현이는 다음 초코바의 길이를 9 cm라고 잘못 말했습니다. 잘못된 까닭을 쓰세요.

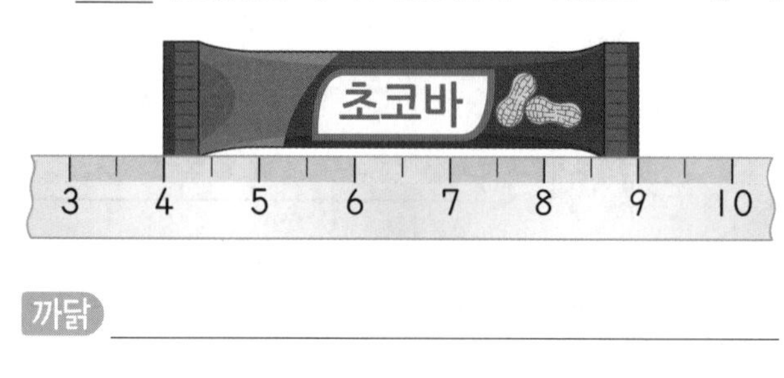

까닭 ____________________

____

20 길이가 다른 색 테이프 하나를 찾아 기호를 쓰세요.

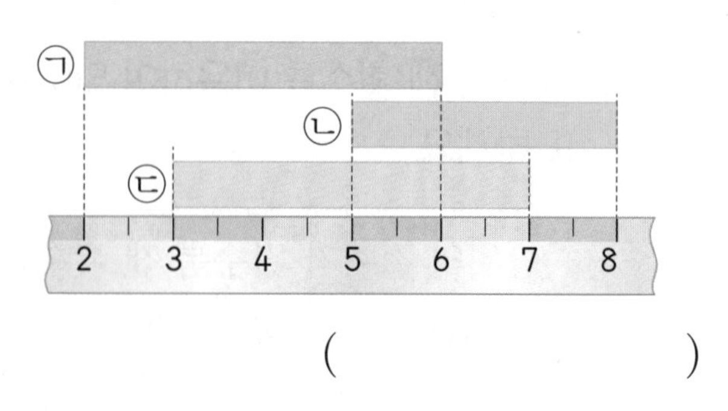

( )

21 가장 긴 선과 가장 짧은 선의 길이의 차는 몇 cm인가요?

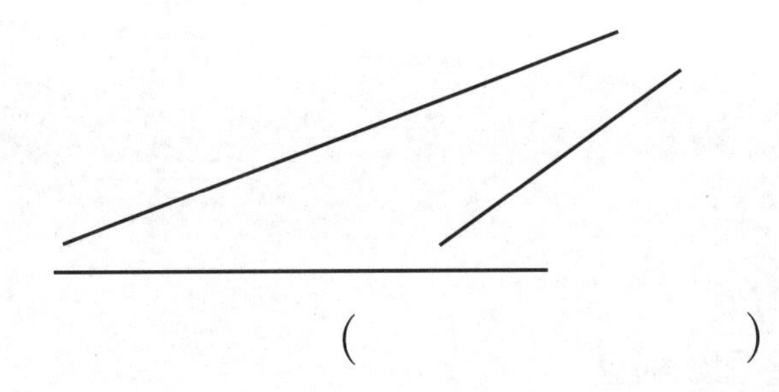

( )

추론

22 주어진 1 cm, 2 cm, 3 cm 길이의 막대들을 모두 사용하여 서로 다른 방법으로 6 cm를 두 개 만들어 보세요. (단, 막대를 여러 번 사용할 수 있습니다.)

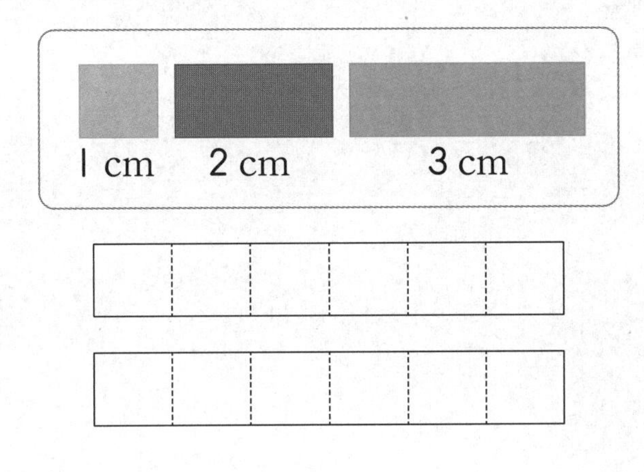

23 올챙이 세 마리의 몸길이의 합은 몇 cm인가요?

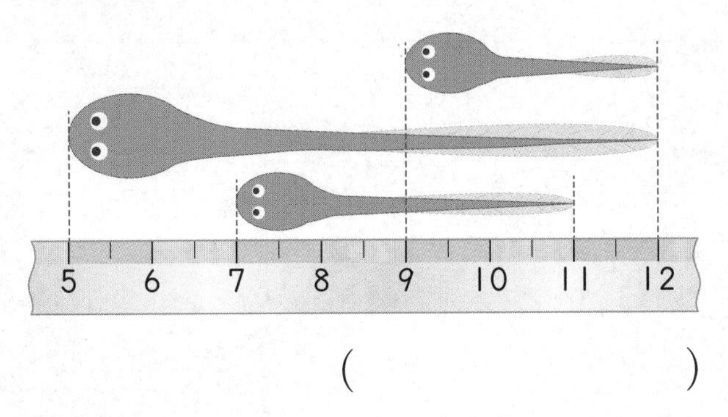

( )

서술형

24 윤희가 책꽂이 한 칸의 길이를 재었더니 2뼘이었습니다. 윤희의 한 뼘의 길이가 약 11 cm라면 책꽂이 한 칸의 길이는 약 몇 cm인지 풀이 과정을 쓰고 답을 구하세요.

풀이

답

서술형

25 서우, 지후, 진솔이가 각자의 뼘으로 같은 교실 창문 긴 쪽의 길이를 재었더니 서우는 13뼘, 지후는 10뼘, 진솔이는 11뼘이었습니다. 한 뼘의 길이가 가장 긴 사람은 누구인지 풀이 과정을 쓰고 답을 구하세요.

풀이

답

5 분류하기

시원한 바다 나라를 잘 지나왔나요?
이제 보석 나라에서 분류하기에 대해 배워볼 거예요.
한 칸씩 통과해 가면서 이번 단원에서 배울 내용을 알아봐요.

골탕!
큐알 코드를 찍으면
개념 학습 영상도 보고,
수학 게임도 할 수 있어요.
분수대에 있는
보석 중에서
모양은
몇 개야?
❸ 개
남이 먹어야
맛있는 것은 뭐야?
이제 분류하기를
배우러 가자~

STEP 1

개념별 유형

개념 1 분류는 어떻게 하는지 알아보기

예 과일을 분류할 수 있는 기준 알아보기

(1) 맛있는 것과 맛없는 것으로 분류하기

	맛있는 것	맛없는 것
지유	사과, 바나나	자두, 포도
도윤	자두, 포도	사과, 바나나

분류 기준이 분명하지 않으면 분류 결과가 사람마다 다를 수 있어.

(2) 색깔에 따라 분류하기

빨간색 과일	빨간색이 아닌 과일
사과, 자두	바나나, 포도

분류는 누가 분류하더라도 결과가 같아지는 분명한 기준으로 정해야 해.

개념 동영상

[1~2] 분류 기준으로 알맞은 것은 ○표, 알맞지 않은 것은 ×표 하세요.

1 예쁜 옷과 예쁘지 않은 옷 (　　　　)

2 윗옷과 아래옷 (　　　　)

의사소통

3 분류 기준을 알맞게 말한 사람의 이름을 쓰세요.

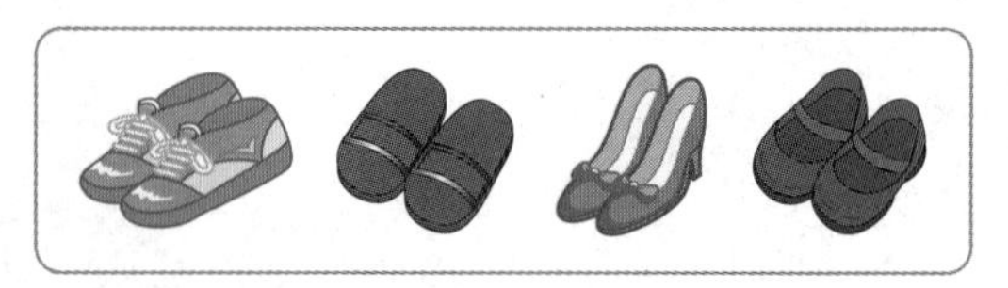

귀여운 신발과 귀엽지 않은 신발로 분류해 볼래.

빨간색과 검은색 신발로 분류해 볼래.

(　　　　　　　　)

4 도형을 분류할 수 있는 기준을 쓰세요.

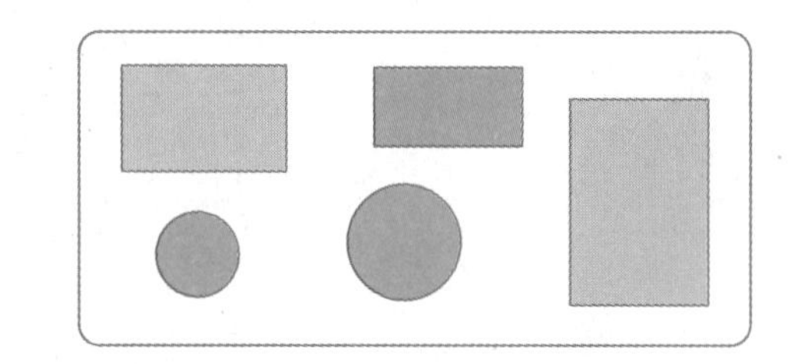

분류 기준 ______________________

서술형

5 탈것을 다음과 같이 분류했습니다. 분류 기준으로 알맞지 않은 까닭을 쓰세요.

재미있는 탈것	재미없는 탈것

까닭 ______________________

____

정답과 해설 26쪽

공부한 날 월 일

개념 2 기준에 따라 분류하기

예 모양에 따라 분류하기

사각형	①, ②, ⑥
삼각형	③, ④, ⑤

개념 동영상

6 도형을 모양에 따라 분류한 것입니다. ㉠이 들어가야 할 곳에 ○표 하세요.

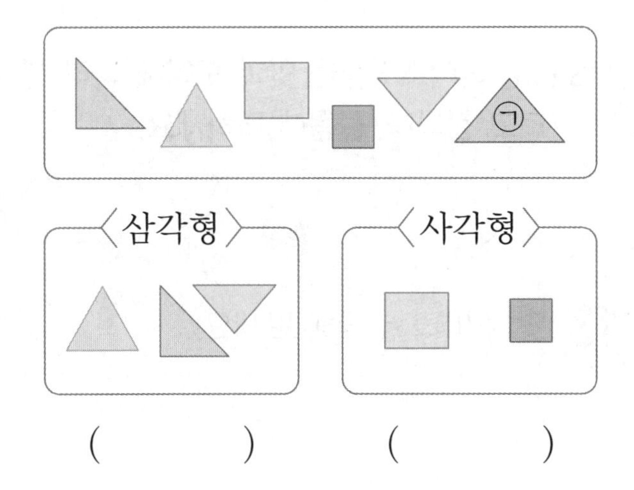

( ) ( )

7 양말을 색깔에 따라 분류해 보세요.

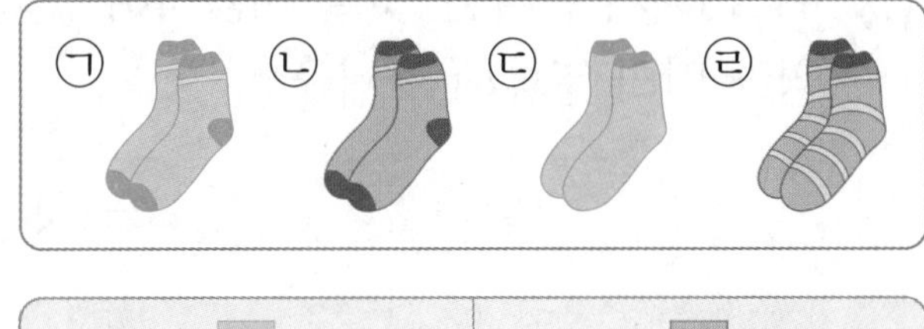

■	■
㉠, □	㉡, □

8 옷을 입는 계절에 따라 분류해 보세요.

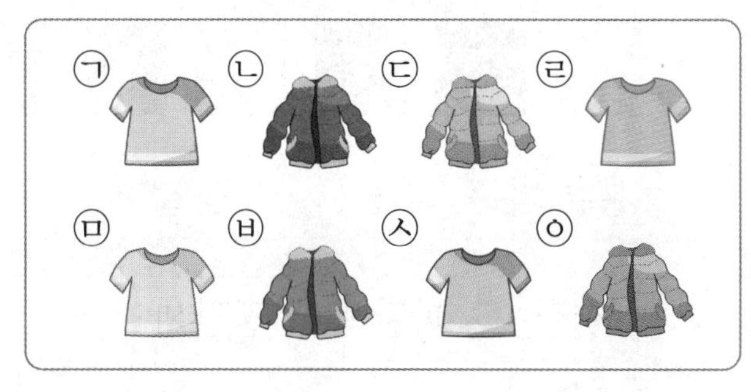

입는 계절	여름	겨울
기호		

실생활 연결

9 민지는 재활용품을 종류별로 분리하여 버리려고 합니다. 기준에 따라 분류하고 이름을 쓰세요.

종류	캔	종이	플라스틱
이름			

10 색종이를 정해진 기준에 따라 분류해 보세요.

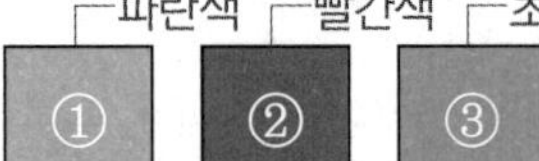

분류 기준	색깔

색깔	파란색	빨간색	
번호			

정보처리

11 기준에 따라 물건을 알맞게 분류하여 가게를 만들려고 합니다. 가게에 알맞은 물건을 찾아 이어 보세요.

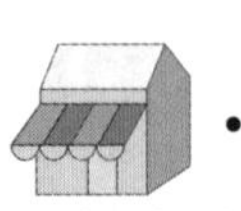
과일 가게

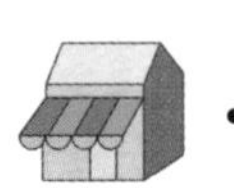
생선 가게

추론

12 잘못 분류된 물건을 찾아 ○표 하고, 그 물건을 어느 칸으로 옮겨야 하는지 쓰세요.

인형	학용품	양말
	풀, 크레파스	필통

( ) 칸

개념 3 두 가지 기준에 따라 분류하기

예 사탕을 색깔과 모양에 따라 분류하기

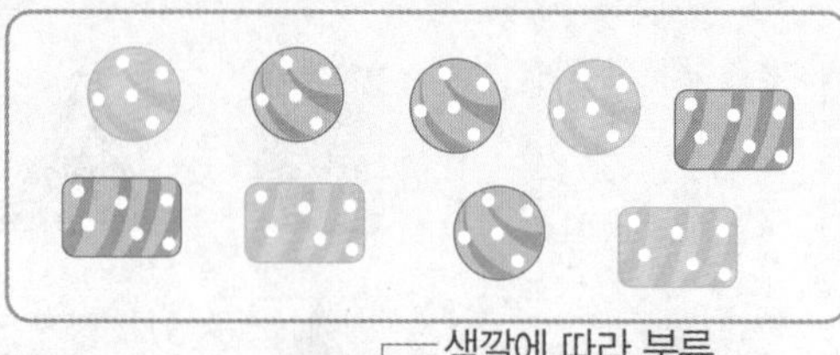

색깔에 따라 분류

모양에 따라 분류

○		
▭		

색깔에 따라 분류한 뒤에 모양에 따라 분류하거나 모양에 따라 분류한 뒤에 색깔에 따라 분류해.

[13~14] 아이스크림을 맛과 모양에 따라 분류하려고 합니다. 물음에 답하세요.

13 맛에 따라 분류해 보세요.

딸기	초콜릿
①, □, □	②, ③, □

14 위 13에서 분류한 것을 이용하여 맛과 모양에 따라 분류해 보세요.

	딸기	초콜릿
(컵)	①, □	③
(콘)	④	②, □

정답과 해설 26쪽

공부한 날 월 일

15 글자를 두 가지 기준에 따라 분류한 것입니다. 빈칸에 알맞은 글자를 써넣으세요.

2 ㄱ ㄹ 3 ㄴ 5 ㅎ 8 4

	숫자	한글
	2	ㄹ
	3	ㄱ

16 단추를 구멍의 수와 모양에 따라 분류해 보세요.

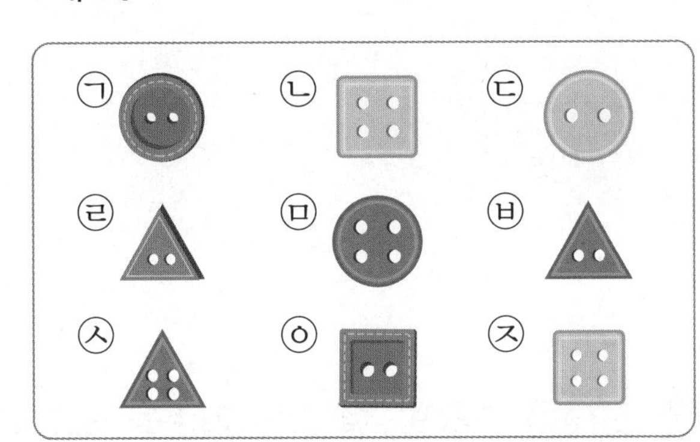

	구멍 2개	구멍 4개
원 모양		
삼각형 모양		
사각형 모양		

개념 4 분류 기준 찾기

예 블록을 분류할 수 있는 기준 찾기

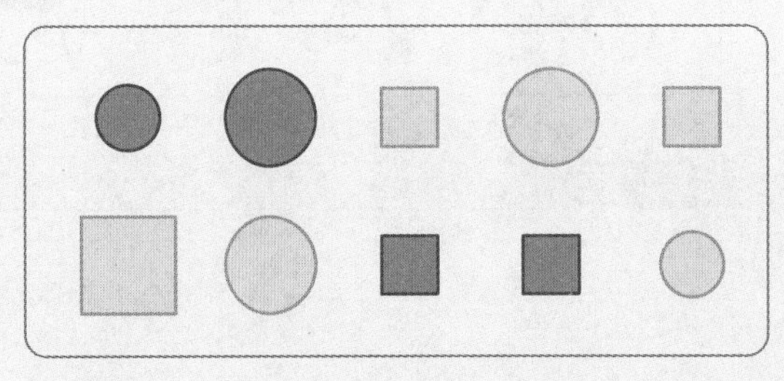

- 블록을 노란색과 파란색으로 분류할 수 있습니다. ➔ **분류 기준: 색깔**
- 블록을 원 모양과 사각형 모양으로 분류할 수 있습니다. ➔ **분류 기준: 모양**

공통점을 찾아 분류 기준으로 정하면 돼.
분류 기준을 여러 가지로 찾을 수 있어.

17 사과를 분류한 기준에 ○표 하세요.

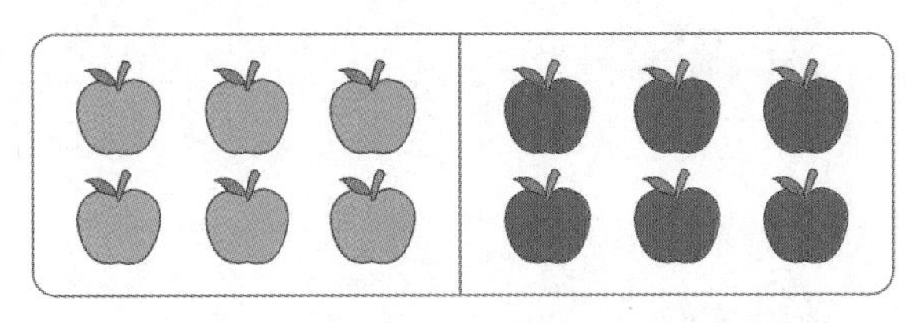

(크기 , 색깔)

18 우산을 분류한 기준을 쓰세요.

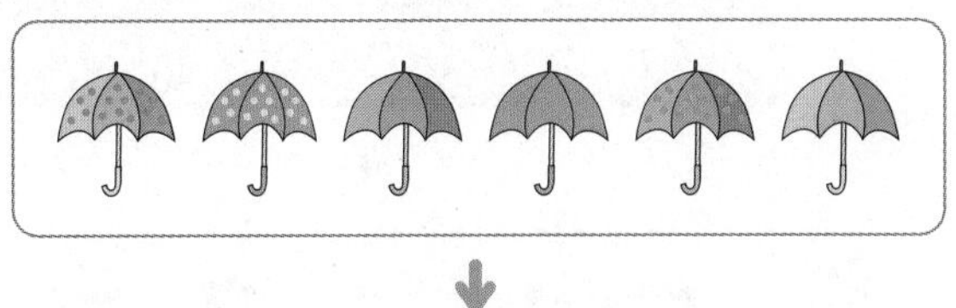

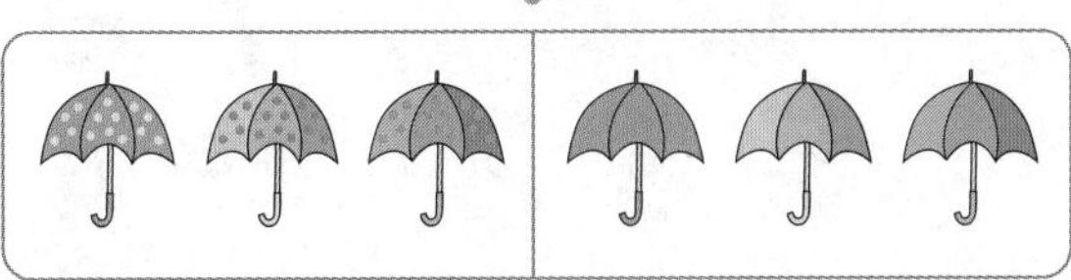

분류 기준 ____________

19 자전거를 분류할 수 있는 기준을 쓰세요.

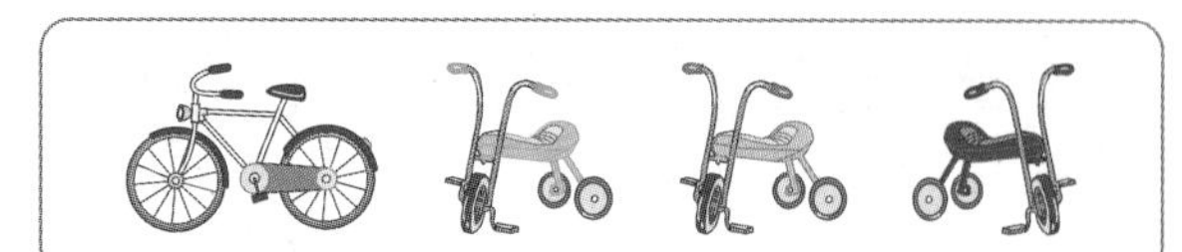

분류 기준 ____________________

20 우유를 분류할 수 있는 기준을 두 가지 쓰세요.

분류 기준 1 ____________________

분류 기준 2 ____________________

추론

21 칠판에 붙어 있는 자석을 다음과 같이 분류했습니다. 분류한 기준을 쓰세요.

↓

ㄷ ㄴ 5 3 2	7 ㄹ ㅂ 4

분류 기준 ____________________

개념 5 자신이 정한 기준에 따라 분류하기

예 분류할 수 있는 기준을 찾아 분류하기

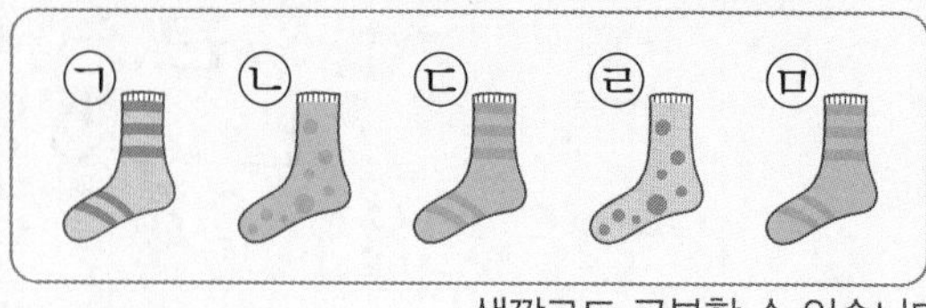

색깔로도 구분할 수 있습니다.

분류 기준	무늬

원 무늬	줄 무늬
㉡, ㉣	㉠, ㉢, ㉤

22 카드를 분류할 수 있는 기준을 쓰고 그 기준에 따라 분류해 보세요.

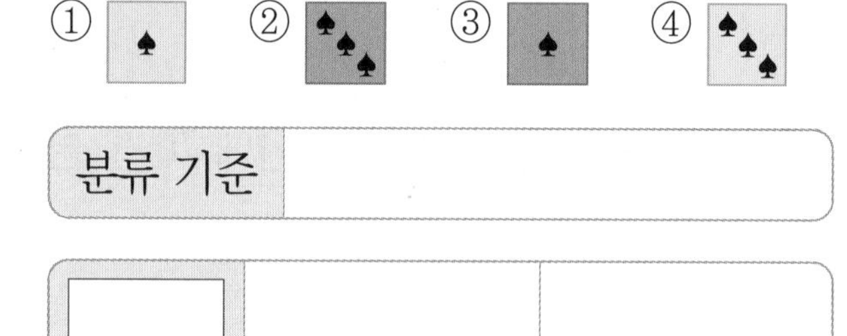

분류 기준	

번호		

23 도넛을 분류할 수 있는 기준을 쓰고 그 기준에 따라 분류해 보세요.

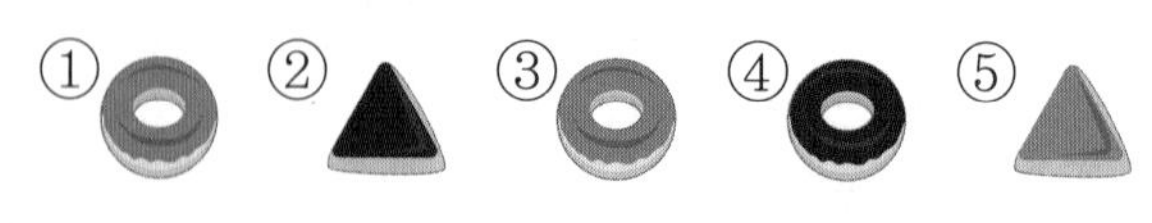

분류 기준	

번호		

①~⑤ 형성 평가

맞힌 문제 수 개/6개

공부한 날 월 일

1 신발의 분류 기준을 바르게 정한 사람을 찾아 이름을 쓰세요.

- 은지: 예쁜 것과 예쁘지 않은 것
- 주호: 구두와 운동화
- 경미: 비싼 것과 비싸지 않은 것

( )

2 풍선을 분류한 기준을 쓰세요.

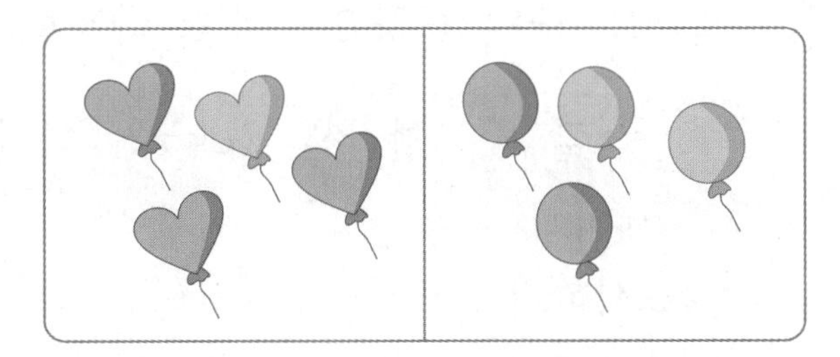

분류 기준 ____________________

3 바퀴의 수에 따라 탈것을 분류해 보세요.

바퀴 2개	③
바퀴 4개	①, ②

[4~6] 여러 가지 컵을 모아 놓은 것입니다. 물음에 답하세요.

4 컵을 길이에 따라 분류해 보세요.

길이	긴 컵	짧은 컵
번호		

5 위 4에서 분류한 기준과는 다른 분류 기준을 쓰세요.

( )

6 컵을 길이와 위 5에서 쓴 분류 기준에 따라 분류해 보세요.

	긴 컵	짧은 컵

STEP 1 개념별 유형

개념 6 분류하고 세어 보기

예 가방을 색깔에 따라 분류하고 세어 보기

색깔	빨간색	파란색	초록색
세면서 표시하기	𝍸	𝍸	𝍸
가방 수(개)	2	5	1

1 동물을 다리 수에 따라 분류하여 이름을 쓰고, 그 수를 세어 보세요.

소	독수리	펭귄	곰
돼지	사자	타조	개

다리 수	2개	4개
동물 이름	독수리,	소,
동물 수(마리)		

[2~3] 혜진이는 서랍에 있는 장갑을 정리하려고 합니다. 물음에 답하세요.

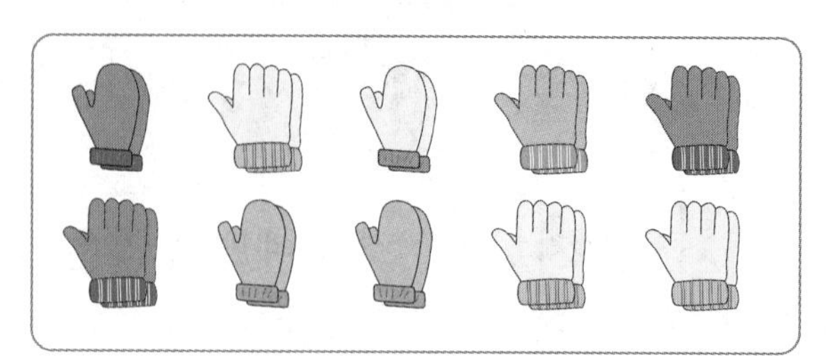

2 모양에 따라 분류하고 그 수를 세어 보세요.

모양	(벙어리장갑)	(손가락장갑)
세면서 표시하기	𝍸 𝍸	𝍸 𝍸
장갑 수(켤레)		

3 색깔에 따라 분류하고 그 수를 세어 보세요.

색깔	빨간색	노란색	파란색
세면서 표시하기	𝍸	𝍸	𝍸
장갑 수(켤레)			

4 희수네 반 학생들이 태어난 계절입니다. 계절에 따라 분류하고 그 수를 세어 보세요.

희수	승미	영우	승주	호영
봄	가을	봄	여름	가을
민주	주연	세영	연수	민아
가을	겨울	여름	봄	가을

계절	봄	여름	가을	겨울
학생 수(명)				

5 규희네 반 학생들이 매일 하는 운동을 조사하였습니다. 정해진 기준에 따라 분류하고 그 수를 세어 보세요.

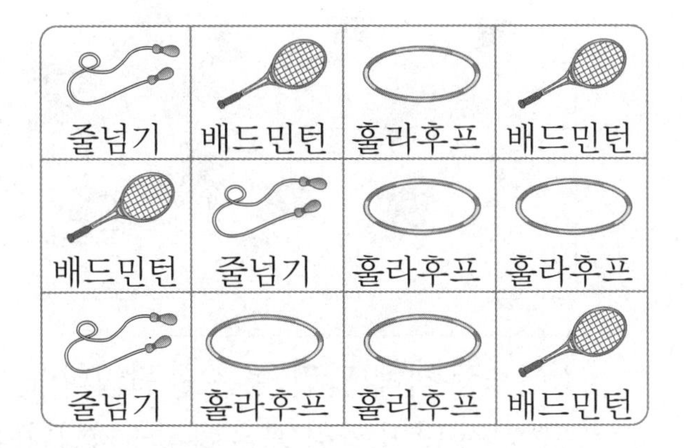

분류 기준	종류

종류	줄넘기	배드민턴	훌라후프
세면서 표시하기			
학생 수(명)			

추론

6 은수네 반 학생들이 좋아하는 놀이 시설입니다. 기준을 정하여 분류하고 그 수를 세어 보세요.

시소	그네	철봉	그네
철봉	그네	시소	그네
시소	시소	그네	철봉

분류 기준	

학생 수(명)	

개념 7 분류한 결과 알아보기

예 모자를 분류하고 분류 결과 알아보기

1. 색깔에 따라 분류하고 그 수를 세어 보기

색깔	빨간색	파란색	초록색
모자 수(개)	3	5	2

2. 분류 결과 알아보기
① 가장 많은 모자는 파란색입니다.
② 가장 적은 모자는 초록색입니다.

[7~8] 재활용품을 모아 분리배출을 하려고 합니다. 물음에 답하세요.

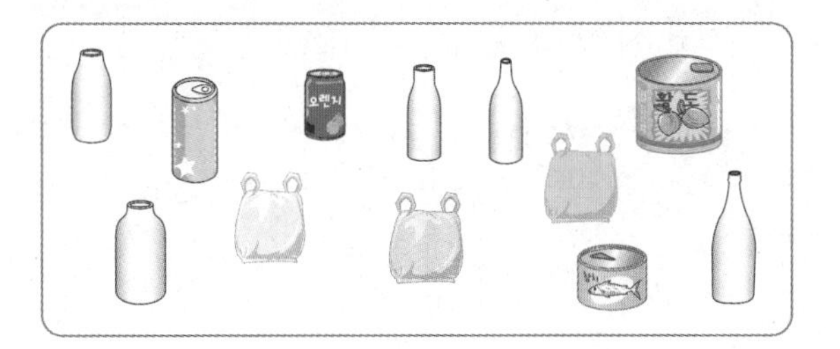

7 종류에 따라 분류하고 그 수를 세어 보세요.

종류	병	캔	비닐
세면서 표시하기			
재활용품 수(개)			

8 가장 많이 모아둔 재활용품의 종류는 무엇인가요?

( )

[9~11] 민아네 반 학생들이 좋아하는 우유를 조사하였습니다. 물음에 답하세요.

9 주어진 기준에 따라 분류하고 그 수를 세어 보세요.

분류 기준	맛

맛	딸기	초콜릿	바나나
세면서 표시하기			
학생 수(명)			

10 가장 많은 학생이 좋아하는 우유는 어떤 맛인가요?

( )

11 초콜릿 맛 우유와 좋아하는 학생 수가 같은 우유는 어떤 맛인가요?

( )

12 꽃 가게에서 오늘 팔린 꽃을 조사하였습니다. 바르게 설명한 것의 기호를 쓰세요.

㉠ 가장 적게 팔린 꽃은 튤립입니다.
㉡ 가장 많이 팔린 꽃은 해바라기입니다.

( )

의사소통

13 호준이네 반 친구들이 사용하는 색연필입니다. 호준이가 문방구 주인에게 색연필을 더 많이 팔 수 있도록 보내는 편지를 완성해 보세요.

색깔	빨간색	노란색	파란색
색연필 수(자루)	7	9	12

안녕하세요.
저는 2학년 이호준입니다.
우리 반 학생들이 가장 많이 사용하는 색연필의 색깔은 ☐ 입니다.
그래서 ☐ 색연필을 더 준비해 두시면 좋을 것 같습니다.
감사합니다.

6~7 형성 평가

맞힌 문제 수 개/6개

공부한 날 월 일

1 꽃을 정해진 기준에 따라 분류하고 그 수를 세어 보세요.

분류 기준	색깔

색깔	흰색	빨간색	노란색
번호			
꽃 수(송이)			

2 기준을 정하여 동물을 분류하고 그 수를 세어 보세요.

분류 기준	

세면서 표시하기			
동물 수(마리)			

[3~5] 성빈이네 반 학생들이 배우고 싶은 악기를 조사하였습니다. 물음에 답하세요.

피아노 바이올린 플루트

3 종류에 따라 분류하고 그 수를 세어 보세요.

종류	피아노	바이올린	플루트
학생 수(명)			

4 어떤 악기를 가장 많이 배우고 싶어 하나요?

( )

5 어떤 악기를 가장 적게 배우고 싶어 하나요?

( )

6 학교 뒤뜰에 심은 나무입니다. 심은 나무의 수가 종류별로 같으려면 어떤 나무를 더 심어야 하나요?

종류	느티나무	은행나무	소나무	단풍나무
나무 수(그루)	6	4	6	6

( )

STEP 2

꼬리를 무는 유형

1 분류 기준 찾기

1 기본

거울을 분류한 기준을 쓰세요.

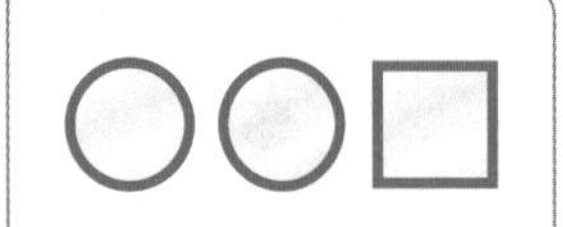

분류 기준 ____________________

2 변형

아이스크림을 색깔로 분류한 것입니다. 다시 분류한다면 어떤 분류 기준으로 분류할 수 있나요?

분류 기준 ____________________

3 실생활

물건을 분류한 것입니다. 분류한 기준을 쓰세요.

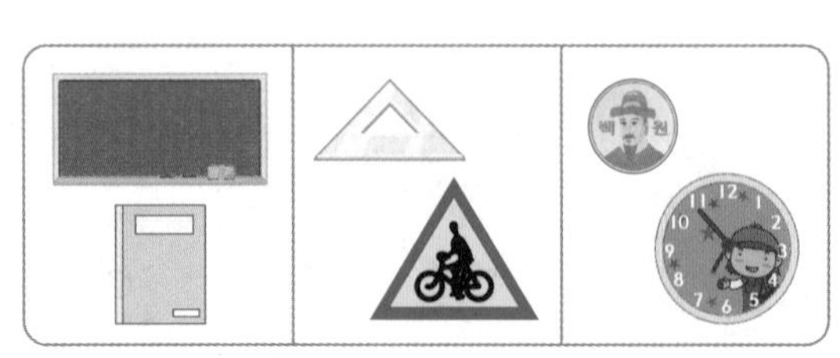

분류 기준 ____________________

2 함께 분류할 것 찾기

4 기본

동물을 다리의 수로 분류할 때 보기와 함께 분류할 수 있는 것을 모두 찾아 기호를 쓰세요.

보기

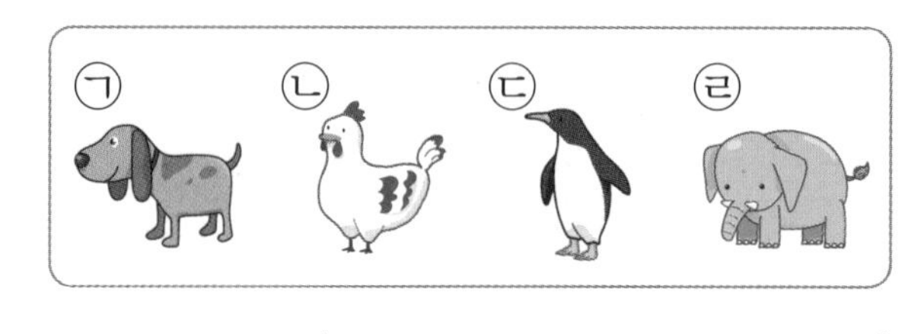

(　　　　　　　　)

5 변형

탈것을 움직이는 장소로 분류할 때 보기와 함께 분류할 수 없는 것을 모두 찾아 기호를 쓰세요.

보기

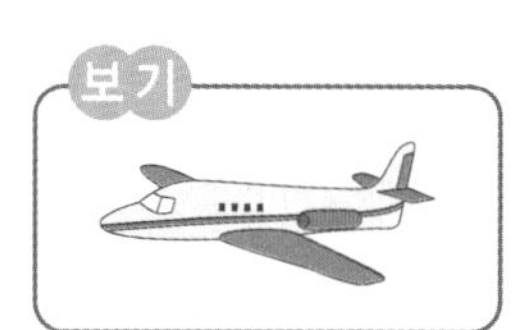

(　　　　　　　　)

6 실생활

공을 사용하는 운동과 공을 사용하지 않는 운동으로 분류할 때 수영과 함께 분류할 수 있는 것을 모두 찾아 기호를 쓰세요.

(　　　　　　　　)

3 분류하고 그 수를 세기

7 기본

교통안전 표지판을 모양에 따라 분류하고 그 수를 세어 보세요.

모양	△	○	⯃
표지판 수(개)			

8 변형

어느 해 3월의 날씨를 조사하여 날씨에 따라 분류하고 그 수를 세었습니다. 빈칸에 알맞은 날씨를 써넣으세요.

일	월	화	수	목	금	토
				1	2	3
4	5	6	7	8	9	10
11	12	13	14	15	16	17
18	19	20	21	22	23	24
25	26	27	28	29	30	31

☀: 맑은 날, ☁: 흐린 날, ☂: 비 온 날

날씨			
날수(일)	15	10	6

4 기준에 따라 분류하기

9 기본

책을 종류에 따라 분류해 보세요.

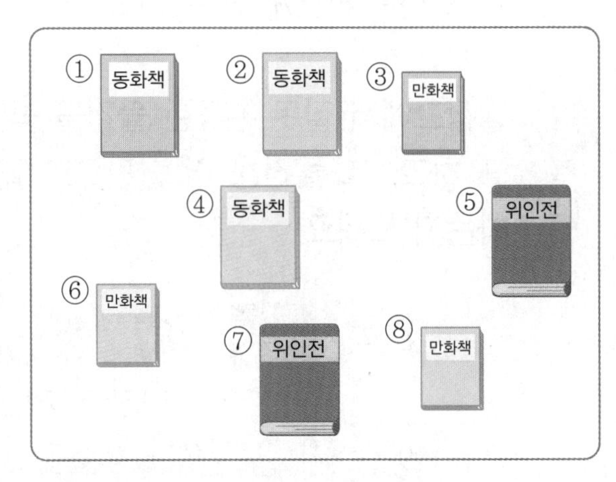

종류	동화책	만화책	
번호			

10 변형

기준을 정하여 단추를 분류해 보세요.

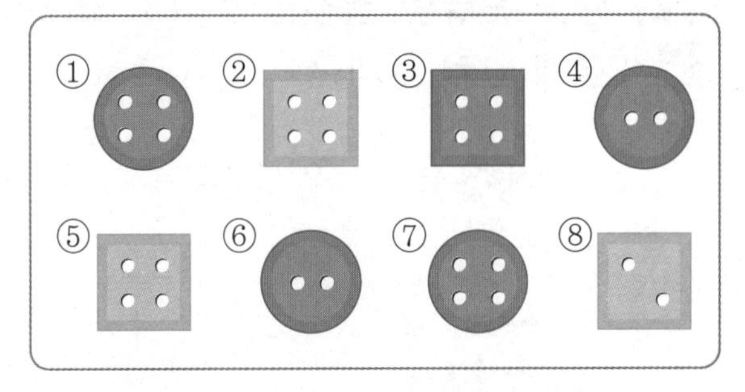

분류 기준	

번호		

꼬리를 무는 유형

5 잘못 분류한 것을 찾아 옮기기

① 분류 기준을 확인합니다.
② 기준에 따라 바르게 분류합니다.

11 실력 냉장고에서 잘못 분류한 물건을 찾아 ○표 하고, 그 물건을 어느 칸으로 옮겨야 하는지 쓰세요.

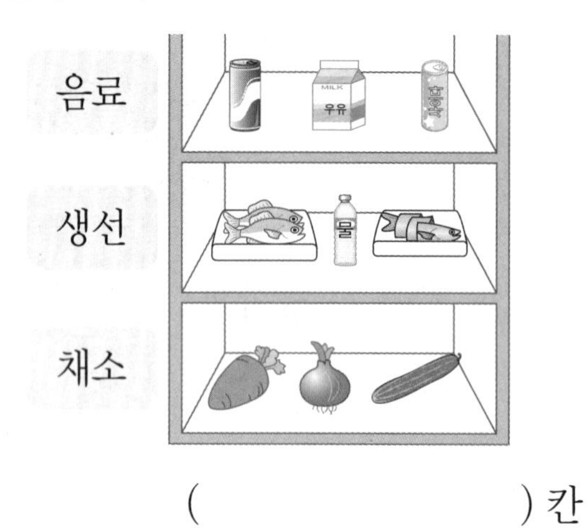

(   ) 칸

12 변형 잘못 분류한 물건을 찾아 ○표 하고, 바르게 고쳐 보세요.

주방용품 욕실용품 정원용품

비누
샴푸
치약

[   ]을/를 [   ] 칸으로 옮겨야 합니다.

6 분류한 결과 알아보기

빠뜨리거나 여러 번 세지 않도록 그림에 ○, ×, / 등을 표시하면서 수를 세어 봅니다.

13 실력 공을 종류에 따라 분류하여 그 수가 가장 적은 공과 가장 많은 공을 각각 쓰세요.

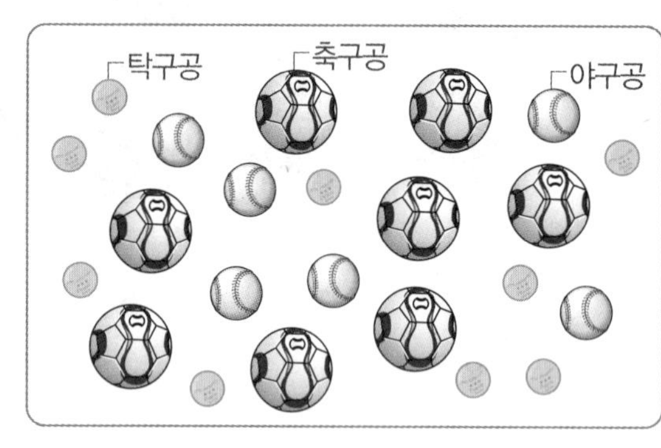

가장 적은 공 (   )
가장 많은 공 (   )

14 변형 책을 종류에 따라 분류하고, 문장을 완성해 보세요.

가장 적은 책은 [   ]으로 [ ]권이고, 가장 많은 책은 [   ]으로 [ ]권입니다.

7 두 가지 기준에 따라 분류하기

① 주어진 분류 기준 중 한 가지 기준으로 먼저 분류합니다.
② 분류한 결과를 나머지 기준으로 분류합니다.

15 실력 옷을 색깔과 종류에 따라 분류해 보세요.

치마		
바지		

18 레벨업 분류할 수 있는 두 가지 기준을 쓰고, 두 기준에 따라 분류해 보세요.

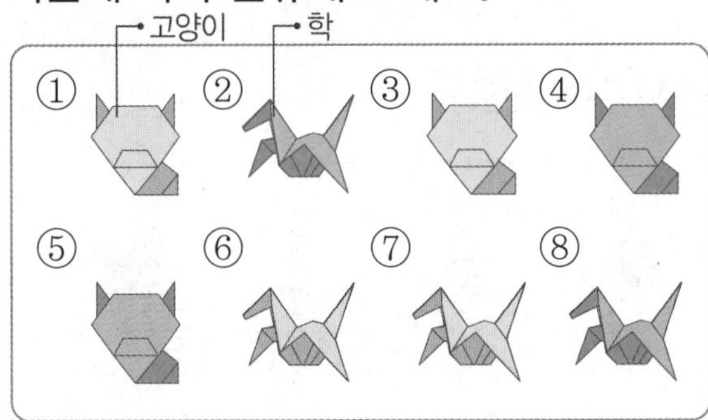

분류 기준 1 ______________

분류 기준 2 ______________

8 분류하여 세어 보고 예상하기

① 분류하여 세어 봅니다.
② 분류한 결과를 보고 문제에 맞게 예상합니다.

17 실력 달콤 음식점에서 오늘 판매된 음식입니다. 음식점 주인이 내일 음식을 더 많이 팔기 위해 어떤 음식을 가장 많이 준비해야 하나요?

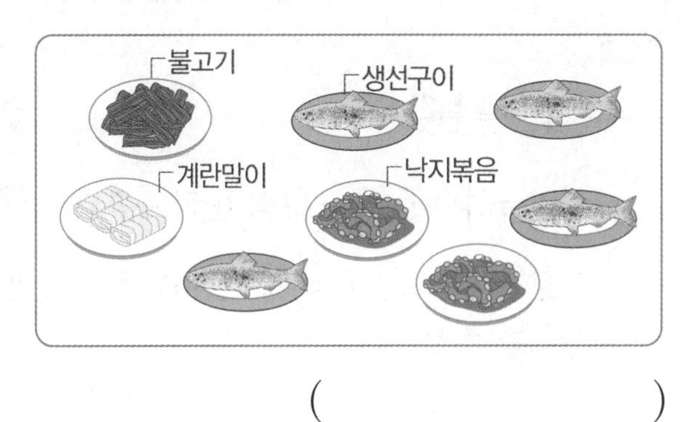

( )

18 레벨업 행복 가게에서 오늘 판매된 빵은 15개입니다. 가게 주인이 내일 빵을 더 많이 팔기 위해 어떤 빵을 가장 많이 준비해야 하나요?

종류	크림빵	식빵	야채빵	샌드위치
빵의 수(개)		7	3	4

( )

STEP 3

수학 독해력 유형

독해력 유형 1 두 가지 기준에 따라 분류하고 그 수 세기

구하려는 것에 밑줄을 긋고 풀어 보세요.

기준1 과 기준2 를 모두 만족하는 카드가 몇 장인지 구하세요.

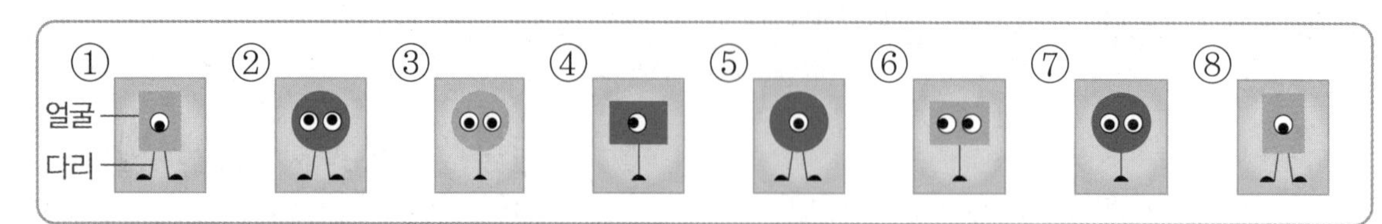

기준1 얼굴이 사각형입니다. 기준2 다리가 2개입니다.

해결 비법

얼굴이 □, □ 모양인 카드를 찾은 후 그중 다리가 2개인 카드를 찾습니다.

문제 해결

❶ 얼굴이 사각형인 카드의 번호: □, □, □, □

❷ 위 ❶에서 찾은 카드 중 다리가 2개인 카드의 번호: □, □

❸ 기준1 과 기준2 를 모두 만족하는 카드의 개수: □장

답 ____________

쌍둥이 유형 1-1

위의 문제 해결 방법을 따라 풀어 보세요.

기준1 과 기준2 를 모두 만족하는 카드가 몇 장인지 구하세요.

기준1 얼굴이 숫자 모양입니다. 기준2 털이 있습니다.

따라 풀기 ❶

❷

❸

답 ____________

공부한 날 월 일

독해력 유형 2 분류하고 센 다음 비교하기

구하려는 것에 밑줄을 긋고 풀어 보세요.

누름 못의 모양과 색깔을 조사하였습니다. 모양 누름 못과 모양 누름 못의 개수의 차는 몇 개인가요?

해결 비법

- (모양의 누름 못의 개수)
  =(의 개수)+(의 개수)
- (모양의 누름 못의 개수)
  =(의 개수)+(의 개수)

문제 해결

❶ 모양의 누름 못의 개수: □개

❷ 모양의 누름 못의 개수: □개

❸ 위 ❶과 ❷의 차: □−□=□(개)

답 ____________

쌍둥이 유형 2-1

위의 문제 해결 방법을 따라 풀어 보세요.

유라네 반 친구들이 먹은 젤리를 조사하였습니다. 곰 모양의 젤리를 먹은 학생 수와 하트 모양의 젤리를 먹은 학생 수의 차는 몇 명인가요?

유라	정호	민주	재현	우진	장미	랑이
희석	영규	미리	수진	성한	현우	하영

따라 풀기 ❶

❷

❸

답 ____________

수학 독해력 유형

독해력 유형 3 분류하여 센 것을 보고 빠진 것 알아보기

구하려는 것에 밑줄을 긋고 풀어 보세요.

민규네 반 학생들의 반려동물을 조사하고 분류한 것입니다. 경희의 반려동물 종류를 쓰세요.

민규	준호	은정	승헌	준석	은미	경희	석진
개	새	거북	개	개	새		개

종류	개	새	거북
학생 수(명)	4	3	1

해결 비법

주어진 분류 결과와 경희의 반려동물을 제외한 나머지를 분류한 결과를 비교했을 때 수 차이가 나는 종류가 경희의 반려동물입니다.

문제 해결

❶ 경희의 반려동물을 제외한 나머지를 종류에 따라 분류하고 그 수를 세어 보기

• 개: ☐명 • 새: ☐명 • 거북: ☐명

❷ 경희의 반려동물 종류: ☐

답 ____________

쌍둥이 유형 3-1

위의 문제 해결 방법을 따라 풀어 보세요.

수미네 반 학생들이 좋아하는 꽃을 조사하고 분류한 것입니다. 혜미가 좋아하는 꽃의 종류를 쓰세요.

수미	주경	용주	혜미	지윤	수경	현석	유진
장미	백합	해바라기		장미	백합	장미	해바라기

종류	장미	백합	해바라기
학생 수(명)	4	2	2

따라 풀기 ❶

❷

답 ____________

독해력 유형 4 분류한 결과를 보고 예상하기

구하려는 것에 밑줄을 긋고 풀어 보세요.

재형이네 반의 학급 문고에 있는 책을 종류에 따라 분류하고 그 수를 세었습니다. 책을 가장 적게 사서 종류별로 책 수를 모두 같게 하려고 합니다. 더 사야 할 책은 모두 몇 권인가요?

종류	위인전	동화책	과학책
책 수(권)	14	17	10

해결 비법

책을 가장 적게 사면서 종류별로 책 수를 모두 같게 하려면 가장 많이 있는 동화책의 수와 같게 되도록 다른 종류의 책을 더 사면 됩니다.

문제 해결

❶ 종류별로 책 수가 □권이 되게 책을 더 사야 합니다.

❷ 종류별로 더 사야 할 책 수 구하기

- 위인전: □−14=□(권)
- 과학책: □−10=□(권)

❸ (더 사야 할 책 수의 합)=□+□=□(권)

답 ____________

쌍둥이 유형 4-1

위의 문제 해결 방법을 따라 풀어 보세요.

가게에 있는 음료수를 맛에 따라 분류하고 그 수를 세었습니다. 음료수를 가장 적게 사서 맛별로 음료수 수를 모두 같게 하려고 합니다. 더 사야 할 음료수는 모두 몇 병인가요?

맛	사과	포도	오렌지
음료수 수(병)	10	8	15

따라 풀기 ❶

❷

❸

답 ____________

유형 TEST

[1~2] 분류 기준으로 알맞은 것에 ○표 하세요.

1

예쁜 머리핀과 예쁘지 않은 머리핀	
색 머리핀과 색 머리핀	

2

다리가 있는 것과 없는 것	
무서운 것과 무섭지 않은 것	

[3~4] 학용품을 분류하려고 합니다. 물음에 답하세요.

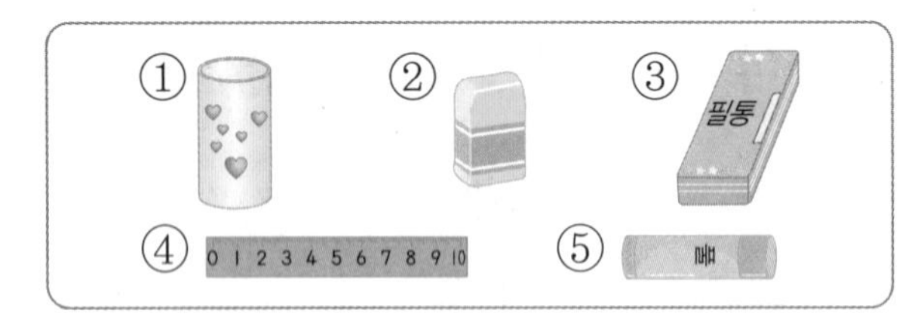

3 학용품을 색깔로 분류할 수 있나요?

(예 , 아니요)

4 색깔에 따라 분류해 보세요.

색깔	노란색	파란색	초록색
번호	①		

5 손수건을 분류할 수 있는 기준을 쓰세요.

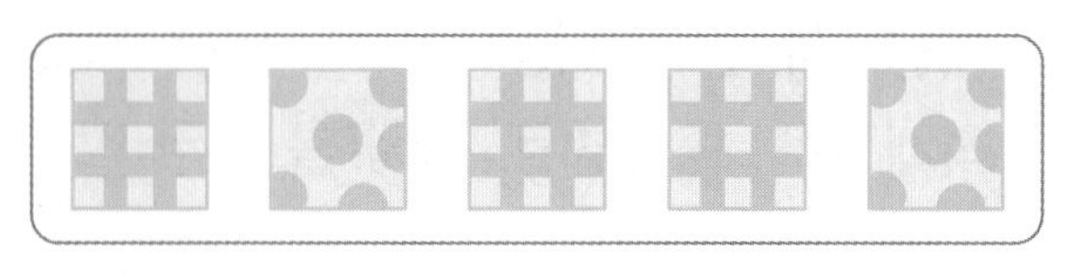

분류 기준 ______________________

[6~8] 시원 아이스크림 가게에서 오늘 판매한 아이스크림입니다. 물음에 답하세요.

6 맛에 따라 분류하고 그 수를 세어 보세요.

맛	녹차	초콜릿	딸기
세면서 표시하기			
아이스크림 수(개)			

7 위 **6**을 보고 가장 적게 판매한 맛의 아이스크림 수를 구하세요.

( )

8 위 **6**을 보고 가장 많이 판매한 맛을 찾아 쓰세요.

( )

5 분류하기

점수 점

공부한 날 월 일

9 물건을 분류한 기준을 쓰세요.

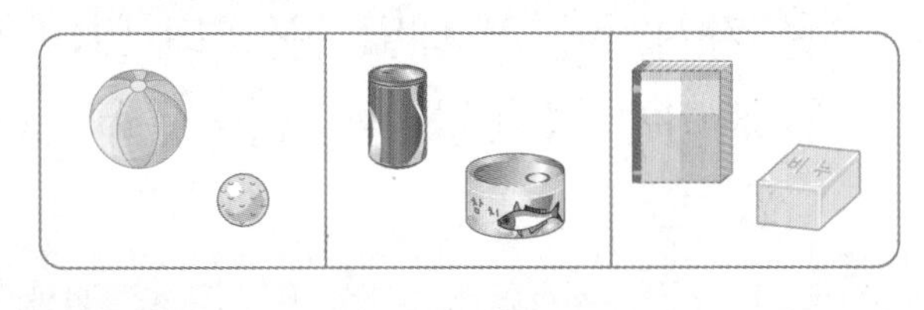

분류 기준 ______

[10~11] 정해진 기준에 따라 오른쪽 칠교 조각을 분류해 보세요.

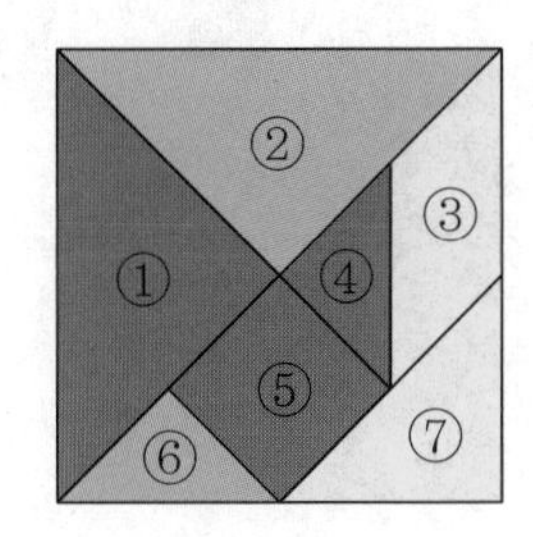

10

분류 기준	모양

모양	삼각형	사각형
번호		

11

분류 기준	색깔

색깔	빨간색	노란색	초록색
번호			

추론

12 바퀴가 있는 것과 없는 것으로 분류할 때 자동차와 함께 분류할 수 있는 것을 모두 찾아 기호를 쓰세요.

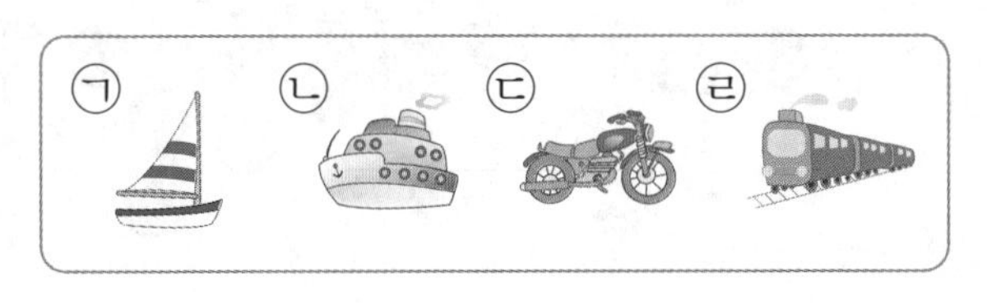

( )

[13~15] 주희네 반 학생들이 소풍 가고 싶은 곳을 조사하였습니다. 물음에 답하세요.

박물관	놀이공원	민속촌	놀이공원
동물원	동물원	놀이공원	동물원
박물관	놀이공원	놀이공원	동물원

13 장소에 따라 분류하고 그 수를 세어 보세요.

장소	박물관	놀이공원	민속촌	동물원
학생 수(명)				

14 위 13을 보고 설명이 틀린 것을 찾아 기호를 쓰세요.

㉠ 가장 많은 학생이 가고 싶은 곳은 놀이공원입니다.
㉡ 박물관보다 동물원에 가고 싶은 학생이 더 많습니다.
㉢ 가장 적은 학생이 가고 싶은 곳은 박물관입니다.

( )

문제 해결

15 가장 많은 학생이 가고 싶은 곳으로 소풍을 가기로 했을 때 주희네 반 학생들이 소풍으로 갈 곳은 어디인가요?

( )

유형TEST

16 냉장고에서 잘못 분류한 물건을 찾아 ○표 하고, 그 물건을 어느 칸으로 옮겨야 하는지 쓰세요.

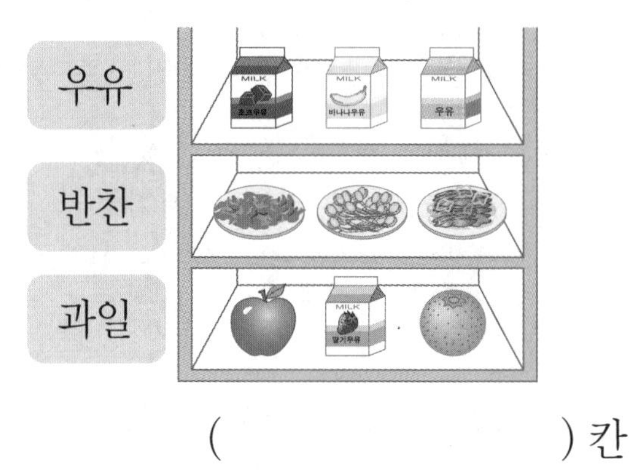

(　　　　　　　　) 칸

17 어떤 색깔의 카드가 더 적게 있나요?

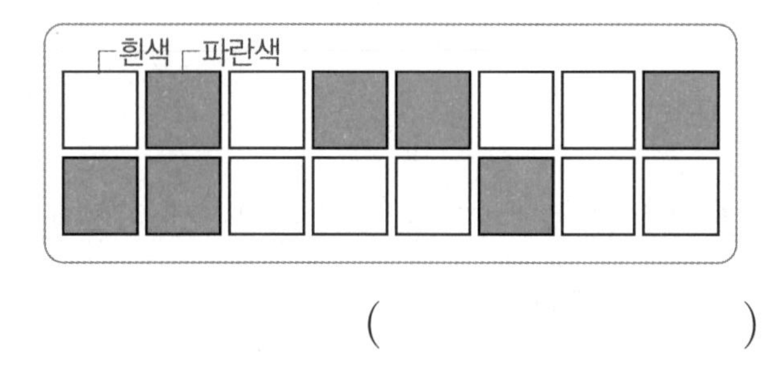

(　　　　　　　　)

18 조각을 모양에 따라 분류했을 때 그 수가 가장 많은 모양과 가장 적은 모양의 기호를 각각 쓰세요.

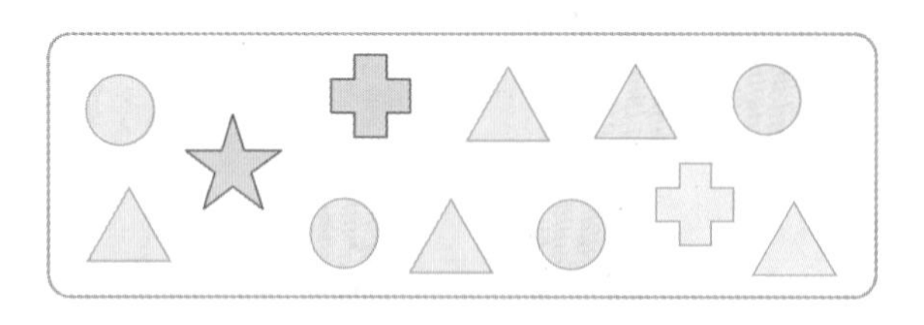

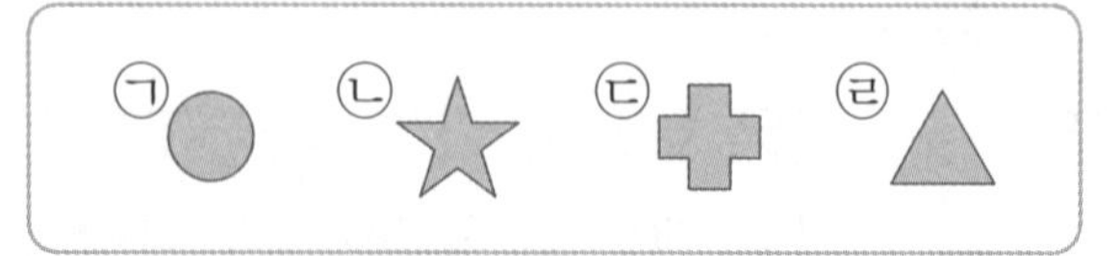

가장 많은 모양 (　　　　　　　　)

가장 적은 모양 (　　　　　　　　)

19 어느 옷 가게에서 오늘 판매된 옷입니다. 옷 가게 주인이 내일 옷을 더 많이 팔기 위해 어떤 색 옷을 가장 많이 준비해야 하나요?

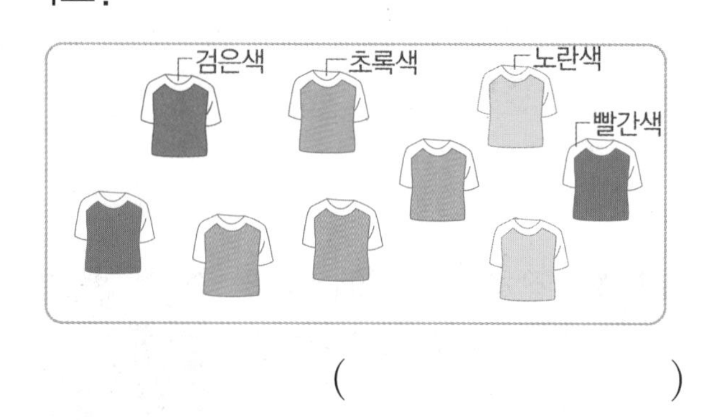

(　　　　　　　　)

20 깃발을 점의 수와 색깔에 따라 분류하려고 합니다. 점이 1개이면서 빨간색인 깃발을 모두 찾아 번호를 쓰세요.

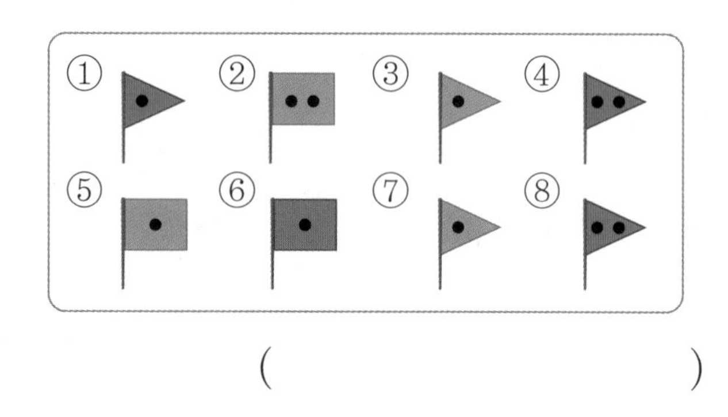

(　　　　　　　　)

21 구슬의 수가 색깔별로 같으려면 어느 색 구슬이 더 있어야 하나요?

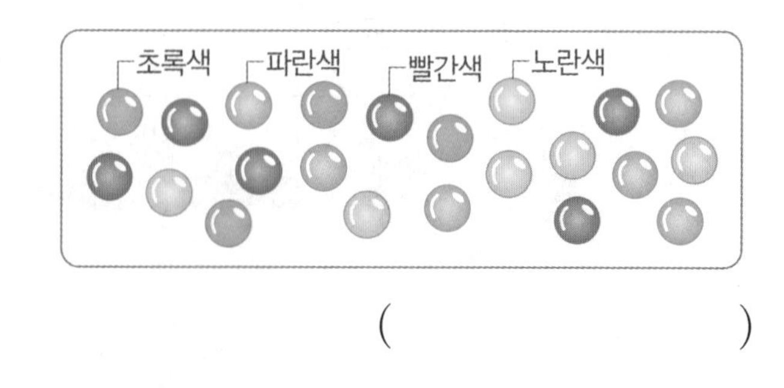

(　　　　　　　　)

정답과 해설 29쪽

공부한 날 월 일

22 책을 색깔과 종류에 따라 분류해 보세요.

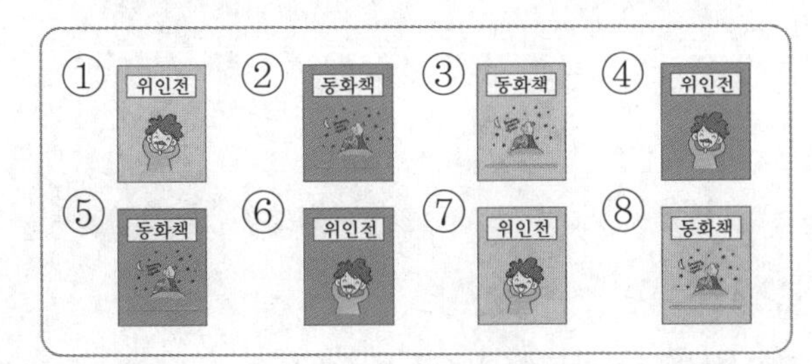

	노란색	파란색
위인전		
동화책		

23 은희네 모둠 친구들이 가장 좋아하는 음식을 조사하고 분류하였습니다. 경태가 좋아하는 음식은 무엇인가요?

은희 (피자)	상민 (치킨)	재훈 (햄버거)	유진
지수	태현	경태	우정

종류	피자	치킨	햄버거
학생 수(명)	3	3	2

( )

서술형

24 식목일에 심은 나무를 조사한 것입니다. 은행나무와 소나무 수의 차는 몇 그루인지 풀이 과정을 쓰고 답을 구하세요.

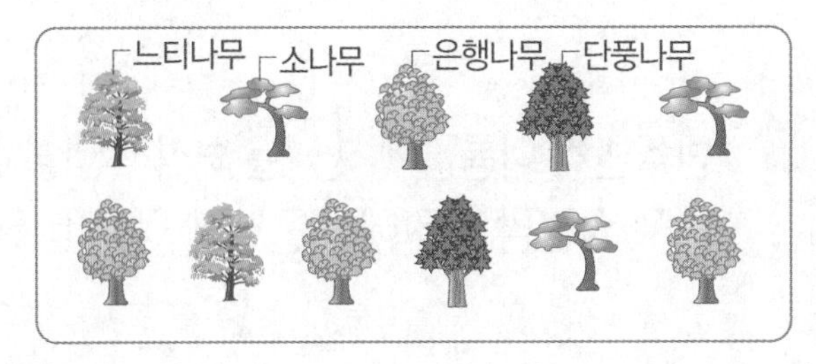

풀이

답

서술형

25 기준1과 기준2를 모두 만족하는 카드가 몇 장인지 풀이 과정을 쓰고 답을 구하세요.

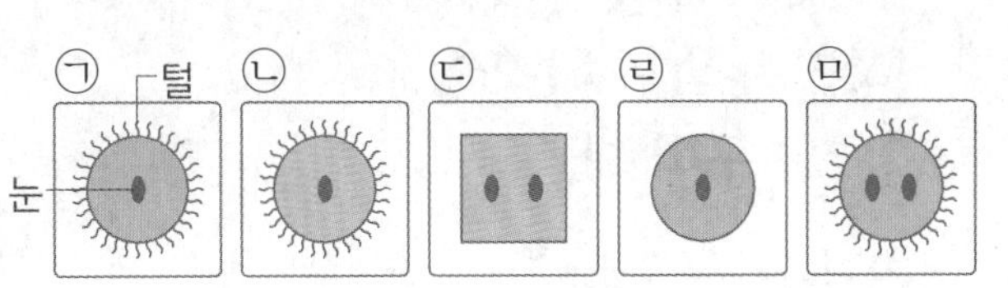

기준1	기준2
털이 있습니다.	눈이 1개입니다.

풀이

답

곱셈

반짝반짝 아름답게 빛나는 보석 나라를 잘 지나왔나요?
이제 장난감 나라에서 곱셈에 대해 배워볼 거예요. 한 칸씩 우리 함께 떠나 봐요!

주사위 윗면에
적힌 눈의 수의 합을
구해 봐.

3+3+3= ❶

100씩 뛰어
세면서 계단을
올라가자.

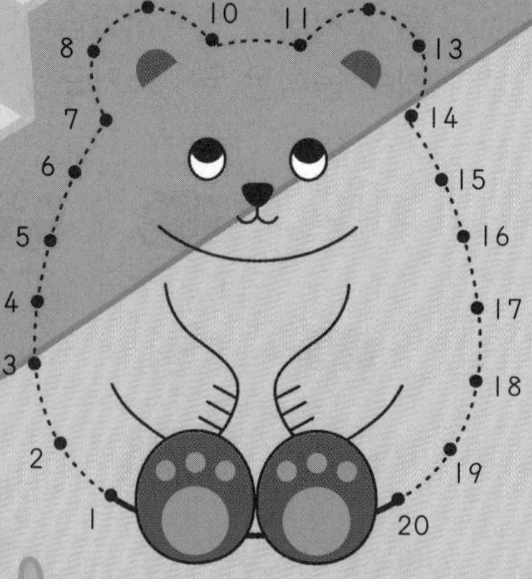

큐알 코드를 찍으면
개념 학습 영상도 보고,
수학 게임도 할 수 있어요.

문제를 풀어 봐!
많은 수의 물건을 셀 수 있는 방법이 아닌 것은 무엇인가요? (❸)
① 하나씩 세기 ② 뛰어 세기
③ 묶어 세기 ④ 짜장면 곱빼기
⑤ 곱하기
좀비 인형은 좀 비싸지~ 훗!
헐..
공이 4개씩 3줄 있네. 그럼 몇 개지?
❹ 개야.
큰 수를 셀 때 곱셈을 이용하면 편리해.
따라오느라 수고했어! 곱셈을 배우러 떠나자~!
곱하기 기호 따라 쓰기
× → ❺
우리 장난감들은 인간의 역사가 시작됐을 때부터 있었다고 해~
정답 확인 | ❶ 9 ❷ 400 ❸ ④ ❹ 12 ❺ ×

STEP 1

개념별 유형

개념 1 여러 가지 방법으로 세어 보기

• 사과의 수를 여러 가지 방법으로 세어 보기

방법 1 하나씩 세기

사과를 하나씩 세면 1, 2, 3, 4, 5, 6, 7, 8로 모두 8개입니다.

방법 2 뛰어 세기

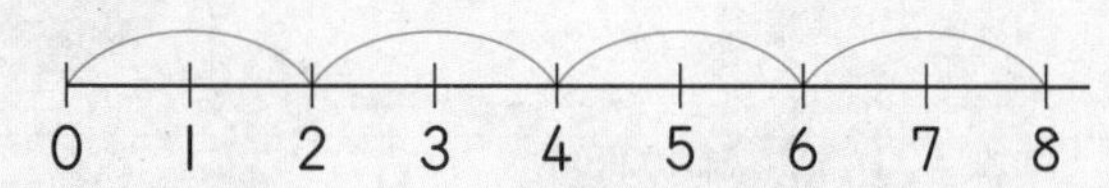

➔ 2씩 뛰어 세면 사과는 모두 8개입니다.

방법 3 묶어 세기

➔ 2개씩 묶어 세면 4묶음이므로 2, 4, 6, 8로 사과는 모두 8개입니다.

개념 동영상

1 구슬은 모두 몇 개인지 하나씩 세어 보세요.

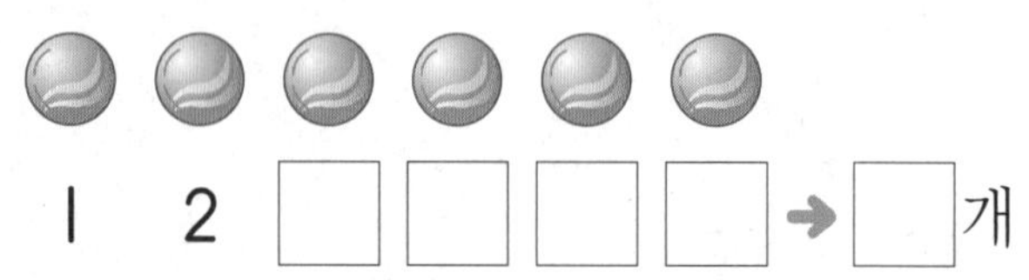

1 2 □ □ □ □ ➔ □개

2 단추는 모두 몇 개인지 3씩 뛰어 세어 보세요.

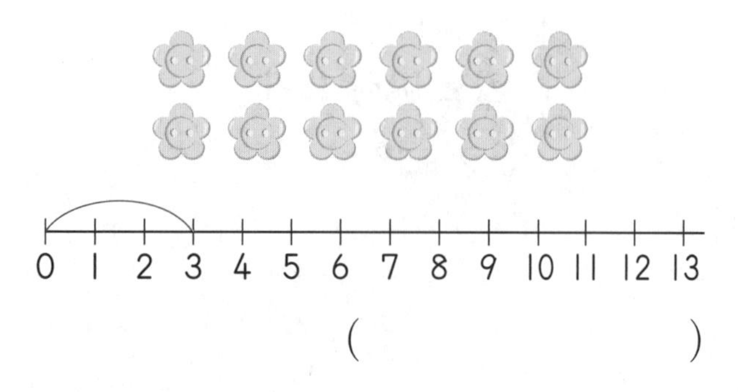

(　　　　　　　)

[3~5] 컵은 모두 몇 개인지 여러 가지 방법으로 세어 보세요.

3 묶어 세어 보세요.

2개씩 □묶음, 5개씩 □묶음

4 뛰어 세어 보세요.

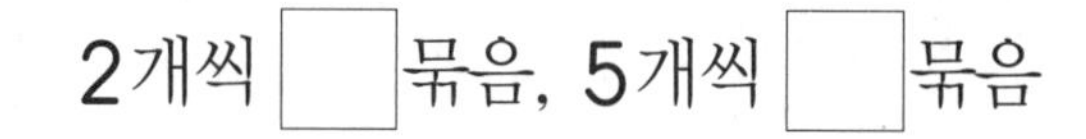

5 컵은 모두 몇 개인가요?

(　　　　　　　)

6 밤을 여러 가지 방법으로 세어 보았습니다. 밤의 수를 바르게 센 사람에 ○표 하세요.

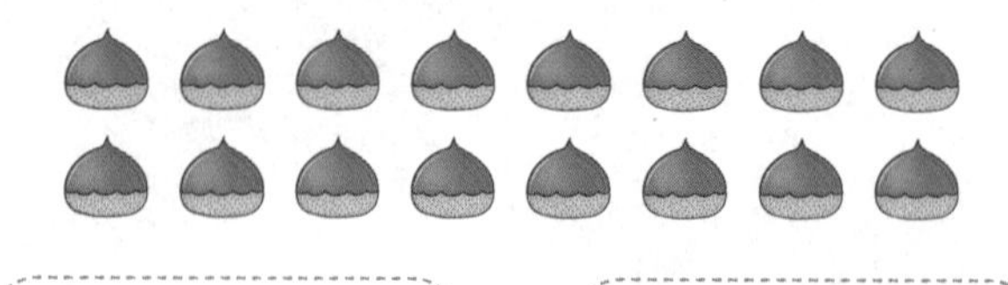

하나씩 세면 1, 2, 3, ..., 14, 15로 모두 15개야.

4개씩 묶어 세면 4묶음이므로 모두 16개야.

(　　　)　　(　　　)

개념 2 묶어 세어 보기

• 사탕의 수를 묶어 세어 보기

(1) 3씩 묶어 세기

3씩 4묶음

3 - 6 - 9 - 12

➜ 사탕은 모두 12개입니다.

(2) 4씩 묶어 세기

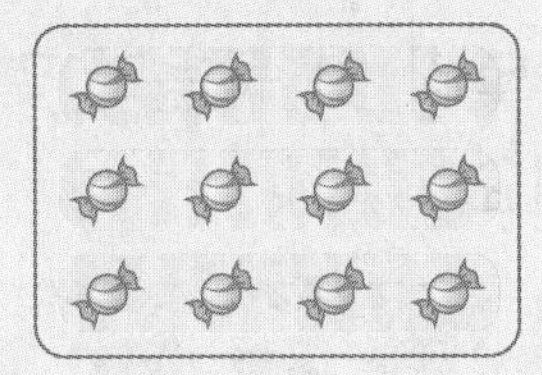

4씩 3묶음

4 - 8 - 12

➜ 사탕은 모두 12개입니다.

개념 동영상

[7~9] 나뭇잎의 수를 구하려고 합니다. 물음에 답하세요.

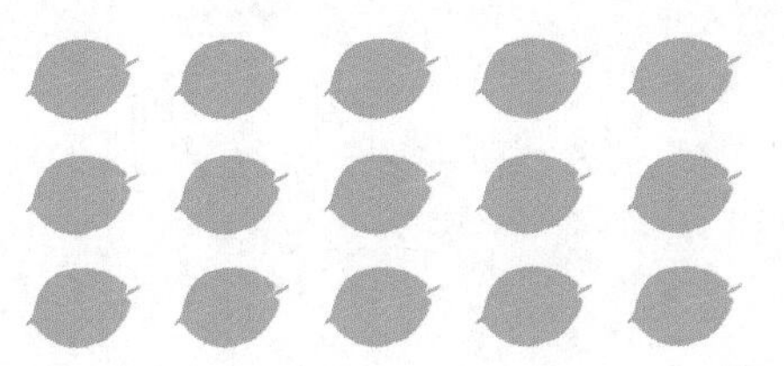

7 나뭇잎을 5씩 묶고, 몇 묶음인지 구하세요.

( )

8 나뭇잎은 모두 몇 장인가요?

( )

9 다른 방법으로 묶어 세면 몇씩 몇 묶음인가요?

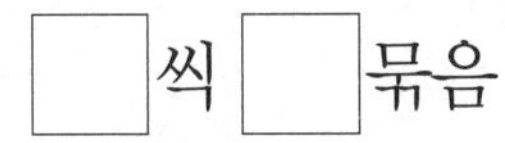

□씩 □묶음

10 장미를 4씩 묶고, 모두 몇 송이인지 구하세요.

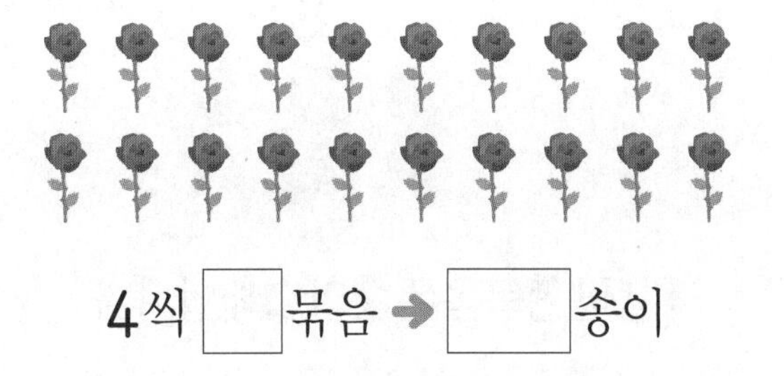

4씩 □ 묶음 ➜ □ 송이

11 쥐가 18마리 있습니다. 바르게 설명한 것의 기호를 쓰세요.

㉠ 쥐를 2마리씩 묶으면 8묶음입니다.

㉡ 쥐의 수는 3씩 6묶음입니다.

( )

문제 해결

12 서우와 현지가 귤이 모두 몇 개인지 세어 보았습니다. □ 안에 알맞은 수를 써넣으세요.

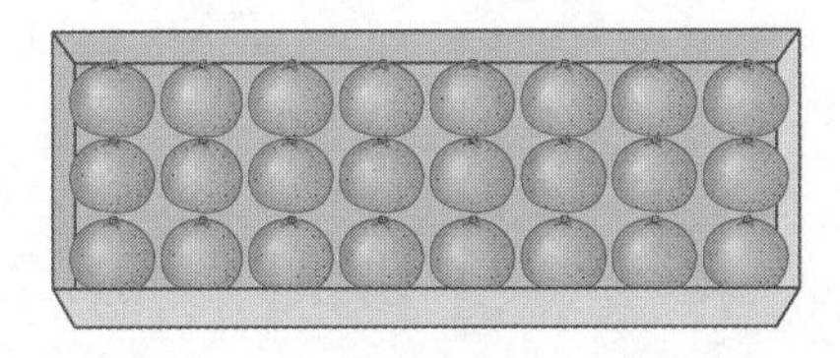

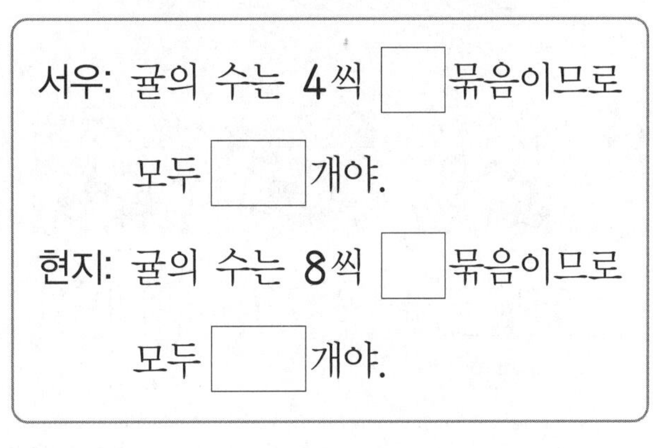

서우: 귤의 수는 4씩 □ 묶음이므로 모두 □ 개야.

현지: 귤의 수는 8씩 □ 묶음이므로 모두 □ 개야.

개념 3 몇의 몇 배 알아보기

1. 2의 몇 배 알아보기

→ 2씩 3묶음은 2의 3배입니다.

2. 3의 몇 배 알아보기

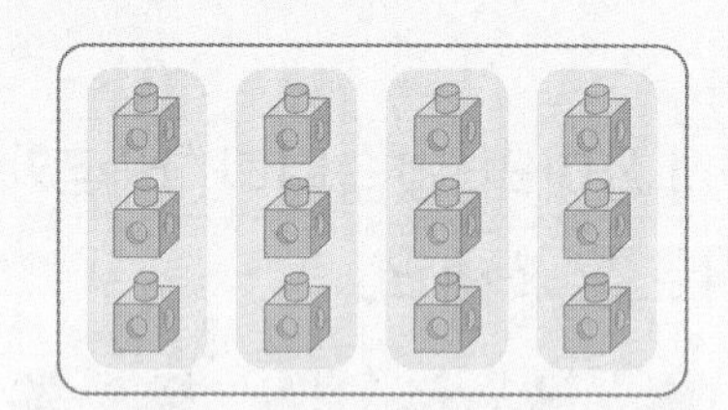

→ 3씩 4묶음은 3의 4배입니다.

■씩 ▲묶음은 ■의 ▲배입니다.

[13~14] 그림을 보고 □ 안에 알맞은 수를 써넣으세요.

13

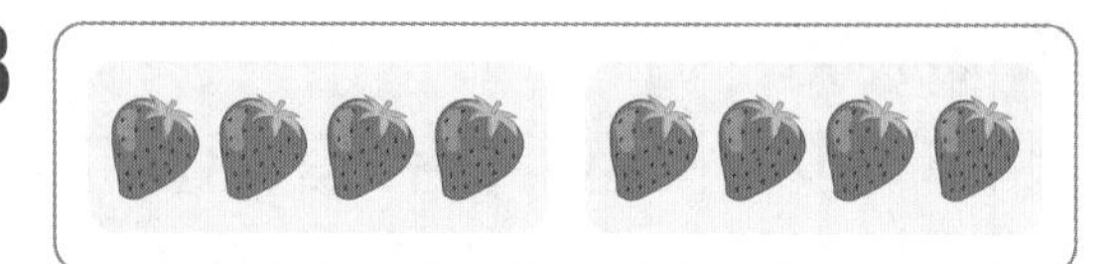

4씩 2묶음은 4의 □배입니다.

14

5씩 □묶음은 5의 □배입니다.

15 고리의 수를 나타낸 것에 색칠해 보세요.

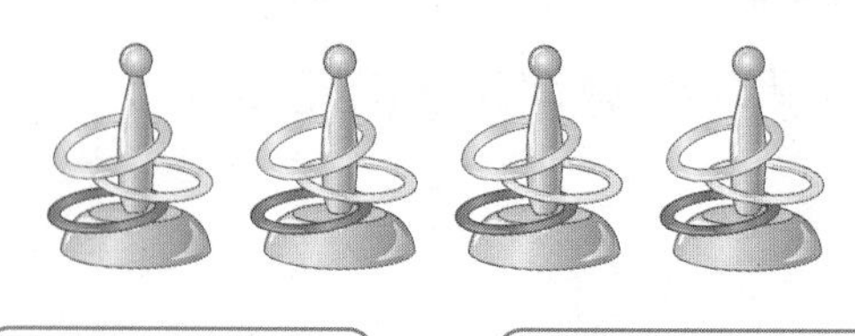

3의 4배 | 3씩 5묶음

16 곰 인형의 수를 몇씩 몇 묶음과 몇의 몇 배로 나타내 보세요.

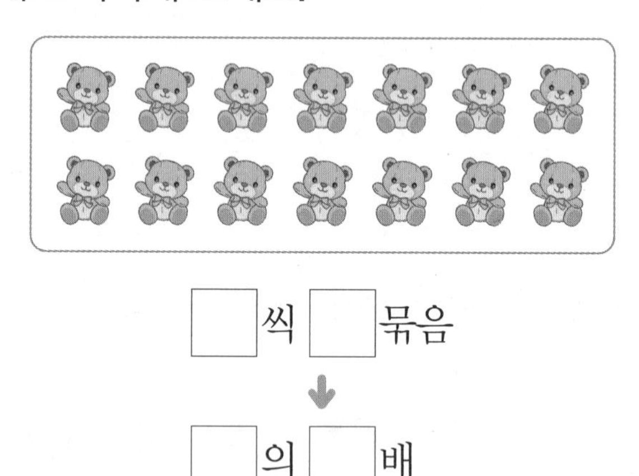

□씩 □묶음

↓

□의 □배

의사소통

17 풀의 수를 몇의 몇 배로 바르게 나타낸 사람의 이름을 쓰세요.

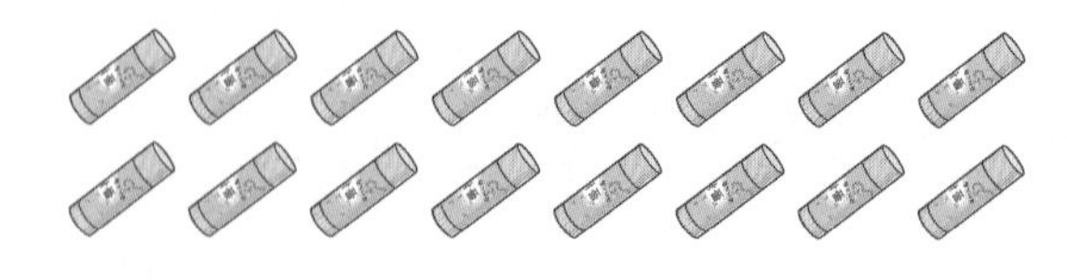

다은: 풀의 수는 2씩 6묶음이므로 2의 6배야.

지호: 풀의 수는 4씩 4묶음이므로 4의 4배야.

(　　　　　　)

정답과 해설 30쪽

18 □ 안에 알맞은 수를 써넣고 이어 보세요.

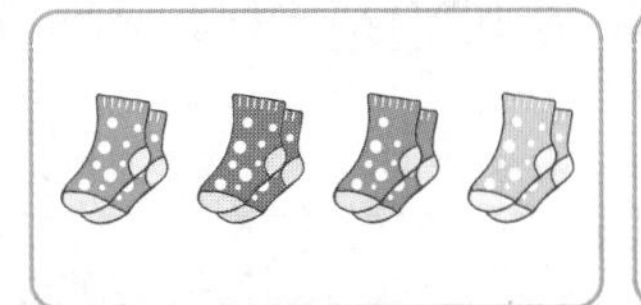

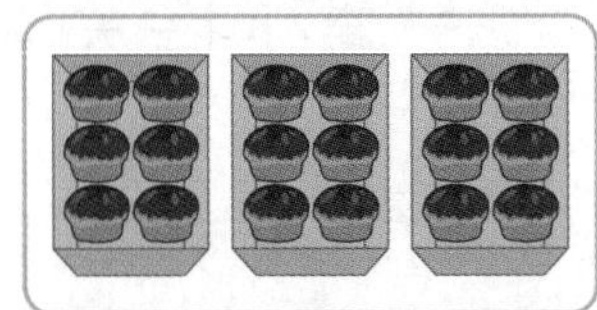

6씩 □묶음	2씩 4묶음
6의 3배	2의 □배

문제 해결

19 그림을 보고 □ 안에 알맞은 수를 써넣으세요.

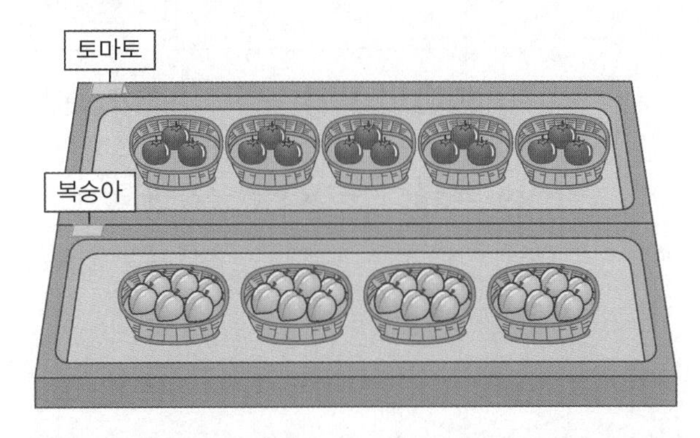

토마토	복숭아
3씩 □묶음 ➜ □의 □배	□씩 □묶음 ➜ □의 □배

개념 4 몇의 몇 배로 나타내기

• 모형의 수를 몇의 몇 배로 나타내기

빨간색 모형이 3묶음 있으면 파란색 모형의 수와 같습니다.

➜ 파란색 모형의 수는 빨간색 모형의 수의 3배입니다.

참고 여러 가지 방법으로 몇의 몇 배 나타내기

2의 4배

4의 2배

개념 동영상

20 그림을 보고 □ 안에 알맞은 수를 써넣으세요.

분홍색 별의 수는 파란색 별의 수의 □배입니다.

21 서준이가 먹은 과자 수는 연우가 먹은 과자 수의 몇 배인가요?

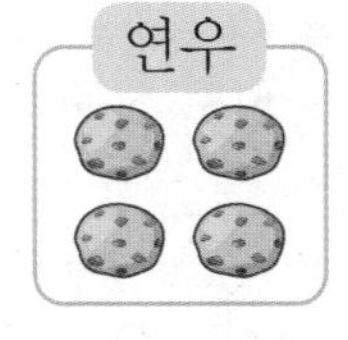

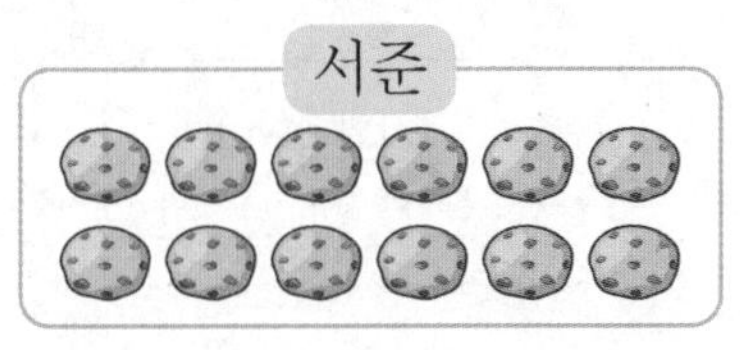

(　　　　　　　)

6 곱셈

22 왼쪽 자두 수의 3배만큼 빈 곳에 ○를 그려 보세요.

추론

23 색 막대를 보고 □ 안에 알맞은 수를 써넣으세요.

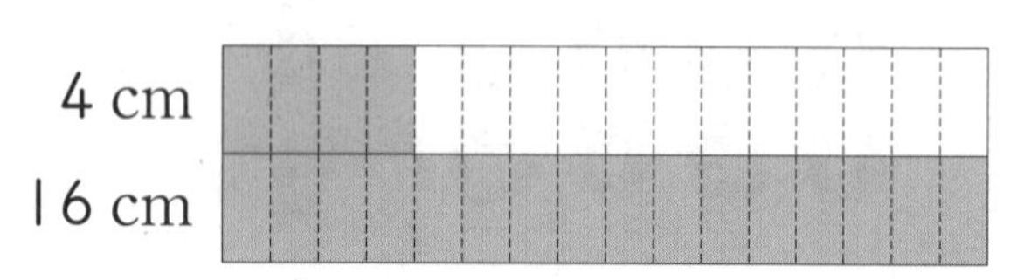

보라색 막대의 길이는 주황색 막대의 길이의 □배입니다.
왜냐하면 보라색 막대의 길이는 주황색 막대를 □번 이어 붙여야 같아지기 때문입니다.

24 꽃의 수를 몇의 몇 배로 바르게 나타낸 것을 모두 찾아 색칠해 보세요.

2의 8배	3의 6배
6의 3배	8의 2배

25 나, 다에서 쌓은 쌓기나무 수는 가에서 쌓은 쌓기나무 수의 몇 배인지 각각 구하세요.

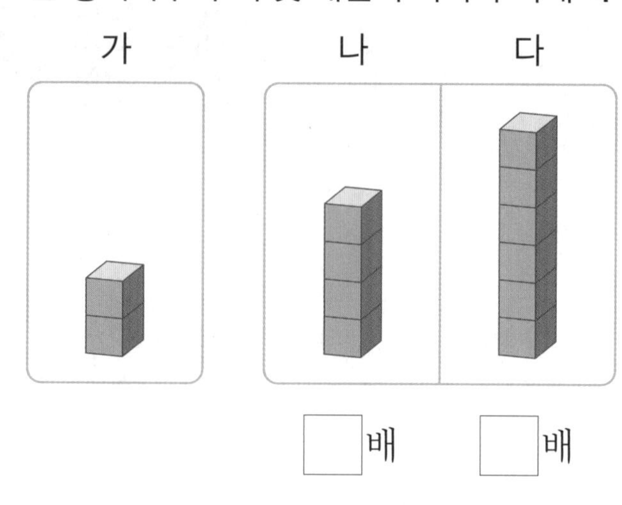

□배 □배

26 그림을 보고 □ 안에 들어갈 수가 더 큰 것의 기호를 쓰세요.

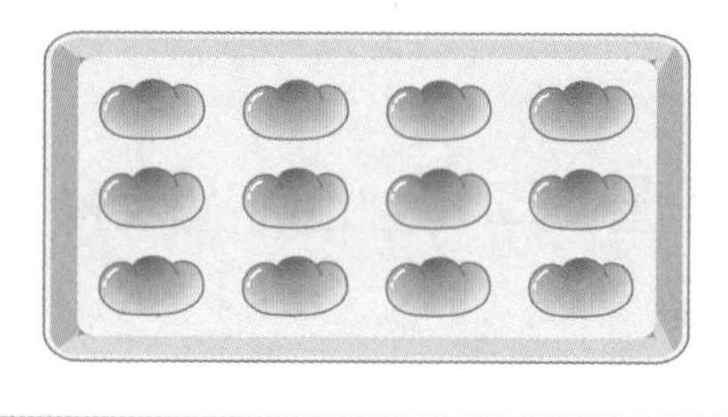

㉠ 빵의 수는 3의 □배입니다.
㉡ 빵의 수는 2의 □배입니다.

( )

27 딱지를 윤정이는 7장 접었고, 지석이는 윤정이가 접은 딱지 수의 4배를 접었습니다. 지석이가 접은 딱지는 몇 장인가요?

( )

정답과 해설 30쪽

1~4 형성 평가

맞힌 문제 수 개/6개

공부한 날 월 일

1 땅콩을 하나씩 연필로 / 표시하며 세어 모두 몇 개인지 구하세요.

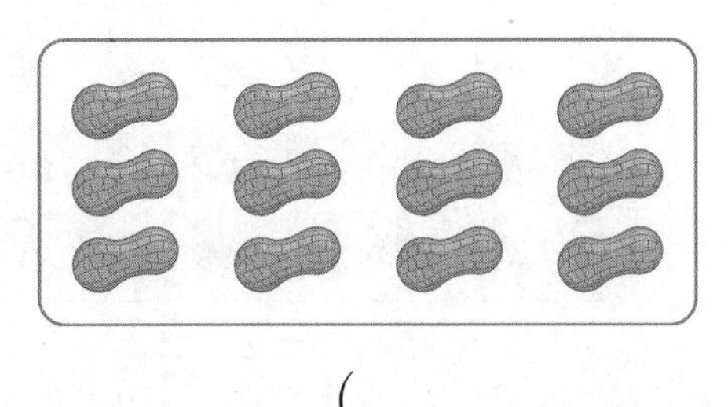

( )

2 구슬이 32개 있습니다. 설명이 옳으면 ○표, 틀리면 ×표 하세요.

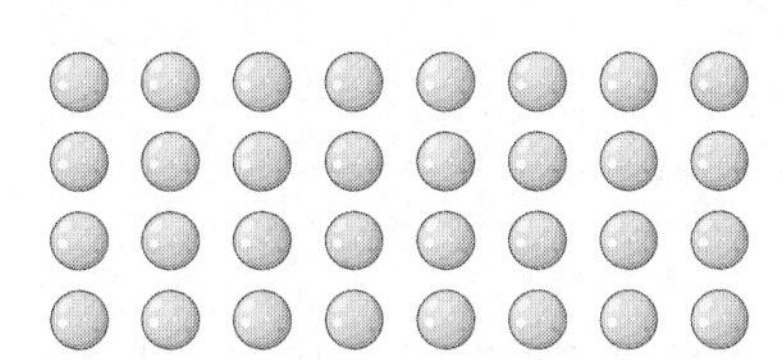

(1) 구슬의 수는 8, 16, 24, 32로 세어 볼 수 있습니다. ( )

(2) 구슬을 4개씩 묶으면 9묶음입니다. ( )

3 체리는 모두 몇 개인지 구하려고 합니다. □ 안에 알맞은 수를 써넣으세요.

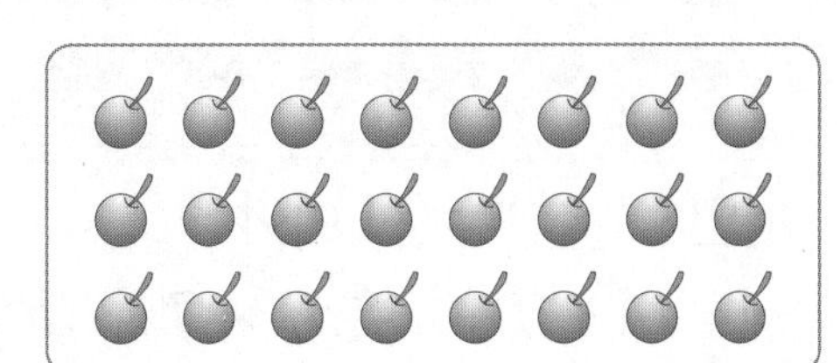

(1) 3씩 □ 묶음 ➜ □ 개

(2) 8씩 □ 묶음 ➜ □ 개

4 배추의 수는 5의 몇 배인가요?

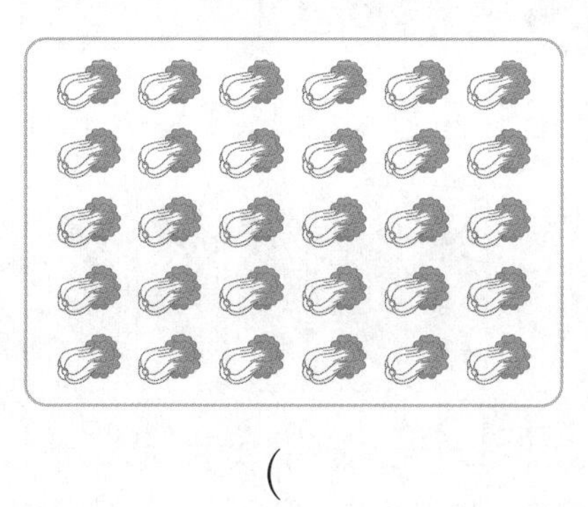

( )

5 숟가락 14개를 묶어서 몇의 몇 배로 나타내 보세요.

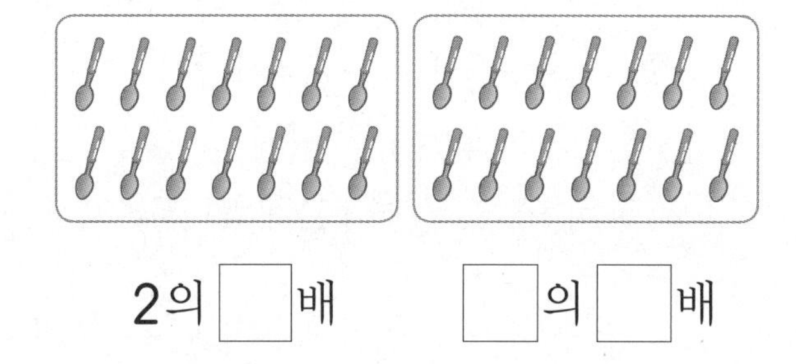

2의 □배 □의 □배

6 단추 수가 고은이가 가진 단추 수의 4배인 사람의 이름을 쓰세요.

고은	윤호	지수

( )

STEP 1 개념별 유형

개념 5 곱셈 알아보기

1. 당근의 수를 곱셈으로 알아보기

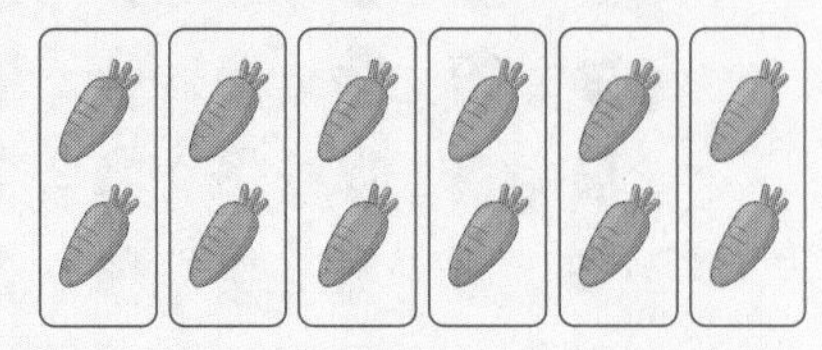

당근의 수는 2씩 6묶음입니다.
➔ 당근의 수는 2의 6배입니다.

- 2의 6배를 2×6이라고 씁니다.
- 2×6은 2 곱하기 6이라고 읽습니다.

2. 빵의 수를 곱셈식으로 알아보기

   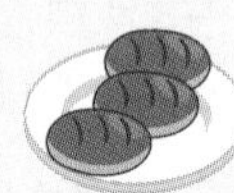

덧셈식 3+3+3+3=12
곱셈식 3×4=12
➔ 빵의 수는 모두 12개입니다.

- 3+3+3+3은 3×4와 같습니다.
- 3×4=12
- 3×4=12는 3 곱하기 4는 12와 같습니다라고 읽습니다.
- 3과 4의 곱은 12입니다.

개념 동영상

1 연필의 수를 곱셈으로 나타내 보세요.

6의 □배이므로 6×□입니다.

2 □ 안에 알맞은 수를 써넣으세요.

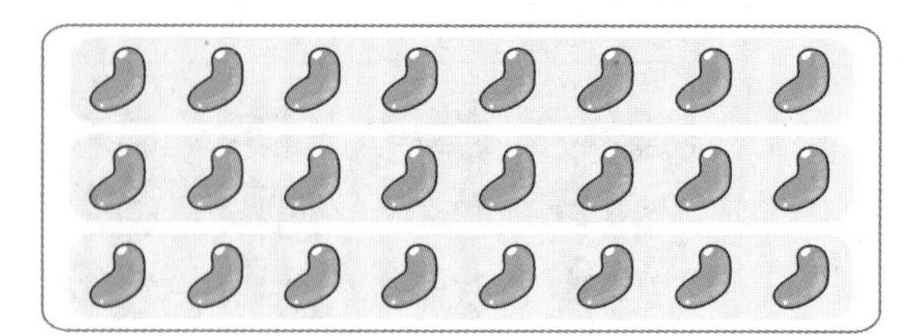

8+8+8은 □×□와/과 같습니다.

3 다음을 곱셈식으로 나타내 보세요.

5 곱하기 4는 20과 같습니다.

곱셈식 ______________________

4 관계있는 것끼리 이어 보세요.

9+9+9 •	• 4×9
4의 9배 •	• 9×3

5 사탕의 수를 곱셈식으로 바르게 설명하지 못한 사람의 이름을 쓰세요.

나연: 7×3=21이야.
세호: 7+7+7은 7×7과 같아.
유진: "7×3=21은 7 곱하기 3은 21과 같습니다."라고 읽어.

(   )

6 ♡는 모두 몇 개인지 덧셈식과 곱셈식으로 각각 나타내 구하세요.

덧셈식 6+6+☐+☐=☐

곱셈식 6×☐=☐

답 ____________

⚡ 추론

7 그림을 보고 빈칸에 알맞은 곱셈을 써넣으세요.

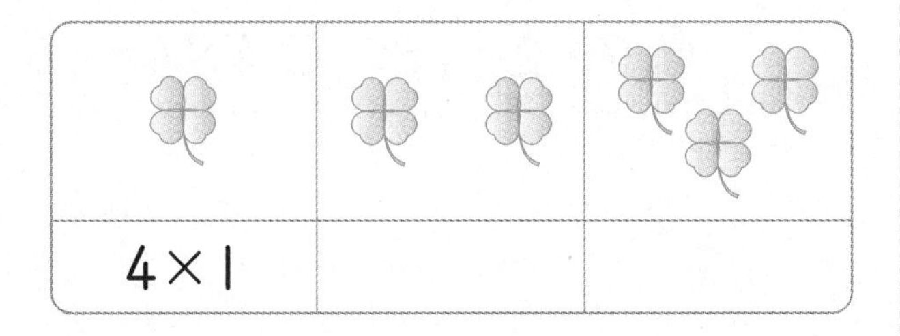

♣	♣ ♣	♣ ♣ ♣
4×1		

8 그림을 보고 책은 모두 몇 권인지 덧셈식과 곱셈식으로 각각 나타내 구하세요.

덧셈식 ____________

곱셈식 ____________

답 ____________

개념 6 곱셈식으로 나타내기

1. 색연필의 수를 덧셈식과 곱셈식으로 각각 나타내기

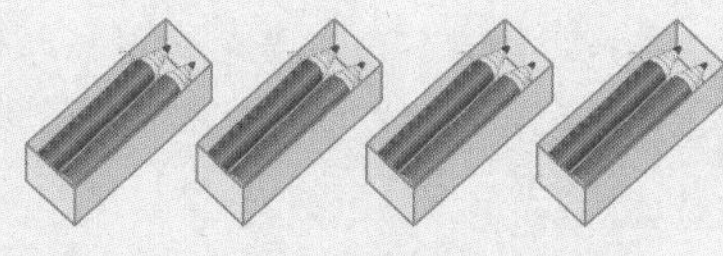

색연필의 수는 2의 4배입니다.

덧셈식 $2+2+2+2=8$

곱셈식 $2 \times 4=8$

2. 리본의 수를 다양한 곱셈식으로 나타내기

- 2의 6배 ➔ $2 \times 6=12$
- 3의 4배 ➔ $3 \times 4=12$
- 4의 3배 ➔ $4 \times 3=12$
- 6의 2배 ➔ $6 \times 2=12$

따라서 리본의 수는 모두 12개입니다.

▶ 개념 동영상

9 문구점에 있는 지우개의 수는 8의 4배입니다. 지우개의 수를 곱셈식으로 바르게 나타낸 것에 ○표 하세요.

$4 \times 9=36$	$8 \times 4=32$
( )	( )

10 가위의 수를 곱셈식으로 나타내 보세요.

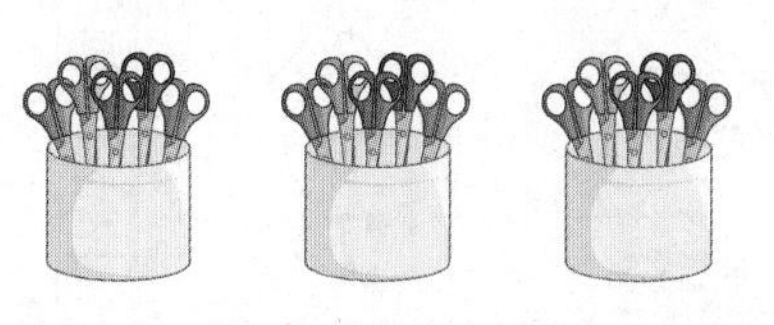

5의 ☐배 ➔ $5 \times 3=$☐

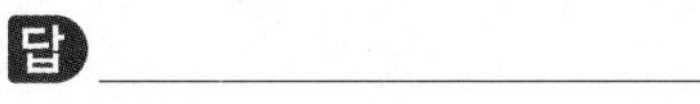

11 멜론이 한 상자에 9개씩 3상자 있습니다. 멜론의 수를 덧셈식과 곱셈식으로 각각 나타내 보세요.

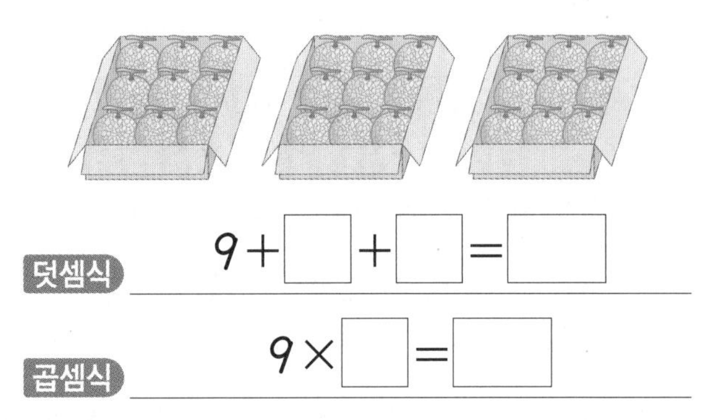

덧셈식 9+□+□=□

곱셈식 9×□=□

12 양파는 모두 몇 개인지 곱셈식으로 나타내 구하세요.

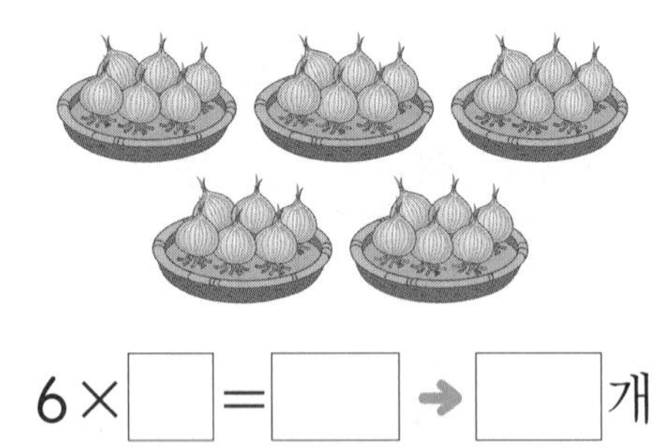

6×□=□ ➔ □개

13 아이스크림은 모두 몇 개인지 두 가지 곱셈식으로 나타내 구하세요.

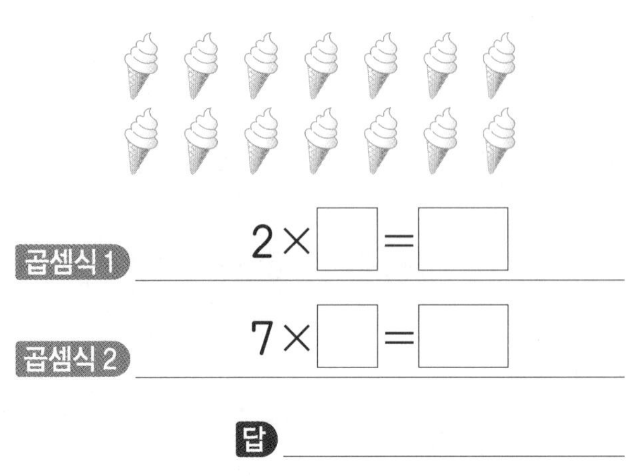

곱셈식 1 2×□=□

곱셈식 2 7×□=□

답 ______

14 주차장에 자동차 6대가 있습니다. 주차장에 있는 자동차의 바퀴는 모두 몇 개인가요?

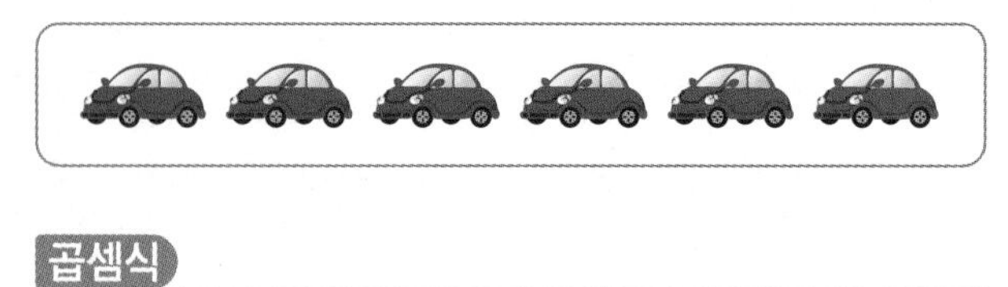

곱셈식 ______

답 ______

15 컵의 수를 곱셈식으로 바르게 나타낸 것을 모두 찾아 기호를 쓰세요.

㉠ 2×8=16　㉡ 3×6=18
㉢ 9×2=18　㉣ 4×4=16

(　　　　　)

문제 해결

16 소연이가 하루에 책을 3장씩 읽는 계획을 세우고 실천한 날에만 ○표 했습니다. 소연이가 읽은 책은 모두 몇 장인지 곱셈식으로 나타내 구하세요.

월	화	수	목	금
○		○	○	

곱셈식 ______

답 ______

5~6 형성 평가

맞힌 문제 수 개/6개

공부한 날 월 일

1 그림을 보고 □ 안에 알맞은 수를 써넣으세요.

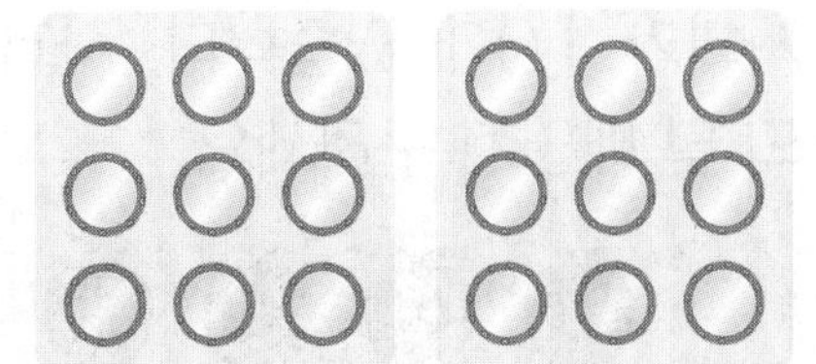

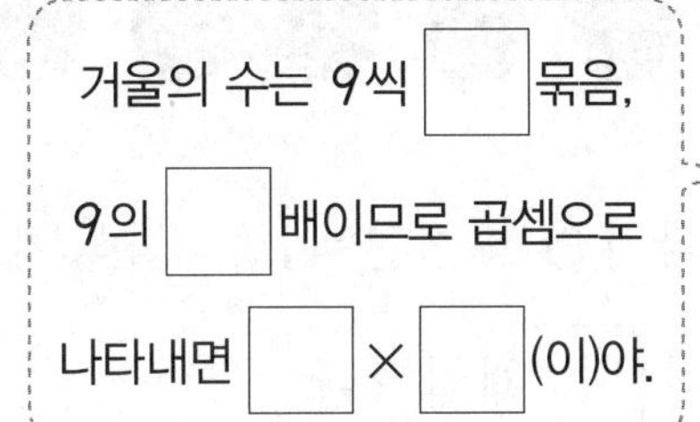

2 만두의 수를 덧셈식과 곱셈식으로 각각 나타내 보세요.

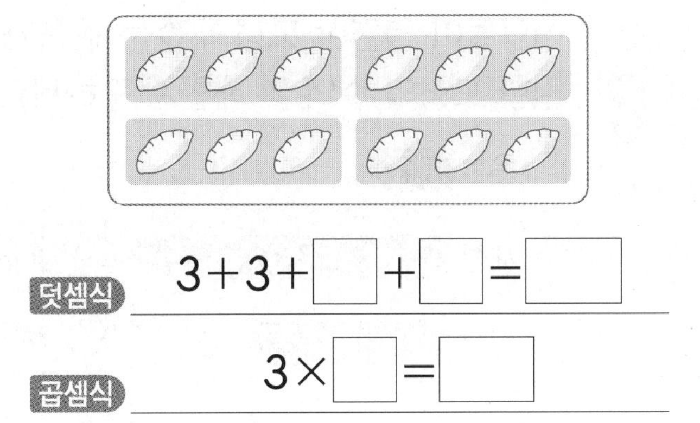

덧셈식 $3+3+\square+\square=\square$

곱셈식 $3\times\square=\square$

3 구멍이 4개인 단추가 8개 있습니다. 단추 구멍은 모두 몇 개인가요?

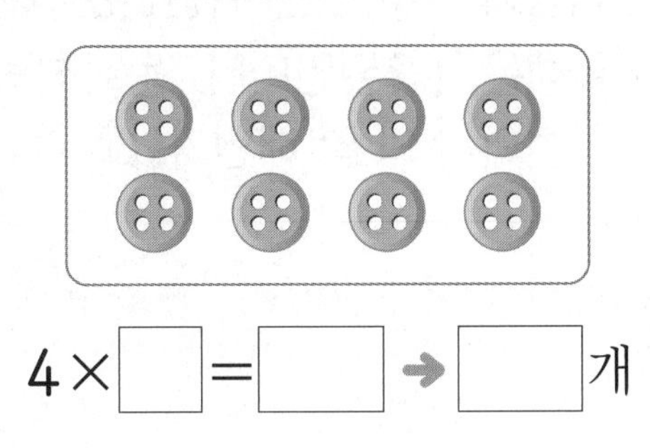

$4\times\square=\square$ → □ 개

4 물병의 수를 여러 가지 곱셈식으로 나타내 보세요.

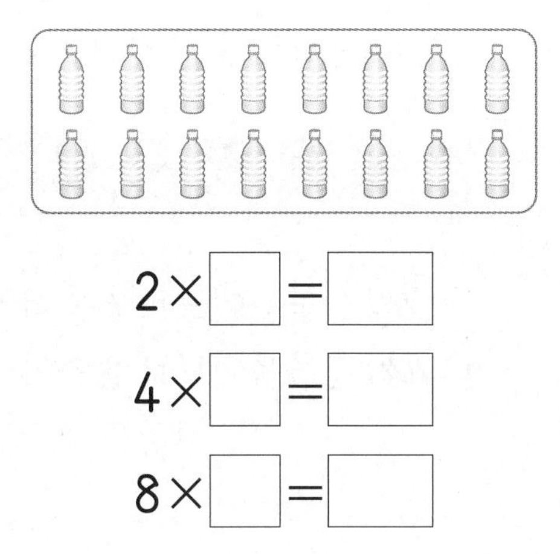

$2\times\square=\square$

$4\times\square=\square$

$8\times\square=\square$

5 그림을 보고 빈칸에 알맞은 곱셈식을 써넣으세요.

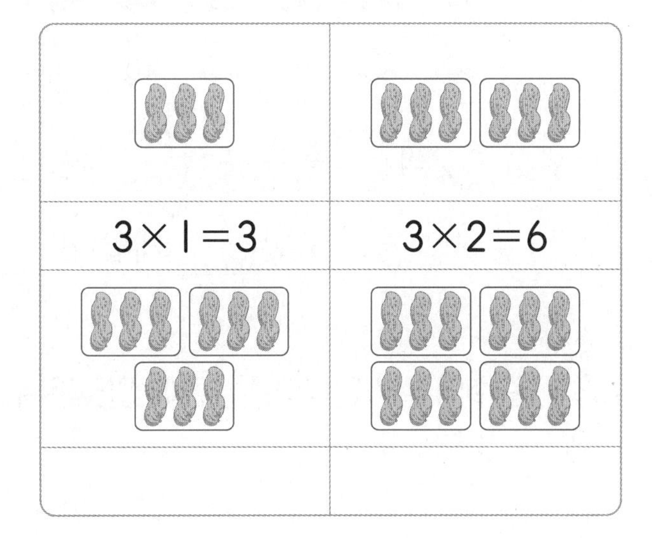

$3\times1=3$	$3\times2=6$

6 다음 구슬의 3배만큼을 사용하여 팔찌를 만들었습니다. 팔찌를 만드는 데 사용한 구슬은 모두 몇 개인가요?

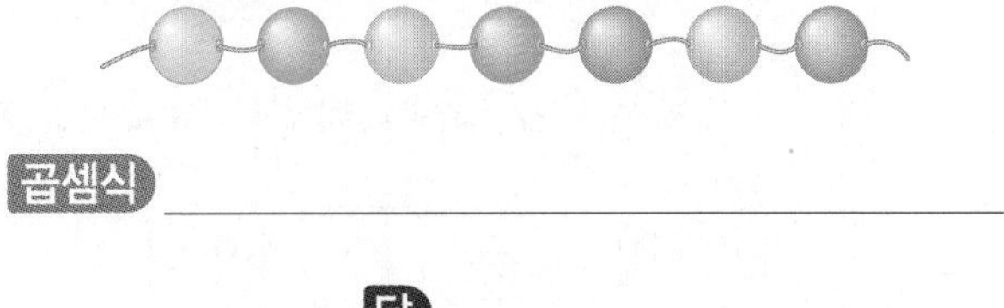

곱셈식 ____________

답 ____________

STEP 2

꼬리를 무는 유형

1 몇씩 몇 묶음으로 묶어 세기

1 기본

장미의 수를 바르게 센 것의 기호를 쓰세요.

㉠ 2씩 3묶음이므로 6송이입니다.
㉡ 4씩 2묶음이므로 8송이입니다.

( )

2 변형

모자는 모두 몇 개인지 몇씩 몇 묶음으로 묶어 세어 보세요.

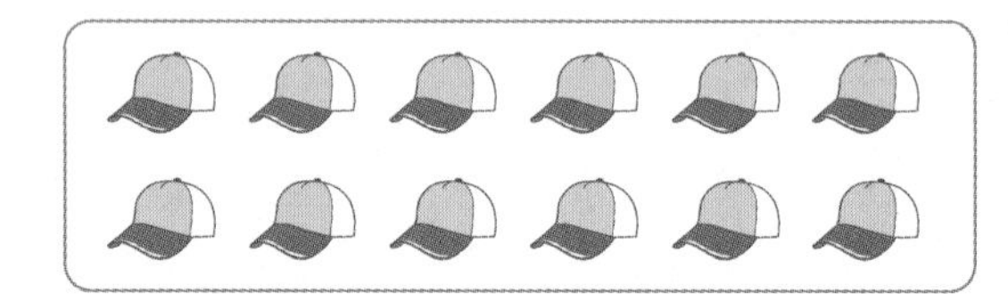

2씩 □ 묶음, 3씩 □ 묶음

➔ 모자는 모두 □ 개입니다.

3 실생활

준수의 일기입니다. □ 안에 알맞은 수를 써넣으세요.

○월 ○일 ○요일　날씨:

학교 체육관에 있는 배구공의 수를 나는 2씩 □ 묶음으로, 현우는 4씩 □ 묶음으로 묶어 세었더니 센 방법은 다르지만 모두 □ 개였다.

2 몇 배인지 구하기

4 기본

사과가 10개 있습니다. 사과의 수는 2의 몇 배인지 구하세요.

사과 10개는 2씩 □ 묶음이므로 2의 □ 배입니다.

5 변형

친구들이 연결한 모형의 수는 윤후가 연결한 모형의 수의 몇 배인지 구하세요.

윤후
세정 □ 배
현석 □ 배

6 문장제

책장에 꽂혀 있는 위인전은 4권이고, 동화책은 12권입니다. 동화책의 수는 위인전의 수의 몇 배인가요?

( )

3 곱셈식으로 나타내기

7 기본 백합의 수를 곱셈식으로 나타내 보세요.

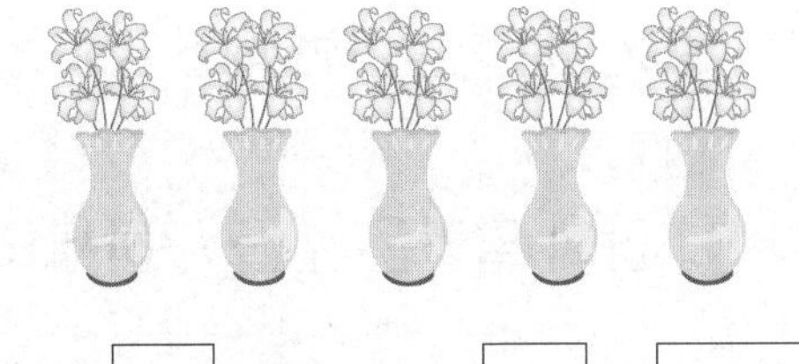

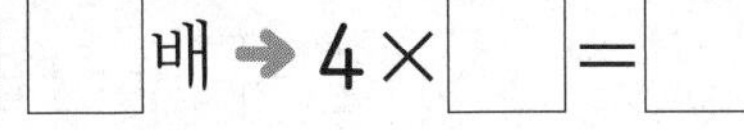

4의 □배 ➔ 4×□=□

8 변형 그림을 보고 □ 안에 알맞은 수를 써넣고, 곱셈식으로 나타내 보세요.

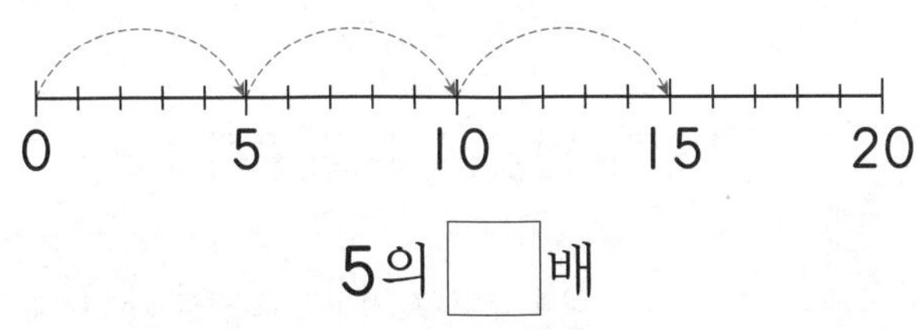

5의 □배

곱셈식 ____________

9 실생활 대화를 읽고 지호가 읽은 책은 모두 몇 권인지 곱셈식으로 나타내 구하세요.

곱셈식 ____________

답 ____________

4 여러 가지 곱셈식으로 나타내기

10 기본 고구마의 수를 곱셈식으로 바르게 나타낸 것을 모두 찾아 색칠해 보세요.

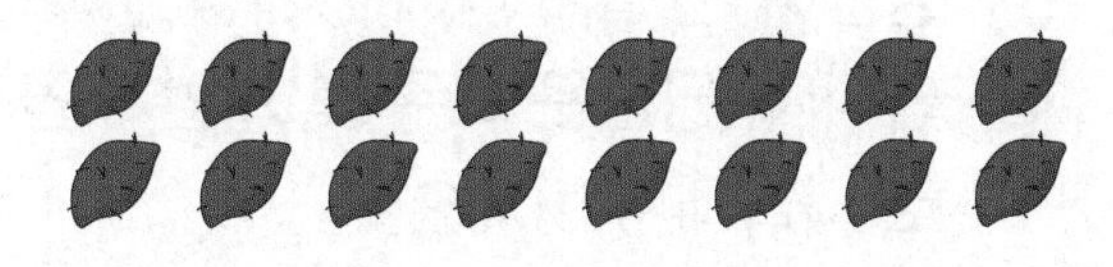

$2\times8=16$	$3\times4=12$
$4\times4=16$	$6\times2=12$

11 변형 연필의 수를 여러 가지 곱셈식으로 나타내 보세요.

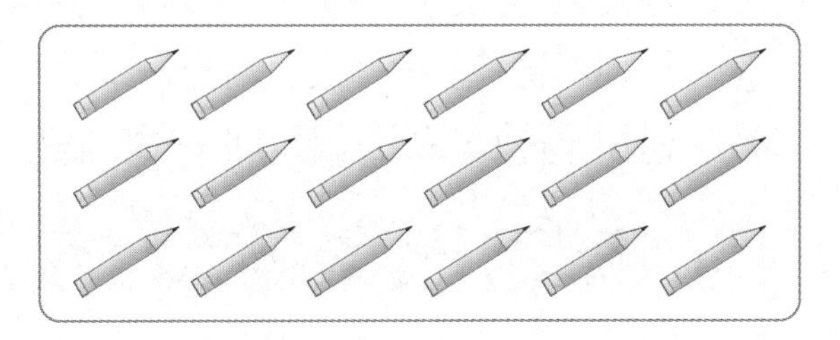

2×□=□, 3×□=□

6×□=□, 9×□=□

12 문장제 현우가 사 온 초콜릿은 모두 몇 개인지 두 가지 곱셈식으로 나타내 구하세요.

곱셈식 1 ____________

곱셈식 2 ____________

답 ____________

꼬리를 무는 유형

5 상황을 곱셈식으로 나타내기

■개씩 ▲묶음 ➔ ■의 ▲배 ➔ ■×▲

13 실력 당근이 한 바구니에 6개씩 2바구니 있습니다. 당근은 모두 몇 개인지 곱셈식으로 나타내 구하세요.

곱셈식 ______________

답 ______________

14 변형 공원에 2인용 자전거가 4대 있습니다. 자전거를 탈 수 있는 사람은 모두 몇 명인지 곱셈식으로 나타내 구하세요.

곱셈식 ______________

답 ______________

15 레벨업 색종이 한 장에 별 모양을 9개 그렸습니다. 색종이 3장을 겹쳐 별 모양을 잘랐을 때 만들어지는 별 모양은 모두 몇 개인지 곱셈식으로 나타내 구하세요.

곱셈식 ______________

답 ______________

6 곱셈식에서 □의 값 구하기

예 $2+2+2=6$ ➔ $2\times3=6$
└3번┘
2×3은 2를 3번 더한 것과 같습니다.

16 실력 □ 안에 알맞은 수를 구하세요.

$2\times\square=10$

(　　　　　　)

17 변형 □ 안에 알맞은 수를 구하세요.

36은 9의 □배입니다.

(　　　　　　)

18 레벨업 □ 안에 알맞은 수가 더 큰 곱셈식에 ○표 하세요.

$7\times\square=28$　　　$8\times\square=24$

(　　　)　　　(　　　)

공부한 날 월 일

7 규칙을 찾아 모양의 수 구하기

보이지 않는 부분의 모양도 같은 규칙으로 그려져 있으므로 모양이 몇 개씩 몇 줄인지 규칙을 찾아 전체의 수를 구합니다.

19 실력 ★ 모양이 규칙적으로 그려진 방석 위에 고양이가 앉아 있습니다. 방석에 그려진 ★ 모양은 모두 몇 개인지 구하세요.

( )

20 변형 ● 모양이 규칙적으로 그려진 벽지 위에 물감이 묻어 있습니다. 물감이 묻어 있는 부분에 그려진 ● 모양은 모두 몇 개인지 구하세요.

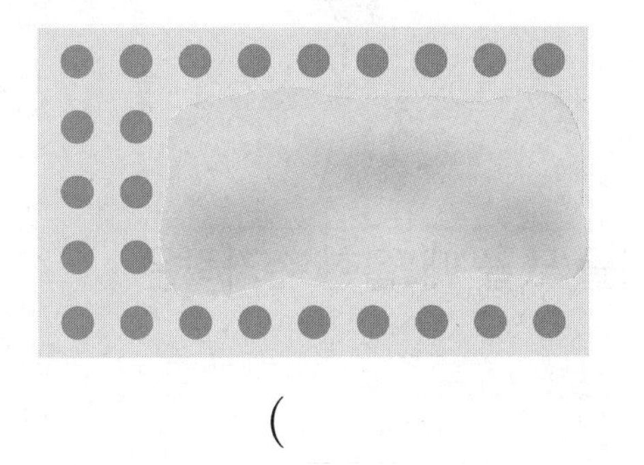

( )

8 몇의 몇 배보다 더 많은(적은) 수 구하기

• 덧셈과 뺄셈을 나타내는 표현

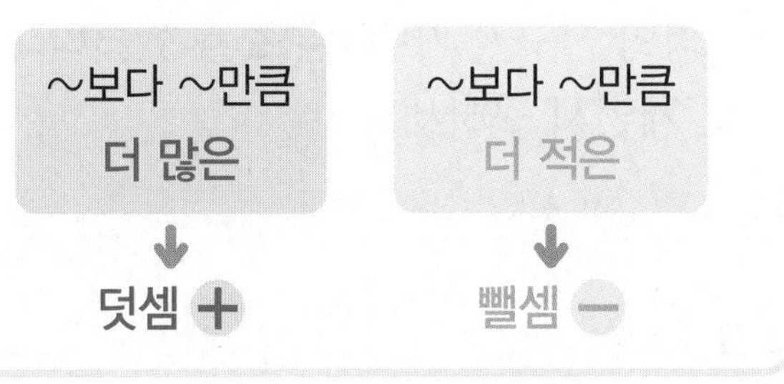

21 실력 연아의 나이는 8살이고 어머니의 나이는 연아의 나이의 4배보다 5살 더 많습니다. 어머니의 나이는 몇 살인가요?

( )

22 변형 모자를 윤아는 8개 가지고 있고, 민혁이는 윤아의 2배보다 4개 더 적게 가지고 있습니다. 민혁이가 가지고 있는 모자는 모두 몇 개인가요?

( )

23 레벨업 귤 농장에서 귤을 현정이는 3개 땄고, 서준이는 현정이의 3배만큼 땄습니다. 연지는 귤을 서준이의 2배보다 3개 더 많이 땄습니다. 연지가 딴 귤은 모두 몇 개인가요?

( )

BOOK❷ 34~37쪽 응용력 향상 문제 제공

수학 독해력 유형

독해력 유형 1 곱셈 활용하기

구하려는 것에 밑줄을 긋고 풀어 보세요.

4명의 친구가 가위바위보를 했습니다. 4명이 보를 냈을 때 펼친 손가락은 모두 몇 개인지 구하세요.

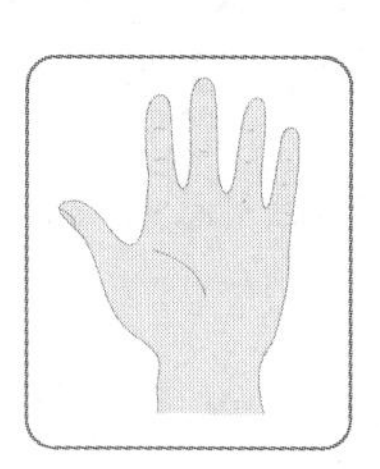

해결 비법

가위바위보에서 펼친 손가락의 수 알아보기

가위	바위	보
2개	0개	5개

문제 해결

❶ 한 명이 보를 냈을 때 펼친 손가락의 수: □개

❷ (4명이 보를 냈을 때 펼친 손가락의 수)
=□×4=□(개)

답 ____________

쌍둥이 유형 1-1

위의 문제 해결 방법을 따라 풀어 보세요.

6명의 친구가 가위바위보를 했습니다. 6명이 가위를 냈을 때 펼친 손가락은 모두 몇 개인지 구하세요.

따라 풀기 ❶

❷

답 ____________

쌍둥이 유형 1-2

5명의 친구가 가위바위보를 했습니다. 5명이 바위를 냈을 때 접힌 손가락은 모두 몇 개인지 구하세요.

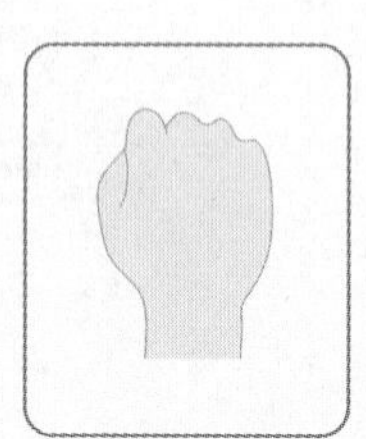

따라 풀기 ❶

❷

답 ____________

공부한 날 월 일

독해력 유형 2 다른 방법으로 묶어 세기

✎ 구하려는 것에 밑줄을 긋고 풀어 보세요.

빨대가 9개씩 2묶음 있습니다. 이 빨대를 6개씩 묶으면 몇 묶음인지 구하세요.

해결 비법

몇씩 묶느냐에 따라 묶음의 수가 달라집니다.

예 

→ 2씩 3묶음

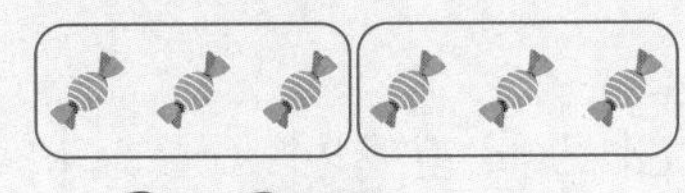

→ 3씩 2묶음

문제 해결

❶ (빨대의 수)=9×□=□(개)

❷ 빨대 □개를 6개씩 묶으면

6+6+□=□이므로 □묶음입니다.

답 ______________

✎ 위의 문제 해결 방법을 따라 풀어 보세요.

쌍둥이 유형 2-1

공책이 8권씩 3묶음 있습니다. 이 공책을 6권씩 묶으면 몇 묶음인지 구하세요.

따라 풀기 ❶

❷

답 ______________

쌍둥이 유형 2-2

과자가 6개씩 6묶음 있습니다. 이 과자를 한 상자에 9개씩 담으려면 몇 상자가 필요한가요?

따라 풀기 ❶

❷

답 

STEP 3

수학 독해력 유형

독해력 유형 3 곱셈식으로 나타내어 수 비교하기

구하려는 것에 밑줄을 긋고 풀어 보세요.

과일 가게에 오렌지가 8개씩 5묶음, 자두가 7개씩 6묶음 있습니다. 오렌지와 자두 중 더 많은 과일은 무엇인가요?

해결 비법

더 많은 것을 구할 때는 더 큰 수를 찾습니다.

예 사과 10개와 배 13개의 수 비교

더 작은 수 ┐ ┌ 더 큰 수

10 < 13

사과 배

➜ 더 많은 것은 배이다.

문제 해결

❶ (오렌지의 수)=8×□=□(개)

❷ (자두의 수)=7×□=□(개)

❸ (오렌지의 수) □ ○ □ (자두의 수) ➜ 더 많은 과일: □

>, < 중 알맞은 것 쓰기

답 ____________

6 곱셈

쌍둥이 유형 3-1

위의 문제 해결 방법을 따라 풀어 보세요.

다영이가 형광펜을 9자루씩 3묶음, 색연필을 6자루씩 4묶음 사 왔습니다. 형광펜과 색연필 중 더 적게 사 온 것은 무엇인가요?

따라 풀기 ❶

❷

❸

답 ____________

공부한 날 월 일

독해력 유형 4 짝 짓는 방법의 수 구하기

구하려는 것에 밑줄을 긋고 풀어 보세요.

티셔츠와 바지가 다음과 같이 있습니다. 티셔츠와 바지를 각각 하나씩 고르는 방법은 모두 몇 가지인가요?

해결 비법

예

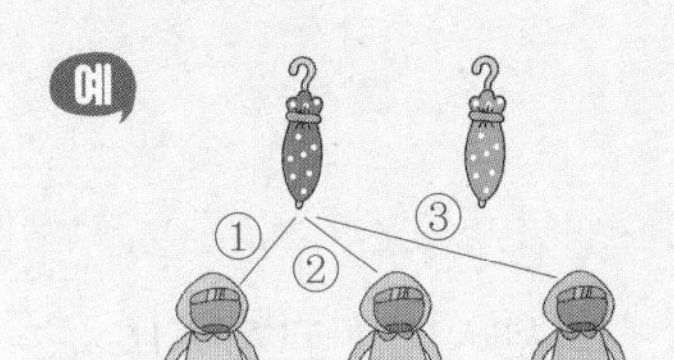

우산은 2개이고, 우산 하나마다 우비를 3가지씩 짝 지을 수 있습니다.

➔ 짝 짓는 방법의 수:
(우산 수)×(우비 수)

문제 해결

❶ 티셔츠는 ☐벌이고,

티셔츠 하나마다 바지를 짝 짓는 방법은 ☐가지입니다.

❷ 짝 짓는 방법의 수: ☐×☐=☐(가지)

답 ______________

위의 문제 해결 방법을 따라 풀어 보세요.

쌍둥이 유형 4-1

빵과 주스가 다음과 같이 있습니다. 빵과 주스를 각각 하나씩 고르는 방법은 모두 몇 가지인가요?

따라 풀기 ❶

❷

답

유형 TEST

[1~2] 고추의 수를 여러 가지 방법으로 세어 보려고 합니다. 물음에 답하세요.

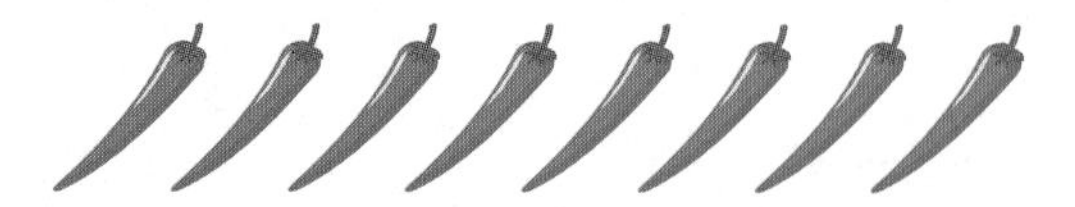

1 고추는 모두 몇 개인지 2씩 뛰어 세어 보세요.

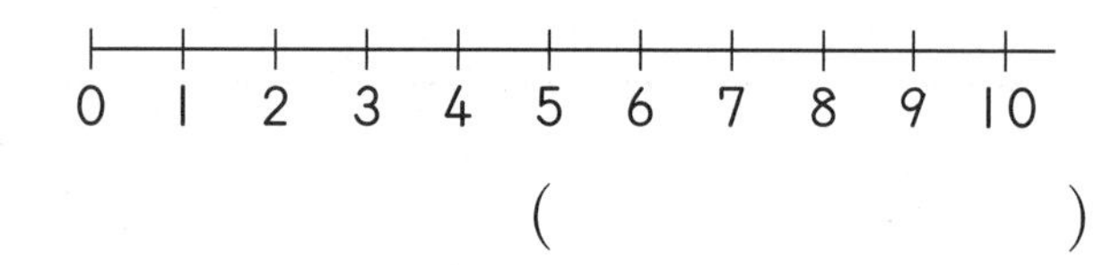

(　　　　　　)

2 고추는 모두 몇 개인지 묶어 세어 보세요.

2씩 □ 묶음, 4씩 □ 묶음

(　　　　　　)

3 그림을 보고 □ 안에 알맞은 수를 써넣으세요.

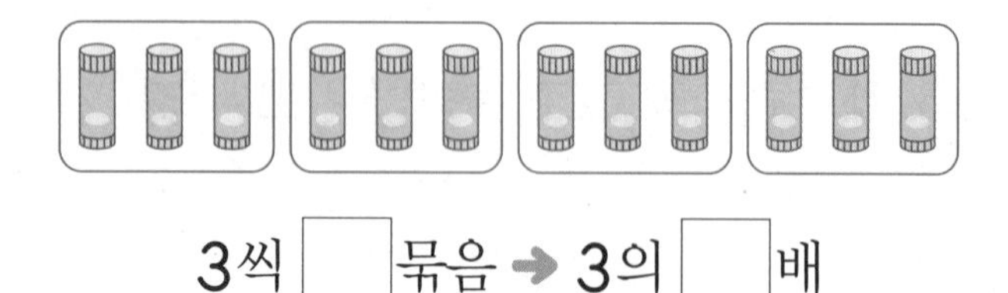

3씩 □ 묶음 ➜ 3의 □ 배

4 구슬의 수를 곱셈으로 나타내 보세요.

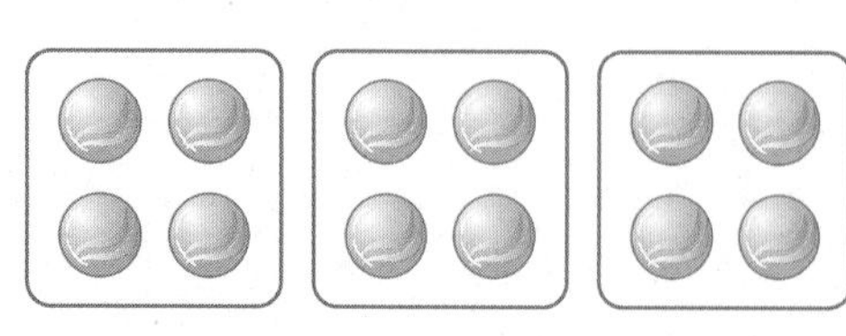

4의 3배는 □ × □ 입니다.

5 인형을 3씩 묶고, 모두 몇 개인지 구하세요.

(　　　　　　)

6 도윤이가 말한 덧셈식을 곱셈식으로 나타내 보세요.

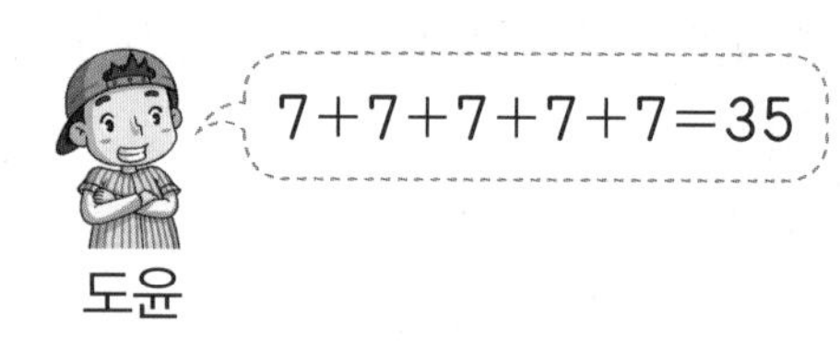

곱셈식 ______________________

7 토끼의 수를 몇의 몇 배로 나타내 보세요.

2의 □ 배, 5의 □ 배

점수 점

[8~9] 그림을 보고 물음에 답하세요.

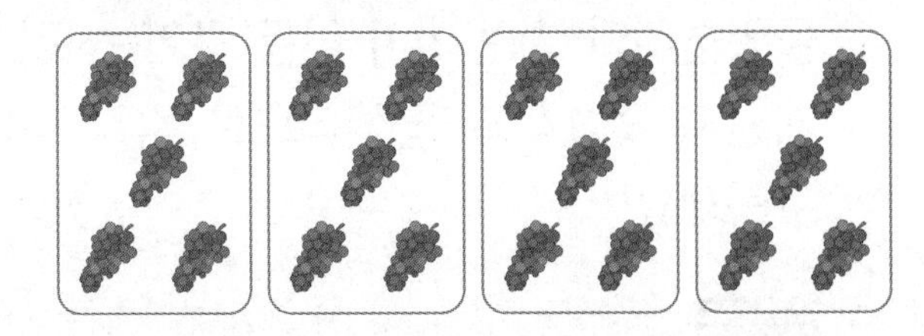

8 포도의 수를 덧셈식으로 나타내 보세요.

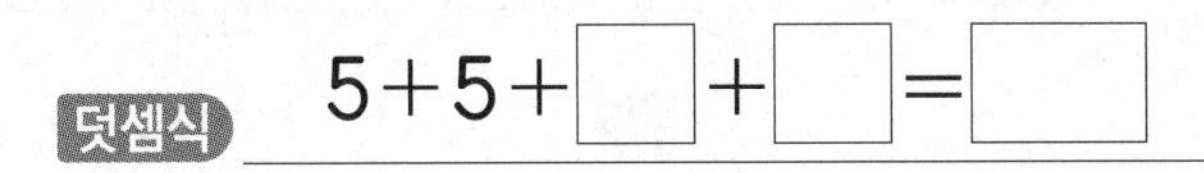

덧셈식 $5+5+\square+\square=\square$

9 포도의 수를 곱셈식으로 나타내 보세요.

곱셈식 $5\times\square=\square$

10 축구공 수는 농구공 수의 몇 배인가요?

(　　　　　　)

11 나타내는 수가 <u>다른</u> 하나를 찾아 기호를 쓰세요.

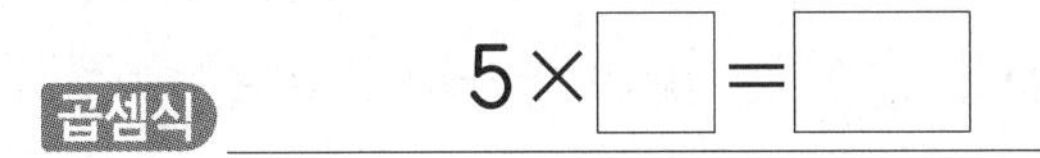

㉠ 6×6　㉡ 6의 2배　㉢ 6+6

(　　　　　　)

12 풍선의 수는 4의 몇 배인가요?

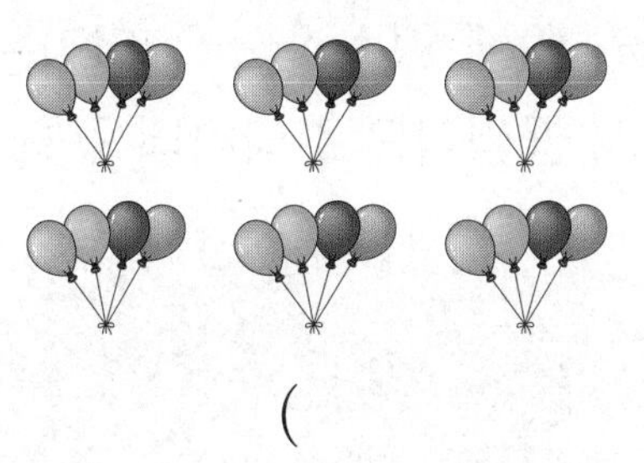

(　　　　　　)

의사소통

13 자전거가 모두 몇 대인지 바르게 센 사람의 이름을 쓰세요.

가영: 2대씩 7묶음이므로 모두 14대야.
준호: 4씩 뛰어 세면 4, 8, 12, 16 이므로 모두 16대야.
한솔: 하나씩 세어 보면 1, 2, 3, ..., 16, 17로 모두 17대야.

(　　　　　　)

문제 해결

14 연못에 개구리는 6마리 있고, 오리는 개구리의 3배만큼 있습니다. 오리는 모두 몇 마리인지 곱셈식으로 나타내 구하세요.

곱셈식 $\square\times\square=\square$

답 ____________

15 울타리 안에 염소가 7마리 있습니다. 울타리 안에 있는 염소의 다리는 모두 몇 개인지 곱셈식으로 나타내 구하세요.

곱셈식 ______________________

답 ______________

16 혜주의 나이는 9살이고 삼촌의 나이는 27살입니다. 삼촌의 나이는 혜주의 나이의 몇 배인가요?

(   )

17 ★ 모양은 모두 몇 개인지 두 가지 곱셈식으로 나타내 보세요.

곱셈식 1 ______________________

곱셈식 2 ______________________

18 세빈이가 쿠키를 한 판에 8개씩 5판을 만들었습니다. 세빈이가 만든 쿠키는 모두 몇 개인지 덧셈식과 곱셈식으로 각각 나타내 구하세요.

덧셈식 ______________________

곱셈식 ______________________

답 ______________

19 ♡ 모양이 규칙적으로 그려진 손수건 위에 휴대 전화가 놓여 있습니다. 손수건에 그려진 ♡ 모양은 모두 몇 개인가요?

(   )

20 잘못 말한 사람의 이름을 쓰세요.

14는 7의 2배야.

하린

56은 8의 7배야.

도윤

10은 2의 6배야.

지유

(   )

정답과 해설 34쪽

공부한 날 월 일

문제 해결

21 서연이와 호진이가 하루에 종이배를 4개씩 만드는 계획을 세우고 실천한 날에만 ○표 했습니다. 서연이와 호진이가 만든 종이배는 모두 몇 개인가요?

	월	화	수	목	금
서연	○			○	○
호진		○			○

( )

22 계산한 값이 큰 것부터 순서대로 1, 2, 3을 쓰세요.

2의 9배 　 $6+6+6+6$ 　 4×7

( ) ( ) ( )

23 연우가 가지고 있는 윗옷과 아래옷입니다. 연우가 윗옷과 아래옷을 각각 하나씩 고르는 방법은 모두 몇 가지인가요?

( )

서술형

24 □ 안에 알맞은 수는 얼마인지 풀이 과정을 쓰고 답을 구하세요.

$9\times\square=45$

풀이

답

서술형

25 망고가 4개씩 4상자 있습니다. 이 망고를 한 바구니에 8개씩 담으려면 바구니가 몇 개 필요한지 풀이 과정을 쓰고 답을 구하세요.

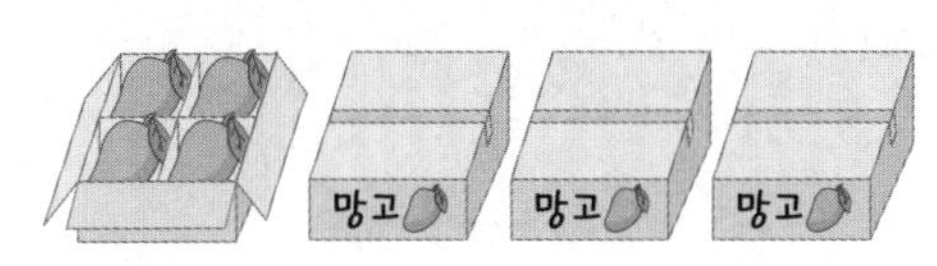

풀이

답

꼭 알아야 할
사자성어

先見之明

先	見	之	明
먼저	볼	갈	밝을
선	견	지	명

어떤 일이 일어나기 전, 미리 아는 지혜를
'선견지명'이라고 해요.
일기예보를 보고 미리 우산을 챙겨놓는다거나,
늦잠 잘 때를 대비해서 전날 밤 가방을 미리 챙겨놓는 것도
넓은 의미로 '선견지명'이라 할 수 있어요.

22개정 교육과정 반영

수학리더 유형

보충북

BOOK 2

2-1

리더가 되기 위한 **공부 비법**

응용력 향상 집중 연습
응용력을 키우는 핵심 유형
반복 연습

창의·융합·코딩 학습
수학 교과 역량 강화 학습

천재교육

보충북
포인트 3가지

▶ 응용 유형을 풀기 위한 워밍업 유형 수록

▶ 응용력 향상 핵심 유형 반복 학습

▶ 수학 교과 역량을 키우는 창의·융합형 문제 수록

수학 리더 유형 2-1

BOOK 2

보충북 차례

응용력 향상 집중 연습

▶ 정답과 해설 36쪽

나타내는 수가 모두 얼마인지 구하기

1

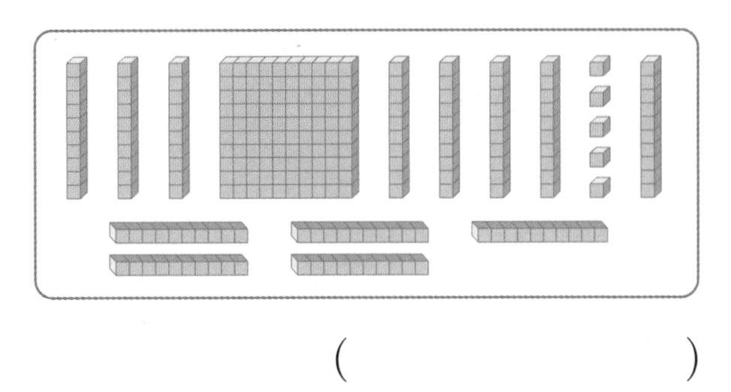

(   )

2

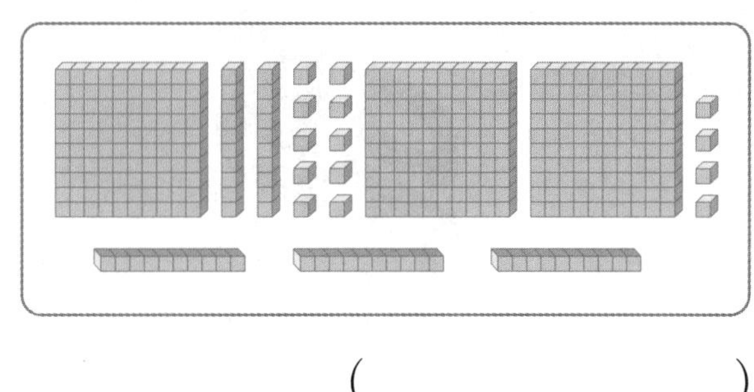

(   )

3

100이 4개, 10이 22개, 1이 7개인 수

(   )

4

100이 3개, 10이 15개, 1이 6개인 수

(   )

5

100이 6개, 10이 8개, 1이 14개인 수

(   )

6

100이 5개, 10이 20개, 1이 11개인 수

(   )

단원 1

응용력 향상 집중 연습

▶ 정답과 해설 36쪽

◉ 뛰어 센 수의 규칙을 찾아 빈칸에 알맞은 수 써넣기

1

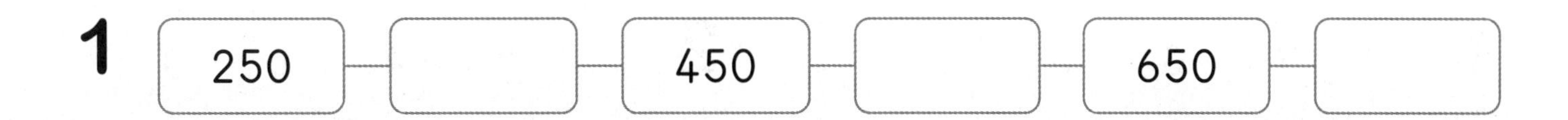

2

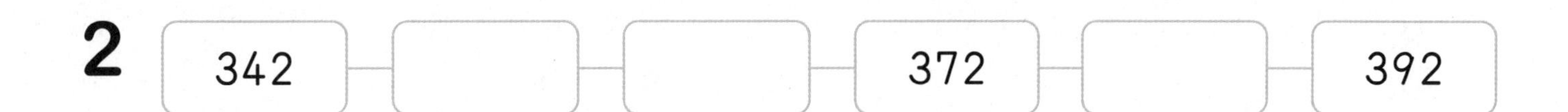

3

4

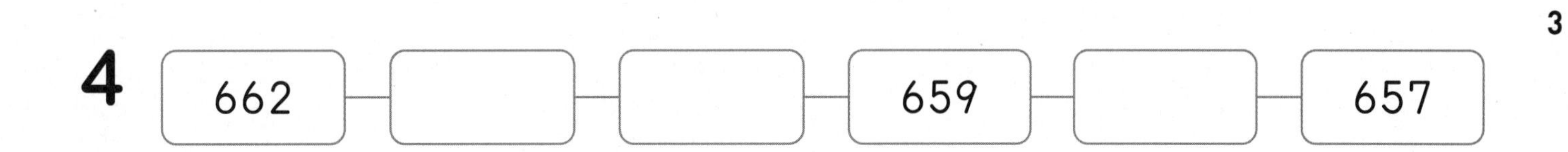

5

423		523		623	

6

885			825		785

응용력 향상 집중 연습

▶ 정답과 해설 36쪽

◉ 수 카드 중 3장을 골라 한 번씩만 사용하여 세 자리 수 만들기

1 7 3 5 2

가장 큰 수 (　　　　　)

가장 작은 수 (　　　　　)

2 8 4 6 1

가장 큰 수 (　　　　　)

가장 작은 수 (　　　　　)

3 3 0 6 7

가장 큰 수 (　　　　　)

가장 작은 수 (　　　　　)

4 0 8 1 4

가장 큰 수 (　　　　　)

가장 작은 수 (　　　　　)

5 9 1 5 2

가장 큰 수 (　　　　　)

가장 작은 수 (　　　　　)

6 7 0 4 5

가장 큰 수 (　　　　　)

가장 작은 수 (　　　　　)

단원 1 응용력 향상 집중 연습

▶ 정답과 해설 37쪽

세 자리 수의 크기 비교에서 □ 안에 들어갈 수 있는 숫자 모두 구하기

1

$244>24\square$

(　　　　　　　　　　)

2

$347<34\square$

(　　　　　　　　　　)

3

$679<\square55$

(　　　　　　　　　　)

4

$4\square1<445$

(　　　　　　　　　　)

5

$572<5\square3$

(　　　　　　　　　　)

6

$8\square5>853$

(　　　　　　　　　　)

단원 1 창의·융합·코딩 학습

코딩 1 순서도를 따라가 보자!

순서도의 '시작'에 어떤 수를 넣으면 다음과 같은 순서에 따라 결과가 나옵니다. 물음에 답하세요.

1

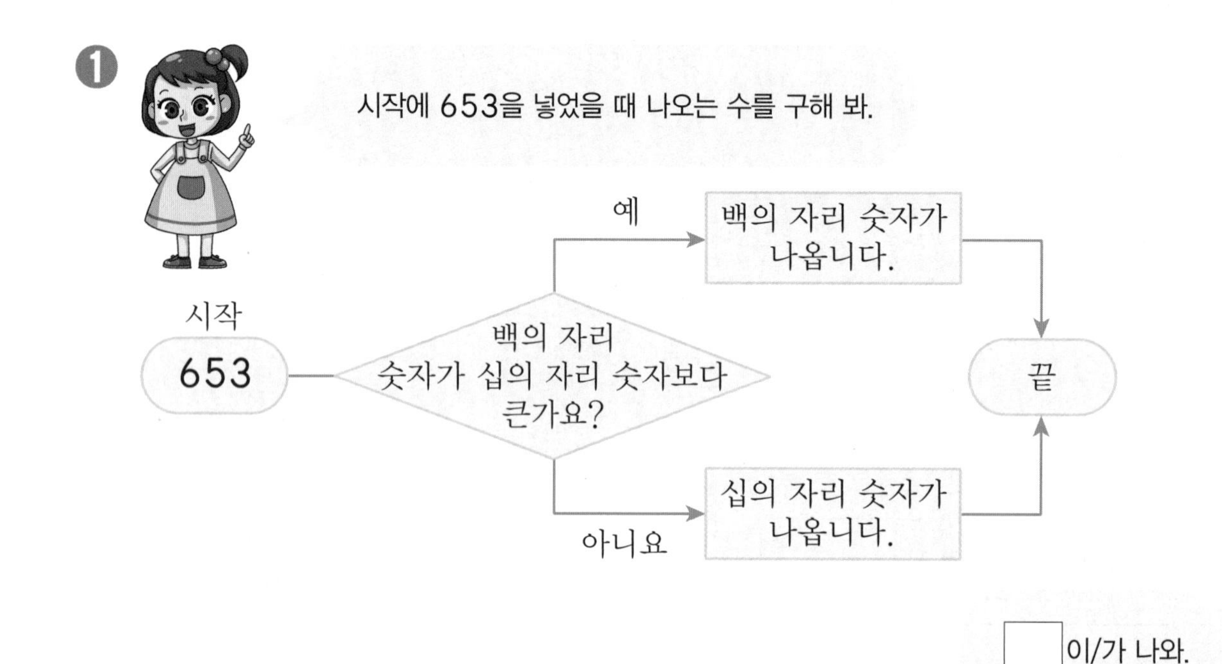

□ 이/가 나와.

2

이번에는 시작에 673을 넣었을 때 나오는 수를 구해 보자.

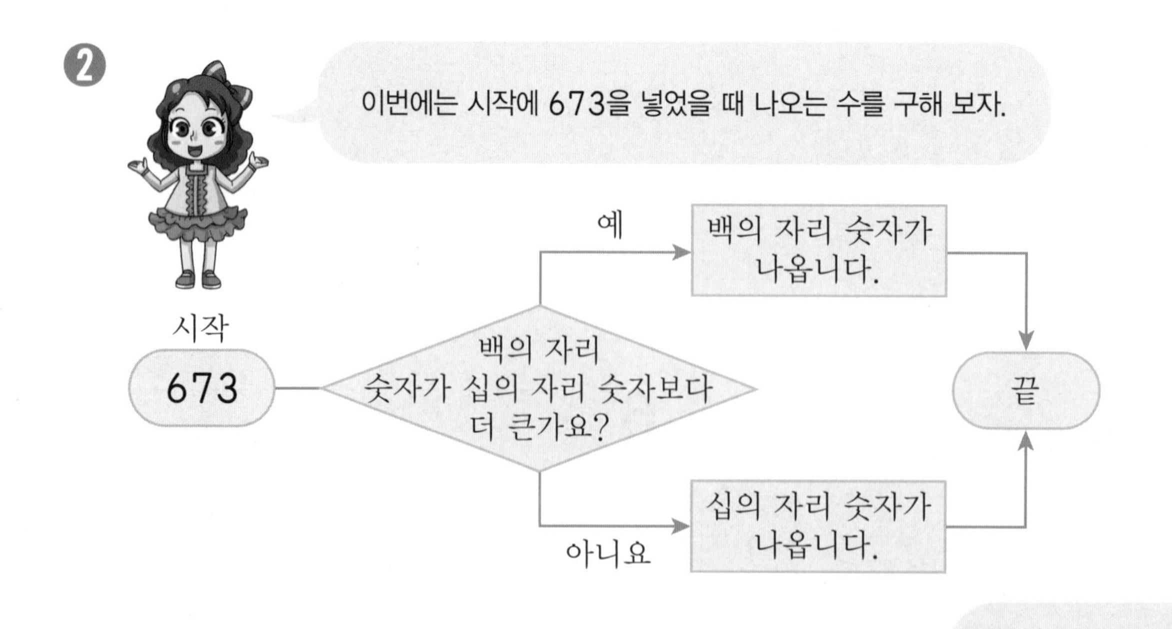

□ 이 나와.

▶ 정답과 해설 37쪽

창의 2 버튼을 눌러 단어를 만들어 봐!

한글 버튼을 누르면 규칙에 따라 수가 바뀝니다. 주어진 수에서 시작하여 다음과 같이 수가 바뀌려면 어느 한글 버튼을 눌러야 하는지 쓰세요.

❶

이 : 1씩 뛰어 세기

나 : 10씩 뛰어 세기

들 : 100씩 뛰어 세기

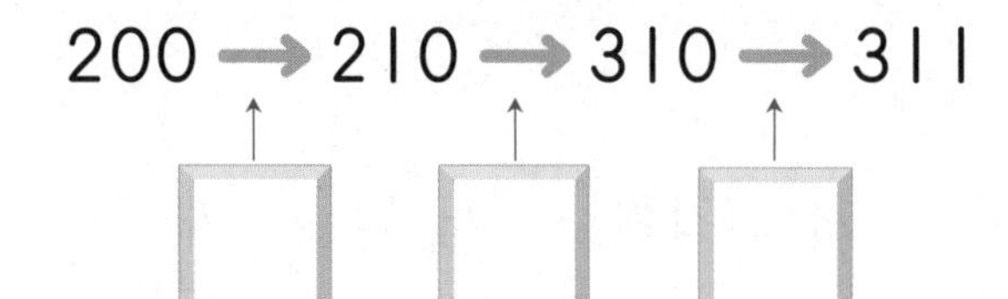

❷

물 : 1씩 뛰어 세기

나 : 10씩 뛰어 세기

봄 : 100씩 뛰어 세기

510 → 610 → 620 → 621

□ □ □

❸

나 : 1씩 뛰어 세기

기 : 10씩 뛰어 세기

소 : 100씩 뛰어 세기

375 → 475 → 476 → 486

□ □ □

응용력 향상 집중 연습

▶ 정답과 해설 37쪽

여러 가지 도형으로 만든 모양에서 사용한 도형의 수 구하기

1

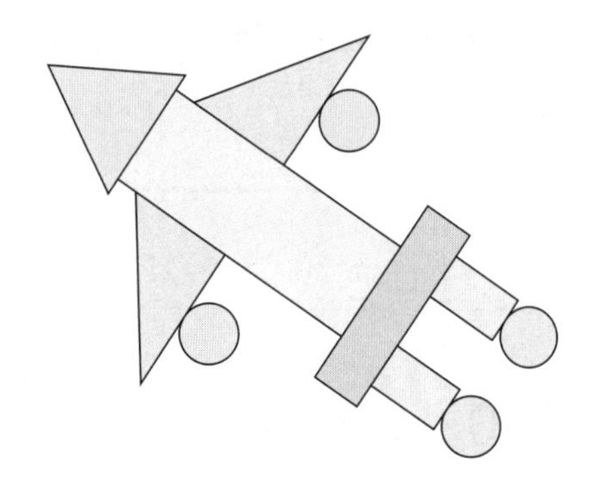

삼각형 □개, 사각형 □개, 원 □개

2

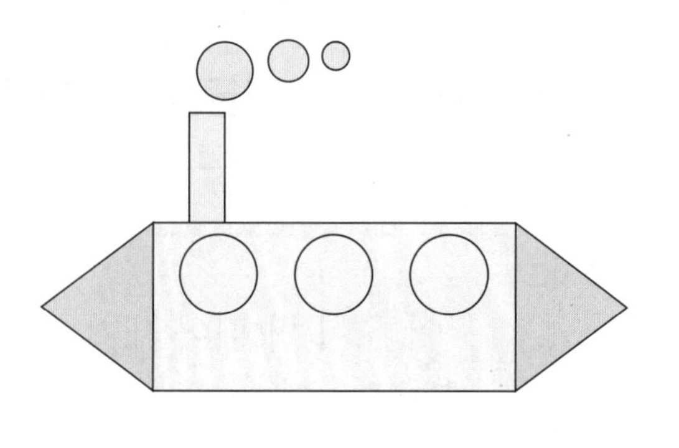

삼각형 □개, 사각형 □개, 원 □개

3

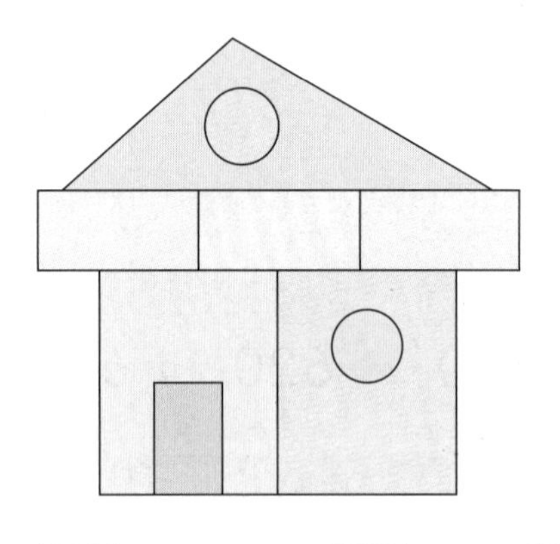

삼각형 □개, 사각형 □개, 원 □개

4

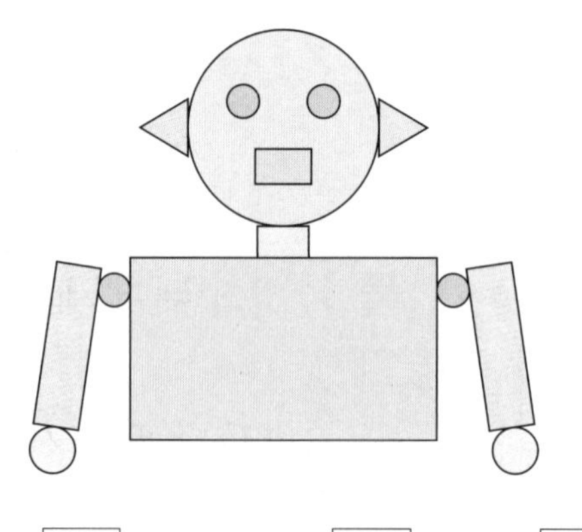

삼각형 □개, 사각형 □개, 원 □개

5

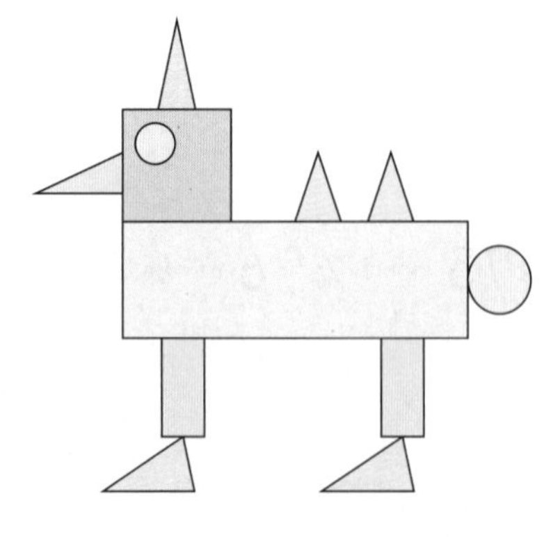

삼각형 □개, 사각형 □개, 원 □개

6

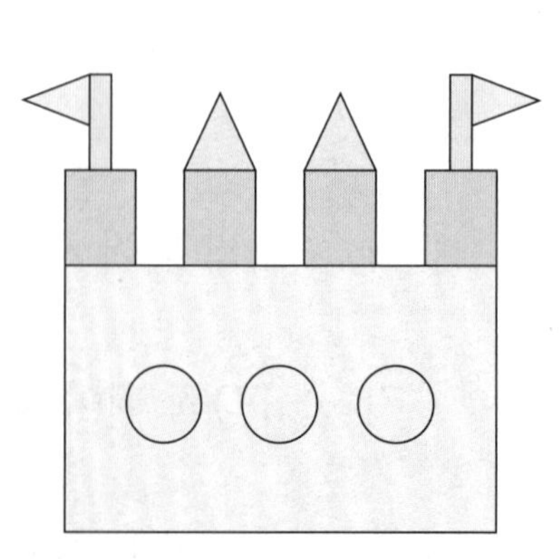

삼각형 □개, 사각형 □개, 원 □개

단원 2

응용력 향상 집중 연습

▶ 정답과 해설 37쪽

선을 따라 잘랐을 때 주어진 도형이 만들어지도록 종이에 선 긋기

1 선을 2개 그어 삼각형 3개 만들기

방법1

방법2

2 선을 2개 그어 사각형 4개 만들기

방법1

방법2

3 선을 1개 그어 삼각형 1개, 사각형 1개 만들기

4 선을 2개 그어 삼각형 3개, 사각형 1개 만들기

5 선을 2개 그어 삼각형 2개, 사각형 2개 만들기

6 선을 3개 그어 삼각형 3개, 사각형 3개 만들기

응용력 향상 집중 연습

▶ 정답과 해설 38쪽

설명에 맞게 쌓기나무에 색칠하기

1 맨 앞에 있는 쌓기나무는 노란색

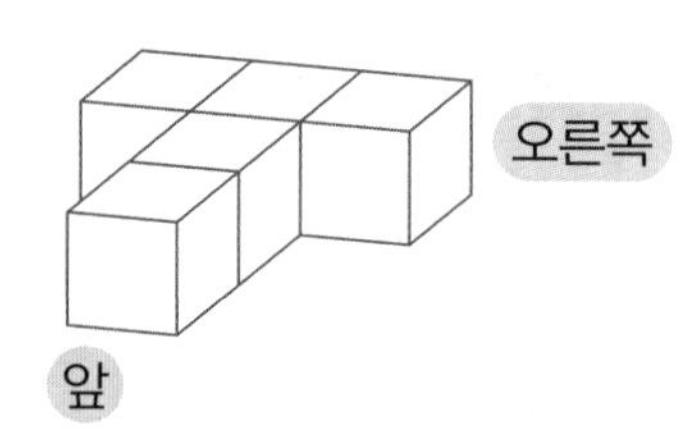

2 맨 위에 있는 쌓기나무는 빨간색

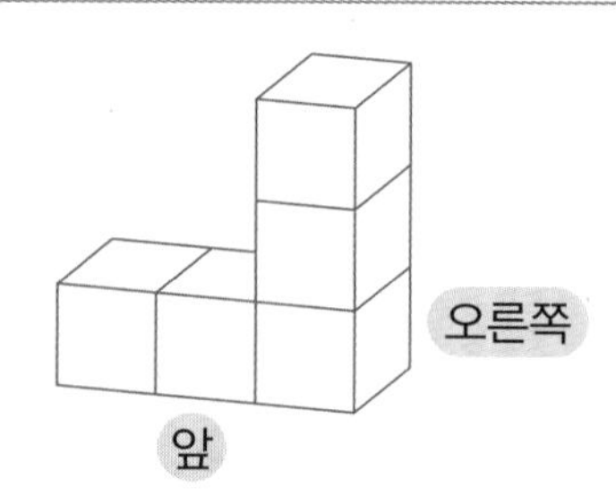

3 빨간색 쌓기나무의 오른쪽에 초록색 쌓기나무

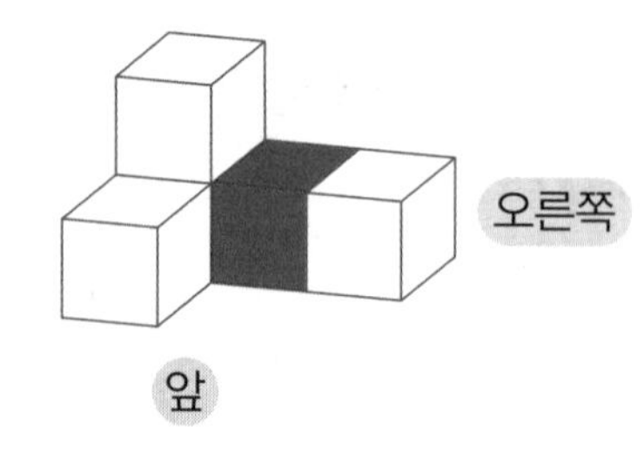

4 초록색 쌓기나무의 위에 빨간색 쌓기나무

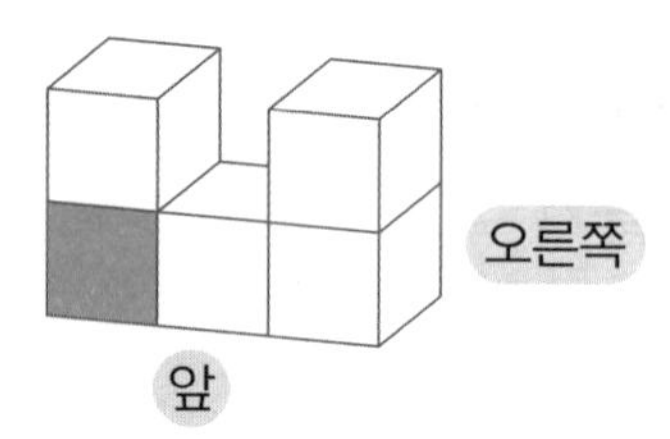

5
- 빨간색 쌓기나무의 위에 파란색 쌓기나무
- 초록색 쌓기나무의 왼쪽에 노란색 쌓기나무

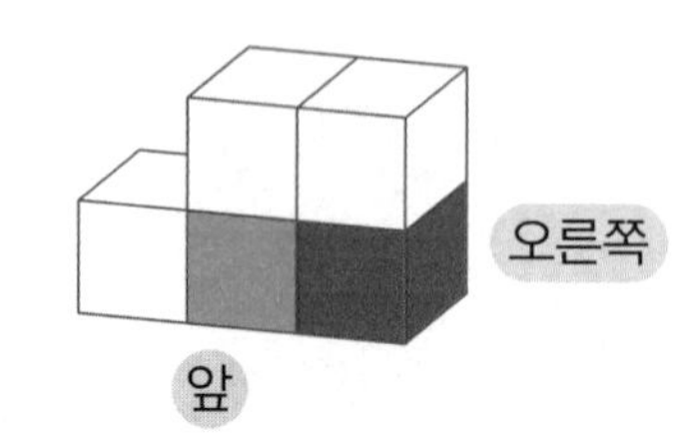

6
- 빨간색 쌓기나무의 아래에 초록색 쌓기나무
- 초록색 쌓기나무의 오른쪽에 노란색 쌓기나무

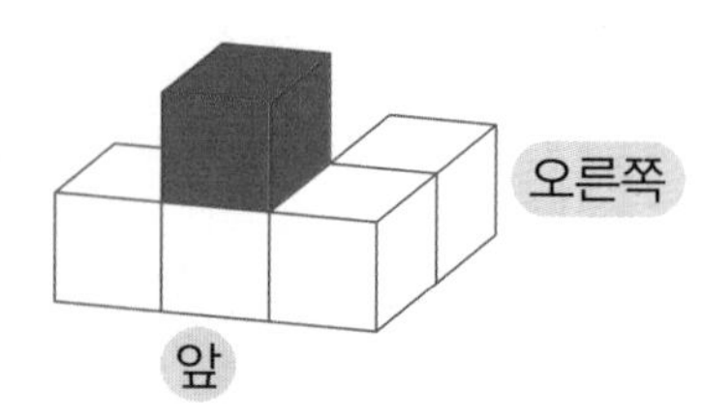

응용력 향상 집중 연습

▶ 정답과 해설 38쪽

설명대로 쌓은 쌓기나무 모양에 ○표 하기

1

1층에 쌓기나무 3개가 앞뒤로 나란히 있고, 맨 뒤 쌓기나무의 위에 쌓기나무가 2개 있습니다.

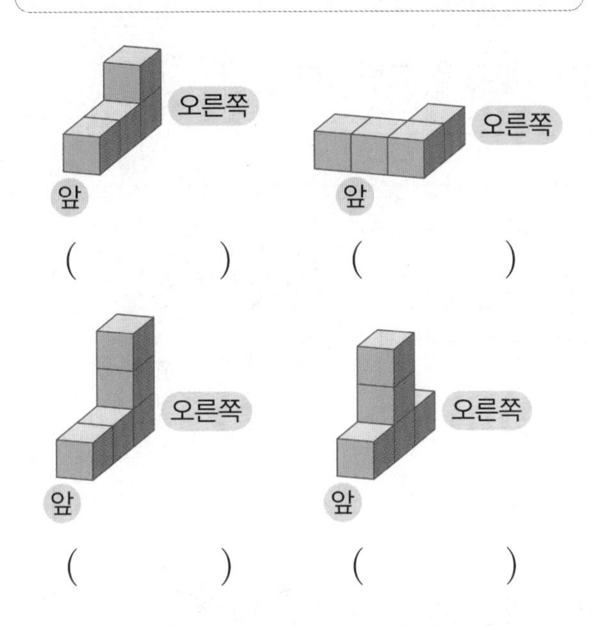

( ) ( )

( ) ( )

2

1층에 쌓기나무 4개가 2개씩 2줄로 나란히 있고, 뒷줄의 오른쪽 쌓기나무의 위에 쌓기나무가 1개 있습니다.

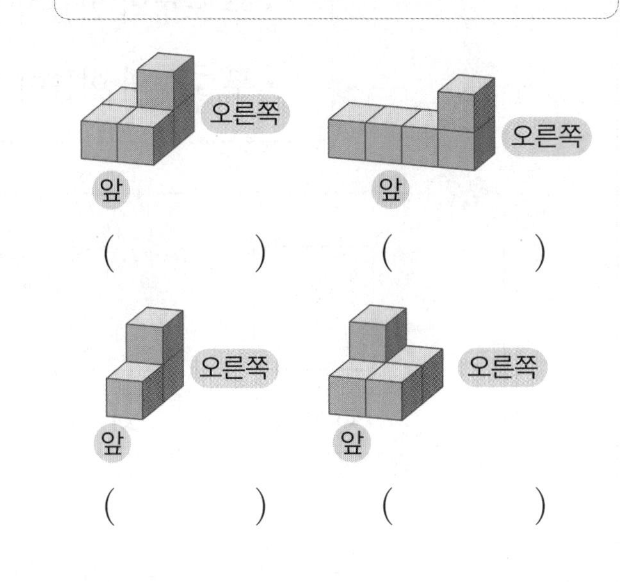

( ) ( )

( ) ( )

3

쌓기나무 3개가 옆으로 나란히 있고, 맨 오른쪽 쌓기나무의 앞과 위에 쌓기나무가 1개씩 있습니다.

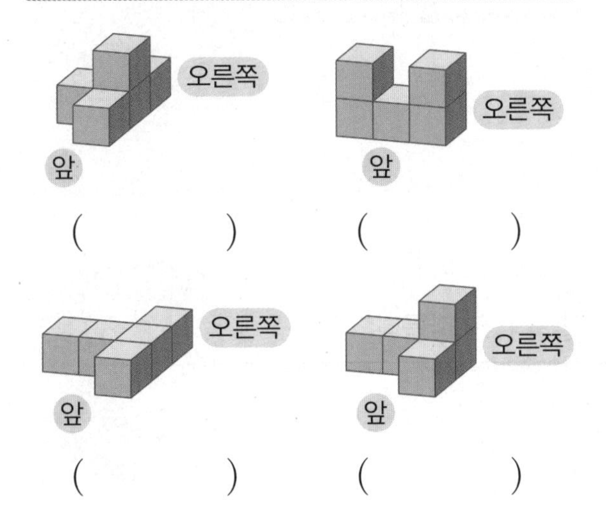

( ) ( )

( ) ( )

4

쌓기나무 4개가 옆으로 나란히 있고, 왼쪽에서 첫째, 넷째 쌓기나무의 위에 쌓기나무가 1개씩 있습니다.

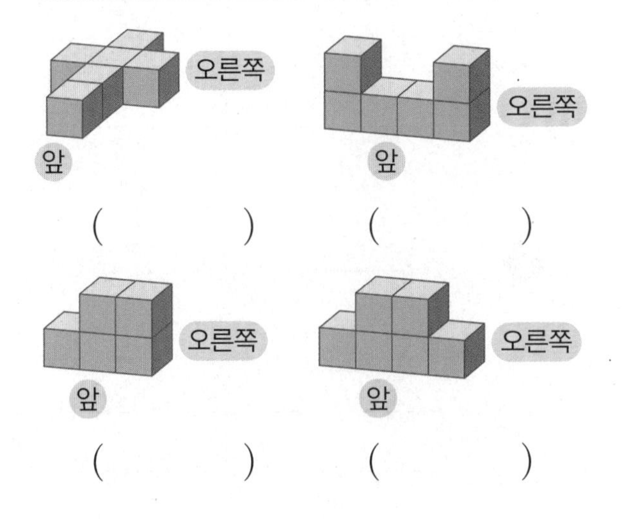

( ) ( )

( ) ( )

창의 1 도형의 이름에 따라 바뀌는 표정을 그려 봐!

보기와 같이 도형의 이름을 쓰고, 이름을 비교한 후 규칙에 따라 얼굴의 표정을 그려 보세요.

규칙
- 두 도형의 이름이 같으면 표정 😊을 그립니다.
- 두 도형의 이름이 다르면 표정 😠을 그립니다.

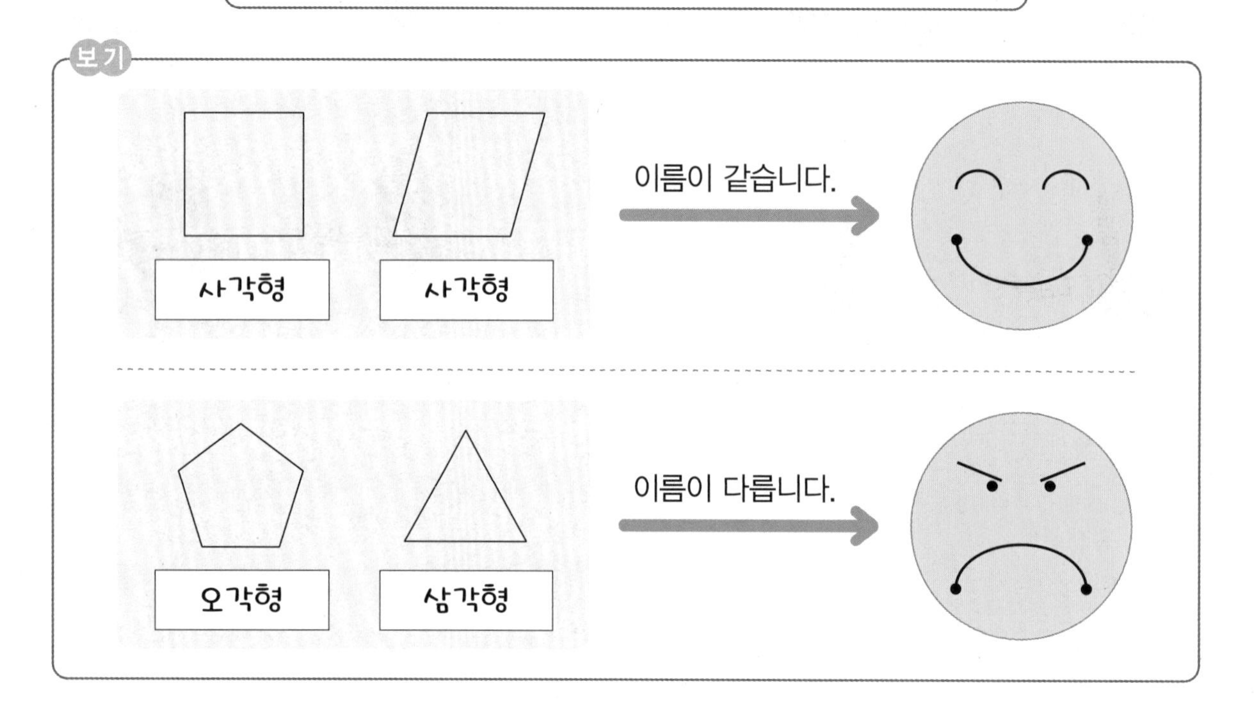

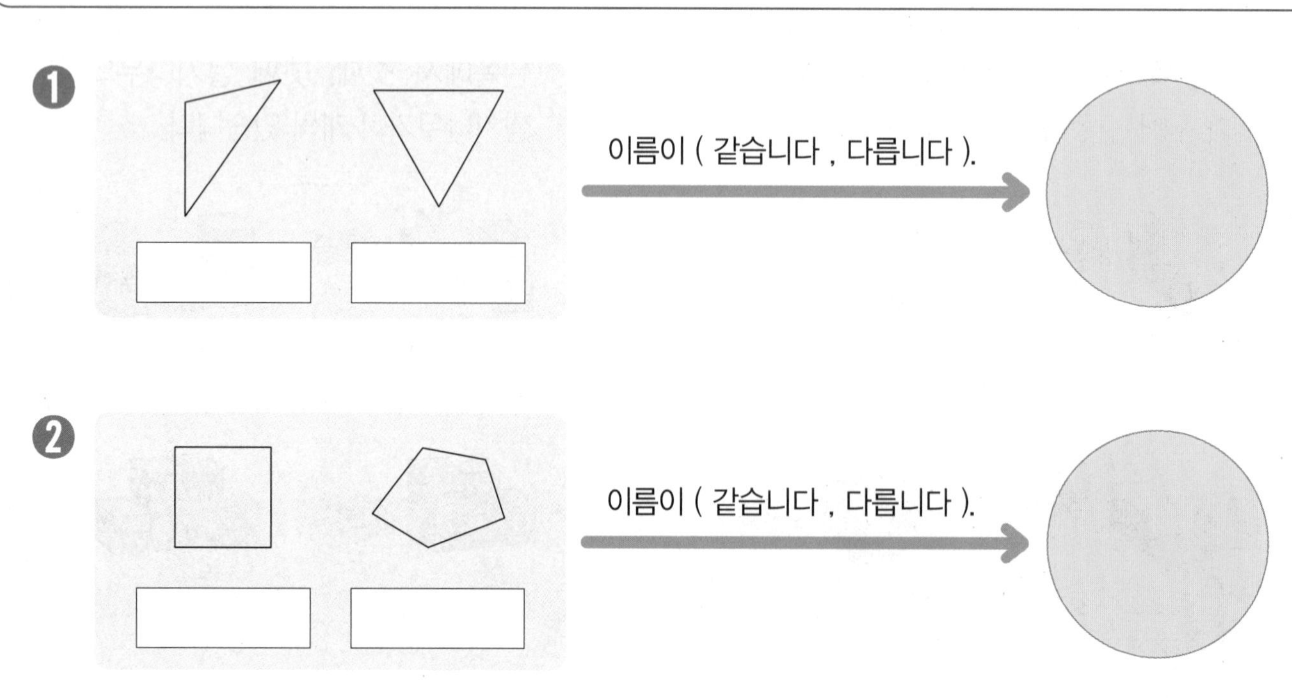

▶ 정답과 해설 38쪽

코딩 2 필요한 정리 명령어를 찾아봐!

로봇에게 '정리해'라고 말하면 명령대로 쌓기나무를 정리한다고 합니다. 주어진 모양으로 정리하려고 할 때 필요한 명령어를 보기에서 모두 찾아 기호를 쓰세요.

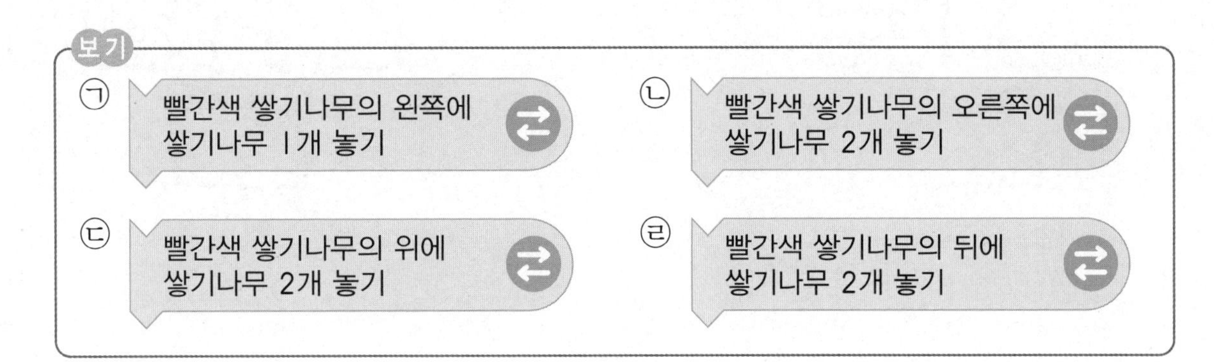

❶

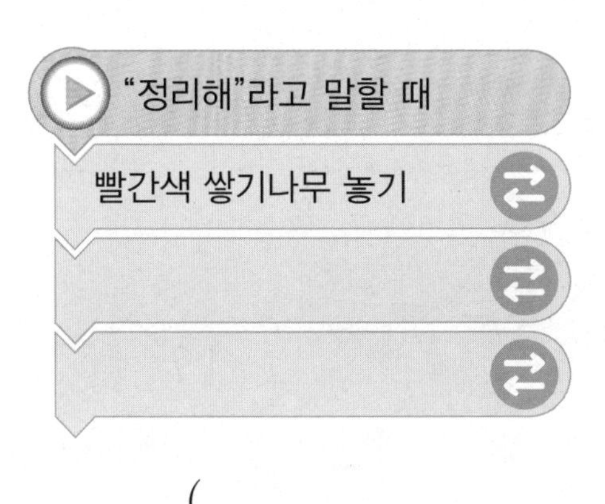

( )

❷

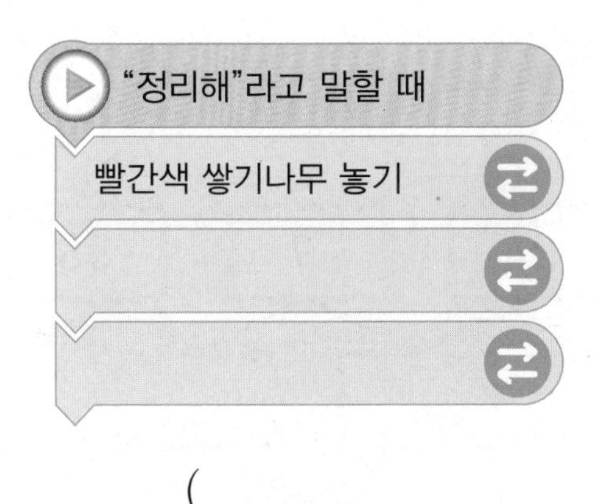

( )

응용력 향상 집중 연습

▶ 정답과 해설 39쪽

◉ 위에 있는 두 수의 합을 아래에 있는 빈 곳에 써넣기

1

16, 29 → ☐, 73 → ☐

2

18, 34 → ☐, 28 → ☐

3

43, 8 → ☐, 19 → ☐

4

17, 66 → ☐, 42 → ☐

5

24, 9, 38 → ☐, ☐ → ☐

6

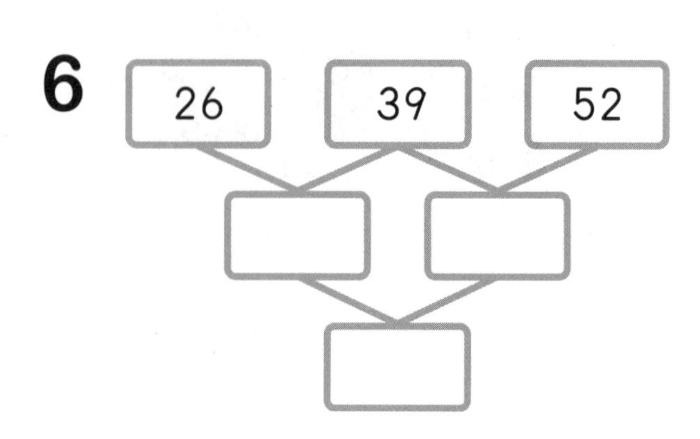

응용력 향상 집중 연습

▶ 정답과 해설 39쪽

◉ 화살 2개를 던져 맞힌 두 수의 차가 다음과 같을 때 맞힌 두 수에 ◯표 하기

1 두 수의 차: 15

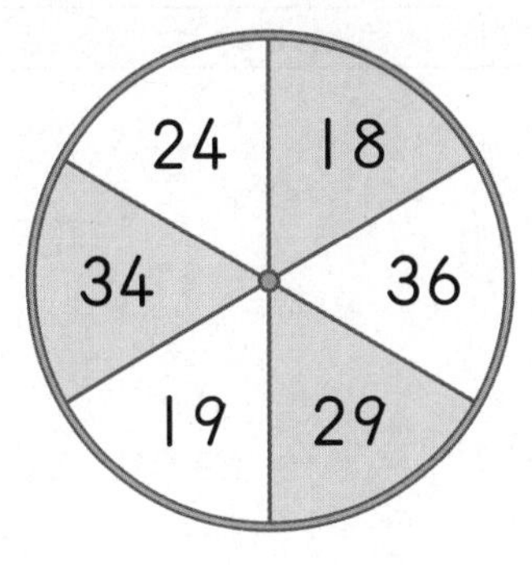

2 두 수의 차: 28

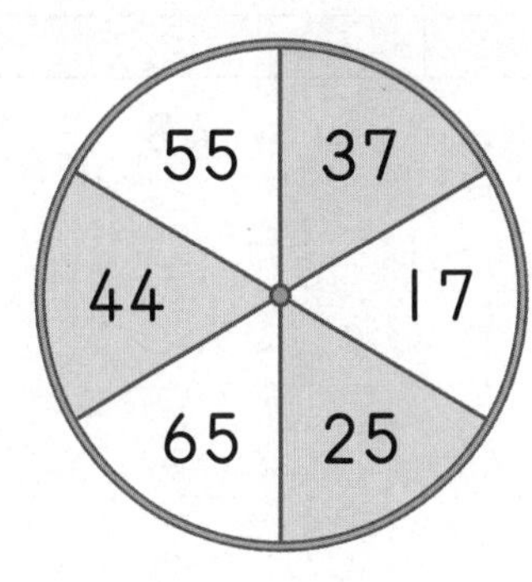

3 두 수의 차: 47

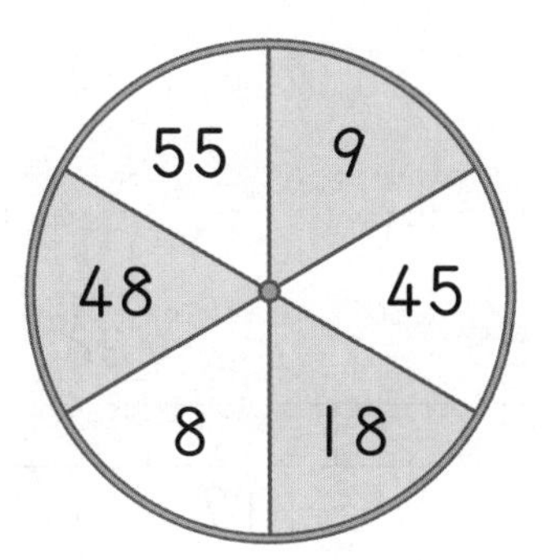

4 두 수의 차: 33

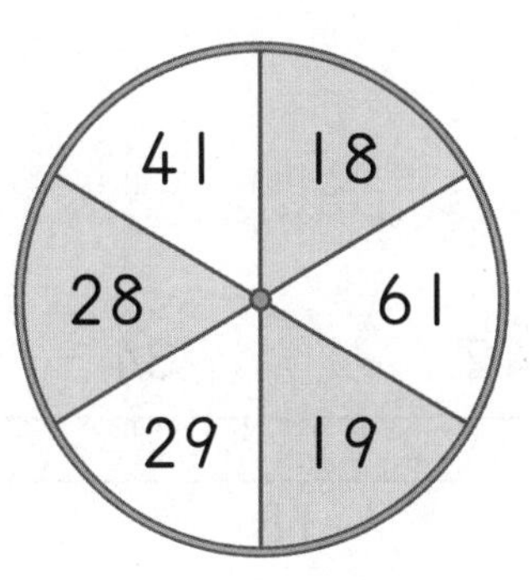

5 두 수의 차: 66

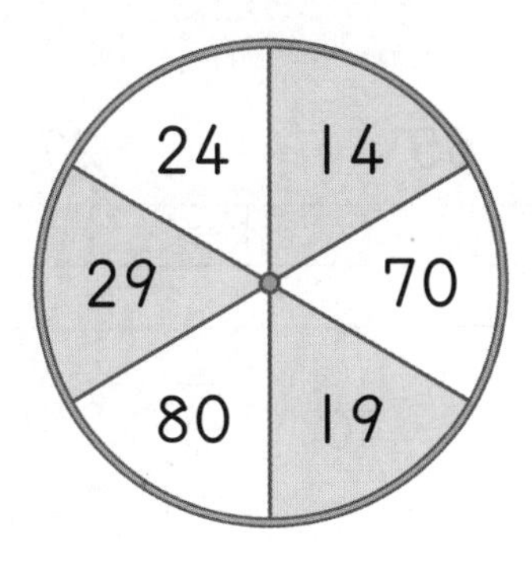

6 두 수의 차: 14

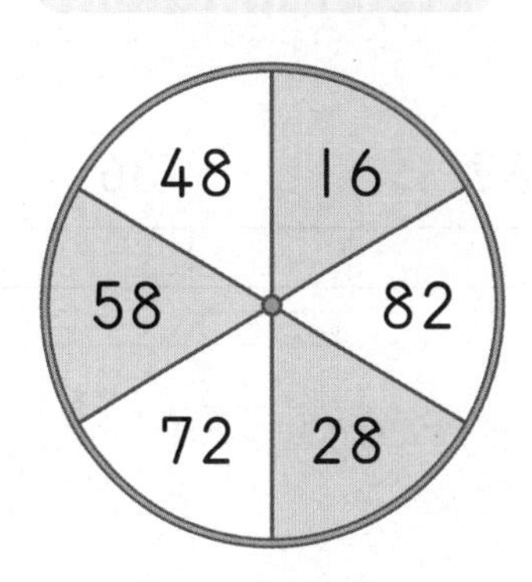

응용력 향상 집중 연습

▶ 정답과 해설 39쪽

● 그림을 보고 □ 안에 알맞은 수를 써넣기

1

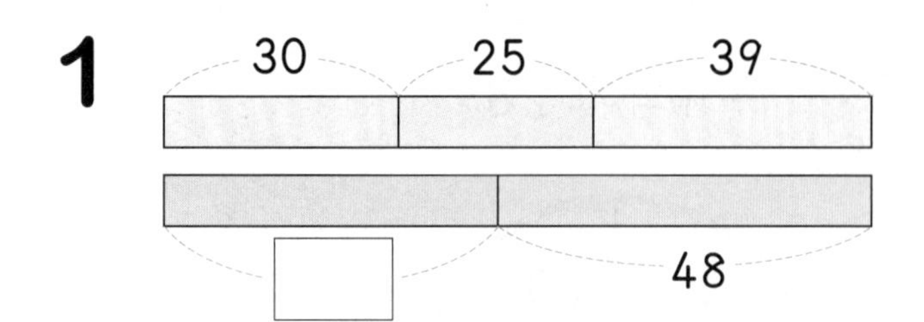

2

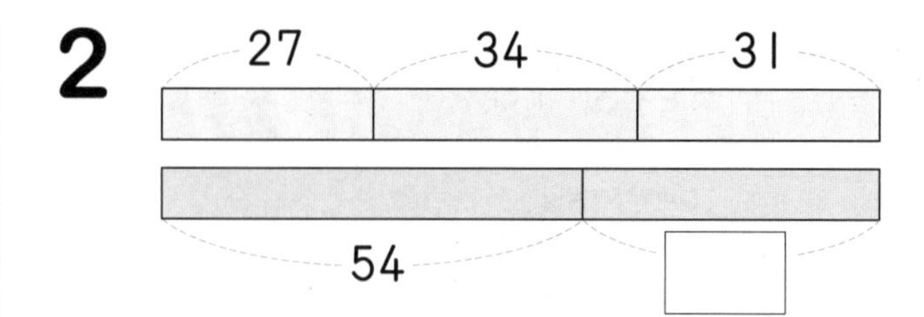

3

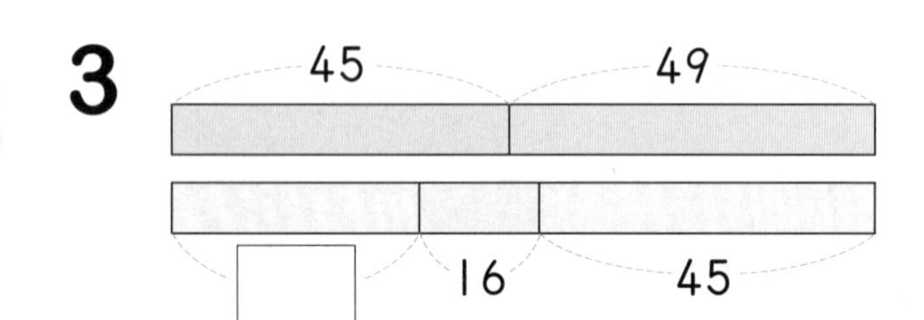

4

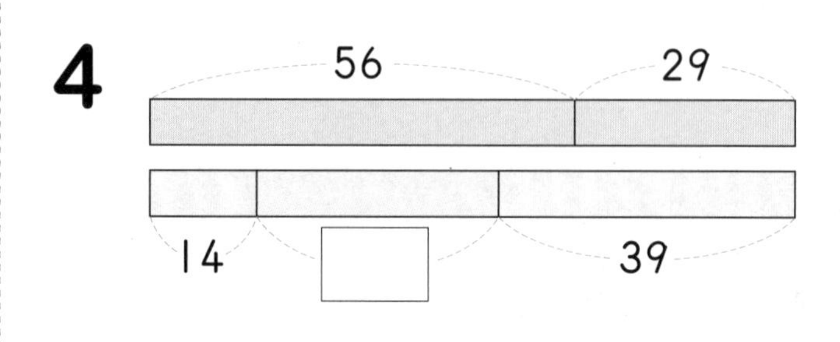

5

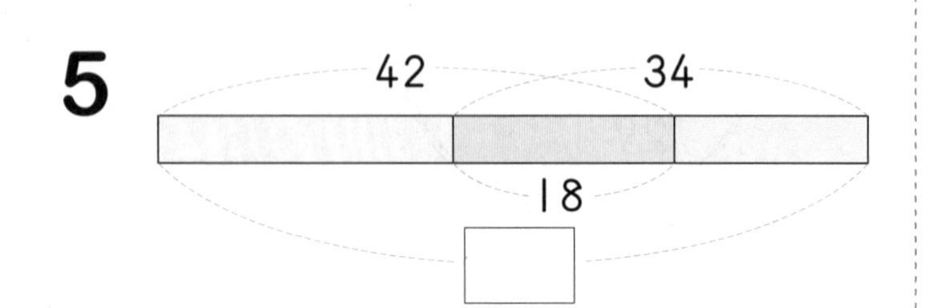

6

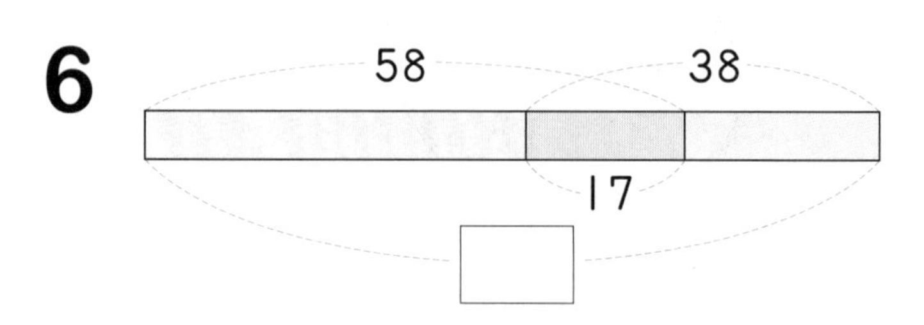

7

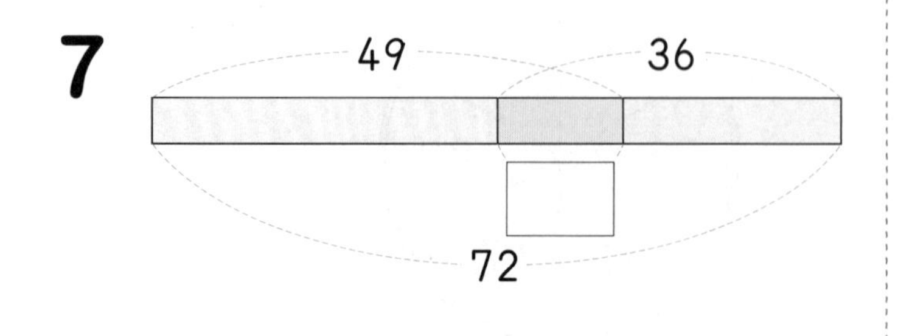

8

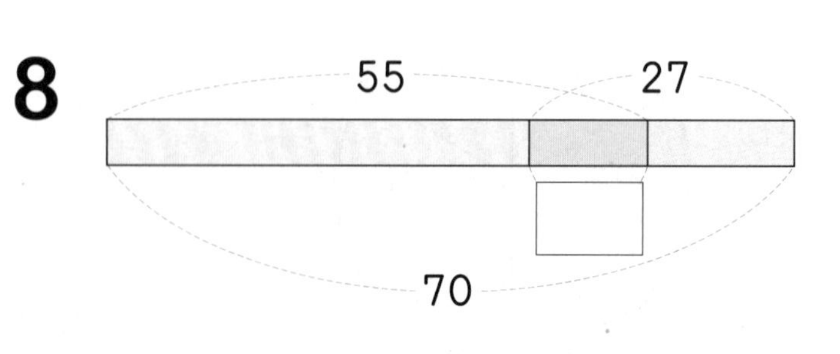

응용력 향상 집중 연습

▶ 정답과 해설 39쪽

주어진 수 카드를 보고 덧셈식, 뺄셈식 만들기

1 19 22 41

덧셈식 □ + □ = □

□ + □ = □

2  56 64 8

덧셈식 □ + □ = □

□ + □ = □

3  46  29 17

뺄셈식 □ − □ = □

□ − □ = □

4 39 35 74

뺄셈식 □ − □ = □

□ − □ = □

5 42 24 18

덧셈식 24 + □ = □

뺄셈식 □ − □ = □

□ − □ = □

6 28 93 65

덧셈식 28 + □ = □

뺄셈식 □ − □ = □

□ − □ = □

응용력 향상 집중 연습

▶ 정답과 해설 39쪽

◐ 사다리를 타면서 계산하여 빈 곳에 알맞은 수를 써넣기

1

19 36 57

+25

+38

82

19+25+38

사다리 타기는 선을 타고 가다가 가로 선을 만나면 가로 선을 따라 내려가요.

2

82 25 19

+67

+43

3

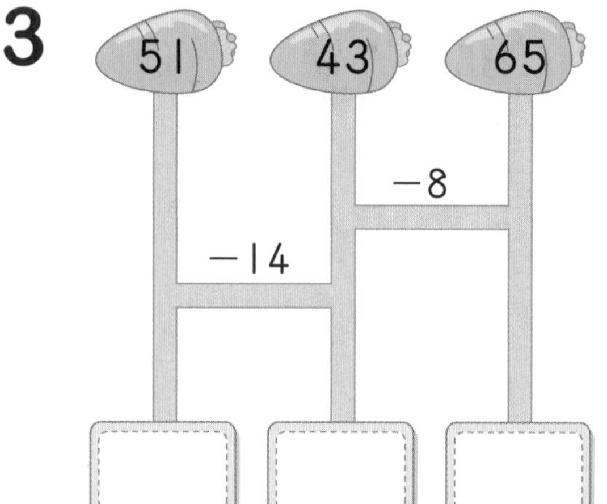

4

80 72 94

−36

−27

5

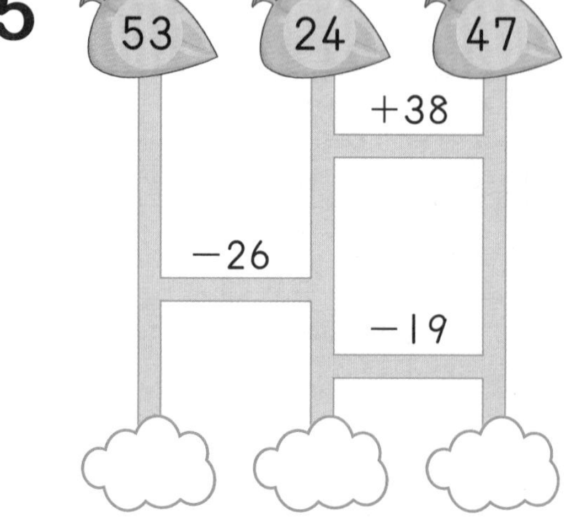

6

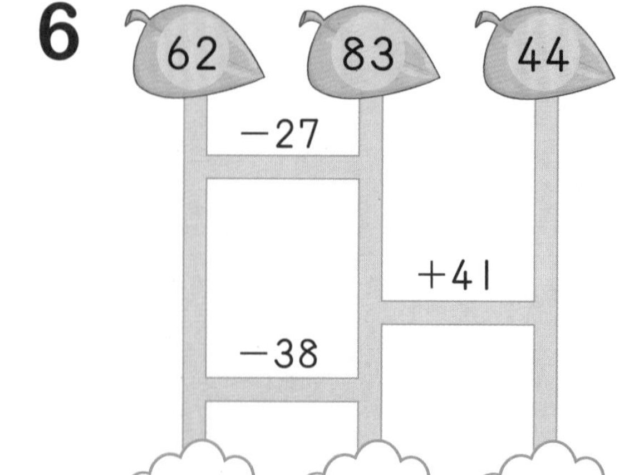

응용력 향상 집중 연습

▶ 정답과 해설 39쪽

□의 값이 큰 순서대로 기호 쓰기

1

㉠ 19−□=14
㉡ □−15=22
㉢ 47−□=33

(　　　　　　)

2

㉠ 12−□=7
㉡ □−8=5
㉢ 21−□=14

(　　　　　　)

3

㉠ 19+□=23
㉡ □+16=21
㉢ 15+□=23

(　　　　　　)

4

㉠ 39+□=67
㉡ □+45=62
㉢ 56+□=81

(　　　　　　)

5

㉠ □−8=22
㉡ □+18=35
㉢ 19+□=30

(　　　　　　)

6

㉠ 43−□=16
㉡ □+34=92
㉢ □−17=43

(　　　　　　)

단원

3 창의·융합·코딩 학습

코딩 1 명령에 따라 수를 구해 봐!

도기는 블록 명령어에 따라 지나간 칸에 쓰여 있는 수를 모두 더하여 그 값을 말합니다. 시작하기 버튼을 클릭했을 때 도기가 말하는 수를 쓰세요.

▷ 시작하기 버튼을 클릭했을 때
위로(↑) 한 칸 이동
오른쪽으로(→) 한 칸 이동
오른쪽으로(→) 한 칸 이동

8		
5	9	
(도기)		3

5+9 → 14

도기

❶
▷ 시작하기 버튼을 클릭했을 때
위로(↑) 한 칸 이동
위로(↑) 한 칸 이동
오른쪽으로(→) 한 칸 이동

23		
59	44	
(도기)		18

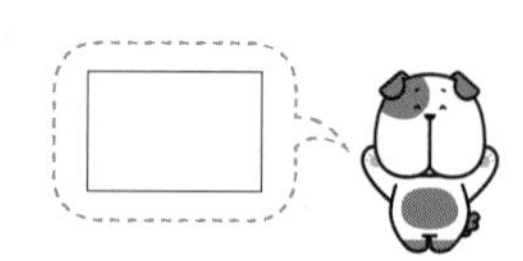

❷
▷ 시작하기 버튼을 클릭했을 때
오른쪽으로(→) 한 칸 이동
오른쪽으로(→) 한 칸 이동
위로(↑) 한 칸 이동
위로(↑) 한 칸 이동

29		
	66	8
(도기)	43	75

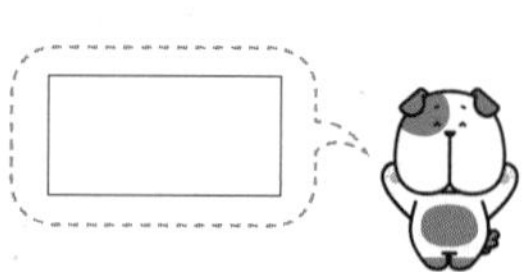

▶ 정답과 해설 40쪽

창의 2 보물함 자물쇠의 비밀번호는?

선장과 아이들이 바닷속에서 보물함을 찾았습니다. 대화를 읽고 보물함 자물쇠의 비밀번호를 구하세요.

① $94-5=$ □ ② $48+65=$ □

③ $83-7=$ □ ④ $32+19=$ □

➜ 보물함 자물쇠의 비밀번호는 ① □ ② □ ③ □ ④ □ 입니다.

단원 4

응용력 향상 집중 연습

▶ 정답과 해설 40쪽

● 색 테이프의 길이를 자로 재어 보고 같은 길이인 칸에 같은 색으로 칠하기

1

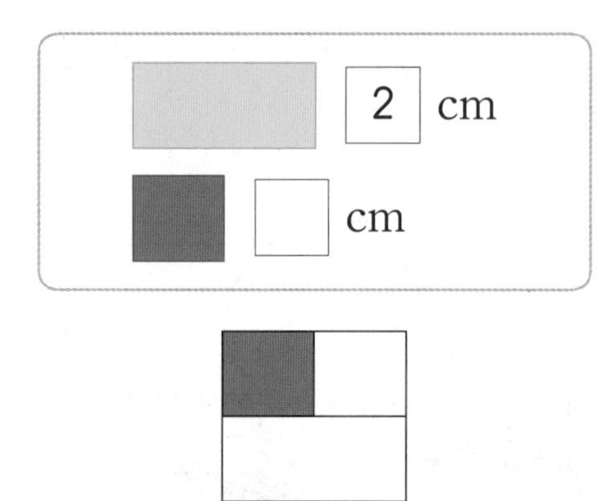

2

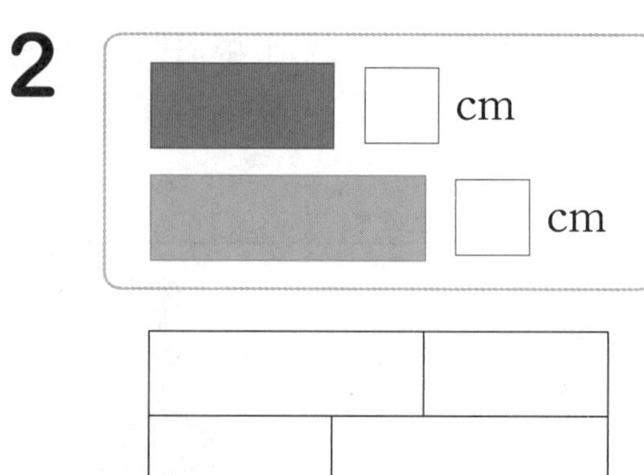

3

cm

cm

4

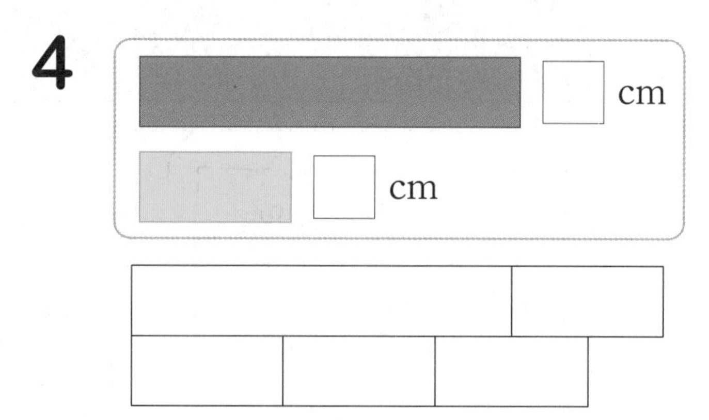

5

cm

cm

cm

6

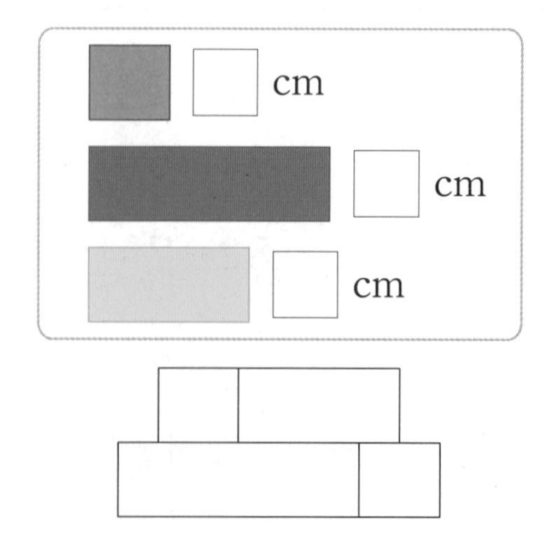

단원 4

응용력 향상 집중 연습

▶ 정답과 해설 40쪽

● 1부터 9까지의 수 중 □ 안에 들어갈 수 있는 수 모두 구하기

1 7 센티미터 < □ cm

□= ______________________

2 4 센티미터 > □ cm

□= ______________________

3 1 cm가 3번 > □ cm

□= ______________________

4 1 cm가 5번 < □ cm

□= ______________________

5 6 센티미터 < 1 cm가 □번

□= ______________________

6 □ 센티미터 > 1 cm가 8번

□= ______________________

응용력 향상 집중 연습

▶ 정답과 해설 41쪽

◐ 크레파스보다 길이가 더 긴 것의 기호 쓰기

1

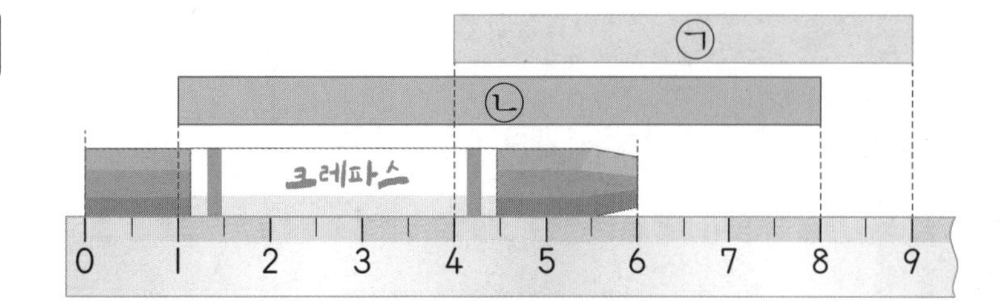

(　　　　　　)

2

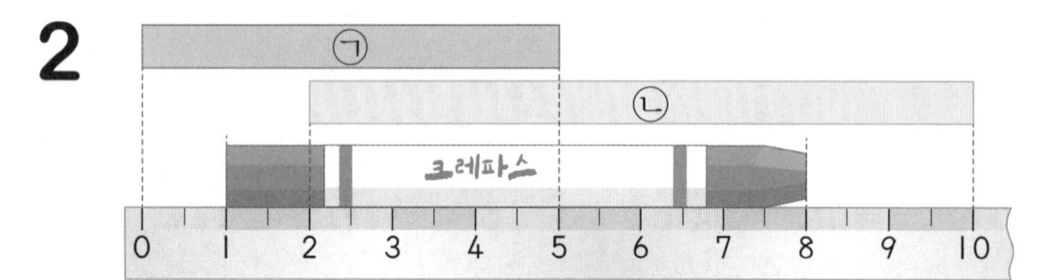

(　　　　　　)

3

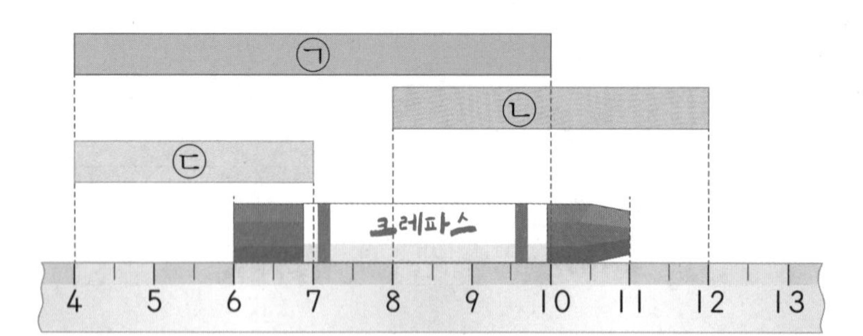

(　　　　　　)

4

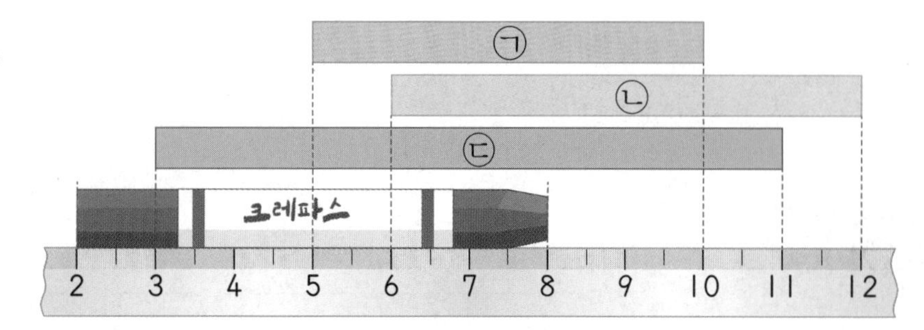

(　　　　　　)

응용력 향상 집중 연습

▶ 정답과 해설 41쪽

자를 사용하지 않고 ㉠의 길이 구하기

1

㉠		5 cm
4 cm	6 cm	

( )

2

3 cm	8 cm
4 cm	㉠

( )

3

7 cm	㉠
3 cm	12 cm

( )

4

5 cm	5 cm	2 cm
㉠	9 cm	

( )

5

4 cm	㉠	4 cm
6 cm	6 cm	

( )

6

10 cm		6 cm
5 cm	4 cm	㉠

( )

코딩 1 로봇 청소기가 움직인 거리는?

로봇 청소기는 명령에 따라 움직이면서 청소를 합니다. 로봇 청소기가 움직인 길을 따라가며 선으로 표시하고, 움직인 거리는 모두 몇 cm인지 구하세요. (단, 로봇 청소기가 움직이는 곳에서 가장 작은 사각형의 한 변의 길이는 1 cm로 모두 같습니다.)

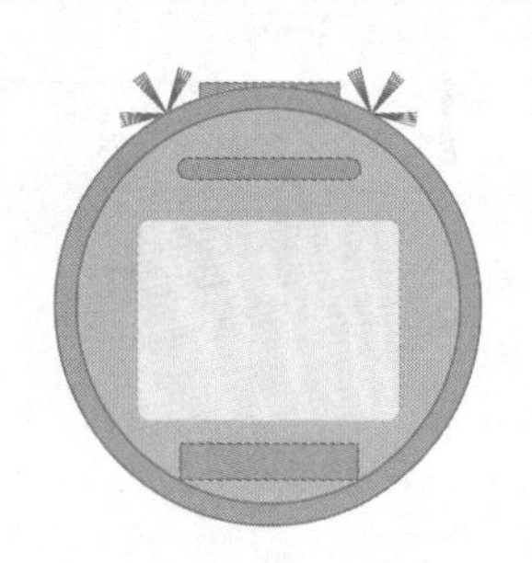

로봇 청소기가 1칸 움직이면 1 cm 간 거야.

로봇 청소기가 5칸 움직이면 5 cm 간 거겠네.

❶

명령1 오른쪽으로 5칸 가기
명령2 아래쪽으로 2칸 가기
명령3 왼쪽으로 3칸 가기
명령4 아래쪽으로 1칸 가기
명령5 왼쪽으로 2칸 가기
명령6 멈추기

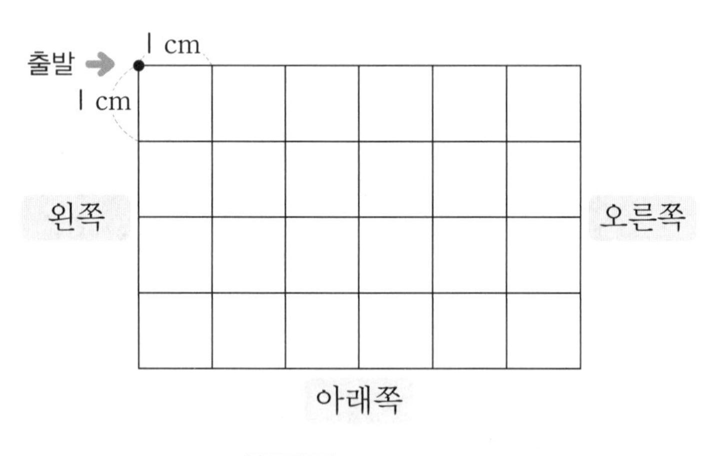

로봇 청소기가 움직인 거리: ☐ cm

❷

명령1 오른쪽으로 2칸 가기
명령2 아래쪽으로 1칸 가기
명령3 오른쪽으로 4칸 가기
명령4 아래쪽으로 2칸 가기
명령5 왼쪽으로 6칸 가기
명령6 멈추기

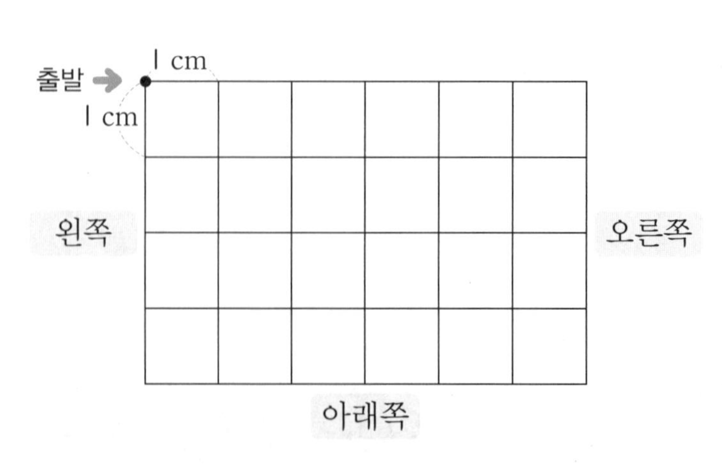

로봇 청소기가 움직인 거리: ☐ cm

창의 2 착시 현상이란?

지유와 도윤이가 그림1 과 그림2 를 보고 있습니다. 두 그림을 보고 바르게 설명한 사람은 누구인지 알아보세요.

그림1

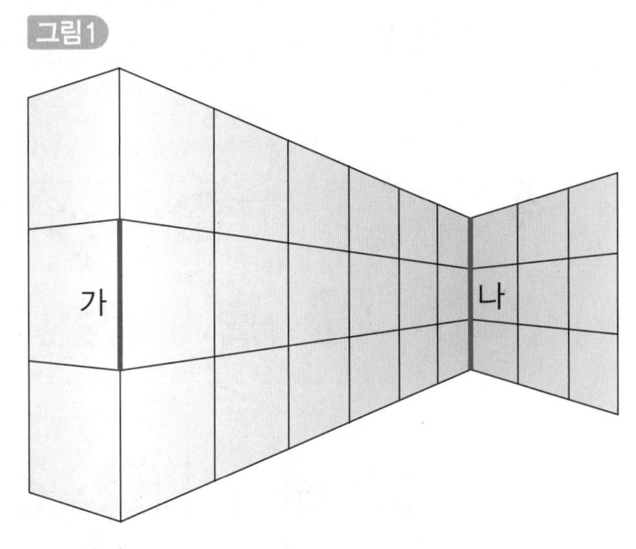

그림2

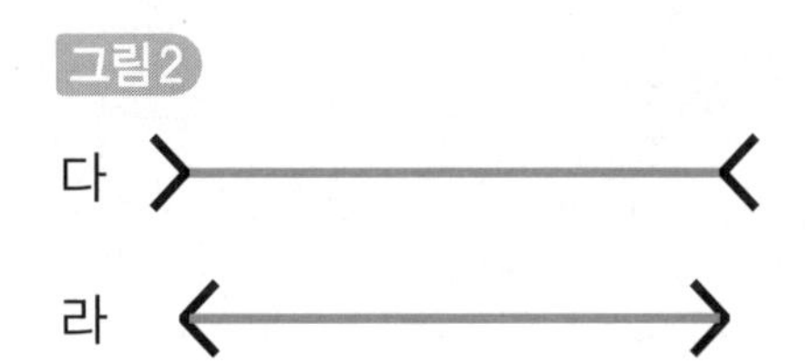

1 그림1 에서 분홍색 선 가와 나의 길이는 각각 몇 cm인지 자로 재어 보세요.

가 (　　　　　　　), 나 (　　　　　　　)

2 그림2 에서 다와 라의 초록색 선의 길이는 각각 몇 cm인지 자로 재어 보세요.

다 (　　　　　　　), 라 (　　　　　　　)

3 두 그림을 보고 바르게 설명한 사람의 이름을 쓰세요.

(　　　　　　　)

응용력 향상 집중 연습

▶ 정답과 해설 42쪽

분류한 것을 보고 분류 기준 쓰기

1

7 4 9 5 1 2

7 5 1 | 4 9 2

분류 기준 ______________________

2

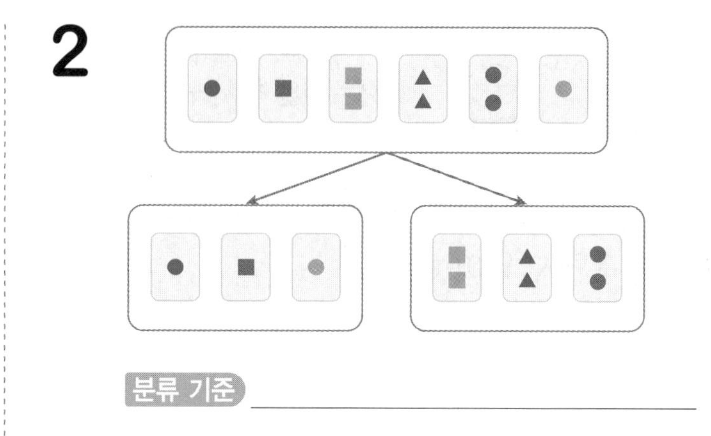

분류 기준 ______________________

3

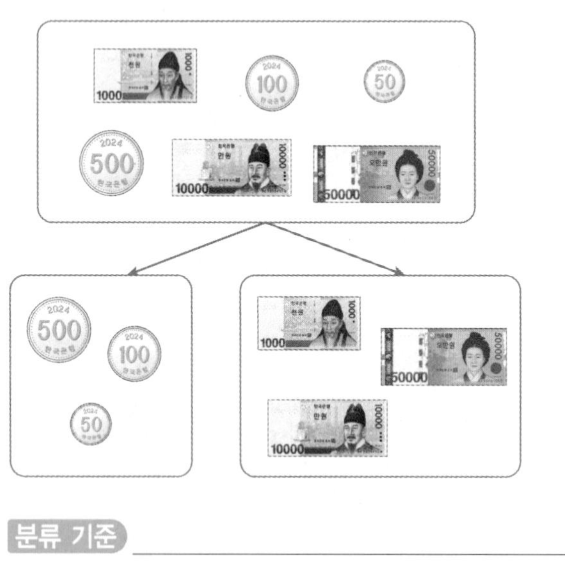

분류 기준 ______________________

4

분류 기준 ______________________

5

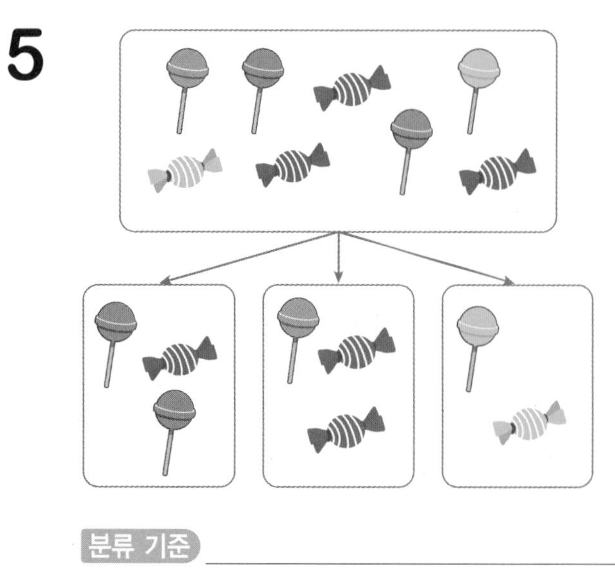

분류 기준 ______________________

6

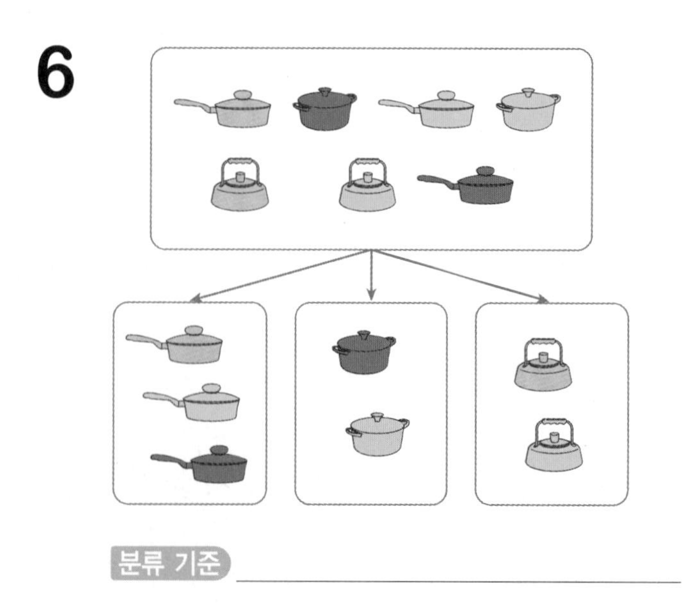

분류 기준 ______________________

응용력 향상 집중 연습

▶ 정답과 해설 42쪽

◐ 두 가지 기준에 따라 분류하기

1

	꽃잎 4개	꽃잎 5개

2

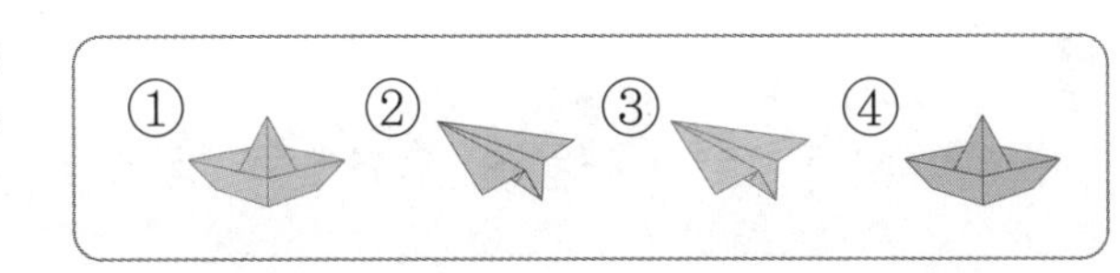

3

	무늬 없음.	무늬 있음.
손잡이 없음.		
손잡이 있음.		

4

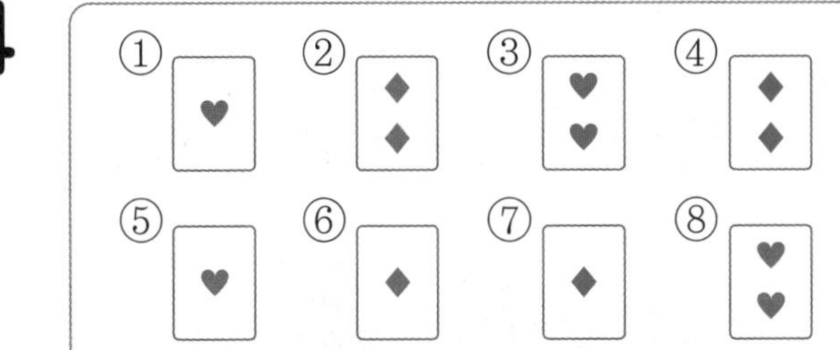

	모양 1개	모양 2개
빨간색		
파란색		

5

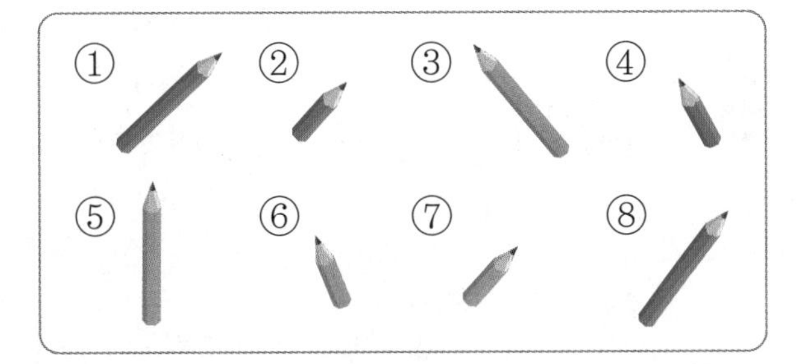

	긴 연필	짧은 연필

6

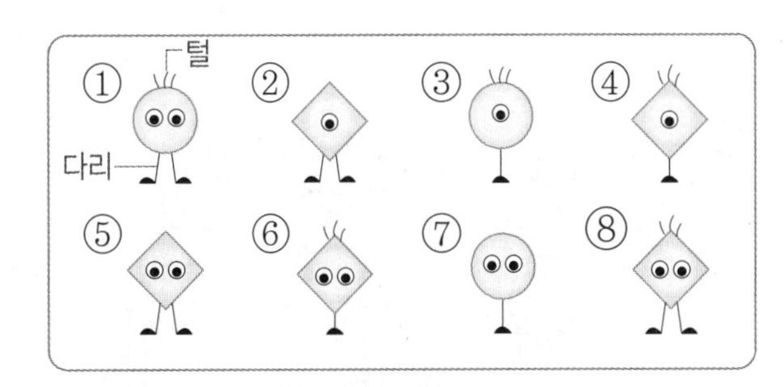

	다리 1개	다리 2개
털 없음.		
털 있음.		

5 응용력 향상 집중 연습

▶ 정답과 해설 42쪽

◐ 잘못 분류된 것에 ○표 하고, 그 ○표 한 것을 어느 칸으로 옮겨야 하는지 쓰기

1

땅에서 이용

하늘에서 이용

(   ) 칸

2

공으로 하는 운동

공으로 하지 않는 운동

(   ) 칸

3

안경

목도리

양말

(   ) 칸

4

과일

야채

곡물

쌀 보리

(   ) 칸

5

캔류

종이류

플라스틱류

공책

(   ) 칸

6

(   ) 칸

단원 5

응용력 향상 집중 연습

▶ 정답과 해설 43쪽

가장 많은 것과 가장 적은 것 찾기

1

봄	여름	봄	여름
겨울	가을	가을	가을
봄	여름	가을	봄
봄	여름	봄	겨울

가장 많은 계절 (   )

가장 적은 계절 (   )

2

윷놀이	제기차기	팽이치기	연날리기
연날리기	팽이치기	연날리기	팽이치기
연날리기	윷놀이	팽이치기	연날리기
제기차기	연날리기	윷놀이	윷놀이

가장 많은 놀이 (   )

가장 적은 놀이 (   )

3

돈가스	피자	치킨	햄버거
치킨	햄버거	피자	햄버거
피자	치킨	돈가스	치킨
햄버거	햄버거	피자	햄버거
피자	돈가스	햄버거	치킨

가장 많은 음식 (   )

가장 적은 음식 (   )

4

체리	바나나	귤	사과
바나나	사과	바나나	체리
체리	체리	귤	바나나
바나나	사과	체리	체리
체리	귤	사과	체리

가장 많은 과일 (   )

가장 적은 과일 (   )

창의 1 우즐 카드를 분류해 봐!

주어진 우즐 카드를 기준을 정하여 두 단계로 분류하려고 합니다. □ 안에 알맞은 우즐 카드의 번호를 써넣으세요.

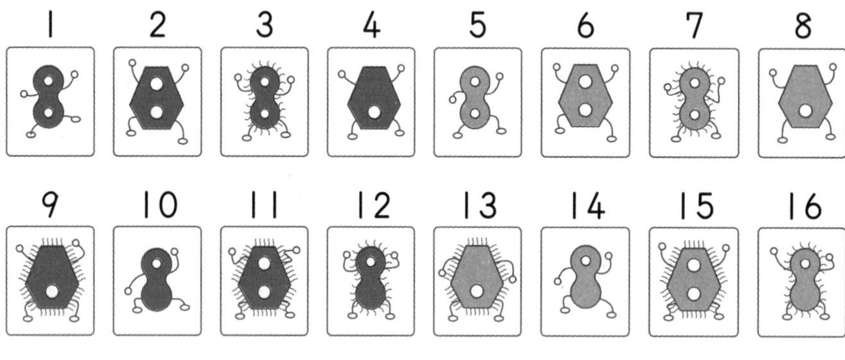

우즐 카드는 모양, 색깔, 털이 있고 없음, 구멍의 수 등을 기준으로 하여 분류할 수 있어.

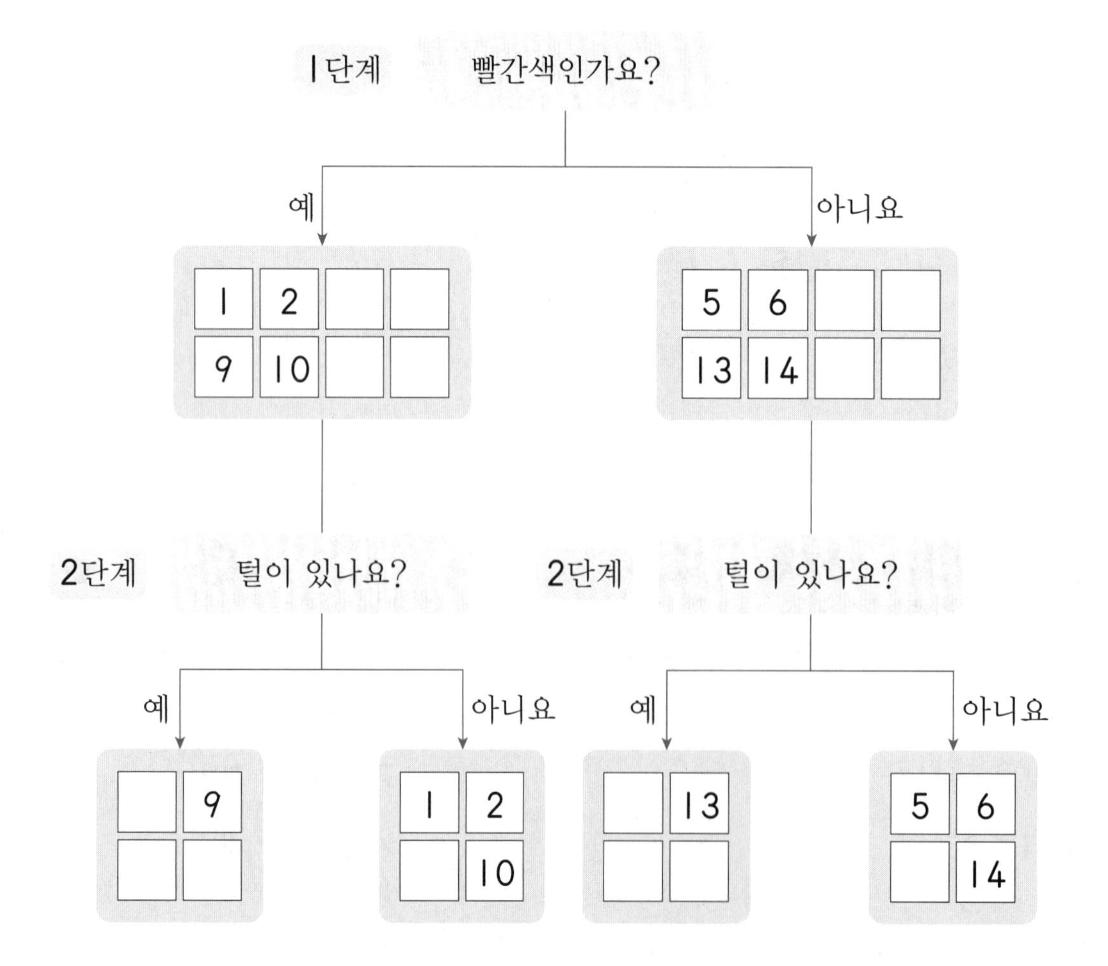

▶ 정답과 해설 43쪽

코딩 2 작동 명령에 따라 분류해 봐!

다음과 같이 코딩된 로봇이 있습니다. 명령에 따라 로봇이 주어진 카드를 분류한다면 시작하기 버튼을 클릭했을 때 각 상자에 들어 있는 카드는 몇 장인지 구하세요.

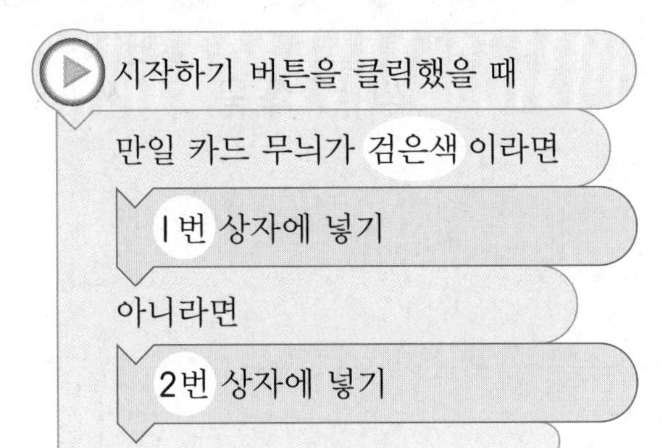

2번 상자에는 카드 무늬가 검은색이 아닌 카드가 모두 들어 있겠구나.

❶

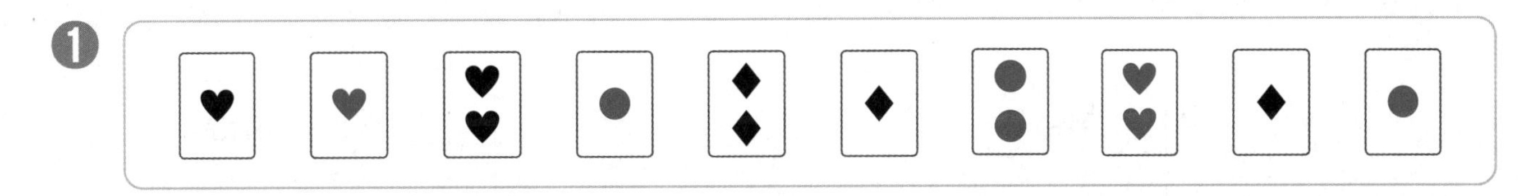

1번 상자에 들어 있는 카드: □장

2번 상자에 들어 있는 카드: □장

❷

1번 상자에 들어 있는 카드: □장

2번 상자에 들어 있는 카드: □장

단원 6

응용력 향상 집중 연습

▶ 정답과 해설 43쪽

모두 몇 개인지 여러 가지 방법으로 묶어 세기

1

□씩 □묶음, □씩 □묶음

(　　　　　　)

2

□씩 □묶음, □씩 □묶음

(　　　　　　)

3

□씩 □묶음
□씩 □묶음
□씩 □묶음

(　　　　　　)

4

□씩 □묶음
□씩 □묶음
□씩 □묶음

(　　　　　　)

5

□씩 □묶음
□씩 □묶음
□씩 □묶음

(　　　　　　)

6

□씩 □묶음
□씩 □묶음
□씩 □묶음

(　　　　　　)

응용력 향상 집중 연습

▶ 정답과 해설 43쪽

◐ 그림의 수를 몇의 몇 배로 바르게 나타낸 것을 모두 찾아 ○표 하기

1

2의 4배　　3의 4배　　4의 2배

2

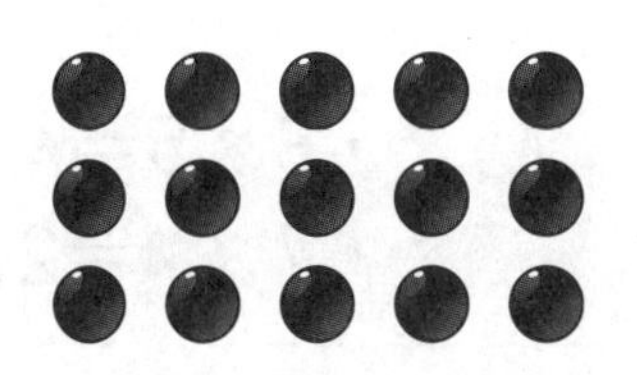

2의 3배　　3의 5배　　5의 3배

3

4의 3배　　7의 2배
2의 7배　　3의 4배

4

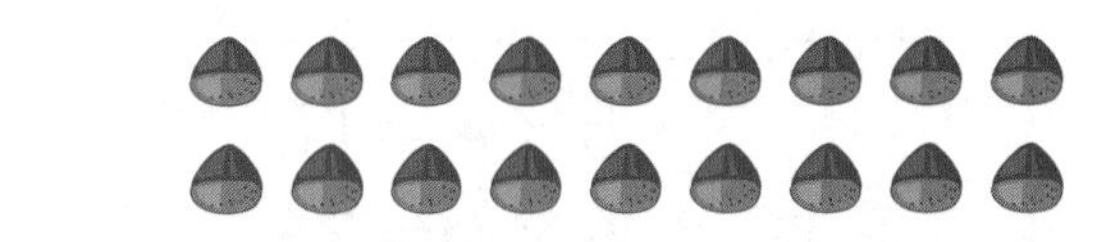

3의 6배　　7의 3배
5의 4배　　9의 2배

5

6의 3배　　3의 4배
4의 4배　　6의 2배

6

4의 4배　　5의 2배
8의 2배　　6의 3배

응용력 향상 집중 연습

▶ 정답과 해설 44쪽

▲와 ●의 합(차) 구하기

1

- $3 \times 5 = ▲$
- $7 \times ● = 28$

➔ ▲+●= ☐

2

- $8 \times 2 = ▲$
- $4 \times ● = 12$

➔ ▲−●= ☐

3

- $5 \times ▲ = 10$
- $6 \times ● = 36$

➔ ▲+●= ☐

4

- $7 \times ▲ = 35$
- $9 \times ● = 27$

➔ ▲−●= ☐

5

- $2 \times 4 = ▲$
- $▲ \times ● = 16$

➔ ▲+●= ☐

6

- $3 \times 3 = ▲$
- $▲ \times ● = 36$

➔ ▲−●= ☐

응용력 향상 집중 연습

▶ 정답과 해설 44쪽

● 수 카드 중에서 2장을 사용하여 계산 결과가 가장 큰(작은) 곱셈식 만들기

1

4 6 3

계산 결과가 가장 큰 곱셈식:

□×□=□

2

9 

5

계산 결과가 가장 큰 곱셈식:

□×□=□

3

계산 결과가 가장 작은 곱셈식:

□×□=□

4

8

계산 결과가 가장 작은 곱셈식:

□×□=□

5

계산 결과가 가장 큰 곱셈식:

□×□=□

6

5

계산 결과가 가장 작은 곱셈식:

□×□=□

융합 1 나타내는 수가 같은 것을 찾아봐!

휴대 전화의 잠금장치를 풀려면 힌트가 나타내는 수와 값이 같은 것을 모두 눌러야 합니다. 보기와 같이 값이 같은 것을 모두 찾아 색칠해 보세요.

보기

2씩 7묶음이 나타내는 수는 14이므로 값이 같은 것을 모두 찾으면 2×7, 14, 7+7, 7의 2배야.

❶

힌트: 5씩 2묶음

10	5의 5배	13
2의 4배	12	5의 2배
2×5	5+5	14

❷

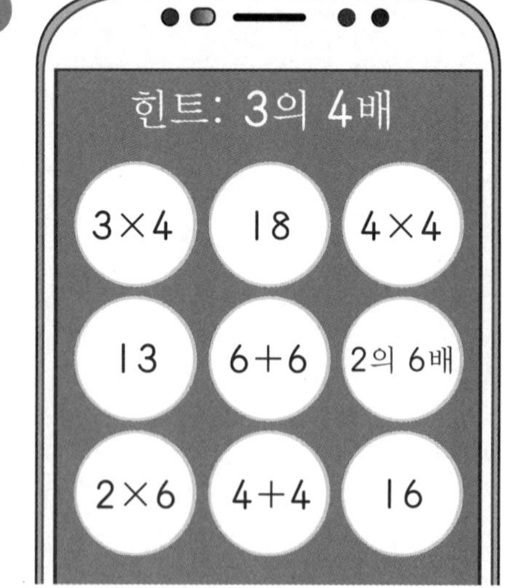

먼저 힌트가 나타내는 수가 얼마인지 알아 봐!

▶ 정답과 해설 44쪽

창의 2 곱셈을 이용해서 이동해야 하는 칸 수를 구하자.

현수가 현재 서 있는 위치에서 규칙에 따라 산을 올라갔습니다. 현재 위치에서 마지막 규칙까지 따라 산을 올라갔을 때 현수의 위치를 찾아 ○표 하세요.

기본기와 서술형을 한 번에, 확실하게
수학 자신감은 덤으로!

수학리더 시리즈 (초1～6 / 학기용)

[연산]
(*예비초~초6/총14단계)

[개념]

[기본]

[유형]

[기본＋응용]

[응용·심화]

[최상위]
(*초3~6)

book.chunjae.co.kr

교재 내용 문의 ·························· 교재 홈페이지 ▸ 초등 ▸ 교재상담
교재 내용 외 문의 ······················ 교재 홈페이지 ▸ 고객센터 ▸ 1:1문의
발간 후 발견되는 오류 ················ 교재 홈페이지 ▸ 초등 ▸ 학습지원 ▸ 학습자료실

수학의 자신감을 키워 주는 **초등 수학 교재**

난이도 한눈에 보기!

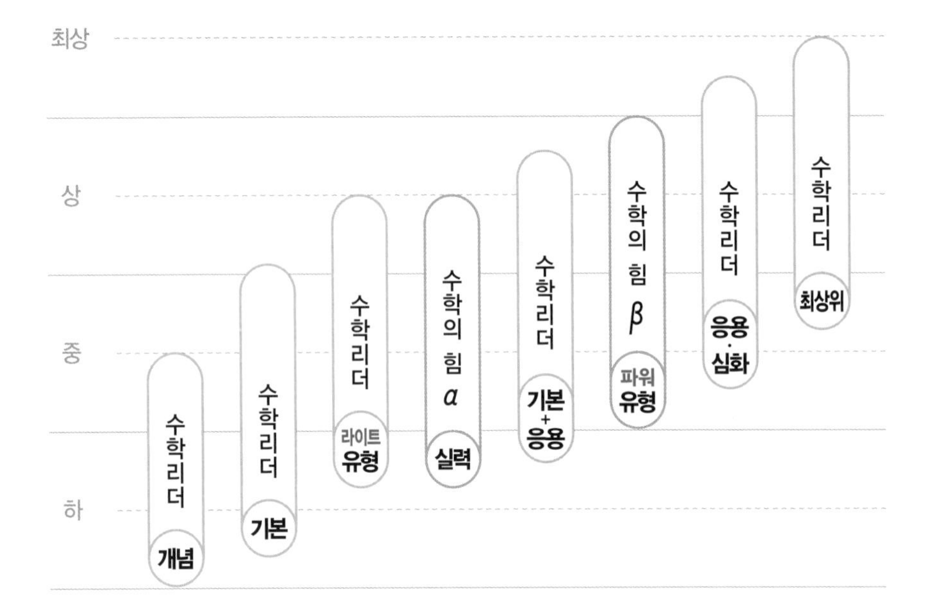

※ 주의
책 모서리에 다칠 수 있으니 주의하시기 바랍니다.
부주의로 인한 사고의 경우 책임지지 않습니다.
8세 미만의 어린이는 부모님의 관리가 필요합니다.
※ KC 마크는 이 제품이 공통안전기준에 적합하였음을 의미합니다.

차세대 리더

시험 대비교재

●올백 전과목 단원평가	1~6학년/학기별 (1학기는 2~6학년)
●HME 수학 학력평가	1~6학년/상·하반기용
●HME 국어 학력평가	1~6학년

논술·한자교재

●YES 논술	1~6학년/총 24권
●천재 NEW 한자능력검정시험 자격증 한번에 따기	8~5급(총 7권) / 4급~3급(총 2권)

영어교재

●READ ME	
– Yellow 1~3	2~4학년(총 3권)
– Red 1~3	4~6학년(총 3권)
●Listening Pop	Level 1~3
●Grammar, ZAP!	
– 입문	1, 2단계
– 기본	1~4단계
– 심화	1~4단계
●Grammar Tab	총 2권
●Let's Go to the English World!	
– Conversation	1~5단계, 단계별 3권
– Phonics	총 4권

예비중 대비교재

●천재 신입생 시리즈	수학 / 영어
●천재 반편성 배치고사 기출 & 모의고사	

초등 수학 라인업

최상

난이도

심화

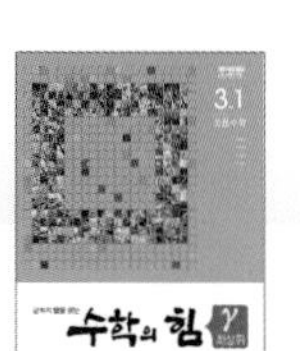

수학의 힘[감마]

수학리더[최상위]

수학의 힘[베타]

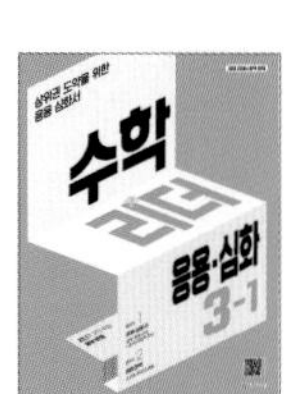
수학리더
[응용·심화]

유형

수학리더
[기본+응용]

수학도
독해가 힘이다

초등 문해력
독해가 힘이다
[문장제 수학편]

수학리더[유형]

수학의 힘[알파]

개념

수학리더[기본]

수학리더[개념]

기초
연산

계산박사

수학리더[연산]

최하

New 해법 수학

학기별 1~3호

방학 개념 학습

GO! 매쓰 시리즈

Start/Run A–C/Jump

평가 대비 특화 교재

단원 평가
마스터

HME 수학
학력평가

예비 중학
신입생 수학

book.chunjae.co.kr

22개정 교육과정 반영

수학리더 유형

해법 전략

BOOK 3

2-1

BOOK 1

유형북

개념별 유형
+ 꼬리를 무는 유형
+ 수학 독해력 유형

리더가 되기 위한

공부 비법

BOOK 2

보충북

응용력 향상 집중 연습
+ 창의·융합·코딩 학습

천재교육

해법전략
포인트 3가지

- 혼자서도 이해할 수 있는 친절한 문제 풀이
- 참고, 주의, 중요, 전략 등 자세한 풀이 제시
- 다른 풀이를 제시하여 다양한 방법으로 문제 풀이 가능

1. 세 자리 수

1 STEP 개념별 유형 6~10쪽

1 100, 백 2 100
3 90, 100 4 100개
5 80, 100 / (1) 80 (2) 100
6 100개 7 300
8  9 500
10 200, 500, 800 11 ㉡
12 600개 13 400

14 254 / 이백오십사 15 927
16 (1) 오백팔십 (2) 807
17 구백오십 18 ㉡
19 352개 20 490원
21 예 성재는 클립을 165개 가지고 있습니다.
22 134개 23 5, 500
24 30, 6 / 30, 6

25 ㉠
26 (1) 354
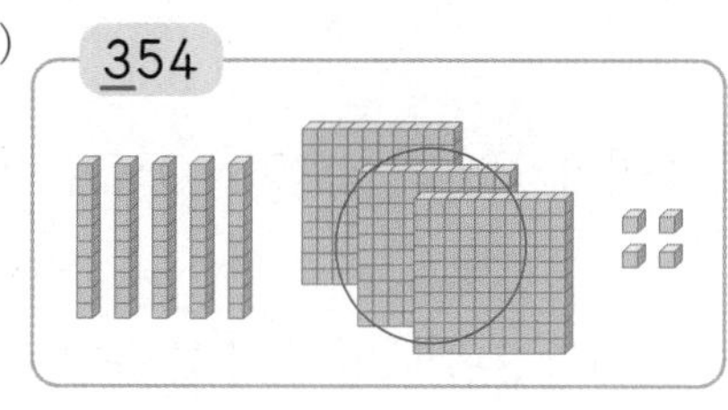
(2) 222
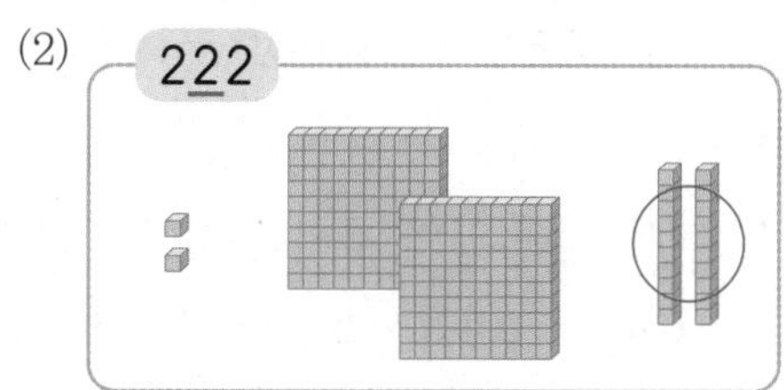
27 391에 색칠
28 258 29 9, 0, 8
30 (1), (2)

461	462	463	464	465	466
471	472	473	474	475	476
481	482	483	484	485	486
491	492	493	494	495	496

(3) 485

5 (1) 90보다 10만큼 더 작은 수는 80입니다.
(2) 90보다 10만큼 더 큰 수는 100입니다.

6 10이 10개이면 100이므로 사탕을 모두 100개 샀습니다.

7 참고
백 모형이 ■개이면 ■00입니다.

8 100원짜리 동전 6개는 600원입니다.
100원짜리 동전 8개는 800원입니다.

10 100보다 100만큼 더 큰 수는 200, 600보다 100만큼 더 작은 수는 500, 900보다 100만큼 더 작은 수는 800입니다.

11 백 모형 2개, 십 모형 3개이므로 수 모형이 나타내는 수는 200보다 크고 300보다 작습니다.

12 100이 6개이면 600이므로 클립은 모두 600개입니다.

13 10이 10개이면 100입니다.
➜ 10이 40개인 수는 100이 4개인 수와 같으므로 400입니다.

16 주의
자리의 숫자가 0일 때 그 자리는 읽지 않습니다.

17 950 ➜ 구백오십

18 ㉡ 오백십구 ➜ 519

19 100이 3개, 10이 5개, 1이 2개이면 352입니다.

20 100원짜리 동전이 4개, 10원짜리 동전이 9개이면 490원입니다.

22 크레파스 1통 → 100이 1개
수첩 3권 → 10이 3개 → 134
지우개 4개 → 1이 4개
➜ 하린이가 물건을 사는 데 사용한 칭찬 도장은 134개입니다.

25 7 9 9 (90, 9) ➜ 밑줄 친 숫자 9 중에서 90을 나타내는 것은 ㉠입니다.

26 (1) 354에서 밑줄 친 숫자 3은 300을 나타냅니다.
(2) 222에서 밑줄 친 숫자 2는 20을 나타냅니다.

27 3□□인 수를 찾습니다. → 391

28

백의 자리	십의 자리	일의 자리
2	5	8

→ 258

29 구백팔 → 908
908에서 백의 자리 숫자는 9, 십의 자리 숫자는 0, 일의 자리 숫자는 8입니다.

30 (3) 두 가지 색이 모두 칠해진 수는 십의 자리 숫자가 8이고 일의 자리 숫자가 5인 485입니다.

❶~❹ 형성평가 11쪽

1 30
2 627
3 700+10+8
4 (연결)
5 600 / 6
6 500원
7 10봉지
8 ㉢

2 100이 6개, 10이 2개, 1이 7개이면 627입니다.

3 718에서 7은 백의 자리 숫자이므로 700을, 1은 십의 자리 숫자이므로 10을, 8은 일의 자리 숫자이므로 8을 나타냅니다.

4 274 → 이백칠십사, 472 → 사백칠십이
742 → 칠백사십이

5 ㉠ 백의 자리 숫자이므로 600을 나타냅니다.
㉡ 일의 자리 숫자이므로 6을 나타냅니다.

6 10원짜리 동전이 10개이면 100원이므로 100원짜리 동전 4개와 10원짜리 동전 10개는 500원입니다.

7 100은 10이 10개인 수이므로 오징어 100마리는 한 봉지에 10마리씩 10봉지입니다.

8 숫자 7이 나타내는 수는 다음과 같습니다.
㉠ 617 → 7, ㉡ 731 → 700, ㉢ 574 → 70

1 STEP 개념별 유형 12~14쪽

1 463, 473
2 1000 / 천
3 (위에서부터) 700, 800, 900, 1000
4 650, 652 / 1
5 (위에서부터) 347, 367, 377
6 950원
7 644, 643, 642
8 10씩
9 (위에서부터) 884, 784, 684, 584, 484
10 > / >
11 (위에서부터) 3, 9 / 5, 6 / <
12 418에 색칠

13 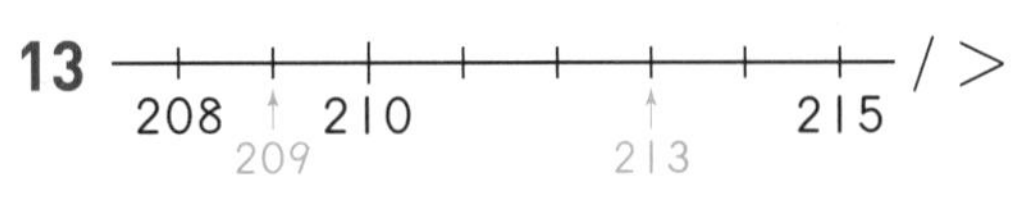

/ >

14 ㉡
15 당근
16 은채네 학교
17 (위에서부터) 1, 7 / 6, 3, 9
18 717, 639
19 456

3 100씩 뛰어 세면 백의 자리 숫자가 1씩 커지므로 500－600－700－800－900－1000입니다.

4 일의 자리 숫자가 1씩 커졌으므로 1씩 뛰어 센 것입니다.

5 십의 자리 숫자가 1씩 커지므로 10씩 뛰어 센 것입니다.

6 650에서 100씩 3번 뛰어 센 수를 구합니다.
→ 650－750－850－950이므로 950원이 됩니다.

7 1씩 거꾸로 뛰어 세면 일의 자리 숫자가 1씩 작아지므로 647－646－645－644－643－642입니다.

8 십의 자리 숫자가 1씩 작아지므로 10씩 거꾸로 뛰어 센 것입니다.

9 100씩 거꾸로 뛰어 세면 백의 자리 숫자가 1씩 작아지므로 984－884－784－684－584－484입니다.

10 백의 자리 숫자를 비교하면 7>4이므로 763>485입니다.

11 백의 자리 숫자가 같으므로 십의 자리 숫자를 비교하면 639<656입니다.
(3<5)

12 백, 십의 자리 숫자가 같으므로 일의 자리 숫자를 비교하면 418>417입니다.
(8>7)

13 수직선에 두 수를 나타내면 213이 209보다 오른쪽에 있으므로 213>209입니다.

14 ㉠ 458>429 (5>2) ㉡ 763>690 (7>6)

15 348<352이므로 당근이 더 많이 있습니다.
(4<5)

16 528>524이므로 학생 수가 더 적은 학교는 은채네 학교입니다.
(8>4)

18 백의 자리 숫자를 비교하면 7>6이므로 717이 가장 큰 수입니다. 648과 639의 십의 자리 숫자를 비교하면 4>3이므로 639가 가장 작은 수입니다.

19 백의 자리 숫자가 4로 모두 같으므로 십의 자리 숫자를 비교합니다. 십의 자리 숫자를 비교하면 5>1>0이므로 456이 가장 큰 수입니다.

5~8 형성평가 15쪽

1 (위에서부터) 997, 998, 999, 1000	
2 <, 248	3 >
4 725, 825, 925	5 초록색
6 628	7 돼지

1 1씩 뛰어 세면 일의 자리 숫자가 1씩 커집니다. 999보다 1만큼 더 큰 수는 1000입니다.

2 236<248
(3<4)

3 구백삼십 → 930, 934>930
(4>0)

4 백의 자리 숫자가 1씩 커지므로 100씩 뛰어 센 것입니다.

5 258<263이므로 초록색 색종이가 더 많이 있습니다.
(5<6)

6 678−668−658−648−638−628(㉠)

7 백의 자리 숫자를 비교하면 8>7이므로 가장 작은 수는 735입니다.
852와 874의 십의 자리 숫자를 비교하면 5<7이므로 874가 가장 큰 수입니다.
→ 가장 큰 수를 들고 있는 동물은 돼지입니다.

2 STEP 꼬리를 무는 유형 16~19쪽

1 100	2 5
3 3묶음	4 ㉢
5 ㉡	6 485 / 사백팔십오
7 251	8 ㉢
9 채, 송, 화	10 (○)( )
11 518	12 준호
13 지호네 가족	
14 314	15 457
16 554원	17 ㉡
18 ㉡	19 ㉢
20 (위에서부터) 641, 646, 651	
21 449, 439, 429	
22 562	23 931
24 457	25 306

2 100은 95보다 5만큼 더 큰 수이므로 □ 안에 알맞은 수는 5입니다.

3 100송이는 10송이씩 10묶음입니다.
장미가 10송이씩 7묶음 있으므로 3묶음 더 있어야 100송이가 됩니다.

4 ㉠ 408 → 사백팔 ㉡ 630 → 육백삼십

5 ㉠ 칠백구 → 709 ㉢ 백오십삼 → 153

6 100이 4개, 10이 8개, 1이 5개이면 485입니다.
485는 사백팔십오라고 읽습니다.

7 420 ➔ 20, 251 ➔ 200, 692 ➔ 2

8 ㉠ 354 ➔ 50, ㉡ 758 ➔ 50, ㉢ 275 ➔ 5

9 352 ➔ 50이므로 ①=채
783 ➔ 3이므로 ②=송
572 ➔ 500이므로 ③=화
따라서 단어를 쓰면 채송화입니다.

11 523>518
└2>1┘

12 204<211이므로 줄넘기를 더 많이 한 사람은 준호
└0<1┘
입니다.

13 더 먼저 뽑은 번호표의 수가 작습니다.
세 수의 백의 자리 숫자는 같으므로 십의 자리 숫자를 비교하면 128이 가장 큰 수입니다.
115와 112의 일의 자리 숫자를 비교하면 5>2이므로 112가 가장 작은 수입니다.
➔ 번호표를 가장 먼저 뽑은 가족은 지호네 가족입니다.

14 백 모형이 2개, 십 모형이 11개, 일 모형이 4개입니다.
십 모형 11개는 백 모형 1개, 십 모형 1개와 같으므로 백 모형 3개, 십 모형 1개, 일 모형 4개와 같습니다.
➔ 수 모형이 나타내는 수는 314입니다.

15 10이 15개인 수는 100이 1개, 10이 5개인 수와 같습니다. ➔ 100이 4개, 10이 5개, 1이 7개인 수와 같으므로 457입니다.

16 1원짜리 동전 24개는 10원짜리 동전 2개, 1원짜리 동전 4개와 같습니다.
➔ 100원짜리 동전 5개, 10원짜리 동전 5개, 1원짜리 동전 4개와 같으므로 554원입니다.

17 ㉠과 ㉡의 백의 자리 숫자는 같으므로 십의 자리 숫자를 비교합니다. 십의 자리 숫자를 비교하면 2<5이므로 더 큰 수는 ㉡입니다.

18 ㉠과 ㉡의 백의 자리 숫자는 같으므로 십의 자리 숫자를 비교합니다. 십의 자리 숫자를 비교하면 5>0이므로 더 작은 수는 ㉡입니다.

19 백의 자리 숫자를 비교하면 5>4이므로 ㉡이 가장 작은 수입니다. ㉠과 ㉢의 십의 자리 숫자를 비교하면 3<4이므로 ㉢이 더 큽니다.
따라서 가장 큰 수는 ㉢입니다.

20 일의 자리 숫자가 5씩 커지므로 5씩 뛰어 센 것입니다.

21 십의 자리 숫자가 1씩 작아지므로 10씩 거꾸로 뛰어 센 것입니다.

22 보기의 규칙은 524에서 574로 십의 자리 숫자가 5만큼 커졌으므로 50씩 뛰어 센 것입니다.
➔ 312−362−412−462−512−562(㉠)

23 가장 큰 세 자리 수를 만들려면 수 카드의 수가 큰 수부터 백의 자리, 십의 자리, 일의 자리에 차례로 놓아야 합니다. ➔ 9>3>1이므로 가장 큰 세 자리 수는 931입니다.

24 가장 작은 세 자리 수를 만들려면 수 카드의 수가 작은 수부터 백의 자리, 십의 자리, 일의 자리에 차례로 놓아야 합니다. ➔ 4<5<7이므로 가장 작은 세 자리 수는 457입니다.

25 가장 작은 세 자리 수를 만들려면 0<3<6<7인데 0은 백의 자리에 놓을 수 없으므로 십의 자리에 놓습니다. ➔ 가장 작은 세 자리 수는 306입니다.

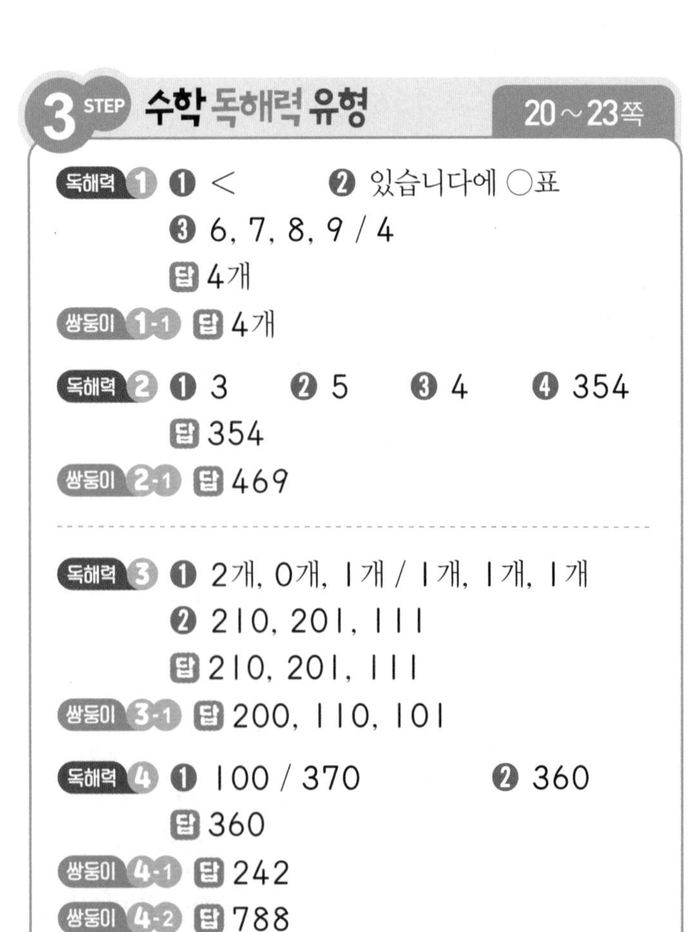
3 STEP 수학 독해력 유형 20~23쪽

독해력 1 ❶ < ❷ 있습니다에 ○표
❸ 6, 7, 8, 9 / 4
답 4개
쌍둥이 1-1 답 4개

독해력 2 ❶ 3 ❷ 5 ❸ 4 ❹ 354
답 354
쌍둥이 2-1 답 469

독해력 3 ❶ 2개, 0개, 1개 / 1개, 1개, 1개
❷ 210, 201, 111
답 210, 201, 111
쌍둥이 3-1 답 200, 110, 101

독해력 4 ❶ 100 / 370 ❷ 360
답 360
쌍둥이 4-1 답 242
쌍둥이 4-2 답 788

독해력 1 ❶ 일의 자리 숫자를 비교하면 $4<8$이므로 $364<368$입니다.

❷ □=6일 때 $364<368$이므로 □ 안에 6이 들어갈 수 있습니다.

❸ □ 안에 들어갈 수 있는 숫자는 6, 7, 8, 9로 모두 4개입니다.

쌍둥이 1-1 ❶ 십의 자리 숫자를 같게 하여 크기 비교: $744<7\boxed{4}7$

❷ □=4일 때 $744<747$이므로 □ 안에 4는 들어갈 수 없습니다.

❸ □ 안에 들어갈 수 있는 숫자는 0, 1, 2, 3이므로 모두 4개입니다.

독해력 2 ❶ 2보다 크고 4보다 작은 수: 3

❹ 백의 자리 숫자가 3, 십의 자리 숫자가 5, 일의 자리 숫자가 4인 세 자리 수는 354입니다.

쌍둥이 2-1 ❶ 백의 자리 숫자가 나타내는 수가 400이므로 백의 자리 숫자는 4입니다.

❷ 5보다 크고 7보다 작은 수는 6이므로 십의 자리 숫자는 6입니다.

❸ 일의 자리 숫자가 나타내는 수가 9이므로 일의 자리 숫자는 9입니다.

❹ 조건을 모두 만족하는 세 자리 수는 469입니다.

독해력 3 ❶ 백 모형 2개, 십 모형 1개 → 210
백 모형 2개, 일 모형 1개 → 201
백 모형 1개, 십 모형 1개, 일 모형 1개 → 111

쌍둥이 3-1 ❶ 수 모형 2개를 사용하여 세 자리 수 나타내는 방법:

백 모형	십 모형	일 모형
2개	0개	0개
1개	1개	0개
1개	0개	1개

❷ 수 모형 2개를 사용하여 나타낼 수 있는 세 자리 수: 200, 110, 101

독해력 4 ❶ 어떤 수는 470보다 100만큼 더 작은 수이므로 370입니다.

❷ 370보다 10만큼 더 작은 수: 360

쌍둥이 4-1 ❶ 어떤 수 —(10만큼 더 큰 수)→ 352, 352 —(10만큼 더 작은 수)→ 어떤 수

어떤 수는 352보다 10만큼 더 작은 수이므로 342입니다.

❷ 342보다 100만큼 더 작은 수: 242

쌍둥이 4-2 ❶ 어떤 수 —(10만큼 더 작은 수)→ 678, 678 —(10만큼 더 큰 수)→ 어떤 수

어떤 수는 678보다 10만큼 더 큰 수이므로 688입니다.

❷ 688보다 100만큼 더 큰 수: 788

유형 TEST 24~27쪽

1 300　　2 640
3 467
4 (위에서부터) 522, 542, 552
5 ㉢　　6 (선 잇기)
7 700+60+4　　8 (○)(　　)
9 시후　　10 100개
11 706　　12 ㉡
13 (위에서부터) 322, 321, 320, 319, 318
14 2학년

15 874　　16 155, 204, 212
17 540원　　18 300장 / 100마리
19 ㉠　　20 6개
21 426원　　22 638
23 418

24 예 ❶ $0<1<6<8$인데 0은 백의 자리에 올 수 없으므로 십의 자리에 놓습니다.
❷ 백의 자리에 1, 십의 자리에 0, 일의 자리에 6을 놓아 만듭니다. → 106　　답 106

25 예 ❶ 십의 자리 숫자를 같게 하여 크기를 비교하면 $572<5\boxed{7}4$입니다.
❷ □=7일 때 $572<574$이므로 □ 안에 7이 들어갈 수 있습니다.
❸ □ 안에 들어갈 수 있는 숫자는 7, 8, 9로 모두 3개입니다.　　답 3개

2 읽지 않은 자리에는 0을 씁니다.
→ 육백 사십
6 4 0

3 100이 4개, 10이 6개, 1이 7개이면 467입니다.

4 10씩 뛰어 세면 십의 자리 숫자가 1씩 커집니다.

5 ㉢ 100은 90보다 10만큼 더 큰 수입니다.

6 100이 5개인 수 → 500 → 오백
800 → 팔백
100이 9개인 수 → 900 → 구백

7 764에서 7은 백의 자리 숫자이므로 700을, 6은 십의 자리 숫자이므로 60을, 4는 일의 자리 숫자이므로 4를 나타냅니다.

8 634>629
└3>2┘

9 지유: 640 → 육백사십, 다은: 910 → 구백십

10 10이 10개이면 100이므로 토마토는 모두 100개입니다.

11 백의 자리 숫자가 7
십의 자리 숫자가 0 ─ 706
일의 자리 숫자가 6

12 ㉠ 514 → 500, ㉡ 275 → 5, ㉢ 653 → 50

13 1씩 거꾸로 뛰어 세면 일의 자리 숫자가 1씩 작아집니다.

14 124<131이므로 학생 수가 더 많은 학년은 2학년
└2<3┘
입니다.

15 374에서 세 번 뛰어 세어 674가 되었고 백의 자리 숫자가 3만큼 커졌으므로 100씩 뛰어 센 것입니다.
→ 674−774−874에서 ㉠=874입니다.

16 백의 자리 숫자를 비교하면 2>1이므로 가장 작은 수는 155입니다.
204와 212의 십의 자리 숫자를 비교하면 0<1이므로 204<212입니다.
따라서 작은 수부터 차례로 쓰면 155, 204, 212입니다.

17 100씩 2번 뛰어 셉니다.
340−440−540이므로 540원이 됩니다.

18 김 세 톳: 100−200−300 → 300장
오징어 다섯 축: 20−40−60−80−100
→ 100마리

19 ㉠ 571에서 출발하여 1씩 5번 뛰어 센 수는 571−572−573−574−575−576에서 576입니다.
㉡ 527에서 출발하여 10씩 4번 뛰어 센 수는 527−537−547−557−567에서 567입니다.
→ 576>567이므로 ㉠이 더 큽니다.
└7>6┘

20 295보다 크고 302보다 작은 세 자리 수는 296, 297, 298, 299, 300, 301입니다. → 6개

21 10원짜리 동전 12개는 100원짜리 동전 1개와 10원짜리 동전 2개와 같습니다.
→ 100원짜리 동전 4개, 10원짜리 동전 2개, 1원짜리 동전 6개와 같으므로 426원입니다.

22 백의 자리 숫자는 5보다 크고 7보다 작으므로 6입니다.
십의 자리 숫자가 나타내는 수는 30이므로 십의 자리 숫자는 3이고, 일의 자리 숫자가 8을 나타내므로 일의 자리 숫자는 8입니다. → 638

23 어떤 수 —100만큼 더 큰 수→ 528
어떤 수 ←100만큼 더 작은 수— 528

어떤 수는 528보다 100만큼 더 작은 수이므로 428입니다.
→ 428보다 10만큼 더 작은 수는 418입니다.

24

채점 기준		
❶ 수 카드의 수의 크기를 비교함.	2점	4점
❷ 수 카드로 만들 수 있는 가장 작은 세 자리 수를 구함.	2점	

25

채점 기준		
❶ 십의 자리 숫자를 같게 하여 크기를 비교함.	1점	4점
❷ □ 안에 7이 들어갈 수 있는지 구함.	1점	
❸ □ 안에 들어갈 수 있는 숫자는 모두 몇 개인지 구함.	2점	

2. 여러 가지 도형

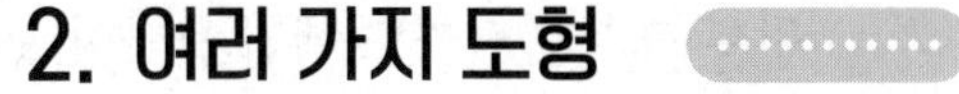

1 STEP 개념별 유형 30~34쪽

1 ( )( )(○)
2 (왼쪽부터) 변, 꼭짓점 / 3, 3   3 (1) ○ (2) ×
4 ㉢   5 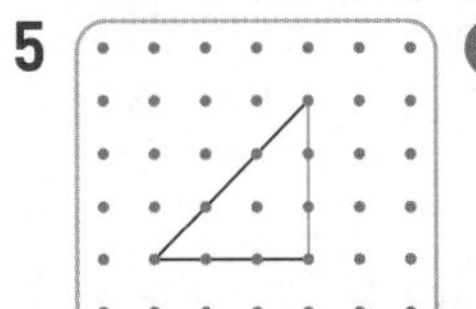 예 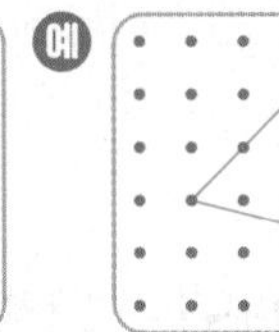
6 3개
7 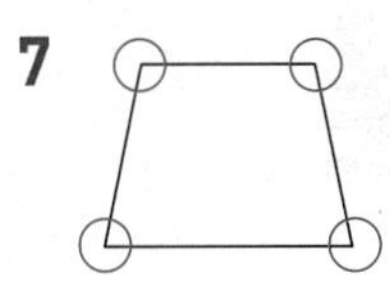
8 2개
9 예 지폐
10 4, 4
11 예 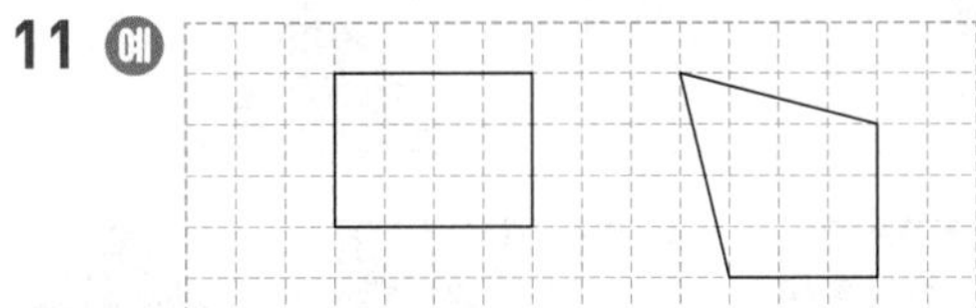
12 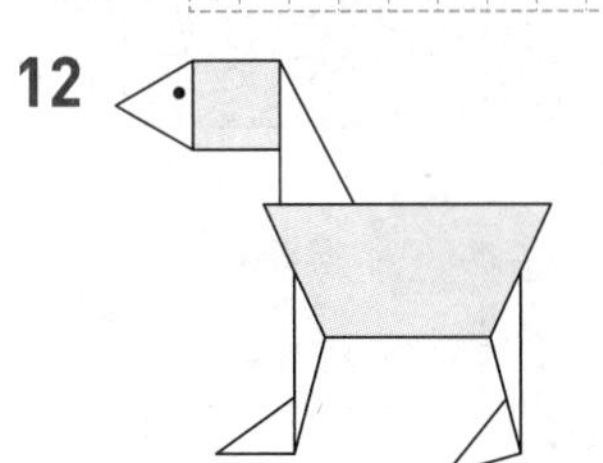
13 사각형

14 ①   15 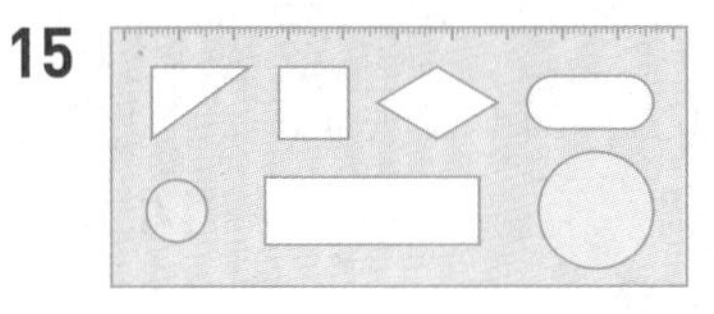
16 예 동전   17 6개
18 ㉢, ㉤   19 ( )( )(○)
20 (위에서부터) 다, 3, 3 / 나, 4, 4
21 
22 사각형, 삼각형
23 예 잘 구르지 못할 것입니다. / 
24 2, 3

25 예 끊어진 부분이 있기 때문입니다.
26 ㉢ / 예 굽은 선이 있기 때문입니다.
27 ⑤   28 육각형   29 2개

1 맨 왼쪽 도형은 곧은 선이 만나지 않고 끊어진 부분이 있고, 가운데 도형은 곧은 선이 3개보다 많으므로 삼각형이 아닙니다.

3 (2) 삼각형은 곧은 선 2개가 만나는 뾰족한 곳이 모두 3개 있습니다. (곧은 선 2개가 만나는 뾰족한 곳 — 꼭짓점)

6 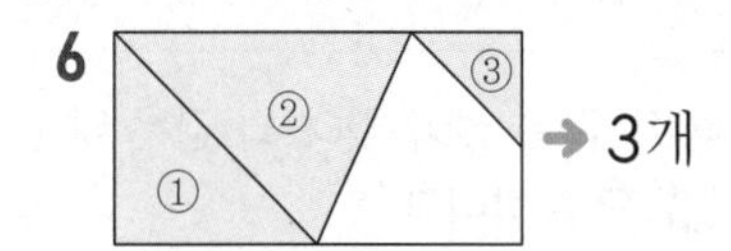

→ 3개

7 곧은 선 2개가 만나는 점을 모두 찾아 ○표 합니다.

8 사각형은 왼쪽에서부터 첫째, 셋째 도형으로 모두 2개입니다.

10 사각형은 변이 4개, 꼭짓점이 4개 있습니다.

11 중요
곧은 선끼리 서로 엇갈리지 않도록 그립니다.

13 곧은 선으로만 이루어져 있고 변과 꼭짓점이 각각 4개인 도형은 사각형입니다.

17 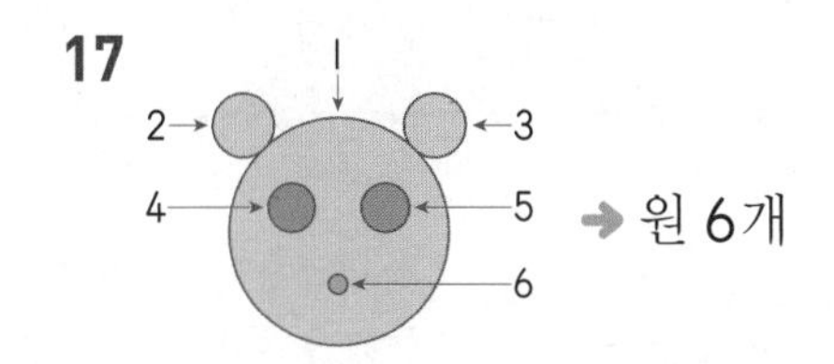

→ 원 6개

19 • 원은 굽은 선으로 이어져 있습니다.
• 원은 동그란 모양이므로 뾰족한 부분이 없습니다.

23 자전거 바퀴는 잘 굴러갈 수 있도록 원 모양이어야 합니다.

평가 기준
'잘 구르지 못할 것이다.'와 같은 말을 넣어 쓰고, 바퀴의 모양을 원으로 나타냈으면 정답으로 합니다.

24 • 삼각형은 변이 3개이므로 곧은 선을 2개 더 그어야 합니다.
• 사각형은 변이 4개이므로 곧은 선을 3개 더 그어야 합니다.

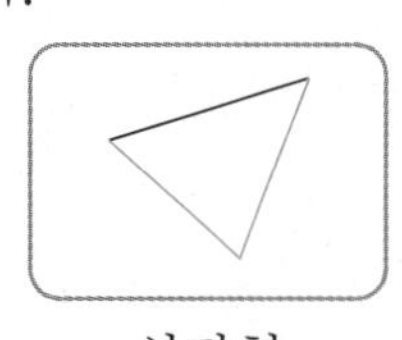
삼각형

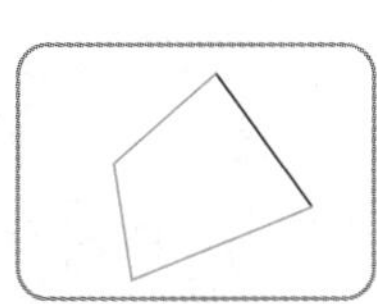
사각형

25 평가 기준
'끊어진 부분이 있다.'와 같은 말을 넣어 까닭을 썼으면 정답으로 합니다.

26 사각형은 곧은 선 4개로 이루어져 있고, 굽은 선은 없습니다.

평가 기준
사각형이 아닌 도형을 찾고, '굽은 선이 있다.'와 같은 말을 넣어 까닭을 썼으면 정답으로 합니다.

27 오각형은 곧은 선이 5개, 뾰족한 곳이 5개 있는 도형으로 ⑤입니다.
① 사각형 ② 원 ③ 육각형 ④ 삼각형 ⑤ 오각형

28 벌집에서 찾을 수 있는 도형은 곧은 선이 6개, 뾰족한 곳이 6개 있으므로 육각형입니다.

29 육각형: 변 6개, 사각형: 변 4개
➔ $6-4=2$(개)

1~6 형성평가 35쪽

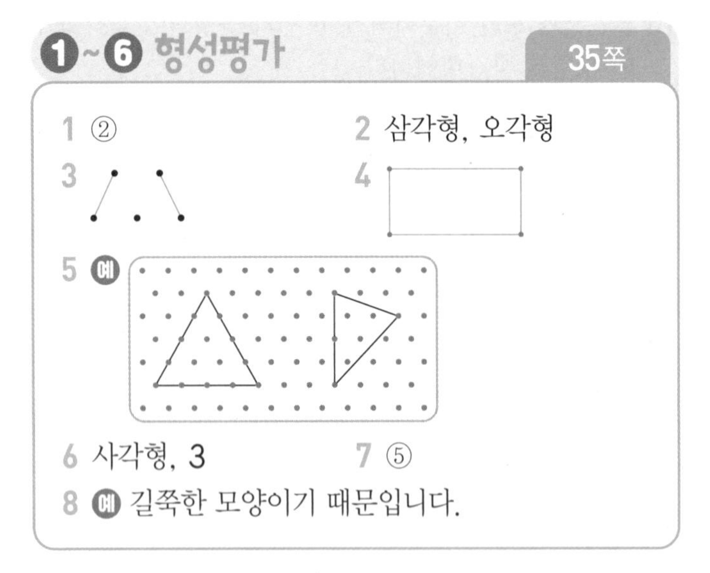

1 ②　　2 삼각형, 오각형
3　　4
5 예
6 사각형, 3　　7 ⑤
8 예 길쭉한 모양이기 때문입니다.

1 길쭉하거나 찌그러진 곳, 끊어진 곳 없이 어느 쪽에서 보아도 똑같이 동그란 모양의 도형은 ②입니다.

참고
원이 아닌 이유
① 동그렇지 않고 길쭉합니다.
③, ④ 곧은 선이 있습니다.
⑤ 끊어진 부분이 있습니다.

6
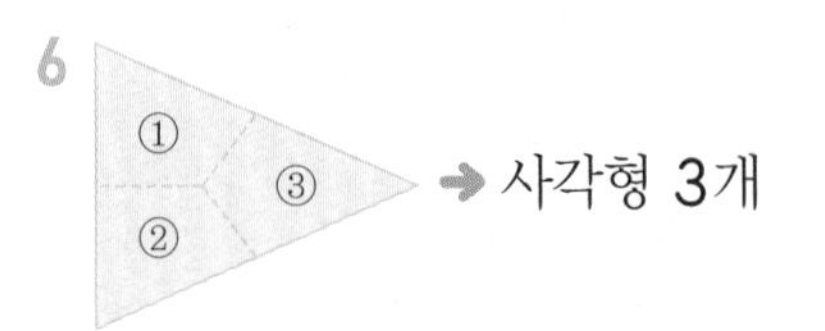

➔ 사각형 3개

7 ⑤ 원은 크기가 달라도 생긴 모양이 모두 같습니다.

8 원은 어느 쪽에서 보아도 똑같이 동그란 모양의 도형입니다.

평가 기준
'길쭉한 모양이다.', '동그란 모양이 아니다.'와 같은 말을 넣어 까닭을 썼으면 정답으로 합니다.

1 STEP 개념별 유형 36~38쪽

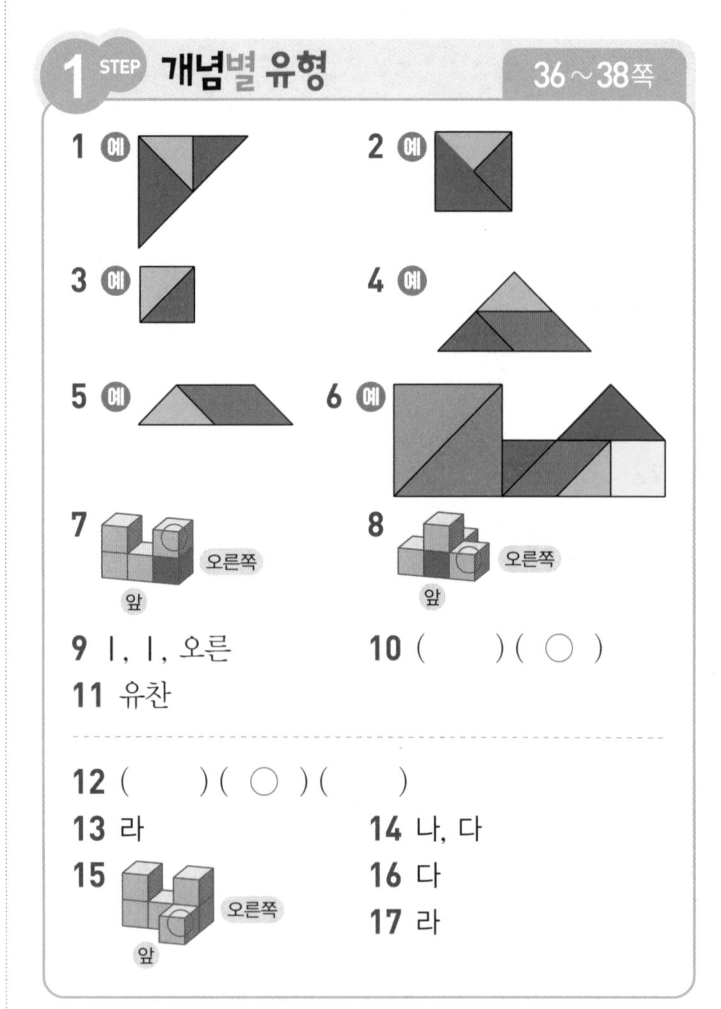

1 예　　2 예
3 예　　4 예
5 예　　6 예
7 (오른쪽, 앞)　　8 (오른쪽, 앞)
9 1, 1, 오른　　10 ( )(○)
11 유찬

12 ( )(○)( )
13 라　　14 나, 다
15 (오른쪽, 앞)　　16 다
17 라

2 다른 답 예
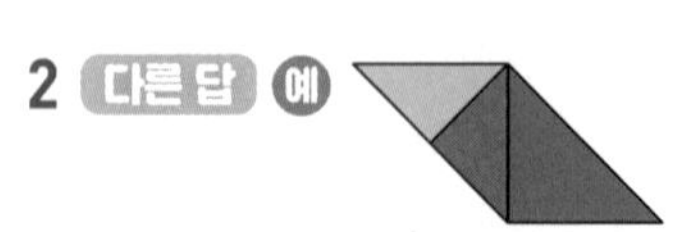

3 ③, ⑤번 조각을 길이가 같은 변이 서로 맞닿도록 붙여 ④번 조각을 만듭니다.

4 ③, ⑤, ⑥번 조각을 이용하여 ②번 조각을 만듭니다.

다른 풀이
③, ④, ⑤번 조각, ③, ⑤, ⑦번 조각을 이용하여 ②번 조각을 만들 수 있습니다.

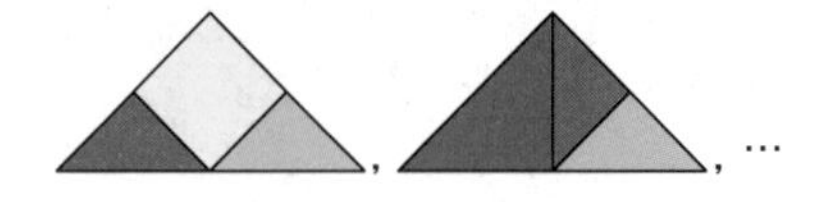
, …

11 유찬: 파란색 쌓기나무의 뒤에 쌓기나무가 1개 있습니다.

12 왼쪽에서부터 순서대로 쌓기나무 4개, 3개, 4개로 만든 모양입니다.

13~14 가: 3개, 나: 5개, 다: 5개, 라: 4개

15 왼쪽 모양에서 맨 앞의 쌓기나무 1개를 빼면 오른쪽과 똑같은 모양이 됩니다.

16 1층에 쌓기나무 2개가 옆으로 나란히 있는 모양은 가, 다이고, 그중 왼쪽 쌓기나무의 위에 2개가 있는 모양은 다입니다.

17 1층에 쌓기나무 3개가 옆으로 나란히 있는 모양은 나, 라이고, 그중 가운데 쌓기나무의 위에 1개가 있는 모양은 라입니다.

7~9 형성평가 39쪽

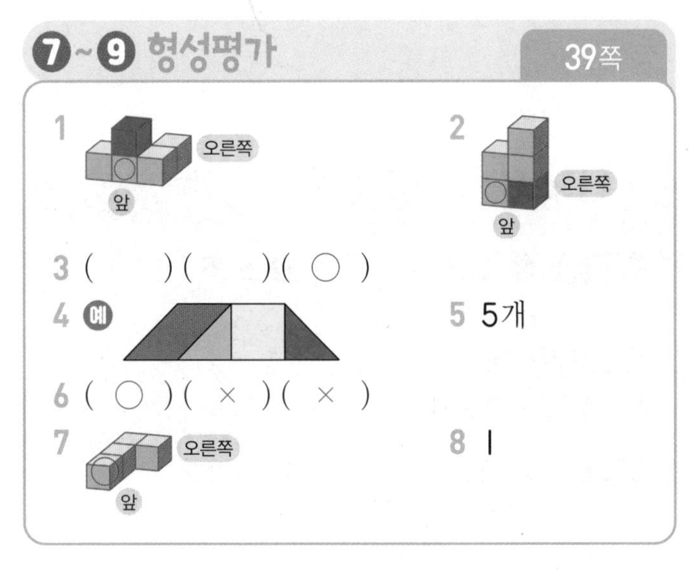

3 • 칠교 조각에는 원이 없습니다.
• 칠교 조각에서 사각형은 ④, ⑥번 조각으로 2개입니다.

5 1층: 4개, 2층: 1개 → 4+1=5(개)

6 왼쪽에서부터 순서대로 쌓기나무 4개, 3개, 5개로 만든 모양입니다.

7 왼쪽 모양에서 맨 앞의 쌓기나무 1개를 맨 뒤의 왼쪽 쌓기나무의 위로 옮기면 오른쪽과 똑같은 모양이 됩니다.

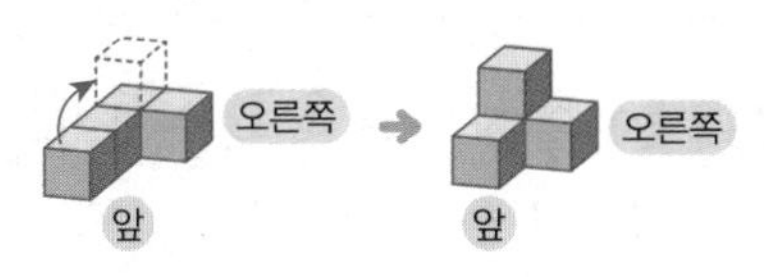

2 STEP 꼬리를 무는 유형 40~43쪽

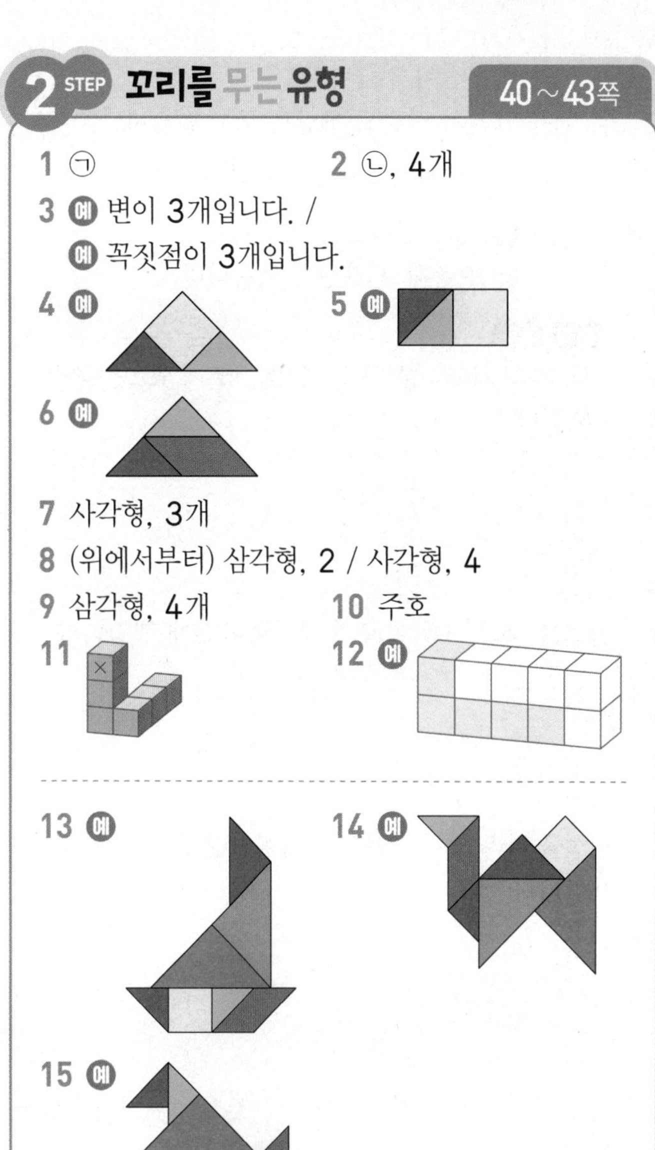

16 둘째 줄: 맨 왼쪽 / 셋째 줄: 1
가운데 2

17 예 옆으로 나란히 있고, 맨 왼쪽과 맨 오른쪽 쌓기나무의 위에 쌓기나무가 각각 1개씩 있습니다.

18 ㉡ 19 ㉢

20 사각형 / 예

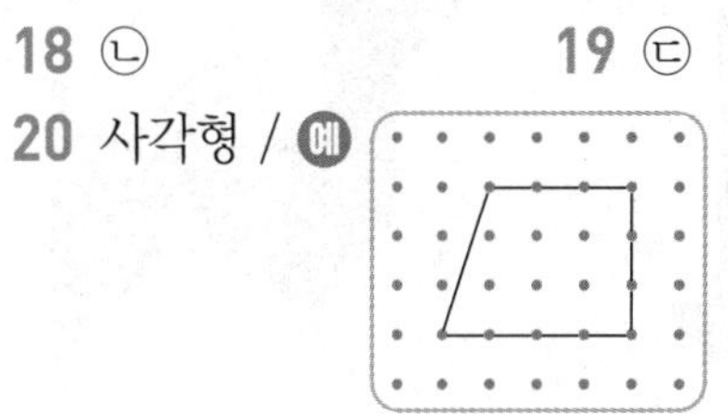

21 삼각형 / 예

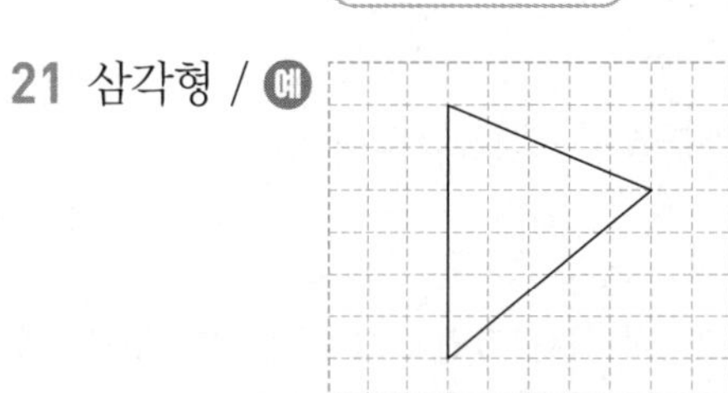

1 ㉡ 원은 꼭짓점이 없습니다.
㉢ 원은 크기가 달라도 모양은 모두 같습니다.

2 사각형은 곧은 선이 4개 있습니다.

3 다른 답 예 곧은 선이 3개 있습니다.
예 뾰족한 곳이 3개 있습니다.

평가 기준
삼각형의 서로 다른 특징 2가지를 바르게 썼으면 정답으로 합니다.

7

점선을 따라 모두 자르면 사각형이 3개 생깁니다.

8

삼각형
사각형

점선을 따라 모두 자르면 삼각형이 2개, 사각형이 4개 생깁니다.

9
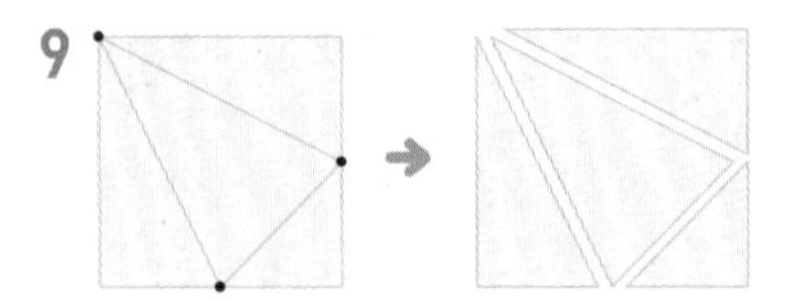

그린 도형의 변을 따라 모두 자르면 삼각형이 4개 생깁니다.

10 1층에 3개, 2층에 1개를 쌓은 사람은 주호, 혜리이고, 그중 쌓기나무 4개로 쌓은 사람은 주호입니다.

11 왼쪽 쌓기나무의 위에 1개가 있다고 설명하였는데 2개가 있으므로 3층의 쌓기나무 1개에 ×표 합니다.

13 다른 답 예 14 다른 답 예
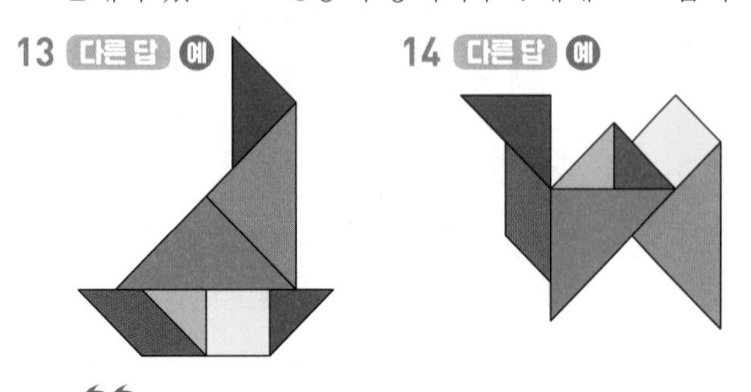

주의
칠교 조각 7개를 모두 이용해야 합니다.

17 평가 기준
1층에 쌓은 모양과 위치, 그리고 그 위에 쌓은 모양과 위치에 대해 바르게 설명했으면 정답으로 합니다.

18 ㉠ ㉡ ㉢
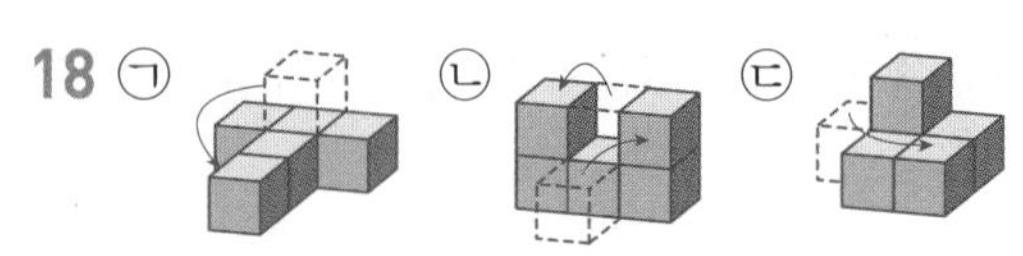

➔ ㉡을 만들려면 쌓기나무 2개를 옮겨야 합니다.

19 ㉠ ㉡
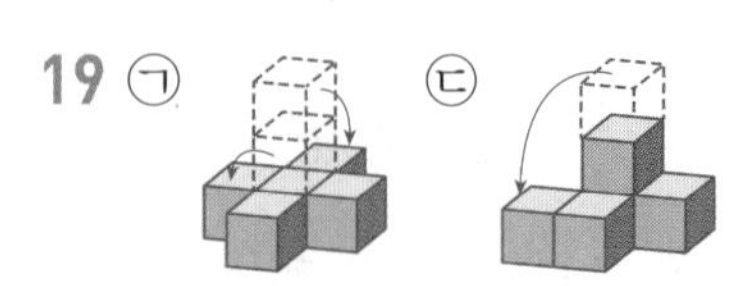

㉡을 만들려면 쌓기나무가 적어도 6개 필요하므로 쌓기나무를 옮겨 만들 수 없습니다.

20 곧은 선은 변으로 4개입니다. 따라서 변이 4개, 꼭짓점이 4개인 도형은 사각형입니다.

21 곧은 선은 변으로 3개이고 꼭짓점은 $6-3=3$(개)입니다. 따라서 변이 3개, 꼭짓점이 3개인 도형은 삼각형입니다.

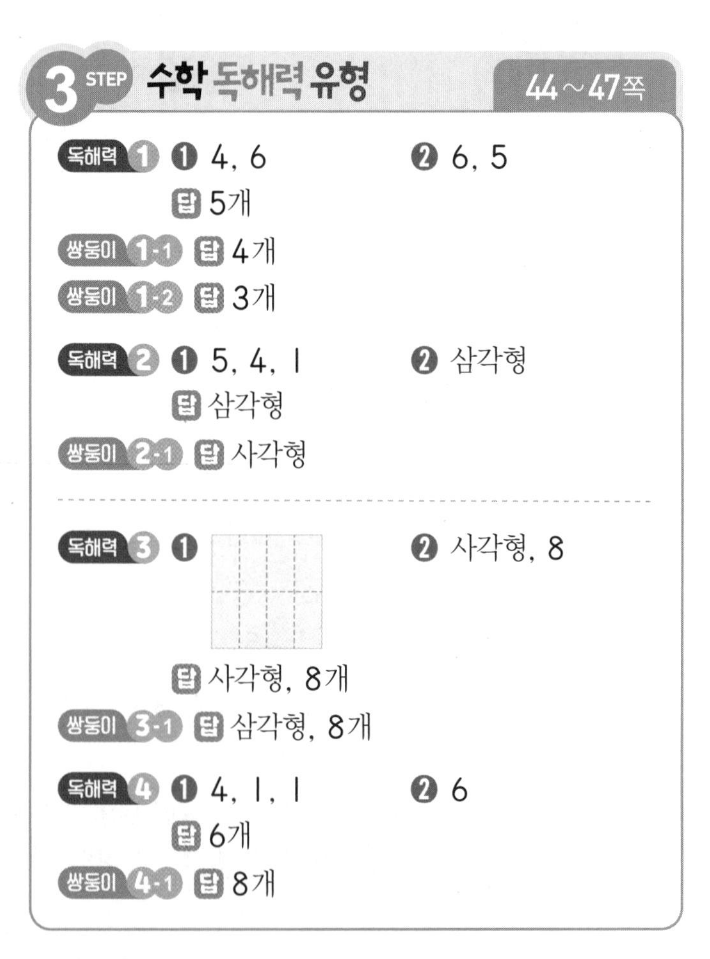

3 STEP 수학 독해력 유형 44~47쪽

독해력 1 ❶ 4, 6 ❷ 6, 5
답 5개
쌍둥이 1-1 답 4개
쌍둥이 1-2 답 3개

독해력 2 ❶ 5, 4, 1 ❷ 삼각형
답 삼각형
쌍둥이 2-1 답 사각형

독해력 3 ❶ ❷ 사각형, 8
답 사각형, 8개
쌍둥이 3-1 답 삼각형, 8개

독해력 4 ❶ 4, 1, 1 ❷ 6
답 6개
쌍둥이 4-1 답 8개

독해력 1 ❶ (모양을 쌓는 데 필요한 쌓기나무의 수)
$=4+1+1=6$(개)

쌍둥이 1-1 전략
1층, 2층으로 나누어 주어진 모양을 쌓는 데 필요한 쌓기나무의 수를 구해 봅니다.

❶ 모양을 쌓는 데 필요한 쌓기나무의 수 구하기:
1층에 4개, 2층에 1개이므로 모두 5개입니다.
❷ (남는 쌓기나무의 수)=9−5=4(개)

쌍둥이 1-2 ❶ 모양을 쌓는 데 필요한 쌓기나무의 수 구하기: 1층에 4개, 2층에 2개, 3층에 1개이므로 모두 7개입니다.
❷ (부족한 쌓기나무의 수)=7−4=3(개)

참고
가지고 있는 개수가 필요한 개수보다 적으므로 부족한 개수를 구하려면 (필요한 개수)−(가지고 있는 개수)를 구합니다.

독해력 2 ❷ 5>4>1이므로 가장 많이 이용한 도형은 삼각형입니다.

쌍둥이 2-1 ❶ 이용한 도형의 수 구하기:
삼각형 3개, 사각형 6개, 원 4개
❷ 가장 많이 이용한 도형의 이름: 사각형

독해력 3
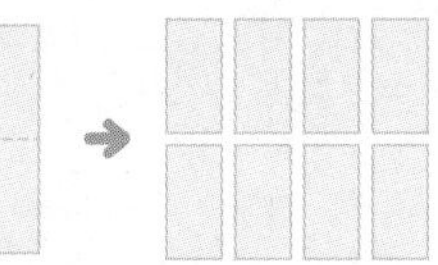
색종이를 펼쳐서 접힌 부분을 따라 모두 자르면 사각형이 8개 생깁니다.

쌍둥이 3-1 ❶ 펼쳤을 때 접힌 선을 점선으로 나타내기:
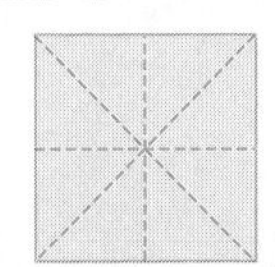
❷ 잘랐을 때 생기는 도형의 이름: 삼각형,
도형의 수: 8개

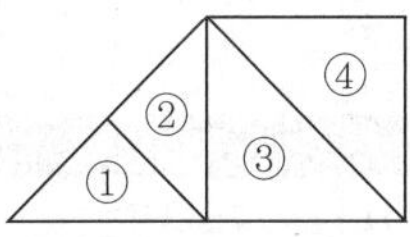

❶ • 삼각형 1개로 이루어진 삼각형:
①, ②, ③, ④ → 4개
• 삼각형 2개로 이루어진 삼각형:
①+② → 1개
• 삼각형 3개로 이루어진 삼각형:
①+②+③ → 1개
❷ (크고 작은 삼각형의 수)
=4+1+1=6(개)

주의
삼각형 4개로 이루어진 삼각형은 없습니다.

쌍둥이 4-1
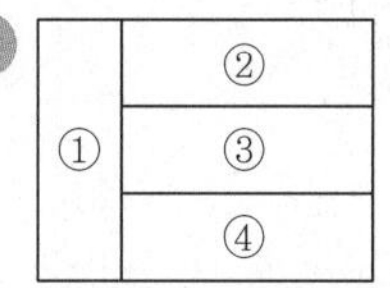

❶ • 사각형 1개로 이루어진 사각형:
①, ②, ③, ④ → 4개
• 사각형 2개로 이루어진 사각형:
②+③, ③+④ → 2개
• 사각형 3개로 이루어진 사각형:
②+③+④ → 1개
• 사각형 4개로 이루어진 사각형:
①+②+③+④ → 1개
❷ (크고 작은 사각형의 수)
=4+2+1+1=8(개)

유형 TEST 48~51쪽

1 가, 마
2 나, 라
3 4개
4 ㉡
5 4개
6 8개
7 ①
8 (위에서부터) 3 / 4 / 사각형, 삼각형
9 예
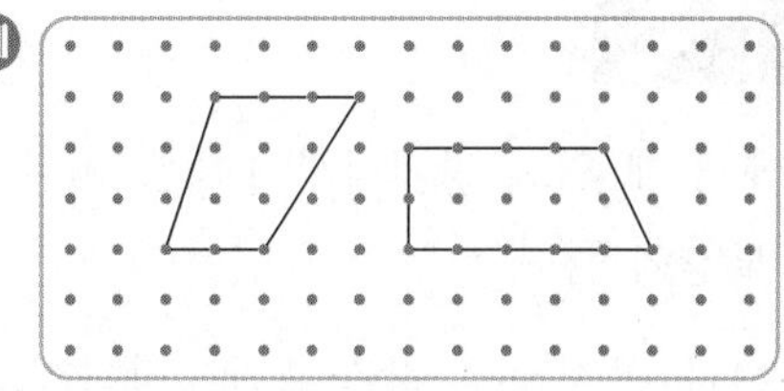
10 ㉡
11

12 예
13 예
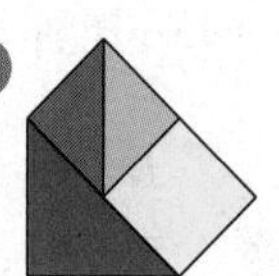
14 나
15 14

16 3개

17 (1) (2)

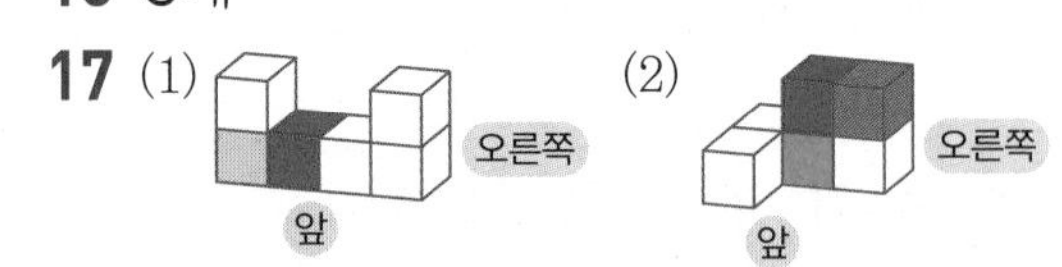

18 첫째 줄: 3 / 둘째 줄: 왼쪽
4 오른쪽

19 예

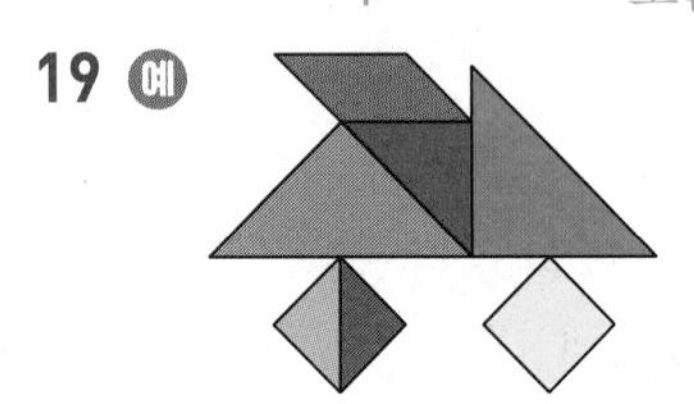

20 7

21 다

22 삼각형

23 7개

24 예 ❶ 3개의 점을 모두 곧은 선으로 이으면 삼각형이 그려집니다.

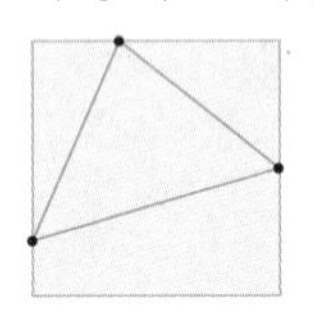

❷ 그린 삼각형의 변을 따라 모두 자르면 삼각형이 3개, 사각형이 1개 생깁니다.

답 (위에서부터) 삼각형, 3 / 사각형, 1

25 예 ❶ 모양을 쌓는 데 필요한 쌓기나무의 수: 1층에 5개, 2층에 2개이므로 모두 7개입니다.
❷ (남는 쌓기나무의 수)=8−7=1(개) 답 1개

3 1층: 3개, 2층: 1개 ➔ 3+1=4(개)

4 ㉡ 원은 꼭짓점이 없는 도형입니다.

6  ➔ 삼각형 모양 8개

7 왼쪽 모양에서 맨 위의 쌓기나무 1개를 빼면 오른쪽과 똑같은 모양이 됩니다.

8 사각형의 변과 꼭짓점은 각각 4개, 삼각형의 변과 꼭짓점은 각각 3개입니다.

10 ㉠ 원은 굽은 선으로 이어져 있습니다.
㉢ 삼각형은 변과 꼭짓점이 있습니다.

11 1층에 쌓기나무 3개가 옆으로 나란히 있고, 가운데 쌓기나무의 위에 쌓기나무가 1개 있습니다.

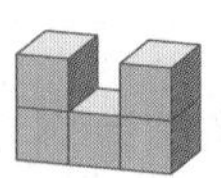 1층에 쌓기나무 3개가 옆으로 나란히 있고, 맨 왼쪽과 맨 오른쪽 쌓기나무의 위에 쌓기나무가 1개씩 있습니다.

14 가, 다, 라: 5개, 나: 4개

15 원 안에 쓰여 있는 수: 8
삼각형 안에 쓰여 있는 수: 6
➔ 8+6=14

16 삼각형 모양 조각: 5개, 사각형 모양 조각: 2개
➔ 5−2=3(개)

20 • 삼각형의 변은 3개이므로 ■=3입니다.
• 사각형의 꼭짓점은 4개이므로 ★=4입니다.
➔ ■+★=3+4=7

21 가, 나, 다 모두 쌓기나무 5개로 쌓았고, 그중 1층에 3개, 2층에 2개 쌓은 모양은 다입니다.

22 곧은 선이 3개이므로 변이 3개입니다.
따라서 변이 3개, 꼭짓점이 3개인 도형은 삼각형입니다.

23

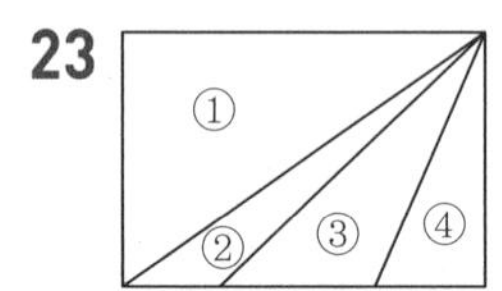

• 삼각형 1개로 이루어진 삼각형:
①, ②, ③, ④ ➔ 4개
• 삼각형 2개로 이루어진 삼각형:
②+③, ③+④ ➔ 2개
• 삼각형 3개로 이루어진 삼각형:
②+③+④ ➔ 1개
따라서 크고 작은 삼각형은 모두 4+2+1=7(개)입니다.

24 **채점 기준**

❶ 곧은 선으로 이어 도형을 그리고 그려지는 도형의 이름을 구함.	2점	4점
❷ 생기는 도형의 이름과 개수를 각각 구함.	2점	

25 **채점 기준**

❶ 필요한 쌓기나무의 수를 구함.	2점	4점
❷ 남는 쌓기나무의 수를 구함.	2점	

3. 덧셈과 뺄셈

1 STEP 개념별 유형 54~56쪽

1 예 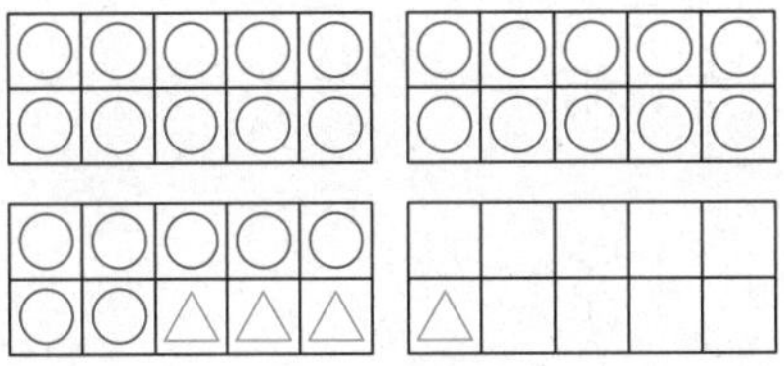 / 31

2 24
3 (1) 34 (2) 41
4 53
5 72
6 38+5=43 / 43개
7 20, 53, 62
8 43, 43, 73
9 (1) 44 (2) 81
10 $\begin{array}{r} 48 \\ +14 \\ \hline 62 \end{array}$
11 61
12 35+19=54 / 54개

13 117
14 (1) 107 (2) 122
15 100
16 168
17 (○)( )
18 46+69=115 / 115쪽

2 일 모형 10개를 십 모형 1개로 바꾸면 19+5는 십 모형 2개, 일 모형 4개와 같으므로 24입니다.

5 63보다 9만큼 더 큰 수는 63+9=72입니다.

6 (다은이가 정리한 재활용품의 수)
=(병뚜껑의 수)+(종이 상자의 수)
=38+5=43(개)

9 참고
일의 자리 수끼리의 합이 10이거나 10이 넘으면 십의 자리로 받아올림하여 계산합니다.

10 $\begin{array}{r} {}^{1} \\ 48 \\ +14 \\ \hline 62 \end{array}$ 십의 자리 계산에서 일의 자리에서 받아올림한 수를 더하지 않고 계산하였습니다.

12 (두 사람이 주운 조개껍데기의 수)
=(태리가 주운 조개껍데기의 수)
+(혜리가 주운 조개껍데기의 수)
=35+19=54(개)

15 1은 십의 자리 계산에서 백의 자리로 받아올림한 수이므로 실제로 나타내는 수는 100입니다.

16 $\begin{array}{r} {}^{1} \\ 78 \\ +90 \\ \hline 168 \end{array}$

17 $\begin{array}{r} {}^{1\,1} \\ 85 \\ +36 \\ \hline 121 \end{array}$ ➔ $121>120$

18 (어제와 오늘 읽은 동화책 쪽수)
=(어제 읽은 동화책 쪽수)+(오늘 읽은 동화책 쪽수)
=46+69=115(쪽)

❶~❸ 형성평가 57쪽

1 83
2 22
3 56+26=56+4+22
=60+22
=82
4 43, 128
5 45+6+~~9~~=51
6 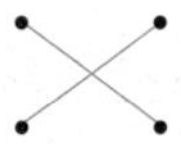
7 >
8 29+57=86 / 86권

3 26에서 4를 옮겨 56을 60으로 만들어 계산합니다.
26을 4와 22로 가르기하여 56에 4를 먼저 더하고 22를 더합니다.

5 수를 한 개씩 지우고 계산합니다.
45+6+~~9~~=51(○)
45+~~6~~+9=54(×)
~~45~~+6+9=15(×)

7 $\begin{array}{r} 66 \\ +\;\;8 \\ \hline 74 \end{array}$ ⓪> $\begin{array}{r} 48 \\ +17 \\ \hline 65 \end{array}$

8 (서준이가 기부하려는 책의 수)
=(동화책의 수)+(위인전의 수)
=29+57=86(권)

1 STEP 개념별 유형 58~62쪽

1 예 / 26

2 29
3 (1) 36 (2) 46
4 76
5 >
6 33−8=25 / 25개
7 80, 12 / 12
8 (1) 25 (2) 39
9 ( )(○)
10 $\begin{array}{r} 90 \\ -\ 43 \\ \hline 47 \end{array}$
11 68
12 50−16=34 / 34장

---

13 29
14 (1) 16 (2) 66 (3) 14 (4) 46
15 27
16 38
17 93−44에 색칠
18 •——• / •——•
19 41−14=27 / 27개
20 93
21 83
22 45
23 78, 116
24 72−27에 ○표
25 >
26

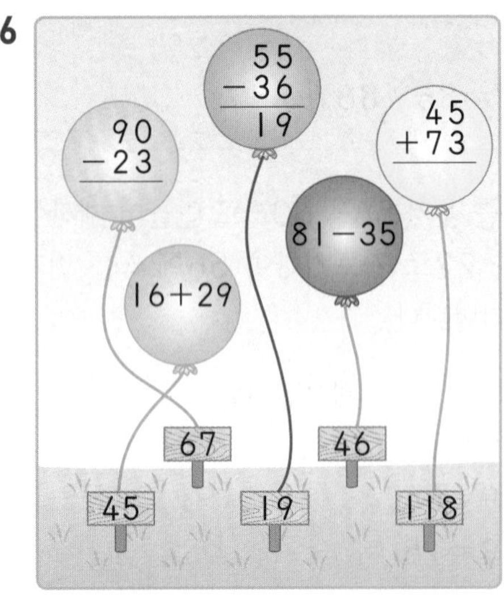

---

27 15+8에 ○표 / 23개
28 27−9에 ○표 / 18개
29 뺄셈에 ○표 / 80−43=37 / 37명
30 덧셈에 ○표 / 64+56=120 / 120번
31 뺄셈에 ○표 / 44−36=8 / 8마리

5 66−9=57 → 57>56

6 (남는 초콜릿의 수)
=(가지고 있는 초콜릿의 수)
−(친구에게 준 초콜릿의 수)
=33−8=25(개)

9 $\begin{array}{r} \scriptstyle 4\ 10 \\ \not{5}\,0 \\ -\ 1\,4 \\ \hline 3\,6 \end{array}$, $\begin{array}{r} \scriptstyle 6\ 10 \\ \not{7}\,0 \\ -\ 4\,4 \\ \hline 2\,6 \end{array}$

10 $\begin{array}{r} \scriptstyle 8\ 10 \\ \not{9}\,0 \\ -\ 4\,3 \\ \hline 4\,7 \end{array}$ 십의 자리 계산에서 일의 자리로 받아내림을 하지 않고 계산하였습니다.

11 80보다 12만큼 더 작은 수는 80−12=68입니다.

12 (남은 캐릭터 카드의 수)
=(준호가 모은 캐릭터 카드의 수)
−(동생에게 준 캐릭터 카드의 수)
=50−16=34(장)

14 참고
일의 자리 수끼리 뺄 수 없으면 십의 자리에서 10을 받아내림하여 계산합니다.

17 $\begin{array}{r} \scriptstyle 7\ 10 \\ \not{8}\,5 \\ -\ 1\,6 \\ \hline 6\,9 \end{array}$, $\begin{array}{r} \scriptstyle 8\ 10 \\ \not{9}\,3 \\ -\ 4\,4 \\ \hline 4\,9 \end{array}$

19 (당근의 수)=(오이의 수)−14
=41−14=27(개)

23 81−3=78, 78+38=116

24 90−46=44, 72−27=45, 19+25=44

25 25+36=61 (>) 70−18=52

26 $\begin{array}{r} \scriptstyle 8\ 10 \\ \not{9}\,0 \\ -\ 2\,3 \\ \hline 6\,7 \end{array}$, $\begin{array}{r} \scriptstyle 1 \\ 1\,6 \\ +\ 2\,9 \\ \hline 4\,5 \end{array}$, $\begin{array}{r} \scriptstyle 7\ 10 \\ \not{8}\,1 \\ -\ 3\,5 \\ \hline 4\,6 \end{array}$, $\begin{array}{r} \scriptstyle 1 \\ 4\,5 \\ +\ 7\,3 \\ \hline 1\,1\,8 \end{array}$

27 구슬이 모두 몇 개인지 구하는 문제이므로 덧셈으로 계산합니다.
(노란색 구슬 수)+(빨간색 구슬 수)
=15+8=23(개)

28 남은 젤리 수를 구하는 문제이므로 뺄셈으로 계산합니다.
(처음에 있던 젤리 수)−(먹은 젤리 수)
=27−9=18(개)

29 어린이가 어른보다 몇 명 더 적은지 구하는 문제이므로 뺄셈으로 계산합니다.
(어른 수)−(어린이 수)=80−43=37(명)

30 오늘은 어제보다 줄넘기를 더 많이 넘었으므로 덧셈으로 계산합니다.
(어제 넘은 줄넘기 횟수)
+(오늘 더 많이 넘은 줄넘기 횟수)
=64+56=120(번)

31 강아지와 고양이의 수의 차를 구하는 문제이므로 뺄셈으로 계산합니다.
(강아지의 수)−(고양이의 수)=44−36=8(마리)

4~8 형성평가 63쪽

1 27　　2 67

3
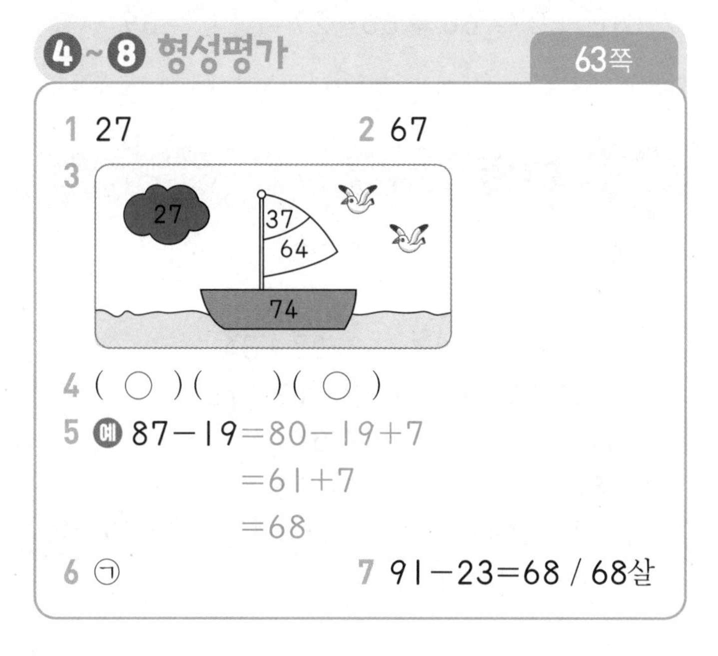

4 (○)(　)(○)

5 예 87−19=80−19+7
=61+7
=68

6 ㉠　　7 91−23=68 / 68살

2 사각형에 쓰여 있는 수: 84, 17

$$\begin{array}{r} \overset{7\ 10}{\not{8}\ 4} \\ -\ 1\ 7 \\ \hline 6\ 7 \end{array}$$

3 56+18=74, 70−43=27

4 $\begin{array}{r} \overset{4\ 10}{\not{5}\ 0} \\ -\ 1\ 4 \\ \hline 3\ 6 \end{array}$, $\begin{array}{r} \overset{6\ 10}{\not{7}\ 3} \\ -\ 4\ 7 \\ \hline 2\ 6 \end{array}$, $\begin{array}{r} \overset{3\ 10}{\not{4}\ 2} \\ -\ \ \ 6 \\ \hline 3\ 6 \end{array}$

6 ㉠ $\begin{array}{r} \overset{1}{3\ 6} \\ +\ 1\ 6 \\ \hline 5\ 2 \end{array}$　㉡ $\begin{array}{r} \overset{6\ 10}{\not{7}\ 0} \\ -\ 1\ 9 \\ \hline 5\ 1 \end{array}$ → 52>51

7 (거북의 나이)−(원숭이의 나이)
=91−23=68(살)

1 STEP 개념별 유형 64~68쪽

1 (위에서부터) 52, 35, 52
2 (위에서부터) 52, 67, 52
3 (1) 92 (2) 26　　4 ㉡
5 135　　6 산
7 (○)(　)
8 (위에서부터) 91, 91, 68, 68
9 (1) 46 (2) 64　　10 65
11 (선 잇기)
12 36−13+19=42 (23, 42) / 예 앞에서부터 순서대로 계산하지 않았습니다.

13 17 / 14　　14 6 / 18
15 46 / 25, 46　　16 소민
17 56 / 36, 56 / 56, 36
18 ㉡　　19 9+□=15 / 6
20 ㉠　　21 36
22 예 28+□=53 / 25
23 예 9+□=46 / 37

24 (　)(○)　　25 7개
26 42 / 42　　27 (1) 19 (2) 72
28 (선 잇기)　　29 □−39=54 / 93

3 (1) 26+19+47=45+47=92
(2) 73−18−29=55−29=26

4 ㉠ 70−24−18=46−18=28
㉡ 82−17−36=65−36=29

5 28+59+48=87+48=135

6 77−9−43=68−43=25
➜ 계산한 결과가 25이므로 글자는 '산'입니다.

7 참고
세 수의 계산은 앞에서부터 순서대로 계산합니다.

10 36−19+48=17+48=65

11 48+15−26=63−26=37
32−16+22=16+22=38

12 평가 기준
'앞에서부터 순서대로 계산하지 않았다'와 같은 말을 넣어 쓰고 바르게 계산했으면 정답으로 합니다.

14 24−6=18 → 18+6=24　　24−6=18 → 6+18=24

16 뺄셈식 55−37=18은 덧셈식 18+37=55, 37+18=55로 나타낼 수 있습니다.

18 더 산 사탕의 수가 모르는 수이므로 □로 나타내야 합니다.

19 9+□=15 ➜ 15−9=□, □=6

20 ㉠ 26+□=73 ➜ 73−26=□

21 □+44=80 ➜ 80−44=□, □=36

22 28+□=53 ➜ 53−28=□, □=25

23 9+□=46 ➜ 46−9=□, □=37

25 12−□=5 ➜ 12−5=□, □=7

26 □−23=19 ➜ 19+23=□, □=42

27 (1) 45−□=26 ➜ 45−26=□, □=19
(2) □−17=55 ➜ 55+17=□, □=72

28 • □−5=15 ➜ 15+5=□, □=20
• 36−□=18 ➜ 36−18=□, □=18

29 □−39=54 ➜ 54+39=□, □=93

9~13 형성평가 69쪽

1 ㉠
2 75−26=49, 75−49=26
3 42　　4 132
5 15　　6 ㉠, ㉢
7 (1) □+27=66 (2) 39개

1 ㉠ 뺄셈식 15−9=6은 덧셈식 6+9=15, 9+6=15로 나타낼 수 있습니다.

3 □−28=14 ➜ 14+28=□, □=42

4 • 36+25+7=61+7=68
• 43−8+29=35+29=64
➜ ■+●=68+64=132

5 51>19>17
➜ 51−19−17=32−17=15

6 ㉠ □+12=30 ➜ 30−12=□, □=18
㉡ 90−□=62 ➜ 90−62=□, □=28
㉢ 19+□=37 ➜ 37−19=□, □=18

7 (2) □+27=66 ➜ 66−27=□, □=39

2 STEP 꼬리를 무는 유형 70~73쪽

1 42　　2 28
3 139　　4 9개
5 16 / 9　　6 27 / 34
7 예 12+78=90 / 90−12=78
8 51　　9 58
10 82　　11 16
12 (위에서부터) 2, 4　　13 (위에서부터) 9, 7
14 (위에서부터) 1, 3, 6

15 19　　16 8
17 17　　18 예 65+16 / 81
19 74−8 / 66　　20 예 87+85=172
21 80, 4　　22 51−8=43
23 85, 148　　24 14, 67

2 • 10이 5개, 1이 4개인 수: 54
• 10이 2개, 1이 6개인 수: 26
➜ 54>26이므로 54−26=28

3 82>69>57
➜ (가장 큰 수)+(가장 작은 수)=82+57=139

4 90>84>81
➜ (가장 많이 딴 사람의 딸기 수)
−(가장 적게 딴 사람의 딸기 수)
=90−81=9(개)

6 61−27=34
34+27=61

7 12+78=90 또는 12+78=90
90−78=12 90−12=78

9 48+47=95
37+㉠=95 ➜ 95−37=㉠, ㉠=58

10 57+35−10=□, 92−10=□, □=82

11 54+36−■=74
➜ 90−■=74, 90−74=■, ■=16

12

	1	㉠
+	㉡	8
	6	0

• ㉠+8=10 ➜ 10−8=㉠, ㉠=2
• 1+1+㉡=6
➜ 2+㉡=6, 6−2=㉡, ㉡=4

13

	㉠	2
−	5	㉡
	3	5

• 10+2−㉡=5
➜ 12−㉡=5, 12−5=㉡, ㉡=7
• ㉠−1−5=3
➜ ㉠−6=3, 3+6=㉠, ㉠=9

14

	8	㉠
−	㉡	㉢
	4	5

계산 결과 45의 일의 자리 숫자가 5이므로 십의 자리에서 받아내림하여 계산했을 때 5가 되는 두 수는 1과 6입니다.
주어진 계산 결과가 나오도록 뺄셈식을 만들면 81−36=45입니다.

15 • 14+●=41 ➜ 41−14=●, ●=27
• ●−▲=8 ➜ 27−▲=8, 27−8=▲, ▲=19

16 • 60−★=16 ➜ 60−16=★, ★=44
• ★+■=52
➜ 44+■=52, 52−44=■, ■=8

17 ◆+◆=30에서 15+15=30이므로 ◆=15입니다.
◆+★=32 ➜ 15+★=32, 32−15=★, ★=17

18 두 수의 합이 가장 크려면 가장 큰 수와 두 번째로 큰 수를 더해야 합니다.
➜ 65>16>7이므로 65+16=81 또는 16+65=81입니다.

19 두 수의 차가 가장 크려면 가장 큰 수에서 가장 작은 수를 빼야 합니다.
➜ 74>25>8이므로 74−8=66입니다.

20 합이 가장 큰 덧셈식을 만들려면 가장 큰 수와 둘째로 큰 수를 더해야 합니다.
8>7>5이므로 수 카드 3장으로 만들 수 있는 가장 큰 수는 87, 둘째로 큰 수는 85입니다.
➜ 합이 가장 큰 덧셈식: 87+85=172 또는 85+87=172

21 차가 76이므로 차의 일의 자리 숫자가 6이 되는 두 수를 찾으면 80과 4입니다.
➜ 80−4=76

22 차가 43이므로 차의 일의 자리 숫자가 3이 되는 두 수를 찾으면 51과 8, 51과 18입니다. 이 중 차가 43이 되는 두 수는 51과 8입니다.
➜ 51−8=43

23 두 수를 더했을 때 가장 큰 수가 되려면 더하는 수가 가장 커야 합니다. 만들 수 있는 가장 큰 두 자리 수는 85입니다.
➜ 63+85=148

24 두 수를 뺐을 때 가장 큰 수가 되려면 빼는 수가 가장 작아야 합니다. 만들 수 있는 가장 작은 두 자리 수는 14입니다.
➜ 81−14=67

3 STEP 수학 독해력 유형 74~77쪽

독해력 1 7, 33, 23 답 23명
쌍둥이 1-1 답 63명
쌍둥이 1-2 답 44개
독해력 2 ❶ 16 ❷ 16, 24 ❸ 24, 8
답 8
쌍둥이 2-1 답 28
쌍둥이 2-2 답 93

독해력 3 ❶ 27, 35 ❷ 커야에 ○표
❸ 36 답 36
쌍둥이 3-1 답 45
독해력 4 ❶ 18, 33 ❷ 33, 42 ❸ 42
답 42개
쌍둥이 4-1 답 62개
쌍둥이 4-2 답 78개

독해력 1 전략
더 탄 사람 수는 더하고 내린 사람 수는 뺍니다.

쌍둥이 1-1 (지금 기차에 타고 있는 사람 수)
=35+56−28
=91−28=63(명)

쌍둥이 1-2 (지금 가지고 있는 구슬 수)
=53−18+9
=35+9=44(개)

쌍둥이 2-1 ❶ 어떤 수를 □로 하여 잘못 계산한 식 만들기: □+27=82
❷ 어떤 수 □의 값 구하기:
82−27=□, □=55
❸ 바르게 계산한 값: 55−27=28

쌍둥이 2-2 ❶ 어떤 수를 □로 하여 잘못 계산한 식 만들기: 76−□=59
❷ 어떤 수 □의 값 구하기:
76−59=□, □=17
❸ 바르게 계산한 값: 76+17=93

독해력 3 ❷ ■=35일 때 27+35=62이므로
27+■>62에서 ■는 35보다 큰 수여야 합니다.

쌍둥이 3-1 ❶ 49+□=93일 때 □ 구하기
➔ 93−49=□, □=44
❷ 49+□>93에서 □는 44보다 커야 합니다.
❸ □ 안에 들어갈 수 있는 수 중에서 가장 작은 수:
45

독해력 4 전략
덧셈과 뺄셈의 관계를 이용하여 처음 수를 구합니다.

쌍둥이 4-1 ❶ (먹기 전 쿠키의 수)=19+16=35(개)
❷ (동생에게 주기 전 쿠키의 수)=35+27=62(개)
❸ (처음에 가지고 있던 쿠키의 수)
=(동생에게 주기 전 쿠키의 수)=62개

쌍둥이 4-2 ❶ (더 담기 전 귤의 수)=85−26=59(개)
❷ (썩어서 버리기 전 귤의 수)=59+19=78(개)
❸ (처음 상자에 있던 귤의 수)
=(썩어서 버리기 전 귤의 수)=78개

유형 TEST 78~81쪽

1 23
2 100
3 (1) 72 (2) 11
4 (위에서부터) 62, 49, 62
5 17 / 36, 17
6 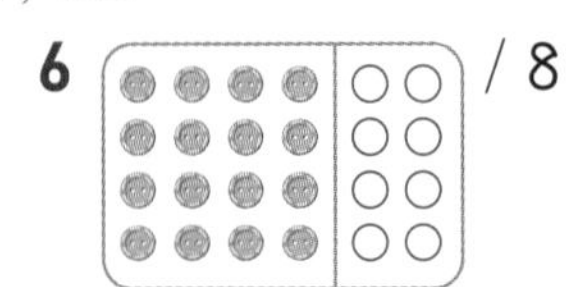 / 8
7 128
8 $\begin{array}{r} 94 \\ +\ 18 \\ \hline 112 \end{array}$
9 101, 5
10 20
11 
12 91−76=91−70−6
=21−6
=15
13 22쪽
14 30−13=17 / 17개

15 (위에서부터) 52, 140
16 <　　17 64, 8에 ○표
18 ㉡, ㉢
19 31－□＝16 / 15
20 54, 9　　21 (위에서부터) 3, 4
22 예 56＋15 / 71　　23 예 95＋73＝168
24 예 (지금 개미집에 있는 개미의 수)
＝(처음 개미집에 있던 개미의 수)
＋(더 들어온 개미의 수)－(나간 개미의 수)
＝45＋15－23
＝60－23＝37(마리)　　답 37마리
25 예 ❶ 34＋□＝53일 때 □의 값 구하기:
53－34＝□, □＝19
❷ 34＋□>53에서 □는 19보다 커야 합니다.
❸ □ 안에 들어갈 수 있는 수 중에서 가장 작은 수는 20입니다.　　답 20

8 일의 자리에서 받아올림한 수를 십의 자리 계산에서 더하지 않고 계산하였습니다.

9 합: $\begin{array}{r} ^{1} \\ 53 \\ +\,48 \\ \hline 101 \end{array}$　　차: $\begin{array}{r} ^{4\ 10} \\ \not{5}\,3 \\ -\,48 \\ \hline 5 \end{array}$

10 80－21－39＝59－39＝20

11 $\begin{array}{r} ^{1} \\ 43 \\ +\ \ 7 \\ \hline 50 \end{array}$, $\begin{array}{r} ^{7\ 10} \\ \not{8}\,0 \\ -\,29 \\ \hline 51 \end{array}$

12 76을 70과 6으로 가르기하여 91에서 70을 빼고 6을 뺍니다.

13 (세호가 어제와 오늘 읽은 동화책 쪽수)
＝(어제 읽은 동화책 쪽수)＋(오늘 읽은 동화책 쪽수)
＝13＋9＝22(쪽)

14 (남은 젤리 수)
＝(처음에 가지고 있던 젤리 수)－(동생에게 준 젤리 수)
＝30－13＝17(개)

15 29＋23＝52 ➔ 52＋88＝140

16 79＋3＝82 ⓒ< 96－8＝88

17 합이 72이므로 합의 일의 자리 숫자가 2가 되는 두 수를 찾으면 64와 8입니다.
64＋8＝72이므로 맞힌 두 수는 64, 8입니다.

18 ㉠ 9＋□＝26 ➔ 26－9＝□, □＝17
㉡ 8＋□＝24 ➔ 24－8＝□, □＝16
㉢ □＋7＝23 ➔ 23－7＝□, □＝16

19 친구에게 준 금붕어의 수를 □로 하여 식을 만들면 31－□＝16입니다.
31－□＝16 ➔ 31－16＝□, □＝15
따라서 친구에게 준 금붕어는 15마리입니다.

20 차가 45이므로 차의 일의 자리 숫자가 5가 되는 두 수를 찾으면 54와 9입니다. ➔ 54－9＝45

21 $\begin{array}{r} 2\ ㉠ \\ +\,㉡\ 9 \\ \hline 7\ 2 \end{array}$
• ㉠＋9＝12 ➔ 12－9＝㉠, ㉠＝3
• 1＋2＋㉡＝7
➔ 3＋㉡＝7, 7－3＝㉡, ㉡＝4

22 두 수의 합이 가장 크려면 가장 큰 수와 두 번째로 큰 수를 더해야 합니다.
➔ 56>15>7이므로 56＋15＝71 또는 15＋56＝71입니다.

23 합이 가장 크려면 가장 큰 두 수를 십의 자리에 하나씩 놓아야 합니다. 9>7>5>3이므로 9와 7을 각각 십의 자리에 놓고 남은 수 3과 5를 일의 자리에 놓습니다.
➔ 95＋73＝168 또는 93＋75＝168

24 채점 기준

채점 기준	점수
지금 개미집에 있는 개미의 수를 구하는 식을 만들고 계산하여 구함.	4점

25 채점 기준

채점 기준	점수	총점
❶ >를 ＝로 바꾼 식을 계산하여 □의 값을 구함.	2점	4점
❷ 34＋□>53을 만족하는 □의 값의 조건을 알아봄.	1점	
❸ □ 안에 들어갈 수 있는 수 중 가장 작은 수를 구함.	1점	

4. 길이 재기

1 STEP 개념별 유형 84~88쪽

1 (　　)
(○)
2 ㉠, 깁니다에 ○표 (또는 ㉡, 짧습니다에 ○표)
3 3　4 6번쯤　5 ㉡
6 (손바닥)에 ○표　7 (손바닥)에 ○표
8 많습니다에 ○표
9 (　　)(○)(△)　10 3번쯤
11 예

12 5번, 3번　13 도윤
14 도윤　15 허리띠
16 다릅니다에 ○표
17 예 사람마다 뼘의 길이가 다르기 때문입니다.
18 하은　19 ㉠
20 예 잰 횟수가 서로 달라서 불편합니다.
21 1 cm, 1 센티미터
22 6 cm, 6 센티미터

23 5
24
25
26 4 cm　27 6 cm
28 <　29 >
30 7 cm

4 소파의 길이는 발 길이로 6번에 가깝기 때문에 6번쯤입니다.

참고
몸의 일부나 물건을 이용하여 길이를 재다 보면 딱 맞게 떨어지는 경우보다 딱 맞게 떨어지지 않는 경우가 많은데 이때 '몇 번쯤 된다.'와 같이 표현합니다.

5 단위길이가 길수록 잰 횟수가 적으므로 냉장고의 높이는 뼘으로 재는 것이 가장 알맞습니다.

7 스케치북의 긴 쪽의 길이는 뼘으로 3번, 손바닥으로 6번입니다. 따라서 잰 횟수가 더 많은 것은 손바닥입니다.

8 손바닥의 길이가 뼘의 길이보다 더 짧고, 손바닥으로 잰 횟수가 뼘으로 잰 횟수보다 더 많습니다.
따라서 단위길이가 짧을수록 잰 횟수는 많습니다.

10 스마트폰의 길이는 지우개로 3번에 가깝기 때문에 3번쯤입니다.

12 가위는 지우개로 5번, 수첩은 지우개로 3번입니다.

14 단위길이가 더 긴 풀로 잰 횟수가 더 적습니다. 따라서 잰 횟수가 더 적은 사람은 도윤입니다.

15 $5<7$이므로 연필로 잰 횟수가 더 많은 것은 허리띠입니다. 따라서 길이가 더 긴 것은 허리띠입니다.

17 평가 기준
사람마다 뼘의 길이가 다르기 때문이라고 썼으면 정답으로 합니다.

18 $9<10$이므로 하은이의 한 뼘의 길이가 더 깁니다.

19 ㉡ 발 길이도 사람마다 다르기 때문에 잰 횟수도 다를 수 있습니다.

20 평가 기준
잰 횟수가 서로 달라서 불편하다고 썼으면 정답으로 합니다.

24 1 cm가 2번 되게 점선을 따라 선을 긋습니다.

25 1 cm가 3번 되게 점선을 따라 선을 긋습니다.

26 1 cm가 4번이면 4 cm이므로 지우개의 길이는 4 cm입니다.

27 나의 길이는 1 cm가 6번이므로 6 cm입니다.

28 13 센티미터는 13 cm입니다.
➜ 11 cm < 13 cm

29 1 cm가 8번이면 8 cm입니다.
➜ 9 cm > 8 cm

30 빨간색 선의 길이는 1 cm가 7번이므로 7 cm입니다.

1~5 형성평가 89쪽

1 경희
2 4번, 2번
3 클립
4 (1) 2 (2) 7
5 5 cm
6 국자
7 예 물건의 정확한 길이를 알 수 없습니다.

1 연결한 모형의 수를 살펴보면 수현이는 4개, 경희는 3개입니다.
→ 4>3이므로 더 짧게 연결한 사람은 경희입니다.

3 4>2이므로 클립으로 잰 횟수가 더 많습니다.

참고
같은 물건의 길이를 잴 때 단위길이가 짧을수록 잰 횟수가 많습니다.

4 (1) 2 cm는 1 cm가 2번입니다.
(2) 7 cm는 7 센티미터라고 읽습니다.

5 파란색 선의 길이는 1 cm가 5번이므로 5 cm입니다.

6 뼘으로 잰 횟수가 적을수록 길이가 더 짧습니다.
→ 2<3이므로 국자의 길이가 더 짧습니다.

7 평가 기준
물건의 정확한 길이를 알 수 없다고 쓰거나 불편한 점을 타당하게 썼으면 정답으로 합니다.

1 STEP 개념별 유형 90~94쪽

1 2, 5
2 ㉡
3 4 cm
4 6 cm
5 1 cm
6 예 (선)
7 (위에서부터) 2, 6
8 5, 5
9 3 cm
10 2 cm
11 하린
12 ㉠
13 같습니다.

14 4, 4
15 3, 3
16 6 cm
17 5 cm
18 6 cm
19 4 cm
20 ○
21 ㉡
22 세아
23 5, 5
24 약
25 예 집게의 한쪽 끝을 자의 눈금 0에 정확하게 맞추지 않았기 때문에 3 cm라고 할 수 없습니다.

26 예 6 cm
27 예 (선)
28 예 5 cm
29 예 3 cm / 3 cm
30 예 7 cm / 7 cm
31 태연

1 자의 처음 시작은 0에서 시작하고 1과 3 사이에는 2를, 4와 6 사이에는 5를 써야 합니다.

2 밧줄의 한쪽 끝을 자의 눈금 0에 정확하게 맞추어 놓고 재야 합니다.

3 지우개의 한쪽 끝을 자의 눈금 0에 맞추고 지우개의 다른 쪽 끝에 있는 자의 눈금을 읽으면 4이므로 지우개의 길이는 4 cm입니다.

4 연고의 한쪽 끝을 자의 눈금 0에 맞추고 연고의 다른 쪽 끝에 있는 자의 눈금을 읽으면 6이므로 연고의 길이는 6 cm입니다.

5 콩의 한쪽 끝을 자의 눈금 0에 맞추고 콩의 다른 쪽 끝에 있는 자의 눈금을 읽으면 1이므로 콩의 길이는 1 cm입니다.

6 점선을 따라 길이가 1 cm로 3번만큼인 선을 긋습니다.

7 길이를 재려는 변의 한쪽 끝을 자의 눈금 0에 맞추고 변의 다른 쪽 끝에 있는 자의 눈금을 읽습니다.

8 자의 눈금 2부터 7까지 1 cm가 5번 들어가므로 막대 과자의 길이는 5 cm입니다.

9 자의 눈금 1부터 4까지 1 cm가 3번 들어가므로 클립의 길이는 3 cm입니다.

10 자의 눈금 2부터 4까지 1 cm가 2번 들어가므로 알약의 길이는 2 cm입니다.

11 물건의 길이를 잴 때에는 물건을 자와 나란히 놓아야 합니다.

12 ㉠ 자의 눈금 4부터 6까지 1 cm가 2번 들어가므로 콩의 길이는 2 cm입니다.
㉡ 자의 눈금 1부터 2까지 1 cm가 1번 들어가므로 콩의 길이는 1 cm입니다.

13 두 색 테이프의 길이는 각각 1 cm가 4번 들어가므로 4 cm로 같습니다.

16 5 cm와 6 cm 사이에 있고, 6 cm에 가깝기 때문에 약 6 cm입니다.

17 1 cm가 5번에 더 가깝기 때문에 약 5 cm입니다.

18 면봉의 길이는 6 cm에 가깝기 때문에 약 6 cm입니다.

19 열쇠의 길이는 4 cm에 가깝기 때문에 약 4 cm입니다.

20 '약'이라고 나타낸 길이는 정확한 길이가 아니라 자의 눈금에 가까운 값입니다.
따라서 길이가 약 7 cm인 두 색연필의 실제 길이는 다를 수 있습니다.

21 ㉠ 1 cm가 4번에 더 가깝기 때문에 약 4 cm입니다.
㉡ 1 cm가 3번에 더 가깝기 때문에 약 3 cm입니다.

22 세아가 갖고 있는 리본의 길이는 5 cm에 가깝기 때문에 약 5 cm이고, 시아가 갖고 있는 리본의 길이는 6 cm에 가깝기 때문에 약 6 cm입니다.

24 참고
길이가 자의 눈금 사이에 있을 때는 눈금과 가까운 쪽에 있는 숫자를 읽으며, 숫자 앞에 약을 붙여 말해야 합니다.

25 평가 기준
집게의 한쪽 끝을 자의 눈금 0에 정확하게 맞추지 않았기 때문이라고 썼으면 정답으로 합니다.

26 손톱깎이의 길이는 1 cm가 6번 정도 되므로 어림하면 약 6 cm입니다.

27 1 cm가 4번 정도 되도록 점선을 따라 선을 긋습니다.

28 꼬치의 길이는 1 cm가 5번 정도 되므로 어림하면 약 5 cm입니다.

29~30 1 cm가 몇 번 정도 되는지 생각하며 길이를 어림한 다음, 자로 길이를 재어 봅니다.

31 종이띠의 길이를 각각 자로 재어 보면 태연이는 약 6 cm, 종희는 약 7 cm입니다.
따라서 6 cm에 더 가깝게 어림한 사람은 태연입니다.

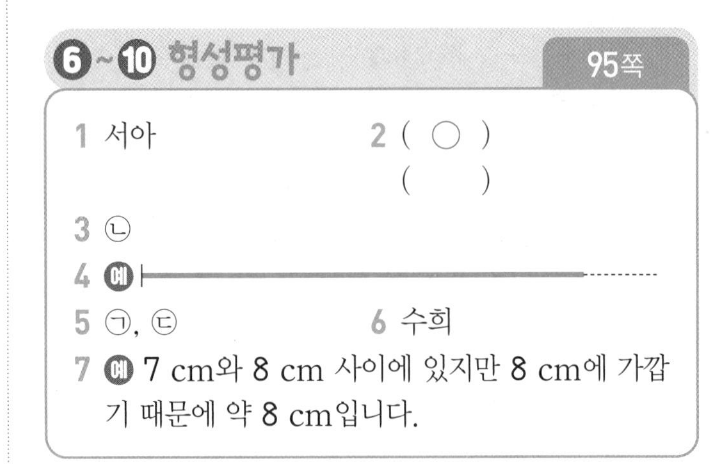
6~10 형성평가 95쪽

1 서아
2 (○)
( )
3 ㉡
4 예
5 ㉠, ㉢
6 수희
7 예 7 cm와 8 cm 사이에 있지만 8 cm에 가깝기 때문에 약 8 cm입니다.

1 옷핀의 길이는 2 cm와 3 cm 사이에 있고, 3 cm에 가깝기 때문에 약 3 cm입니다.

2 과자의 한쪽 끝을 자의 눈금 0에 맞추었을 때 다른 쪽 끝에 있는 자의 눈금이 3인 과자를 찾습니다.

3 ㉠ 6 cm ㉡ 5 cm
➜ 6 cm>5 cm이므로 길이가 더 짧은 선은 ㉡입니다.

4 1 cm가 6번 정도 되도록 점선을 따라 선을 긋습니다.

5 ㉠ 6 cm ㉡ 7 cm ㉢ 6 cm
➜ 길이가 같은 크레파스는 ㉠과 ㉢입니다.

6 연필의 길이는 8 cm에 가깝기 때문에 약 8 cm입니다. 따라서 길이 재기를 잘못한 사람은 수희입니다.

7 평가 기준
연필의 길이가 8 cm에 가깝기 때문이라고 썼으면 정답으로 합니다.

2 STEP 꼬리를 무는 유형 96~99쪽

1 ㉡	2 ㉠, 3 cm
3 서우	4 2 cm
5 6 cm	6 7 cm
7 8 cm	8 소율
9 경호	10 다
11 6 cm	12 9 cm
13 8 cm	
14 다은	15 수현
16 영주	17 바늘
18 이쑤시개	19 국자
20 예	
21 예	
22 24 cm	23 80 cm
24 44 cm	

2 ㉡ 클립의 한쪽 끝을 자의 눈금 0에 정확하게 맞추지 않았습니다.

3 진수: 아몬드의 한쪽 끝을 자의 눈금 0에 정확하게 맞추지 않았습니다.

5 나의 길이는 가의 길이가 3번입니다.
따라서 나의 길이는 2 cm가 3번이므로
2 cm+2 cm+2 cm=6 cm입니다.

주의
1 cm가 3번이 아니라 2 cm가 3번임에 주의합니다.

7 풀의 길이는 1 cm가 8번이므로 8 cm입니다.

8 소율: 6개, 영아: 3개, 현석: 4개
따라서 가장 길게 연결한 사람은 소율입니다.

9 해원: 7개, 하은: 5개, 경호: 3개
따라서 가장 짧게 연결한 사람은 경호입니다.

10 가: 5개, 나: 4개, 다: 7개
따라서 가장 길게 연결한 것은 다이므로 주희가 만든 모양은 다입니다.

11 빨간색 선의 길이: 5 cm, 파란색 선의 길이: 1 cm
➔ (두 선의 길이의 합)=5 cm+1 cm=6 cm

12 빨간색 선의 길이: 3 cm, 파란색 선의 길이: 2 cm, 초록색 선의 길이: 4 cm
➔ (세 선의 길이의 합)
=3 cm+2 cm+4 cm=9 cm

13 가장 긴 선의 길이: 6 cm,
가장 짧은 선의 길이: 2 cm
➔ (두 선의 길이의 합)=6 cm+2 cm=8 cm

14 잰 횟수가 2번으로 같지만 야구 방망이의 길이가 가위의 길이보다 더 길므로 다은이가 가지고 있는 막대의 길이가 더 깁니다.

15 잰 횟수가 3번으로 같지만 지우개의 길이가 뼘의 길이보다 더 짧으므로 수현이가 가지고 있는 막대의 길이가 더 짧습니다.

16 뼘의 길이가 길수록 자른 끈의 길이가 더 길므로 영주가 자른 끈의 길이가 더 깁니다.

17 털실의 길이를 옷핀으로 재면 3번, 바늘로 재면 2번입니다.
➔ 3>2이므로 잰 횟수가 더 적은 것은 바늘입니다.

18 단위길이가 짧을수록 잰 횟수가 더 많습니다. 이쑤시개의 길이가 면봉의 길이보다 더 짧으므로 이쑤시개로 잰 횟수가 더 많습니다.

19 국자의 길이가 숟가락의 길이보다 더 길므로 국자로 잰 횟수가 더 적습니다.

22 한 뼘의 길이가 약 12 cm이므로 2뼘의 길이는 약 12 cm+12 cm=24 cm입니다.
따라서 도화지의 긴 쪽의 길이는 약 24 cm입니다.

23 물병의 길이가 약 20 cm이므로 물병으로 4번의 길이는 약 20 cm+20 cm+20 cm+20 cm=80 cm입니다. 따라서 할아버지 지팡이의 길이는 약 80 cm입니다.

24 한 뼘의 길이가 약 13 cm이므로 3뼘의 길이는 약 13 cm+13 cm+13 cm=39 cm입니다.
신발장의 높이는 3뼘을 재고 남은 길이가 5 cm이므로 약 39 cm+5 cm=44 cm입니다.

3 STEP 수학 독해력 유형 100~103쪽

독해력 1 ❶ 13, 1 / 1 ❷ 14, 2 / 2
❸ 현지
답 현지

쌍둥이 1-1 답 경미

독해력 2 ❶ 깁니다에 ○표 ❷ 성우 ❸ 성우
답 성우

쌍둥이 2-1 답 유나

독해력 3 ❶ 12, 22 ❷ 15, 25
❸ 22, 25, 47
답 47 cm

쌍둥이 3-1 답 41 cm

독해력 4 ❶ 10 ❷ 5
❸ 3 / 5, 5, 5 / 15
답 15 cm

쌍둥이 4-1 답 14 cm

독해력 1 ❶ (실제 길이)−(현지가 어림한 길이)
=14 cm−13 cm=1 cm → 약 1 cm
❷ (유민이가 어림한 길이)−(실제 길이)
=16 cm−14 cm=2 cm → 약 2 cm
❸ 실제 길이에 더 가깝게 어림한 사람은 실제 길이와 어림한 길이의 차가 더 작은 현지입니다.

쌍둥이 1-1 ❶ 실제 길이와 수아가 어림한 길이의 차:
15 cm−13 cm=2 cm → 약 2 cm
❷ 실제 길이와 경미가 어림한 길이의 차:
13 cm−12 cm=1 cm → 약 1 cm
❸ 실제 길이에 더 가깝게 어림한 사람의 이름: 경미

참고
❶ (수아가 어림한 길이)−(실제 길이)
=15 cm−13 cm=2 cm
❷ (실제 길이)−(경미가 어림한 길이)
=13 cm−12 cm=1 cm
❸ 실제 길이에 더 가깝게 어림한 사람은 실제 길이와 어림한 길이의 차가 더 작은 경미입니다.

독해력 2 ❷ 3<4<5이므로 우산의 길이를 뼘으로 잰 횟수가 가장 적은 사람은 성우입니다.
❸ 우산을 뼘으로 잰 횟수가 가장 적은 성우의 한 뼘의 길이가 가장 깁니다.

쌍둥이 2-1 ❶ 칠판 긴 쪽의 길이를 뼘으로 잰 횟수가 적을수록 한 뼘의 길이가 더 깁니다.
❷ 뼘으로 잰 횟수가 가장 적은 사람의 이름: 유나
❸ 한 뼘의 길이가 가장 긴 사람의 이름: 유나

참고
❷ 칠판의 긴 쪽의 길이를 뼘으로 잰 횟수를 비교하면 11<13<14이므로 뼘으로 잰 횟수가 가장 적은 사람은 유나입니다.
❸ 칠판의 긴 쪽의 길이를 뼘으로 잰 횟수가 가장 적은 유나의 한 뼘의 길이가 가장 깁니다.

쌍둥이 3-1 ❶ (석빈이가 사용한 철사의 길이)
=55 cm−30 cm=25 cm
❷ (윤재가 사용한 철사의 길이)
=48 cm−32 cm=16 cm
❸ (두 사람이 사용한 철사의 길이의 합)
=25 cm+16 cm=41 cm

참고
❶ (석빈이가 가지고 있던 철사의 길이)
−(석빈이가 사용하고 남은 철사의 길이)
❷ (윤재가 가지고 있던 철사의 길이)
−(윤재가 사용하고 남은 철사의 길이)
❸ (석빈이가 사용한 철사의 길이)
+(윤재가 사용한 철사의 길이)

독해력 4 ❷ 10 cm=5 cm+5 cm이므로 약병 1개의 길이는 5 cm입니다.

쌍둥이 4-1 ❶ (모형 11개의 길이)
=(빨대의 길이)=11 cm
❷ (모형 1개의 길이)=1 cm
❸ (붓의 길이)=(모형 14개의 길이)
=14 cm

참고
❸ 붓의 길이는 모형 14개의 길이와 같으므로 1 cm가 14번인 14 cm입니다.

유형 TEST 104~107쪽

1 9 cm, 9 센티미터
2 4 cm
3 3 cm
4 4뼘쯤
5 예 (선 그리기)
6 (○) ( )
7 (○) ( )
8 4 cm
9 2 cm
10 4번, 6번
11 적습니다에 ○표
12 같게에 ○표
13 4 cm
14 예 7 cm / 7 cm

15 ㉡
16 ㉠
17 지호
18 지유
19 예 초코바의 길이는 1 cm가 5번이기 때문에 9 cm가 아닌 5 cm입니다.
20 ㉡
21 3 cm
22 예 (색칠하기)
23 14 cm
24 예 ❶ 한 뼘의 길이가 약 11 cm이므로 2뼘의 길이는 약 11 cm+11 cm=22 cm입니다.
❷ 책꽂이 한 칸의 길이가 윤희의 뼘으로 2뼘이므로 약 22 cm입니다.
답 약 22 cm
25 예 ❶ 창문 긴 쪽의 길이를 뼘으로 잰 횟수가 적을수록 한 뼘의 길이가 더 깁니다.
❷ 뼘으로 잰 횟수가 가장 적은 사람의 이름: 지후
❸ 한 뼘의 길이가 가장 긴 사람의 이름: 지후
답 지후

3 자의 눈금 2부터 5까지 1 cm가 3번 들어가므로 막대의 길이는 3 cm입니다.

6 ㉠과 ㉡의 길이는 직접 맞대어 비교할 수 없으므로 색 테이프와 같은 물건을 이용하여 길이를 비교할 수 있습니다.

7 한쪽 끝을 맞춘 상태이므로 나머지 끝을 보고 비교하면 더 짧은 것은 ㉠입니다.

11 ㉠이 ㉡보다 길고, ㉠으로 잰 횟수가 ㉡으로 잰 횟수보다 적습니다.

14 1 cm가 몇 번 정도 되는지 생각하며 길이를 어림한 다음, 자로 길이를 재어 봅니다.

15 ㉠ 1 cm가 6번에 더 가깝기 때문에 약 6 cm입니다.

16 ㉡ 1 cm가 19번이면 19 cm입니다.
21 cm>19 cm이므로 길이가 더 긴 것은 ㉠입니다.

17 비눗방울 병의 길이를 각각 자로 재어 보면 민규 것은 약 7 cm, 지호 것은 약 8 cm입니다.
따라서 길이가 8 cm에 더 가까운 것을 가져온 사람은 지호입니다.

18 잰 횟수가 2번으로 같지만 우산의 길이가 가장 길므로 지유가 가지고 있는 색 테이프의 길이가 가장 깁니다.

19 평가 기준
1 cm가 5번이기 때문에 5 cm라고 쓰거나 초코바의 한 쪽 끝은 자의 눈금 4, 다른 쪽 끝은 자의 눈금 9에 놓여 있기 때문에 5 cm라고 썼으면 정답으로 합니다.

20 ㉠, ㉢: 1 cm가 4번이므로 4 cm입니다.
㉡: 1 cm가 3번이므로 3 cm입니다.
➜ 따라서 길이가 다른 색 테이프는 ㉡입니다.

21 가장 긴 선의 길이: 6 cm,
가장 짧은 선의 길이: 3 cm
➜ (두 선의 길이의 차)=6 cm−3 cm=3 cm

23 위에서부터 차례로 올챙이의 몸길이가 3 cm, 7 cm, 4 cm입니다.
따라서 올챙이 세 마리의 몸길이의 합은
3 cm+7 cm+4 cm=14 cm입니다.

24 채점 기준

채점 기준	점수	총점
❶ 2뼘의 길이를 구함.	3점	4점
❷ 책꽂이 한 칸의 길이를 구함.	1점	

25 채점 기준

채점 기준	점수	총점
❶ 잰 횟수와 한 뼘의 길이의 관계를 알고 있음.	1점	4점
❷ 뼘으로 잰 횟수가 가장 적은 사람을 구함.	2점	
❸ 한 뼘의 길이가 가장 긴 사람을 구함.	1점	

5. 분류하기

1 STEP 개념별 유형 110~114쪽

1 ×
2 ○
3 지유
4 예 모양
5 예 사람마다 재미있다고 생각하는 기준이 다르기 때문입니다.
6 (○)( )
7 ㉢ / ㉣

8

입는 계절	여름	겨울
기호	㉠, ㉣, ㉤, ㉦	㉡, ㉢, ㉥, ㉧

9

종류	캔	종이	플라스틱
이름	음료수 캔, 통조림 캔	종이상자, 공책	생수병, 요구르트 병, 플라스틱 컵

10

색깔	파란색	빨간색	초록색
번호	①, ④	②, ⑤	③, ⑥

11 (선 잇기)
12 학용품
13 ④, ⑤ / ⑥
14 (위에서부터) ⑤ / ⑥

15

	숫자	한글
(색)	2, 8	ㄹ, ㄴ, ㅎ
(색)	3, 4, 5	ㄱ

16

	구멍 2개	구멍 4개
원 모양	㉠, ㉢	㉤
삼각형 모양	㉣, ㉥	㉦
사각형 모양	㉧	㉡, ㉨

17 색깔에 ○표
18 예 무늬
19 예 바퀴 수
20 예 맛 / 예 모양
21 예 색깔
22 예

분류 기준	색깔	
색깔	노란색	파란색
번호	①, ④	②, ③

23 예

분류 기준	모양	
모양	(도넛 모양)	(삼각형 모양)
번호	①, ③, ④	②, ⑤

4 원과 사각형이 있으므로 모양으로 분류할 수 있습니다.

다른 풀이
분홍색과 초록색이 있으므로 색깔로 분류할 수 있습니다.

5 평가 기준
사람마다 재미있다고 생각하는 기준이 다르기 때문이라고 쓰거나 분류 기준이 분명하지 않다고 썼으면 정답으로 합니다.

11 과일 가게에는 사과와 귤이, 생선 가게에는 고등어와 갈치가 어울립니다.

12 양말 칸에 있는 필통은 학용품이므로 필통을 학용품 칸으로 옮겨야 합니다.

15 숫자와 한글로 분류한 뒤에 색깔에 따라 분류합니다.

참고
색깔에 따라 분류한 뒤에 숫자와 한글로 분류해도 됩니다.

20 맛, 모양 등으로 분류할 수 있습니다.

23 모양, 색깔 등으로 분류할 수 있습니다.

①~⑤ 형성평가 115쪽

1 주호
2 예 모양

3

바퀴 2개	③, ④
바퀴 4개	①, ②, ⑤, ⑥

4

길이	긴 컵	짧은 컵
번호	①, ③, ④, ⑤, ⑧	②, ⑥, ⑦

5 예 색깔

6 예

	긴 컵	짧은 컵
노란색	③, ⑧	②, ⑦
초록색	①, ④, ⑤	⑥

1 예쁜 것과 예쁘지 않은 것, 비싼 것과 비싸지 않은 것은 사람마다 다를 수 있어 분류 기준으로 알맞지 않습니다.

5 색깔, 손잡이가 있고 없음 등으로 분류할 수 있습니다.

6 컵을 길이로 분류한 뒤에 위 5에서 쓴 분류 기준에 따라 분류합니다.

1 STEP 개념별 유형 116~118쪽

1 (위에서부터) 펭귄, 타조 / 곰, 돼지, 사자, 개 / 3 / 5

2

모양		
세면서 표시하기	𝍸 𝍸	𝍸 𝍸
장갑 수(켤레)	4	6

3

색깔	빨간색	노란색	파란색
세면서 표시하기	𝍸	𝍸	𝍸
장갑 수(켤레)	3	4	3

4

계절	봄	여름	가을	겨울
학생 수(명)	3	2	4	1

5

종류	줄넘기	배드민턴	훌라후프
세면서 표시하기	𝍸	𝍸	𝍸
학생 수(명)	3	4	5

6 예

분류 기준	종류

종류	시소	그네	철봉
학생 수(명)	4	5	3

7

종류	병	캔	비닐
세면서 표시하기	𝍸	𝍸	𝍸
재활용품 수(개)	5	4	3

8 병

9

맛	딸기	초콜릿	바나나
세면서 표시하기	𝍸 𝍸	𝍸 𝍸	𝍸 𝍸
학생 수(명)	8	4	4

10 딸기 맛

11 바나나 맛

12 ㉠

13 파란색 / 파란색

1 다리가 2개인 동물: 독수리, 펭귄, 타조 ➔ 3마리
다리가 4개인 동물: 소, 곰, 돼지, 사자, 개 ➔ 5마리

8 병이 5개로 가장 많다.

10 딸기 맛을 좋아하는 학생이 8명으로 가장 많습니다.

11 초콜릿 맛 우유를 좋아하는 학생 수는 4명입니다. 좋아하는 학생 수가 4명인 우유는 바나나 맛 우유입니다.

12 ㉡ 장미가 5송이로 가장 많이 팔렸습니다.

6~7 형성평가 119쪽

1

색깔	흰색	빨간색	노란색
번호	①, ⑤	②, ④, ⑧	③, ⑥, ⑦
꽃 수(송이)	2	3	3

2 예

분류 기준	사는 곳

사는 곳	물	땅
세면서 표시하기	///	////
동물 수(마리)	3	4

3

종류	피아노	바이올린	플루트
학생 수(명)	6	4	5

4 피아노

5 바이올린

6 은행나무

2 사는 곳, 활동하는 곳 등으로 분류할 수 있습니다.
사는 곳으로 분류하면 물에서 사는 동물은 오징어, 상어, 물고기로 3마리이고, 땅에서 사는 동물은 기린, 얼룩말, 곰, 소로 4마리입니다.

6 느티나무, 소나무, 단풍나무의 수가 같고, 은행나무의 수가 적으므로 심은 나무의 수가 종류별로 같으려면 은행나무를 더 심어야 합니다.

2 STEP 꼬리를 무는 유형 120~123쪽

1 예 색깔
2 예 모양
3 예 모양
4 ㉠, ㉣
5 ㉠, ㉣
6 ㉡, ㉣
7 4 / 3 / 1
8 맑은 날 / 흐린 날 / 비 온 날

9

종류	동화책	만화책	위인전
번호	①, ②, ④	③, ⑥, ⑧	⑤, ⑦

10 예

분류 기준	색깔

색깔	빨간색	파란색
번호	①, ③, ④, ⑥, ⑦	②, ⑤, ⑧

11 음료
12 치약, 욕실용품
13 야구공 / 탁구공
14 위인전, 3, 동화책, 5

15

치마	①, ⑦	④, ⑤, ⑥
바지	②, ⑧	③

16 예 종류 / 예 색깔 /

예

	고양이	학
노란색	①, ③	⑥, ⑦
초록색	④, ⑤	②, ⑧

17 생선구이
18 식빵

5 비행기는 하늘에서 움직이므로 함께 분류할 수 없는 것은 땅과 바다에서 움직이는 ㉠, ㉣입니다.

6 수영은 공을 사용하지 않는 운동이므로 함께 분류할 수 있는 것은 ㉡, ㉣입니다.

10 색깔, 모양, 구멍의 수 등으로 분류할 수 있습니다.

12 정원용품 칸에 있는 치약은 욕실용품이므로 치약을 욕실용품 칸으로 옮겨야 합니다.

13

종류	탁구공	축구공	야구공
공 수(개)	9	8	6

$6<8<9$이므로 가장 적은 공은 야구공, 가장 많은 공은 탁구공입니다.

14

종류	동시집	동화책	위인전
책 수(권)	4	5	3

$3<4<5$이므로 가장 적은 책은 위인전으로 3권, 가장 많은 책은 동화책으로 5권입니다.

17

종류	불고기	생선구이	계란말이	낙지볶음
음식 수(접시)	1	4	1	2

오늘 가장 많이 팔린 음식은 생선구이이므로 음식점 주인이 가장 많이 준비해야 할 음식은 생선구이입니다.

18 크림빵을 제외한 판매된 빵은 $7+3+4=14$(개)이므로 판매된 크림빵은 $15-14=1$(개)입니다.
따라서 오늘 가장 많이 판매된 빵은 식빵이므로 가게 주인이 내일 가장 많이 준비해야 할 빵은 식빵입니다.

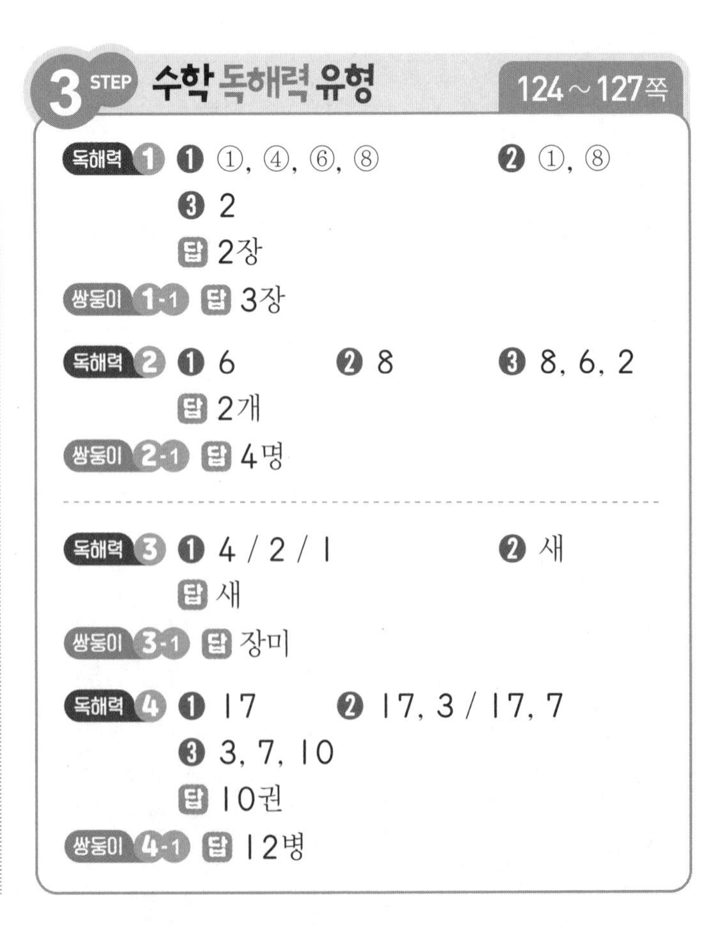

3 STEP 수학 독해력 유형 124~127쪽

독해력 1 ❶ ①, ④, ⑥, ⑧ ❷ ①, ⑧
❸ 2
답 2장
쌍둥이 1-1 답 3장

독해력 2 ❶ 6 ❷ 8 ❸ 8, 6, 2
답 2개
쌍둥이 2-1 답 4명

독해력 3 ❶ 4 / 2 / 1 ❷ 새
답 새
쌍둥이 3-1 답 장미

독해력 4 ❶ 17 ❷ 17, 3 / 17, 7
❸ 3, 7, 10
답 10권
쌍둥이 4-1 답 12병

쌍둥이 1-1 ❶ 얼굴이 숫자 모양인 카드의 번호: ①, ③, ④, ⑦

❷ 위 ❶에서 찾은 카드 중 털이 있는 카드의 번호: ③, ④, ⑦

❸ 기준1 과 기준2 를 모두 만족하는 카드의 개수: 3장

쌍둥이 2-1 ❶ 곰 모양의 젤리를 먹은 학생 수: 9명

❷ 하트 모양의 젤리를 먹은 학생 수: 5명

❸ 곰 모양의 젤리와 하트 모양의 젤리를 먹은 학생 수의 차: $9-5=4$(명)

쌍둥이 3-1 ❶ 혜미가 좋아하는 꽃을 제외한 나머지를 종류에 따라 분류하고 그 수를 세어 보기

종류	장미	백합	해바라기
학생 수(명)	3	2	2

❷ 혜미가 좋아하는 꽃의 종류: 장미

쌍둥이 4-1 ❶ 맛별로 음료수 수가 15병이 되게 음료수를 더 사야 합니다.

❷ 맛별로 더 사야 할 음료수 수 구하기
- 사과: $15-10=5$(병)
- 포도: $15-8=7$(병)

❸ (더 사야 할 음료수 수의 합)$=5+7=12$(병)

유형 TEST 128 ~ 131쪽

1 (색) 머리핀과 (색) 머리핀에 ○표

2 다리가 있는 것과 없는 것에 ○표

3 예에 ○표

4

색깔	노란색	파란색	초록색
번호	①, ②	③, ⑤	④

5 예 무늬

6

맛	녹차	초콜릿	딸기
세면서 표시하기	𝍸	𝍸	𝍸
아이스크림 수(개)	5	4	3

7 3개

8 녹차 맛

9 예 모양

10

모양	삼각형	사각형
번호	①, ②, ④, ⑥, ⑦	③, ⑤

11

색깔	빨간색	노란색	초록색
번호	①, ④, ⑤	③, ⑦	②, ⑥

12 ㉢, ㉣

13

장소	박물관	놀이공원	민속촌	동물원
학생 수(명)	2	5	1	4

14 ㉢

15 놀이공원

16 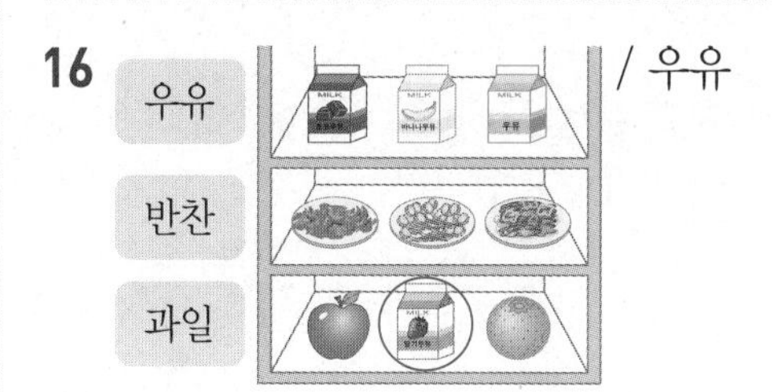

/ 우유

17 파란색

18 ㉣ / ㉡

19 초록색

20 ①, ⑥

21 초록색

22

	노란색	파란색
위인전	①, ⑦	④, ⑥
동화책	③, ⑧	②, ⑤

23 피자

24 예 ❶ 은행나무 수: 4그루

❷ 소나무 수: 3그루

❸ (은행나무와 소나무 수의 차)
$=4-3=1$(그루)

답 1그루

25 예 ❶ 털이 있는 카드의 기호: ㉠, ㉡, ㉤

❷ 위 ❶에서 찾은 카드 중 눈이 1개인 카드의 기호: ㉠, ㉡

❸ 기준1 과 기준2 를 모두 만족하는 카드의 개수: 2장

답 2장

12 자동차는 바퀴가 있으므로 자동차와 함께 분류할 수 있는 것은 ㉢, ㉣입니다.

14 ㉢ 가장 적은 학생이 가고 싶은 곳은 민속촌입니다.

15 가장 많은 학생이 가고 싶은 곳은 놀이공원이므로 소풍으로 갈 곳은 놀이공원입니다.

16 과일 칸에 있는 딸기 우유를 우유 칸으로 옮겨야 합니다.

17 흰색 카드는 9장, 파란색 카드는 7장입니다.
7<9이므로 파란색 카드가 더 적게 있습니다.

18

모양	●	★	✚	▲
조각 수(개)	4	1	2	5

➔ 가장 많은 모양은 ▲, 가장 적은 모양은 ★입니다.

19

색깔	검은색	초록색	노란색	빨간색
옷 수(벌)	1	4	2	2

오늘 가장 많이 판매된 옷은 초록색이므로 옷 가게 주인은 초록색 옷을 가장 많이 준비해야 합니다.

20 점이 1개인 깃발은 ①, ③, ⑤, ⑥, ⑦이고 이 중에서 빨간색 깃발은 ①, ⑥입니다.

21

색깔	빨간색	노란색	초록색	파란색
구슬 수(개)	6	6	4	6

빨간색, 노란색, 파란색 구슬의 수가 같고 초록색 구슬의 수가 적으므로 구슬의 수가 색깔별로 같으려면 초록색 구슬이 더 있어야 합니다.

22 책을 색깔에 따라 분류한 뒤에 종류로 분류합니다.

23 경태가 가장 좋아하는 음식을 제외한 나머지를 종류에 따라 분류하고 그 수를 세어 봅니다.

종류	피자	치킨	햄버거
학생 수(명)	2	3	2

➔ 주어진 분류 결과에는 피자를 좋아하는 사람이 3명인데 다시 분류한 결과에는 2명이므로 경태가 좋아하는 음식은 피자입니다.

24 채점 기준

❶ 은행나무 수를 구함.	1점	4점
❷ 소나무 수를 구함.	1점	
❸ 은행나무와 소나무 수의 차를 구함.	2점	

25 채점 기준

❶ 털이 있는 카드의 기호를 구함.	1점	4점
❷ 위 ❶에서 찾은 카드 중 눈이 1개인 카드의 기호를 구함.	2점	
❸ 기준1과 기준2를 모두 만족하는 카드의 개수를 구함.	1점	

6. 곱셈

1 STEP 개념별 유형 134~138쪽

1 3, 4, 5, 6 / 6
2 (수직선: 0부터 3씩 뛰어 12까지) / 12개
3 5, 2
4 예 (수직선: 0부터 2씩 뛰어 10까지)
5 10개
6 ( ) (○)
7 예 (5개씩 묶음) / 3묶음
8 15장
9 3, 5
10 예 (4개씩 묶음) / 5, 20
11 ㉡
12 6, 24 / 3, 24
13 2
14 3, 3
15 3의 4배, 3씩 5묶음
16 예 2, 7 / 2, 7
17 지호
18 (선 잇기) / 3, 4
19 (위에서부터) 5 / 6, 4 / 3, 5 / 6, 4
20 5
21 3배
22 (○ 3개씩 3줄)
23 4, 4
24 2의 8배, 3의 6배, 6의 3배, 8의 2배
25 2, 3
26 ㉡
27 28장

2 3씩 뛰어 세면 3, 6, 9, 12로 모두 12개입니다.

3 2개씩 묶어 세면 5묶음이므로 2, 4, 6, 8, 10으로 셀 수 있습니다.
5개씩 묶어 세면 2묶음이므로 5, 10으로 셀 수 있습니다.

4 2씩 5번 뛰거나 5씩 2번 뛰어 세면 10입니다.

6 하나씩 세면 1, 2, 3, ..., 15, 16으로 모두 16개입니다.

10 4씩 5묶음이므로 4, 8, 12, 16, 20으로 세어 모두 20송이입니다.

11 ㉠ 쥐를 2마리씩 묶으면 9묶음입니다.

12 서우: 4씩 6묶음이므로 4, 8, 12, 16, 20, 24로 세어 모두 24개입니다.
현지: 8씩 3묶음이므로 8, 16, 24로 세어 모두 24개입니다.

중요
몇씩 묶느냐에 따라 묶음의 수는 다르지만 귤의 수는 항상 같습니다.

16 7씩 2묶음 ➔ 7의 2배로도 나타낼 수 있습니다.

17 다은: 풀의 수는 2씩 8묶음이므로 2의 8배입니다.

18 • 양말의 수: 2씩 4묶음 ➔ 2의 4배
• 빵의 수: 6씩 3묶음 ➔ 6의 3배

19 토마토의 수는 3씩 5묶음이므로 3의 5배입니다.
복숭아의 수는 6씩 4묶음이므로 6의 4배입니다.

20 파란색 별이 5묶음 있으면 분홍색 별의 수와 같습니다. 따라서 분홍색 별의 수는 파란색 별의 수의 5배입니다.

22 왼쪽 자두 수의 3배만큼이므로 ○를 3개씩 3번 그립니다.

23 4 cm 색 막대를 4번 이어 붙이면 16 cm가 됩니다.

24 꽃의 수는 2의 9배, 3의 6배, 6의 3배, 9의 2배로 나타낼 수 있습니다.

25 나: 2씩 2묶음이므로 가에서 쌓은 쌓기나무 수의 2배입니다.
다: 2씩 3묶음이므로 가에서 쌓은 쌓기나무 수의 3배입니다.

26 ㉠ 빵의 수는 3씩 4묶음이므로 3의 4배입니다.
→ □=4
㉡ 빵의 수는 2씩 6묶음이므로 2의 6배입니다.
→ □=6
➔ 4<6이므로 □ 안에 들어갈 수가 더 큰 것은 ㉡입니다.

27 지석이가 접은 딱지 수는 7의 4배이므로 7씩 4묶음입니다.
➔ 7, 14, 21, 28로 세어 28장입니다.

❶~❹ 형성평가 139쪽

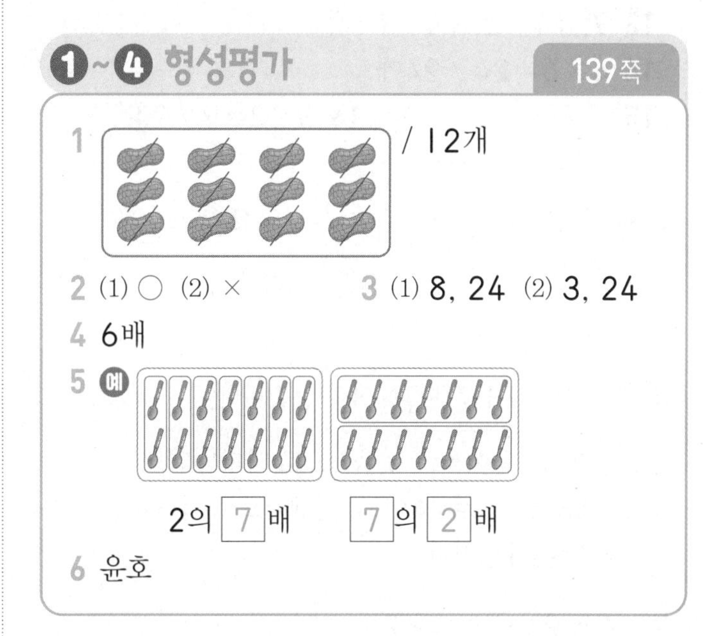

1 땅콩을 하나씩 연필로 / 표시하며 세면 모두 12개입니다.

2 (2) 구슬을 4개씩 묶으면 8묶음입니다.

3 체리는 3씩 8묶음 또는 8씩 3묶음으로 모두 24개입니다.

5 숟가락 14개는 2씩 묶으면 7묶음이 되므로 2의 7배이고, 7씩 묶으면 2묶음이 되므로 7의 2배입니다.

6 윤호가 가진 단추 수는 4씩 4묶음이므로 고은이가 가진 단추 수의 4배이고, 지수가 가진 단추 수는 4씩 3묶음이므로 고은이가 가진 단추 수의 3배입니다.

참고
고은이가 가진 단추 수가 4개이므로 윤호와 지수가 가진 단추 수는 4의 몇 배인지 알아봅니다.

1 STEP 개념별 유형 140~142쪽

1 7, 7
2 8, 3
3 $5\times4=20$
4 (선 잇기)
5 세호
6 6, 6, 24 / 4, 24 / 24개
7 4×2, 4×3
8 $3+3+3+3+3=15$ / $3\times5=15$ / 15권
9 (   )(○)
10 3, 15

11 9, 9, 27 / 3, 27
12 5, 30 / 30
13 7, 14 / 2, 14 / 14개
14 $4\times6=24$ / 24개
15 ㉡, ㉢
16 $3\times3=9$ / 9장

3 ■ 곱하기 ▲는 ●와 같습니다. ➔ ■×▲=●

4 • $9+9+9$는 9×3과 같습니다.
• 4의 9배는 4×9라고 씁니다.

5 세호: $7+7+7$은 7×3과 같습니다.

6 6개씩 4묶음이므로 덧셈식으로 나타내면 $6+6+6+6=24$이고, 곱셈식으로 나타내면 $6\times4=24$입니다.

7 • 4씩 2묶음 ➔ 4×2
• 4씩 3묶음 ➔ 4×3

8 3권씩 5칸이므로 덧셈식으로 나타내면 $3+3+3+3+3=15$이고, 곱셈식으로 나타내면 $3\times5=15$입니다.

9 8의 4배는 8, 16, 24, 32로 세어 $8\times4=32$입니다.

참고
곱셈 계산 방법
곱셈구구를 배우지 않았으므로 곱셈 결과를 뛰어 세기나 덧셈식을 이용하여 구합니다.

10 가위의 수는 5씩 3묶음이므로 5의 3배입니다.
$5+5+5=15$ ➔ $5\times3=15$

11 멜론의 수는 9개씩 3상자이므로 9의 3배입니다.
$9+9+9=27$ ➔ $9\times3=27$

12 양파의 수는 6씩 5묶음이므로 6의 5배입니다.
$6+6+6+6+6=30$ ➔ $6\times5=30$

13 2씩 7묶음 ➔ 2의 7배 ➔ $2\times7=14$
7씩 2묶음 ➔ 7의 2배 ➔ $7\times2=14$

참고
묶는 방법에 따라 다양한 곱셈식이 나올 수 있습니다.

14 자동차 바퀴 수는 4씩 6개이므로 4의 6배입니다.
$4+4+4+4+4+4=24$ ➔ $4\times6=24$

15 ㉡ 3씩 6묶음 ➔ 3의 6배 ➔ $3\times6=18$
㉢ 9씩 2묶음 ➔ 9의 2배 ➔ $9\times2=18$

16 월요일, 수요일, 목요일에 책을 3장씩 읽었으므로 읽은 책의 장수를 곱셈으로 나타내면 3×3입니다.
$3+3+3=9$ ➔ $3\times3=9$

5~6 형성평가 143쪽

1 2, 2, 9, 2
2 3, 3, 12 / 4, 12
3 8, 32 / 32
4 8, 16 / 4, 16 / 2, 16
5 $3\times3=9$, $3\times4=12$
6 $7\times3=21$ / 21개

2 만두의 수는 3씩 4묶음이므로 덧셈식으로 나타내면 $3+3+3+3=12$이고, 곱셈식으로 나타내면 $3\times4=12$입니다.

3 단춧구멍은 4씩 8묶음이므로 4의 8배입니다.
$4+4+4+4+4+4+4+4=32$ ➔ $4\times8=32$

4 2씩 8묶음 ➔ 2의 8배 ➔ $2\times8=16$
4씩 4묶음 ➔ 4의 4배 ➔ $4\times4=16$
8씩 2묶음 ➔ 8의 2배 ➔ $8\times2=16$

5 • 3씩 3묶음 ➔ $3\times3=9$
• 3씩 4묶음 ➔ $3\times4=12$

6 구슬이 7개 있으므로 팔찌를 만드는 데 사용한 구슬은 7의 3배입니다. $7+7+7=21$ ➔ $7\times3=21$이므로 사용한 구슬은 모두 21개입니다.

2 STEP 꼬리를 무는 유형 144~147쪽

1 ㉡
2 6, 4 / 12
3 8, 4, 16
4 5, 5
5 5, 3
6 3배
7 5 / 5, 20
8 3 / $5\times3=15$
9 $3\times3=9$ / 9권
10 $2\times8=16$, $3\times4=12$, $4\times4=16$, $6\times2=12$
11 9, 18 / 6, 18 / 3, 18 / 2, 18
12 $3\times7=21$ / $7\times3=21$ / 21개

13 $6\times2=12$ / 12개
14 $2\times4=8$ / 8명
15 $9\times3=27$ / 27개
16 5
17 4
18 (○)( )
19 25개
20 21개
21 37살
22 12개
23 21개

3 준수: 배구공의 수는 2씩 8묶음이므로 16개입니다.
현우: 배구공의 수는 4씩 4묶음이므로 16개입니다.
➔ 준수와 현우가 묶어 센 방법은 다르지만 배구공의 수는 모두 16개입니다.

6 12는 4의 3배이므로 동화책의 수는 위인전의 수의 3배입니다.

8 5씩 3번 뛰어 세었으므로 5의 3배입니다.
$5+5+5=15$ ➔ $5\times3=15$

9 지호가 읽은 책의 수는 다은이가 읽은 책의 수의 3배이므로 3의 3배입니다.
$3+3+3=9$ ➔ $3\times3=9$

10 • 2씩 8묶음 ➔ $2\times8=16$
• 4씩 4묶음 ➔ $4\times4=16$
• 8씩 2묶음 ➔ $8\times2=16$

11 • 2씩 9묶음 ➔ $2\times9=18$
• 3씩 6묶음 ➔ $3\times6=18$
• 6씩 3묶음 ➔ $6\times3=18$
• 9씩 2묶음 ➔ $9\times2=18$

12 • 3씩 7묶음 ➔ $3\times7=21$
• 7씩 3묶음 ➔ $7\times3=21$

14 자전거에 탈 수 있는 사람 수는 2의 4배입니다.
$2+2+2+2=8$ ➔ $2\times4=8$

16 $2+2+2+2+2=10$이므로 $2\times5=10$입니다. (5번)
➔ □ 안에 알맞은 수는 5입니다.

17 $9+9+9+9=36$이므로 $9\times4=36$입니다. (4번)
➔ 36은 9의 4배이므로 □ 안에 알맞은 수는 4입니다.

18 • $7+7+7+7=28$이므로 $7\times4=28$입니다. (4번)
→ □=4
• $8+8+8=24$이므로 $8\times3=24$입니다. (3번)
→ □=3
➔ 4>3이므로 □ 안에 알맞은 수가 더 큰 곱셈식은 $7\times□=28$입니다.

19 고양이가 앉아 있는 부분에도 같은 규칙으로 ★ 모양이 그려져 있습니다. 방석에 그려진 ★ 모양의 수는 5개씩 5줄로 5의 5배입니다.
$5+5+5+5+5=25$ ➔ $5\times5=25$

20 물감이 묻어 있는 부분에도 같은 규칙으로 ● 모양이 그려져 있습니다. 물감이 묻어 있는 부분에 그려진 ● 모양의 수는 7개씩 3줄로 7의 3배입니다.
$7+7+7=21$ ➔ $7\times3=21$

21 연아의 나이의 4배는 8의 4배이므로 $8\times4=32$입니다. 따라서 어머니의 나이는 $32+5=37$(살)입니다.

22 윤아가 가지고 있는 모자의 2배는 8의 2배이므로 $8\times2=16$입니다. 따라서 민혁이가 가지고 있는 모자는 모두 $16-4=12$(개)입니다.

23 서준이가 딴 귤은 3의 3배이므로 $3\times3=9$입니다.
서준이가 딴 귤의 2배는 9의 2배이므로 $9\times2=18$입니다.
따라서 연지가 딴 귤은 모두 $18+3=21$(개)입니다.

3 STEP 수학 독해력 유형 148~151쪽

독해력 1 ❶ 5 ❷ 5, 20
답 20개

쌍둥이 1-1 답 12개

쌍둥이 1-2 답 25개

독해력 2 ❶ 2, 18 ❷ 18, 6, 18, 3
답 3묶음

쌍둥이 2-1 답 4묶음

쌍둥이 2-2 답 4상자

독해력 3 ❶ 5, 40 ❷ 6, 42
❸ 40, <, 42, 자두 답 자두

쌍둥이 3-1 답 색연필

독해력 4 ❶ 3, 4 ❷ 3, 4, 12
답 12가지

쌍둥이 4-1 답 15가지

독해력 1 ❷ 한 명이 손가락 5개를 펼쳤으므로 4명이 펼친 손가락의 수는 5의 4배입니다.
$5+5+5+5=20 \rightarrow 5\times4=20$

쌍둥이 1-1 ❶ 한 명이 가위를 냈을 때 펼친 손가락의 수: 2개
❷ (6명이 가위를 냈을 때 펼친 손가락의 수)
$=2\times6=12$(개)

쌍둥이 1-2 ❶ 한 명이 바위를 냈을 때 접힌 손가락의 수: 5개
❷ (5명이 바위를 냈을 때 접힌 손가락의 수)
$=5\times5=25$(개)

참고
❷ 한 명이 손가락 5개를 접었으므로 5명이 접은 손가락의 수는 5의 5배입니다.
$5+5+5+5+5=25 \rightarrow 5\times5=25$

독해력 2 ❶ 빨대 9개씩 2묶음은 9의 2배입니다.
$9+9=18 \rightarrow 9\times2=18$

쌍둥이 2-1 ❶ (공책의 수)$=8\times3=24$(권)
❷ 공책 24권을 6권씩 묶으면
$6+6+6+6=24$이므로 4묶음입니다.

쌍둥이 2-2 ❶ (과자의 수)$=6\times6=36$(개)
❷ 과자 36개를 한 상자에 9개씩 담으려면
$9+9+9+9=36$이므로 4상자가 필요합니다.

독해력 3 ❶ 오렌지의 수는 8의 5배이므로
$8+8+8+8+8=40 \rightarrow 8\times5=40$입니다.
❷ 자두의 수는 7의 6배이므로
$7+7+7+7+7+7=42 \rightarrow 7\times6=42$입니다.

쌍둥이 3-1 ❶ (형광펜의 수)$=9\times3=27$(자루)
❷ (색연필의 수)$=6\times4=24$(자루)
❸ $27>24$이므로 더 적게 사 온 것은 색연필입니다.

독해력 4 ❷ 짝 짓는 방법의 수는 3의 4배이므로 3×4입니다. $3+3+3+3=12 \rightarrow 3\times4=12$

쌍둥이 4-1 ❶ 빵은 5개이고, 빵 하나마다 주스를 짝 짓는 방법은 3가지입니다.
❷ 짝 짓는 방법의 수: $5\times3=15$(가지)

참고
❷ 짝 짓는 방법의 수는 5의 3배이므로 5×3입니다.
$5+5+5=15 \rightarrow 5\times3=15$

유형 TEST 152~155쪽

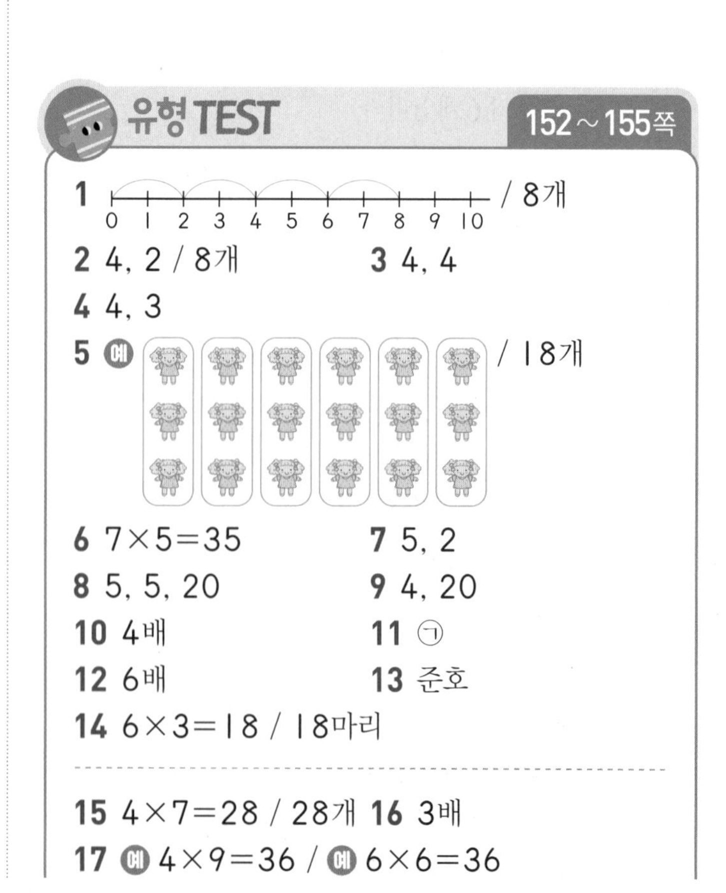

1 (수직선 0~10) / 8개
2 4, 2 / 8개 3 4, 4
4 4, 3
5 예 / 18개
6 $7\times5=35$ 7 5, 2
8 5, 5, 20 9 4, 20
10 4배 11 ㉠
12 6배 13 준호
14 $6\times3=18$ / 18마리

---

15 $4\times7=28$ / 28개 16 3배
17 예 $4\times9=36$ / 예 $6\times6=36$

18 $8+8+8+8+8=40$ / $8\times5=40$ / 40개
19 24개 20 지유
21 20개 22 3, 2, 1
23 21가지
24 예 ❶ $9+9+9+9+9=45$이므로 $9\times5=45$입니다.
❷ □ 안에 알맞은 수는 5입니다. 답 5
25 예 ❶ (망고의 수)$=4\times4=16$(개)
❷ 망고 16개를 한 바구니에 8개씩 담으려면 $8+8=16$이므로 바구니가 2개 필요합니다.
답 2개

4 4씩 3묶음이므로 4의 3배입니다.
4의 3배를 4×3이라고 씁니다.

5 3씩 6묶음이므로 3, 6, 9, 12, 15, 18로 세어 모두 18개입니다.

7 • 2씩 5묶음이므로 2의 5배입니다.
• 5씩 2묶음이므로 5의 2배입니다.

8 포도의 수는 5씩 4묶음이므로 덧셈식으로 나타내면 $5+5+5+5=20$입니다.

9 포도의 수는 5씩 4묶음이므로 곱셈식으로 나타내면 $5\times4=20$입니다.

10 농구공이 4묶음 있으면 축구공 수와 같습니다.
따라서 축구공 수는 농구공 수의 4배입니다.

11 ㉡ 6의 2배는 6×2와 같습니다.
㉢ $6+6$은 6×2와 같습니다.

12 풍선의 수는 4씩 6묶음이므로 4의 6배입니다.

13 가영: 2대씩 8묶음이므로 모두 16대입니다.
한솔: 하나씩 세어 보면 1, 2, 3, ..., 15, 16으로 모두 16대입니다.

14 개구리는 6마리이므로 오리는 6의 3배입니다.
$6+6+6=18$ ➔ $6\times3=18$

15 염소 한 마리의 다리 수는 4개이므로 염소 7마리의 다리 수는 4의 7배입니다.
$4+4+4+4+4+4+4=28$ ➔ $4\times7=28$

16 27은 9의 3배이므로 삼촌의 나이는 혜주의 나이의 3배입니다.

17 ★ 모양은 4씩 9묶음, 6씩 6묶음, 9씩 4묶음이므로 곱셈식으로 나타내면 $4\times9=36$, $6\times6=36$, $9\times4=36$입니다.

18 세빈이가 만든 쿠키는 8개씩 5판이므로 8의 5배입니다.
$8+8+8+8+8=40$ ➔ $8\times5=40$

19 휴대 전화가 놓여진 부분에도 같은 규칙으로 ♡ 모양이 그려져 있습니다. 손수건에 그려진 ♡ 모양의 수는 6개씩 4줄로 6의 4배입니다.
$6+6+6+6=24$ ➔ $6\times4=24$

20 지유: $2+2+2+2+2=10$이므로 10은 2의 5배입니다.

21 서연이는 월요일, 목요일, 금요일에 종이배를 4개씩 접었으므로 접은 종이배의 수는 $4\times3=12$입니다.
호진이는 화요일, 금요일에 종이배를 4개씩 접었으므로 접은 종이배의 수는 $4\times2=8$입니다.
따라서 서연이와 호진이가 접은 종이배는 모두 $12+8=20$(개)입니다.

22 • 2의 9배 → $2\times9=18$
• $6+6+6+6=24 \rightarrow 6\times4=24$
• $4\times7=28$
➔ $28>24>18$

23 윗옷은 3벌이고, 윗옷 하나마다 아래옷을 짝 짓는 방법은 7가지입니다.
따라서 짝 짓는 방법의 수는 3의 7배이므로 $3\times7=21$(가지)입니다.

24 채점 기준

❶ 덧셈식을 이용하여 9와 곱해서 45가 되는 곱셈식을 구함.	2점	4점
❷ □ 안에 알맞은 수를 구함.	2점	

25 채점 기준

❶ 망고가 몇 개인지 구함.	2점	4점
❷ 망고를 한 바구니에 8개씩 담으려면 바구니가 몇 개 필요한지 구함.	2점	

정답과 해설

1. 세 자리 수

단원 1 응용력 향상 집중 연습 2쪽

1 235	2 364
3 627	4 456
5 694	6 711

1 백 모형이 1개, 십 모형이 13개, 일 모형이 5개입니다. 십 모형 13개는 백 모형 1개, 십 모형 3개와 같으므로 백 모형 2개, 십 모형 3개, 일 모형 5개와 같습니다. ➔ 235

2 백 모형이 3개, 십 모형이 5개, 일 모형이 14개입니다. 일 모형 14개는 십 모형 1개, 일 모형 4개와 같으므로 백 모형 3개, 십 모형 6개, 일 모형 4개와 같습니다. ➔ 364

3 10이 22개인 수는 100이 2개, 10이 2개인 수와 같습니다. ➔ 100이 6개, 10이 2개, 1이 7개인 수와 같으므로 627입니다.

4 10이 15개인 수는 100이 1개, 10이 5개인 수와 같습니다. ➔ 100이 4개, 10이 5개, 1이 6개인 수와 같으므로 456입니다.

5 1이 14개인 수는 10이 1개, 1이 4개인 수와 같습니다. ➔ 100이 6개, 10이 9개, 1이 4개인 수와 같으므로 694입니다.

6 10이 20개인 수는 100이 2개인 수와 같고 1이 11개인 수는 10이 1개, 1이 1개인 수와 같습니다. ➔ 100이 7개, 10이 1개, 1이 1개인 수와 같으므로 711입니다.

단원 1 응용력 향상 집중 연습 3쪽

1 350, 550, 750	2 352, 362, 382
3 668, 468, 268	4 661, 660, 658
5 473, 573, 673	6 865, 845, 805

1 250에서 2번 뛰어 세어 450이 되었고 백의 자리 숫자가 2만큼 커졌으므로 100씩 뛰어 센 것입니다.

2 342에서 3번 뛰어 세어 372가 되었고 십의 자리 숫자가 3만큼 커졌으므로 10씩 뛰어 센 것입니다.

3 768에서 2번 뛰어 세어 568이 되었고 백의 자리 숫자가 2만큼 작아졌으므로 100씩 거꾸로 뛰어 센 것입니다.

4 662에서 3번 뛰어 세어 659가 되었고 일의 자리 숫자가 3만큼 작아졌으므로 1씩 거꾸로 뛰어 센 것입니다.

5 423에서 2번 뛰어 세어 523이 되었고 백의 자리 숫자가 1만큼 커졌으므로 50씩 뛰어 센 것입니다.

6 885에서 3번 뛰어 세어 825가 되었고 십의 자리 숫자가 6만큼 작아졌으므로 20씩 거꾸로 뛰어 센 것입니다.

단원 1 응용력 향상 집중 연습 4쪽

1 753 / 235	2 864 / 146
3 763 / 306	4 841 / 104
5 952 / 125	6 754 / 405

1 $7>5>3>2$이므로 가장 큰 수: 753
$2<3<5<7$이므로 가장 작은 수: 235

2 $8>6>4>1$이므로 가장 큰 수: 864
$1<4<6<8$이므로 가장 작은 수: 146

3 $7>6>3>0$이므로 가장 큰 수: 763
$0<3<6<7$이고 0은 백의 자리에 올 수 없으므로 십의 자리에 놓습니다. ➔ 가장 작은 수: 306

4 $8>4>1>0$이므로 가장 큰 수: 841
$0<1<4<8$이고 0은 백의 자리에 올 수 없으므로 십의 자리에 놓습니다. ➔ 가장 작은 수: 104

5 $9>5>2>1$이므로 가장 큰 수: 952
$1<2<5<9$이므로 가장 작은 수: 125

6 $7>5>4>0$이므로 가장 큰 수: 754
$0<4<5<7$이고 0은 백의 자리에 올 수 없으므로 십의 자리에 놓습니다. ➔ 가장 작은 수: 405

단원 1 응용력 향상 집중 연습 5쪽

1 0, 1, 2, 3	**2** 8, 9
3 7, 8, 9	**4** 0, 1, 2, 3, 4
5 7, 8, 9	**6** 5, 6, 7, 8, 9

1 백의 자리 숫자, 십의 자리 숫자가 각각 같으므로 □ 안에는 4보다 작은 숫자가 들어갈 수 있습니다.
➔ □=0, 1, 2, 3

2 백의 자리 숫자, 십의 자리 숫자가 각각 같으므로 □ 안에는 7보다 큰 숫자가 들어갈 수 있습니다.
➔ □=8, 9

3 백의 자리 숫자를 같게 하여 크기를 비교하면 679>[6]55입니다. □=6일 때 679>655이므로 □ 안에 6은 들어갈 수 없습니다. ➔ □=7, 8, 9

4 십의 자리 숫자를 같게 하여 크기를 비교하면 4[4]1<445입니다. □=4일 때 441<445이므로 □ 안에 4도 들어갈 수 있습니다.
➔ □=0, 1, 2, 3, 4

5 십의 자리 숫자를 같게 하여 크기를 비교하면 572<5[7]3입니다. □=7일 때 572<573이므로 □ 안에 7도 들어갈 수 있습니다. ➔ □=7, 8, 9

6 십의 자리 숫자를 같게 하여 크기를 비교하면 8[5]5>853입니다. □=5일 때 855>853이므로 □ 안에 5도 들어갈 수 있습니다.
➔ □=5, 6, 7, 8, 9

단원 1 창의·융합·코딩 학습 6~7쪽

코딩 1 ❶ 6 ❷ 7
창의 2 ❶ 나, 들, 이 ❷ 봄, 나, 물 ❸ 소, 나, 기

코딩 1 ❶ 백의 자리 숫자: 6, 십의 자리 숫자: 5
➔ 6>5이므로 6이 나옵니다.

창의 2 ❶ 200 ⟶ 210 ⟶ 310 ⟶ 311
(10씩 뛰어 세기, 100씩 뛰어 세기, 1씩 뛰어 세기)

2. 여러 가지 도형

단원 2 응용력 향상 집중 연습 8쪽

1 3, 4, 4	**2** 2, 2, 6
3 1, 6, 2	**4** 2, 5, 7
5 6, 4, 2	**6** 4, 7, 3

단원 2 응용력 향상 집중 연습 9쪽

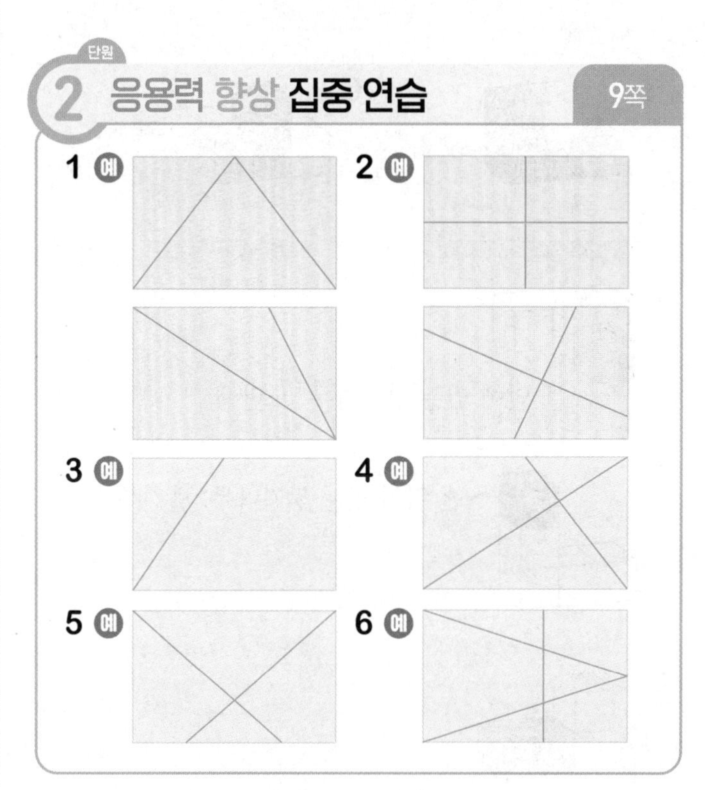

3 다른 답 예
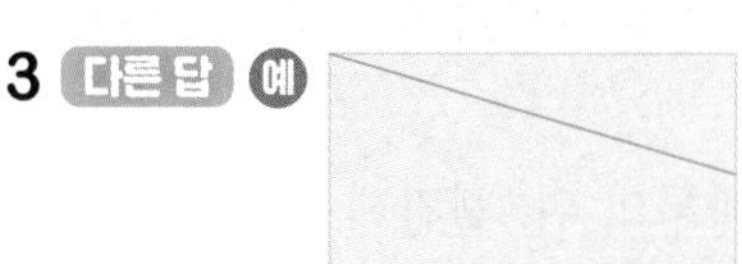

4 다른 답 예

5 다른 답 예
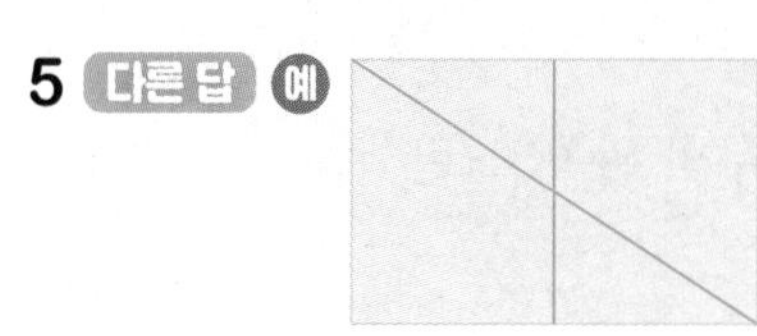

6 다른 답 예
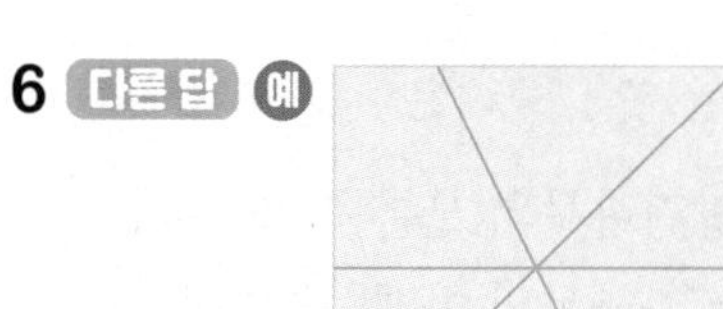

여러 가지 방법으로 선을 그을 수 있어.

2 단원 응용력 향상 집중 연습 10쪽

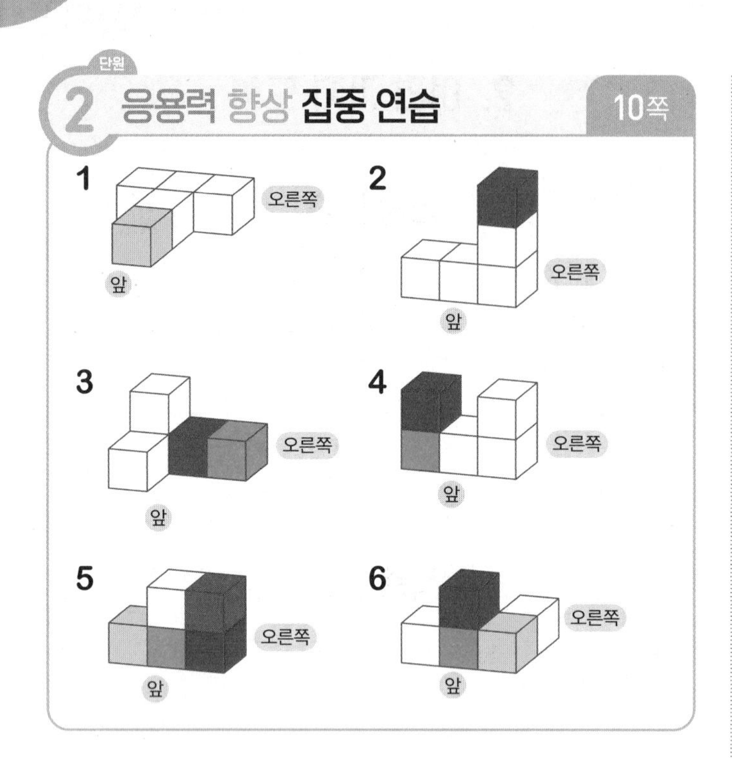

1
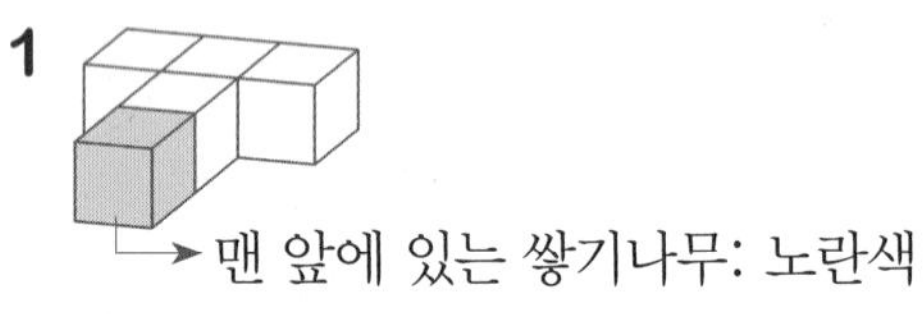

2
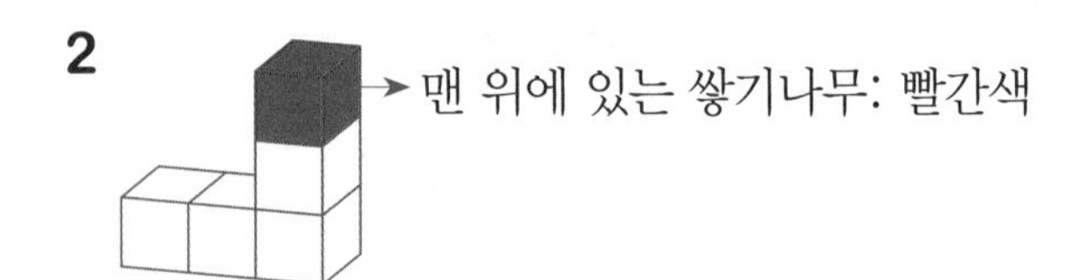

3
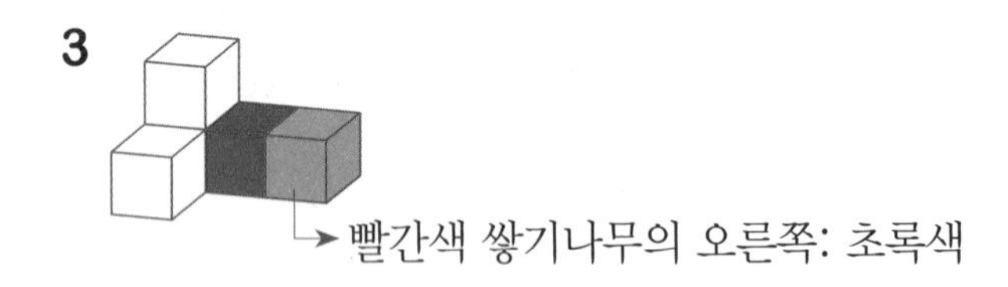

4

5
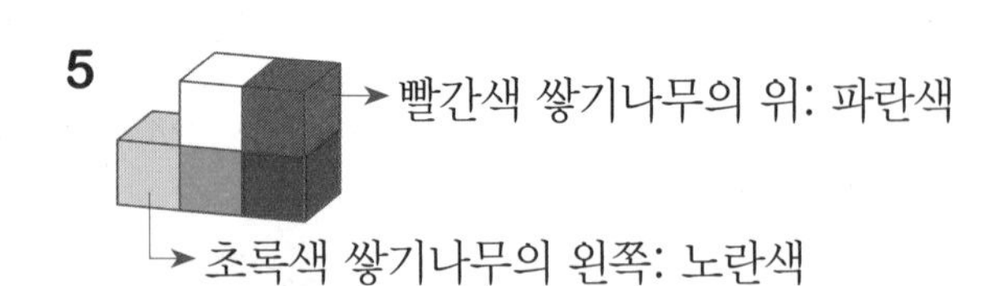

6
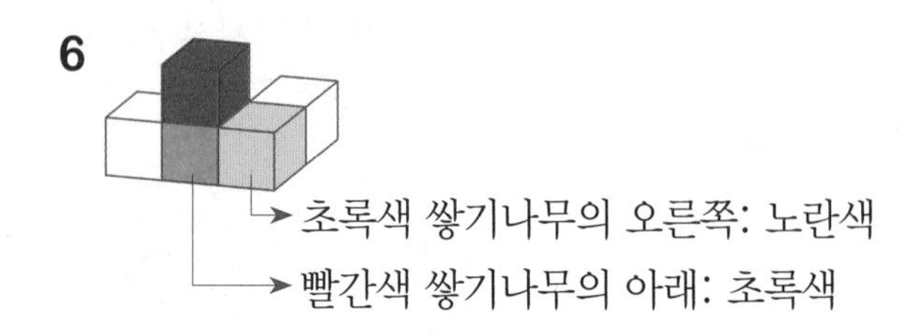

2 단원 응용력 향상 집중 연습 11쪽

1 (　)(　) (○)(　)　　2 (○)(　) (　)(　)

3 (　)(　) (　)(○)　　4 (　)(○) (　)(　)

1 1층에 쌓기나무 3개가 앞뒤로 나란히 있는 것은 첫 번째, 세 번째, 네 번째 모양이고, 그중 맨 뒤 쌓기나무의 위에 2개가 있는 것은 세 번째 모양입니다.

2 1층에 쌓기나무 4개가 2개씩 2줄로 나란히 있는 것은 첫 번째, 네 번째 모양이고, 그중 뒷줄의 오른쪽 쌓기나무의 위에 1개가 있는 것은 첫 번째 모양입니다.

3 쌓기나무 3개가 옆으로 나란히 있는 것은 두 번째, 세 번째, 네 번째 모양이고, 그중 맨 오른쪽 쌓기나무의 앞과 위에 1개씩 있는 것은 네 번째 모양입니다.

4 쌓기나무 4개가 옆으로 나란히 있는 것은 두 번째, 네 번째 모양이고, 그중 왼쪽에서 첫째, 넷째 쌓기나무의 위에 1개씩 있는 것은 두 번째 모양입니다.

2 단원 창의·융합·코딩 학습 12~13쪽

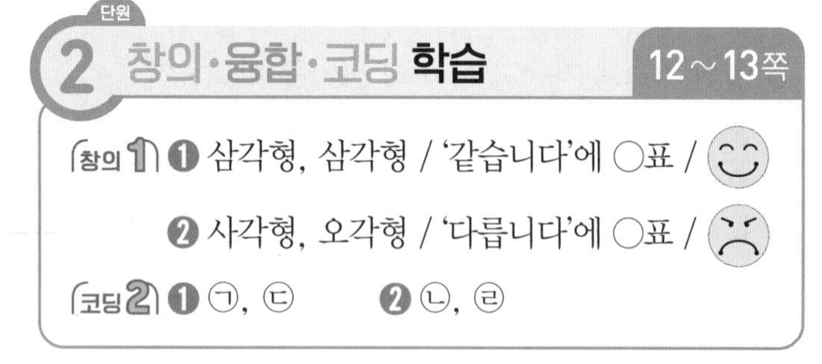

창의 1 ❶ 삼각형, 삼각형 / '같습니다'에 ○표 / 😊

❷ 사각형, 오각형 / '다릅니다'에 ○표 / ☹

코딩 2 ❶ ㉠, ㉢　❷ ㉡, ㉣

코딩 2 ❶ 주어진 모양으로 정리하려면
① 빨간색 쌓기나무를 놓은 후
② 빨간색 쌓기나무의 왼쪽에 1개를 놓고 ← ㉠
③ 빨간색 쌓기나무의 위에 2개를 놓습니다. ← ㉢

❷ 주어진 모양으로 정리하려면
① 빨간색 쌓기나무를 놓은 후
② 빨간색 쌓기나무의 오른쪽에 2개를 놓고 ← ㉡
③ 빨간색 쌓기나무의 뒤에 2개를 놓습니다. ← ㉣

참고
②와 ③의 순서를 바꾸어 놓아도 됩니다.

3. 덧셈과 뺄셈

단원 3 응용력 향상 집중 연습 14쪽

1 (위에서부터) 45, 118
2 (위에서부터) 52, 80
3 (위에서부터) 51, 70
4 (위에서부터) 83, 125
5 (위에서부터) 33, 47, 80
6 (위에서부터) 65, 91, 156

1 16+29=45 ➔ 45+73=118

3 43+8=51 ➔ 51+19=70

5 24+9=33, 9+38=47 ➔ 33+47=80

단원 3 응용력 향상 집중 연습 15쪽

1 34, 19에 ○표
2 37, 65에 ○표
3 55, 8에 ○표
4 28, 61에 ○표
5 14, 80에 ○표
6 58, 72에 ○표

1 34−19=15

3 55−8=47

5 80−14=66

단원 3 응용력 향상 집중 연습 16쪽

1 46
2 38
3 33
4 32
5 58
6 79
7 13
8 12

1 30+25+39=55+39=94
➔ 94−48=46

3 45+49=94
➔ 94−16−45=78−45=33

5 □=42+34−18=76−18=58

7 49+36−□=72, 85−□=72
➔ 85−72=□, □=13

단원 3 응용력 향상 집중 연습 17쪽

1 19+22=41, 22+19=41
2 56+8=64, 8+56=64
3 46−29=17, 46−17=29
4 74−35=39, 74−39=35
5 18, 42 / 42−24=18, 42−18=24
6 65, 93 / 93−28=65, 93−65=28

단원 3 응용력 향상 집중 연습 18쪽

1 (왼쪽에서부터) 61, 95
2 (왼쪽에서부터) 129, 125, 92
3 (왼쪽에서부터) 43, 37, 35
4 (왼쪽에서부터) 36, 67, 17
5 (왼쪽에서부터) 59, 43, 8
6 (왼쪽에서부터) 47, 18, 76

5 • 53−26−19=27−19=8
• 24+38−19=62−19=43
• 47+38−26=85−26=59

6 • 62−27+41=35+41=76
• 83−27−38=56−38=18
• 44+41−38=85−38=47

단원 3 응용력 향상 집중 연습 19쪽

1 ㉡, ㉢, ㉠
2 ㉡, ㉢, ㉠
3 ㉢, ㉡, ㉠
4 ㉠, ㉢, ㉡
5 ㉠, ㉡, ㉢
6 ㉢, ㉡, ㉠

1 ㉠ 19−□=14 → 19−14=□, □=5
㉡ □−15=22 → 15+22=□, □=37
㉢ 47−□=33 → 47−33=□, □=14
→ 37>14>5이므로 □의 값이 큰 순서대로 기호를 쓰면 ㉡, ㉢, ㉠입니다.

3 ㉠ 19+□=23 → 23−19=□, □=4
㉡ □+16=21 → 21−16=□, □=5
㉢ 15+□=23 → 23−15=□, □=8
→ 8>5>4이므로 □의 값이 큰 순서대로 기호를 쓰면 ㉢, ㉡, ㉠입니다.

5 ㉠ □−8=22 → 22+8=□, □=30
㉡ □+18=35 → 35−18=□, □=17
㉢ 19+□=30 → 30−19=□, □=11
→ 30>17>11이므로 □의 값이 큰 순서대로 기호를 쓰면 ㉠, ㉡, ㉢입니다.

단원 3 창의·융합·코딩 학습 20~21쪽

코딩 1 ❶ 82 ❷ 126
창의 2 (위에서부터) 89, 113, 76, 51 / 9, 3, 6, 1

코딩 1 ❶
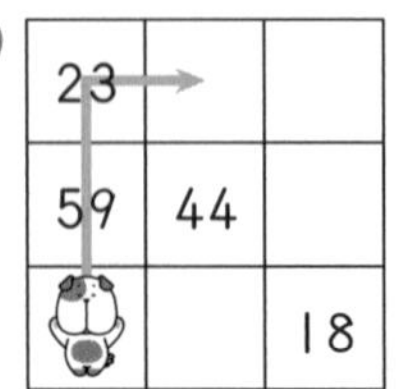

도기가 지나간 칸에 쓰여 있는 수: 59, 23
도기가 말하는 수: 59+23=82

❷
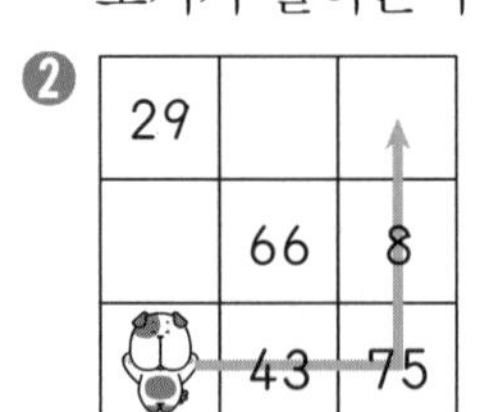

도기가 지나간 칸에 쓰여 있는 수: 43, 75, 8
도기가 말하는 수: 43+75+8=118+8
=126

창의 2 ① 94−5=89 ② 48+65=113
③ 83−7=76 ④ 32+19=51
→ 계산 결과의 일의 자리 숫자를 차례로 쓰면 9361이므로 보물함 자물쇠의 비밀번호는 9361입니다.

4. 길이 재기

단원 4 응용력 향상 집중 연습 22쪽

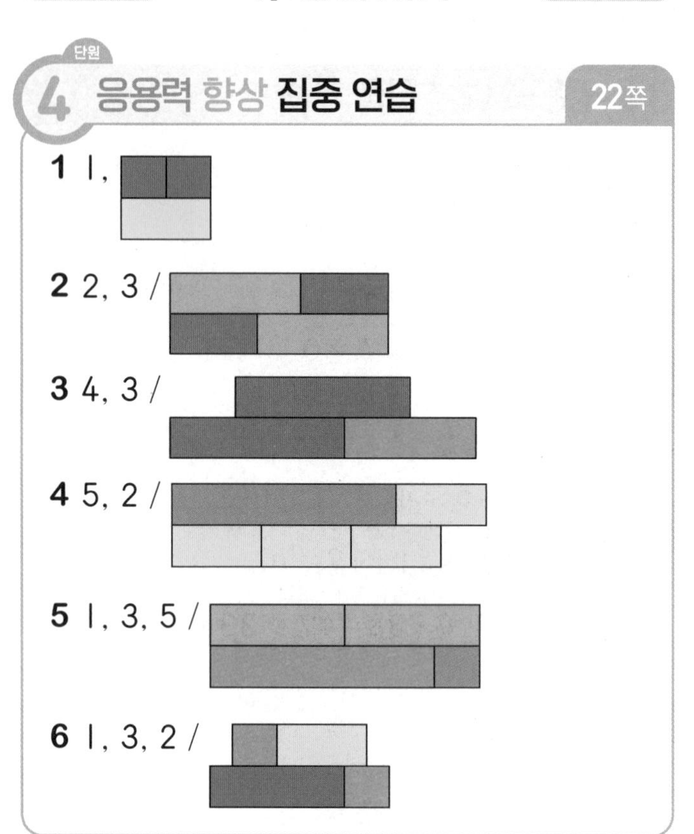

단원 4 응용력 향상 집중 연습 23쪽

1 8, 9
2 1, 2, 3
3 1, 2
4 6, 7, 8, 9
5 7, 8, 9
6 9

1 7 센티미터는 7 cm입니다.
7 cm<□ cm이므로 1부터 9까지의 수 중 □ 안에 들어갈 수 있는 수는 8, 9입니다.

2 4 센티미터는 4 cm입니다.
4 cm>□ cm이므로 1부터 9까지의 수 중 □ 안에 들어갈 수 있는 수는 1, 2, 3입니다.

3 1 cm가 3번이면 3 cm입니다.
3 cm>□ cm이므로 1부터 9까지의 수 중 □ 안에 들어갈 수 있는 수는 1, 2입니다.

4 1 cm가 5번이면 5 cm입니다.
5 cm<□ cm이므로 1부터 9까지의 수 중 □ 안에 들어갈 수 있는 수는 6, 7, 8, 9입니다.

5 6 센티미터는 6 cm이고 6 cm는 1 cm가 6번입니다.
6<□이므로 1부터 9까지의 수 중 □ 안에 들어갈 수 있는 수는 7, 8, 9입니다.

6 1 cm가 8번이면 8 cm이고 8 센티미터라고 읽습니다.
□>8이므로 1부터 9까지의 수 중 □ 안에 들어갈 수 있는 수는 9입니다.

단원 4 응용력 향상 집중 연습 24쪽

1 ㉡	2 ㉡
3 ㉠	4 ㉢

1 (크레파스의 길이)=6 cm, (㉠의 길이)=5 cm, (㉡의 길이)=7 cm
➔ 5 cm<6 cm<7 cm이므로 크레파스보다 길이가 더 긴 것은 ㉡입니다.

2 (크레파스의 길이)=7 cm, (㉠의 길이)=5 cm, (㉡의 길이)=8 cm
➔ 5 cm<7 cm<8 cm이므로 크레파스보다 길이가 더 긴 것은 ㉡입니다.

3 (크레파스의 길이)=5 cm, (㉠의 길이)=6 cm, (㉡의 길이)=4 cm, (㉢의 길이)=3 cm
➔ 3 cm<4 cm<5 cm<6 cm이므로 크레파스보다 길이가 더 긴 것은 ㉠입니다.

4 (크레파스의 길이)=6 cm, (㉠의 길이)=5 cm, (㉡의 길이)=6 cm, (㉢의 길이)=8 cm
➔ 5 cm<6 cm<8 cm이므로 크레파스보다 길이가 더 긴 것은 ㉢입니다.

단원 4 응용력 향상 집중 연습 25쪽

1 5 cm	2 7 cm
3 8 cm	4 3 cm
5 4 cm	6 7 cm

전략
윗부분의 길이와 아랫부분의 길이가 같음을 이용하여 ㉠의 길이를 구합니다.

1 (아랫부분의 길이)=4 cm+6 cm=10 cm
➔ (㉠의 길이)=10 cm−5 cm=5 cm

2 (윗부분의 길이)=3 cm+8 cm=11 cm
➔ (㉠의 길이)=11 cm−4 cm=7 cm

3 (아랫부분의 길이)=3 cm+12 cm=15 cm
➔ (㉠의 길이)=15 cm−7 cm=8 cm

4 (윗부분의 길이)=5 cm+5 cm+2 cm=12 cm
➔ (㉠의 길이)=12 cm−9 cm=3 cm

5 (아랫부분의 길이)=6 cm+6 cm=12 cm
➔ (㉠의 길이)=12 cm−4 cm−4 cm=4 cm

6 (윗부분의 길이)=10 cm+6 cm=16 cm
➔ (㉠의 길이)=16 cm−5 cm−4 cm=7 cm

단원 4 창의·융합·코딩 학습 26~27쪽

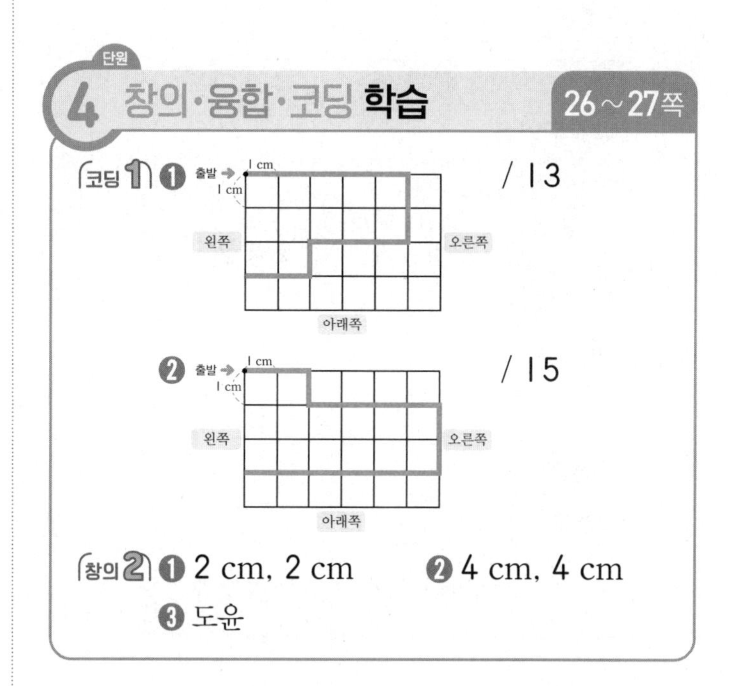

창의 2 ❶ 2 cm, 2 cm ❷ 4 cm, 4 cm
❸ 도윤

코딩 1 ❶ 로봇 청소기가 움직인 거리는 1 cm가 13번이므로 13 cm입니다.

창의 2 ❸ 자로 재어 보면 그림1에서 분홍색 선 가와 나의 길이는 같고, 그림2에서 다와 라의 초록색 선의 길이는 같습니다. 따라서 그림을 보고 바르게 설명한 사람은 도윤입니다.

5. 분류하기

5 단원 응용력 향상 집중 연습 28쪽

1 예 색깔　　2 예 무늬 수
3 예 동전과 지폐　　4 예 이용하는 계절
5 예 색깔　　6 예 모양

3 동전과 지폐, 모양 등으로 분류할 수 있습니다.

5 단원 응용력 향상 집중 연습 29쪽

1

	꽃잎 4개	꽃잎 5개
	①	③
	④	②

2

	①	④
	③	②

3

	무늬 없음.	무늬 있음.
손잡이 없음.	⑥, ⑦	②, ⑧
손잡이 있음.	①, ③	④, ⑤

4

	모양 1개	모양 2개
빨간색	①, ⑦	③, ④
파란색	⑤, ⑥	②, ⑧

5

	긴 연필	짧은 연필
	①, ⑧	②, ④
	③, ⑤	⑥, ⑦

6

	다리 1개	다리 2개
털 없음.	⑦	②, ⑤
털 있음.	③, ④, ⑥	①, ⑧

3 무늬에 따라 분류한 뒤에 손잡이가 없고 있음에 따라 분류합니다.

다른 풀이

손잡이가 없고 있음에 따라 분류한 뒤에 무늬에 따라 분류합니다.

5 단원 응용력 향상 집중 연습 30쪽

3 양말을 목도리 칸에서 양말 칸으로 옮겨야 합니다.

4 상추를 과일 칸에서 야채 칸으로 옮겨야 합니다.

5 공책을 플라스틱류 칸에서 종이류 칸으로 옮겨야 합니다.

5단원 응용력 향상 집중 연습 31쪽

1 봄 / 겨울　**2** 연날리기 / 제기차기
3 햄버거 / 돈가스　**4** 체리 / 귤

1

계절	봄	여름	가을	겨울
수	6	4	4	2

➔ 가장 많은 계절: 봄, 가장 적은 계절: 겨울

2

놀이	윷놀이	제기차기	팽이치기	연날리기
수	4	2	4	6

➔ 가장 많은 놀이: 연날리기, 가장 적은 놀이: 제기차기

3

음식	돈가스	피자	치킨	햄버거
수	3	5	5	7

➔ 가장 많은 음식: 햄버거, 가장 적은 음식: 돈가스

4

과일	체리	바나나	귤	사과
수	8	5	3	4

➔ 가장 많은 과일: 체리, 가장 적은 과일: 귤

5단원 창의·융합·코딩 학습 32~33쪽

창의 1 예

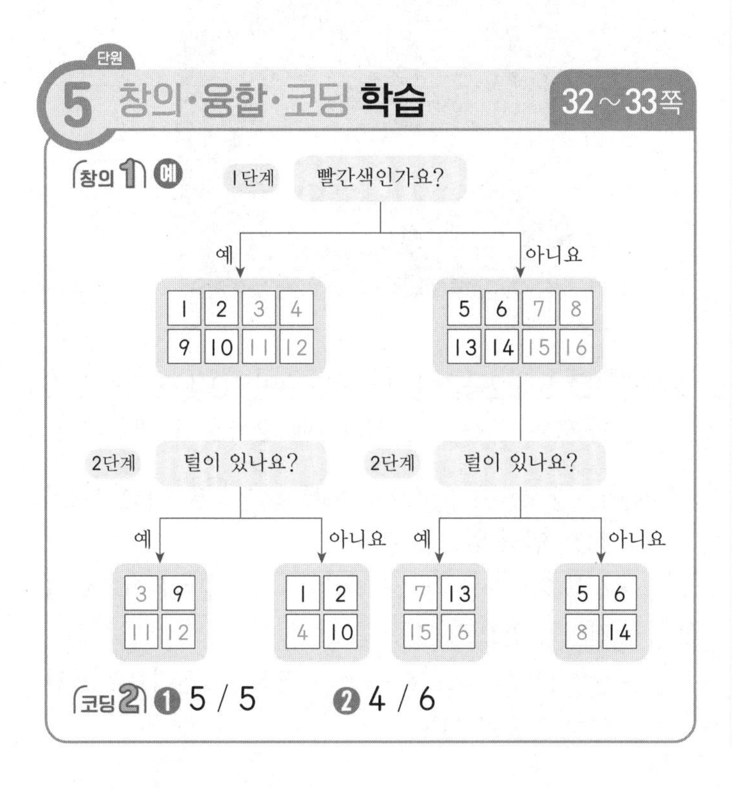

코딩 2 ❶ 5 / 5　❷ 4 / 6

6. 곱셈

6단원 응용력 향상 집중 연습 34쪽

1 2, 5 / 5, 2 / 10개
2 3, 7 / 7, 3 / 21개
3 2, 8 / 4, 4 / 8, 2 / 16개
4 4, 9 / 6, 6 / 9, 4 / 36개
5 예 2, 6 / 3, 4 / 4, 3 / 12개
6 예 3, 8 / 4, 6 / 6, 4 / 24개

1 • 2씩 5묶음이므로 2, 4, 6, 8, 10으로 세어 모두 10개입니다.
• 5씩 2묶음이므로 5, 10으로 세어 모두 10개입니다.

3 2씩 8묶음, 4씩 4묶음, 8씩 2묶음으로 묶어 세면 모두 16개입니다.

5 2씩 6묶음, 3씩 4묶음, 4씩 3묶음, 6씩 2묶음으로 묶어 세면 모두 12개입니다.

6 3씩 8묶음, 4씩 6묶음, 6씩 4묶음, 8씩 3묶음으로 묶어 세면 모두 24개입니다.

6단원 응용력 향상 집중 연습 35쪽

1 2의 4배, 4의 2배에 ○표
2 3의 5배, 5의 3배에 ○표
3 7의 2배, 2의 7배에 ○표
4 3의 6배, 9의 2배에 ○표
5 3의 4배, 6의 2배에 ○표
6 4의 4배, 8의 2배에 ○표

4 • 2씩 9묶음 ➔ 2의 9배　• 3씩 6묶음 ➔ 3의 6배
• 6씩 3묶음 ➔ 6의 3배　• 9씩 2묶음 ➔ 9의 2배

5 • 2씩 6묶음 ➔ 2의 6배　• 3씩 4묶음 ➔ 3의 4배
• 4씩 3묶음 ➔ 4의 3배　• 6씩 2묶음 ➔ 6의 2배

6 • 2씩 8묶음 ➔ 2의 8배
• 4씩 4묶음 ➔ 4의 4배
• 8씩 2묶음 ➔ 8의 2배

단원 6 응용력 향상 집중 연습 36쪽

1 19	**2** 13
3 8	**4** 2
5 10	**6** 5

2 • $8\times2=16$ ➔ ▲$=16$
• $4+4+4=12$이므로 $4\times3=12$입니다. ➔ ●$=3$
따라서 ▲$-$●$=16-3=13$입니다.

3 • $5+5=10$이므로 $5\times2=10$입니다. ➔ ▲$=2$
• $6+6+6+6+6+6=36$이므로 $6\times6=36$입니다. ➔ ●$=6$
따라서 ▲$+$●$=2+6=8$입니다.

5 • $2\times4=8$ ➔ ▲$=8$
• ▲$=8$이므로 ▲$\times$●$=16$은 $8\times$●$=16$이고, $8+8=16$이므로 $8\times2=16$입니다. ➔ ●$=2$
따라서 ▲$+$●$=8+2=10$입니다.

단원 6 응용력 향상 집중 연습 37쪽

1 $6\times4=24$ (또는 $4\times6=24$)
2 $9\times5=45$ (또는 $5\times9=45$)
3 $2\times7=14$ (또는 $7\times2=14$)
4 $3\times6=18$ (또는 $6\times3=18$)
5 $8\times7=56$ (또는 $7\times8=56$)
6 $4\times5=20$ (또는 $5\times4=20$)

1 곱하는 두 수가 클수록 계산 결과가 커집니다. 큰 수부터 순서대로 쓰면 6, 4, 3이므로 가장 큰 수는 6이고, 둘째로 큰 수는 4입니다.
➔ 계산 결과가 가장 큰 곱셈식:
$6\times4=24$ (또는 $4\times6=24$)

3 곱하는 두 수가 작을수록 계산 결과가 작아집니다. 작은 수부터 순서대로 쓰면 2, 7, 9이므로 가장 작은 수는 2이고, 둘째로 작은 수는 7입니다.
➔ 계산 결과가 가장 작은 곱셈식:
$2\times7=14$ (또는 $7\times2=14$)

5 큰 수부터 순서대로 쓰면 8, 7, 5, 3이므로 가장 큰 수는 8이고, 둘째로 큰 수는 7입니다.
➔ 계산 결과가 가장 큰 곱셈식:
$8\times7=56$ (또는 $7\times8=56$)

6 작은 수부터 순서대로 쓰면 4, 5, 6, 9이므로 가장 작은 수는 4이고, 둘째로 작은 수는 5입니다.
➔ 계산 결과가 가장 작은 곱셈식:
$4\times5=20$ (또는 $5\times4=20$)

단원 6 창의·융합·코딩 학습 38~39쪽

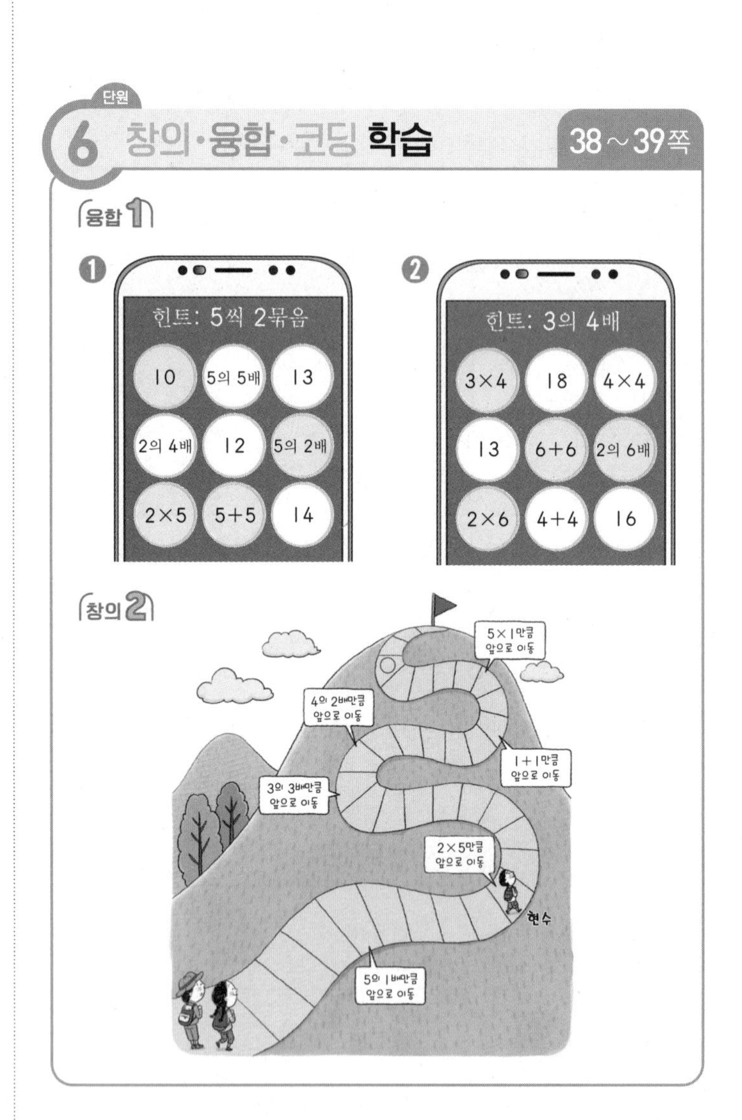

융합 1 ❶ 5씩 2묶음이 나타내는 수인 10과 값이 같은 것을 모두 찾으면 10, 5의 2배, 2×5, $5+5$입니다.

창의 2 • 2×5만큼 앞으로 이동 ➔ $2\times5=10$이므로 10칸만큼 앞으로 이동
• 4의 2배만큼 앞으로 이동 ➔ $4\times2=8$이므로 8칸만큼 앞으로 이동
• 5×1만큼 앞으로 이동 ➔ $5\times1=5$이므로 5칸만큼 앞으로 이동